高等学校“十二五”规划教材

给排水科学与工程专业应用与实践丛书

工业水处理

李　杰　主编

程爱华　王　霞　副主编

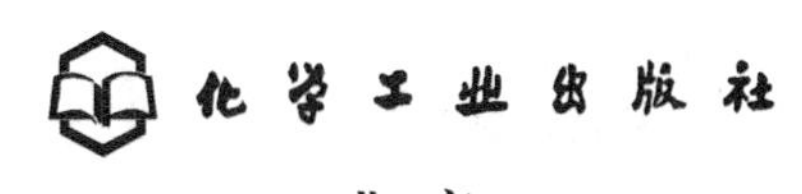

·北京·

内容提要

针对目前国内水处理的特点，本书系统介绍了工业水处理中，常见工业给水和废水的处理原理及方法，内容涉及浊度的去除、除盐淡化、冷却和循环水处理，以及废水处理的物理、化学、物化及生物处理方法。

本书内容简单易懂，以相关技术的实用性为目的，可供高等院校给排水科学与工程专业、环境工程、市政工程等专业师生使用，也可供从事工业水处理的工程技术人员阅读参考。

图书在版编目（CIP）数据

工业水处理/李杰主编. —北京：化学工业出版社，2014.8（2022.9重印）
高等学校“十二五”规划教材
（给排水科学与工程专业应用与实践丛书）
ISBN 978-7-122-20853-8

Ⅰ.①工…　Ⅱ.①李…　Ⅲ.①工业用水-水处理
Ⅳ.①TQ085

中国版本图书馆CIP数据核字（2014）第117835号

责任编辑：徐　娟　　　　文字编辑：荣世芳
责任校对：陶燕华　　　　装帧设计：关　飞

出版发行：化学工业出版社（北京市东城区青年湖南街13号　邮政编码100011）
印　　装：北京虎彩文化传播有限公司
787mm×1092mm　1/16　印张18¼　字数459千字　2022年9月北京第1版第5次印刷

购书咨询：010-64518888　　　　售后服务：010-64518899
网　　址：http://www.cip.com.cn
凡购买本书，如有缺损质量问题，本社销售中心负责调换。

定　　价：58.00元

丛书序

在国家现代化建设的进程中，生态文明建设与经济建设、政治建设、文化建设和社会建设相并列，形成五位一体的全面建设发展道路。建设生态文明是关系人民福祉，关乎民族未来的长远大计。而在生态文明建设的诸多专业任务中，给排水工程是一个不可缺少的重要组成部分。培养给排水工程专业的各类优秀人才也就成为当前一项刻不容缓的重要任务。

21世纪我国的工程教育改革趋势是“回归工程”，工程教育将更加重视工程思维训练，强调工程实践能力。针对工科院校给排水工程专业的特点和发展趋势，为了培养和提高学生综合运用各门课程基本理论、基本知识来分析解决实际工程问题的能力，总结近年来给排水工程发展的实践经验，我非常高兴化学工业出版社能组织全国几十所高校的一线教师编写这套丛书。

本套丛书突出“回归工程”的指导思想，为适应培养高等技术应用型人才的需要，立足教学和工程实际，在讲解基本理论、基础知识的前提下，重点介绍近年来出现的新工艺、新技术与新方法。丛书中编入了更多的工程实际案例或例题、习题，内容更简明易懂，实用性更强，使学生能更好地应对未来的工作。

本套丛书于“十二五”期间出版，对各高校给排水科学与工程专业和市政工程专业、环境工程专业的师生而言，会是非常实用的系列教学用书。

薛启鹏

2013年1月

前 言

水是人类生活和生产的命脉。但全球水资源的分布极不均匀。我国人均淡水资源仅为世界平均水平的四分之一，在世界上名列 110 位，是全球人均水资源最贫乏的国家之一。而根据《2012 年中国环境状况公报》我国主要河流和湖泊的水污染情况不容乐观，国控江河断面中水质Ⅳ类～劣Ⅴ类的断面，珠江流域占 8.7%，长江流域占 13.8%，黄河流域占 39.3%，松花江流域占 42%，淮河流域占 52.6%，辽河流域占 56.4%，主要污染物为化学需氧量、生化需氧量、氨氮和总磷；国控重点湖泊（水库）中，Ⅳ～劣Ⅴ类水质的湖泊（水库）占比为 38.7%，其主要污染为总磷、化学需氧量和高锰酸盐指数。也就是说，我国三分之一以上的淡水水域已经受到不同程度的污染。

继氮、磷和有机物污染之后，工业废水中排出的大量难降解有机物以其较高的毒性与化学稳定性给生态环境和人类健康造成了极大的危害。2013 年环保部公布的《化学品环境风险防控“十二五”规划》中指出，我国现有生产使用记录的化学物质 4 万多种，其中 3000 余种已列入当前《危险化学品名录》，这些化合物具有急性或者慢性毒性、生物蓄积性、不易降解性、致癌致畸致突变性等特性，并有大量化学物质的危害特性还未明确和掌握。难降解有机物的污染防治已被列为“十二五”期间环境保护工作的重要组成部分，而对难降解有机废水的有效处理及达标排放，长期以来都是水处理领域面临的难题。

随着我国经济的快速发展与环境保护工作的不断深入，水处理尤其是工业水处理的工作任务越来越重，越来越多的工程技术人员投入到工业水处理行业中。这些人在对专业知识的学习过程中，急需一本适合作为工程师培养目标的参考书。目前国内关于水处理的专业书籍很多，但这些书一般针对本科及以上学业水平人员的需要，偏重理论部分讲述，且分为给水和排水单独详述。还有极少部分关于现场管理方面的书，又显得内容单调不够全面。所以从工程师培养目的出发，编写一部集给水和排水、理论和实践相揉并举的教材或参考书，具有一定的实际意义。

本书在总结编者多年教学经验和实际工程实践的基础上，结合本科生及其他处于初学期的相关工程技术人员对工业水处理理论与应用知识掌握的阶段性特点，从实际工业水处理常见的处理单元与基本流程出发，沿基础知识、给水处理和废水处理部分逐次进行讲述；在讲述基本理论的基础上，尽量突出各单元的实用性，并加入一些工艺仪表及其控制内容。

全书由李杰主编、统稿。参与本书编写的人员为：王霞，第 1、7 章；程爱华，第 5、

6、10～12章；王旭东，第2、3、8章；杨静，第4、9章；葛磊，第13章。

在本书编写过程中，还得到兰州交通大学（原兰州铁道学院）校友周岳溪、翟为民、蒋金辉、张汉英、徐栋等的支持，感谢他们的热情付出。

鉴于水平所限，不妥与疏漏之处难免，敬请批评指正。

编者

2014年7月

目　录

第一篇　基础知识

第二篇　工业给水处理

第三篇 工业废水处理

第一篇

基础知识

第1章 工业水处理理论

1.1 概　　述

1.1.1 工业用水的水源

工业用水（industrial water）水源通常为地表水（河水、湖水、水库水）和地下水（井水）。对用水量不大的中小型企业，还可以直接使用城市自来水作水源。在某些特殊场合，如沿海地区和缺水地区，甚至可以使用海水和经处理后的城市污水（回用水）作水源。

1.1.1.1 地表水

地表水（surface water）通常包括河水、湖水、水库水。这种水主要由雨水、冰川融水和泉水等地面径流汇合而成，所以一般来说水质较好，含盐量较低，含氧充足，CO_2含量少。但水质受气候、季节影响大，水质波动大，水中悬浮物、生物及微生物多。在沿海地区，地表水还易受到海水倒灌的影响，含盐量大幅增高。相对于河水来讲，湖水、水库水受气候、季节影响小，水质波动小。但由于水体流动性差，水中生物活动频繁，水中腐殖质类有机物含量偏高，有时还会出现一些复杂的有机胶体，给某些要求高的水处理工艺带来困难。

地表水易受工业废水和生活污水排放的污染物影响。各种污染物排向（入）地表水中时，地表水的水质会急剧恶化。当排入水体的污染物在水体自身可以承受的环境容量范围内时，水体经过一系列物理、化学与生物化学作用，使污染物的含量降低或总量减少，受污染的水体部分地或完全地恢复原状，这个过程称为水体自净。水体所具备的这种能力称为水体自净能力或自净容量。若污染物的容量超过水体的自净能力，就会导致水体污染，水质就会急剧恶化，发黑、发臭。

因此，以地表水为水源的工业企业，应定期对水源水质进行分析，通常每月一次建立水源水质资料档案。不仅要注意洪水期及枯水期的水质资料，还要了解本企业取水点附近及上游的工业废水和生活污水排放情况及变化趋势，掌握它们对本企业取水水质的影响，必要时要采取相应措施。

1.1.1.2 地下水

地下水（ground water）即通常所说的井水或泉水，它是雨水或地表水经过地层的渗漏而形成的。地下水按深度分可以分为表层水、层间水和深层水。表层水包括土壤水和潜水，它是地壳不透水层以上的水；层间水是指不透水层以下的中层地下水，这是工业生产中使用较多的地下水源；深层水为几乎与外界隔绝的地下水层。由于地壳构造的复杂性，不同地区（甚至是相邻地区）同一深度的井，有的可能引出的是表层地下水，有的可能引出的是中层地下水，水质会有很大不同。

由于地下水长期与土壤、岩石接触，土壤、岩石中的矿物质会逐渐溶解于水中。一般来说，水层越深，含盐量越高，有的甚至可以达到苦咸水水质。地下水水质还与地下水流经的岩石矿区有关，如流经铁矿区的水中含铁、锰较高；流经石灰岩地区的水硬度较高等。

地下水由于与外界隔绝，水质受气候、季节影响小，水质稳定、浊度低、溶解氧少、有机物少、微生物少，但由于地壳活动的原因，地下水中CO_2含量高。

近年来发现，某些地表的工业废水和生活污水污染源，通过土壤渗流，也会对附近浅井地下水水质产生影响。近海地区的有些井水也可能会渗入海水。

由于井水水质稳定，以井水为水源的企业建立档案的水质分析次数可适当减少（如每季一次），但是应建立取水用井的详细档案资料，包括本地区的水文地质资料、凿井的地层标本和地质柱状图，以及井位、井深、井管结构、动水位、静水位、泵、流量、水温等有关资料。浅井附近也应禁止污水的排放和污物的堆放。

1.1.1.3 城市自来水

由于经济成本问题，使用城市自来水（city water）作水源的都是用水量较少的中小型企业，有时仅是企业的某个车间、工段。

城市自来水有的取自地表水，经混凝、澄清、过滤、消毒处理后供出，有的取自地下水（井水、泉水），仅经过滤、消毒后供出。城市自来水的水质应符合《生活饮用水水质标准》（GB 5749—2006）。

城市自来水水质稳定，受气候影响小，特别是水的浊度可以很好地稳定在很小的范围内。但是由于工业企业使用的自来水都引自于城市配水管网，有的甚至在管网末端，企业引入的水质会受管道的影响。水流经某些使用年代很久的管道，尤其是在长期停运后刚投运时，水质会变得很差，有色，浊度高，有时甚至发黑、发臭，这时应加强管道冲洗、排放。

对以城市自来水作水源的企业，也应对其水质进行定期分析，建立档案。

1.1.1.4 海水

沿海地区的工业企业，经常取用海水（sea water）作冷却水。在某些淡水资源紧缺的地区，也可以取用海水，进行淡化处理后，用作工业的其他用途，但其费用昂贵。

海水水质差，含可溶盐多，但水质稳定。海水的盐度（salinity）可达3.5%～3.7%（盐度是指当海水中所有碳酸盐转变为氧化物、溴和碘用氯代替、有机物被氧化后的固体物质总含量）。海水含盐量中氯化物可达88.7%，硫酸盐为10.8%，碳酸盐仅0.3%（碳酸盐波动较大），海水表层pH值为8.1～8.3，深层pH值约为7.8。

由于海水水质差，作为冷却水使用时，对设备与管道腐蚀严重，防腐工作很重要。另外，海生生物在冷却水系统的繁殖和黏附会堵塞管道，影响冷却效果，必须采取有效的防护措施。

近年来，近海地区的海水也常常受到工业废水和生活污水排放的污染，水质中有机物质，特别是N、P含量上升，海生生物繁殖严重，使用海水的工业企业也应注意海水水质的这种变化。

1.1.1.5 处理过的城市污水（treated sewage）

由于近年来地表水水源中污水水源所占比例较高（比如海河、滦河在20世纪90年代中期即达到10%），所以人们已经不自觉地在使用处理过的城市污水作为水源，这在水资源贫乏的城市已很突出。处理过的城市污水主要的问题是水质很差，有机物浓度高，N、P含量高，无机物及洗涤剂含量也高，致病细菌多，在使用中会导致结垢、生物繁殖、产生泡沫及健康危害等一系列问题，所以目前一般多用于工业冷却系统。冷却水可以直接取自生活污水二级处理的出水，也可以对二级处理出水再经混凝、澄清、过滤、消毒杀菌处理后使用。

如果要将城市污水用作工厂企业工艺用水水源，则必须对二级处理出水进行更进一步的深度处理，以达到相应工艺用水的水质要求。这在技术上有较高要求，在经济上，处理费用也较高。当然，有的时候还要考虑人们的心理承受能力，特别是与食品、饮料有关的工业企业，应尽量避免使用污水水源。

1.1.2 工业用水及工业废水的分类

1.1.2.1 工业用水的分类

在工业企业内部，不同工序、不同设备需要的水量、水质是不同的，工业用水的种类繁多。关于工业用水的分类，由于涉及的企业、工艺范围广，因此可以从不同需要、不同角度进行多种分类。下面对目前几种常用的（或习惯使用的）分类方法分别加以介绍。

(1) 城市工业用水按行业分类。对城市工业用水进行分类时，按不同工业部门即行业进行分类。行业分类可以按照《国民经济行业分类和代码》（GB/T 4754—1984）中规定，并结合工业行业实际情况进行，如钢铁行业、医药行业、造纸行业、火力发电行业等。

(2) 按生产过程主次来分。《评价企业合理用水级数通则》（GB/T 7119—1993）中将工业用水分为主要生产用水、辅助生产用水（包括机修、锅炉、运输、空压站、厂内基建等）和附属生产用水（包括厂部、科室、绿化、厂内和车间浴室、保健站、厕所等生活用水）三类。

(3) 按水的用途来分。在《工业用水分类及定义》中对工业用水的分类见表1-1。

表1-1 工业用水分类

- 工业用水
  - 生产用水
    - 间接冷却水
    - 工艺用水
      - 产品用水
      - 洗涤用水
      - 直接冷却水
      - 其他工艺用水
    - 锅炉用水
      - 锅炉给水
      - 锅炉水处理用水
  - 生活用水

在工业生产过程中，为保证生产设备能在正常温度下工作，吸收或转移生产设备产生的多余热量需使用冷却水。当此冷却水与被冷却介质之间由换热器壁或设备隔开时，称为间接冷却水。

产品用水是指在生产过程中，作为产品原料的那部分水（此水或为产品的组成部分，或参加化学反应）。

洗涤用水指生产过程中用于对原材料、物料、半成品进行洗涤处理的水。

直接冷却水是指生产过程中，为满足工业过程需要，使产品或半成品冷却所用的且与之直接接触的冷却水（包括调温、调湿使用的直流喷雾水）。

其他工艺用水指产品用水、洗涤用水、直接冷却水之外的工艺用水。

锅炉用水是指为直接产生工业蒸汽而进入锅炉的水，它由两部分组成：一部分是回收由蒸汽冷却得到的冷凝水；另一部分是经化学处理后的补给水（软化水或除盐水）。

锅炉水处理用水指锅炉补给水的化学水处理工艺生产过程中所用的再生、冲洗等自用水。

(4) 在企业内部往往按水的具体用途及水质分类

① 在啤酒行业分为糖化用水（投料水）、洗涤用水（洗槽用水、刷洗用水、洗涤用水等）、洗瓶装瓶用水、锅炉用水、冷却用水和生活用水等。

② 在味精行业分为淀粉调浆用水、酸解制糖用水、糖液连消用水、谷氨酸冷却用水、交换柱清洗用水、中和脱色用水、结晶离心烘干用水、成品包装用水、锅炉用水等。

③ 在火力发电行业分为锅炉给水、锅炉补给水、冷却水、冲灰水、消防水和生活用水等。

再如，按照水质来分，可分为纯水（除盐水、蒸馏水等）、软化水（去除硬度的水）、清水（天然水经混凝、澄清、过滤处理后的水）、原水（天然水）、冷却水、生活用水等。

1.1.2.2 工业废水的分类

工业企业各行业生产过程中排出的废水，统称工业废水，其中主要包括生产废水、冷却废水和生活污水三种。

为了区分工业废水的种类，了解其性质，认识其危害，研究其处理措施，通常进行废水的分类，一般有如下三种分类方法。

① 按行业的产品加工对象分类。如冶金废水、造纸废水、炼焦煤气废水、金属酸洗废水、纺织印染废水、制革废水、农药废水、化学肥料废水等。

② 按工业废水中所含主要污染物的性质分类。含无机污染物为主的称为无机废水，含有机污染物为主的称为有机废水。例如，电镀和矿物加工过程的废水是无机废水，食品和石油加工过程的废水是有机废水。这种分类方法比较简单，对考虑处理方法有利。如对易生物降解的有机废水一般采用生物处理法，对无机废水一般采用物理、化学和物理化学方法处理。不过，在工业生产过程中，一般废水既含无机物，也含有机物。

③ 按废水中所含污染物的主要成分分类。如酸性废水、碱性废水、含酚废水、含镉废水、含锌废水、含汞废水、含氟废水、含有机磷废水、含放射性废水等。这种分类方法的优点是突出了废水的主要污染成分，可有针对性地考虑处理方法或进行回收利用。

除上述分类方法外，还可根据工业废水处理的难易程度和废水的危害性，将废水中的主要污染物分为三类。

① 易处理危害小的废水。如生产过程中出现的热排水或冷却水，对其稍加处理，即可排放或回用。

② 易生物降解无明显毒性的废水，可采用生物处理法。

③ 难生物降解又有毒性的废水。如含重金属废水，含多氯联苯和有机氯农药废水等。

上述废水的分类方法只能作为了解污染源时的参考。实际上，一种工业可以排出几种不同性质的废水，而一种废水又可以含有多种不同的污染物。例如燃料工业，既排出酸性废水，又排出碱性废水。纺织印染废水由于织物和染料的不同，其中的污染物和浓度往往有很大差别。

1.1.3 工业废水对环境的污染

水污染是我国面临的主要环境问题之一。随着我国工业的发展，工业废水的排放量日益增加，达不到排放标准的工业废水排入水体后，会污染地表水和地下水。

几乎所有的物质，排入水体后都有产生污染的可能性。各种物质的污染程度虽有差别，但超过某一浓度后都会产生危害。

① 含无毒物质的有机废水和无机废水的污染。有些污染物质虽无毒性，但由于量大或浓度高而对水体产生污染。例如排入水体的有机物，超过允许量时，水体会出现厌氧腐败现象；大量的无机物流入时，会使水体内盐类浓度增高，造成渗透压改变，对生物（动植物或微生物）造成不良的影响。

② 含有毒物质的有机废水和无机废水的污染。例如氰、酚等急性有毒物质、重金属等慢性有毒物质及致癌物质造成的污染，致毒方式有接触中毒（主要是神经中毒）、食物中毒、糜烂性毒害等。

③ 含有大量不溶性悬浮物废水的污染。例如，纸浆、纤维工业等的纤维素；选煤、选矿等排放的微细粉尘；陶瓷、采石工业排出的灰砂等，这些物质沉积水底，有的形成“毒泥”，导致毒害事件频发。如果是有机物，则会发生腐败，使水体成厌氧状态。这些物质在水中还会阻塞鱼类的腮，导致呼吸困难，并破坏产卵场所。

④ 含油废水产生的污染。油漂浮在水面既有损感观，又会阻遏水体的大气复氧，并散出令人厌恶的气味，燃点低的油类还有引起火灾的危险。动植物油脂具有腐败性，消耗水体中的溶解氧。

⑤ 含高浊度和高色度废水产生的污染。这种污染会引起水体光通量不足，影响水生生物的生长繁殖。

⑥ 酸性和碱性废水产生的污染。水体的酸碱污染除对生物有危害作用外，还会损坏设备和器材。

⑦ 经含有多种污染物质废水产生的污染。各种物质之间会产生化学反应，或在自然光和氧的作用下产生化学反应并生成有害物质。例如，硫化钠和硫酸产生硫化氢、亚铁氰盐经光分解产生氰等。

⑧ 含有氮、磷等工业废水产生的污染。对湖泊等封闭性水域，由于含氮、磷物质的废水流入，会使藻类及其他水生生物异常繁殖，使水体产生富营养化。

所有的工业废水的排放，必须严格遵守国家、部、行业所规定的标准如《污水综合排放标准》（GB 8978—1996）、《污水排入城市下水道标准》（CJ 18—1999）等。

1.2 工业废水污染源特征、处理要求及排放标准

1.2.1 工业污染源的基本控制途径

控制工业污染源的基本途径是减少废水产出量和降低废水中污染物的浓度，现分述

如下。

1.2.1.1 减少废水产出量

减少废水产出量是减小后续废水处理装置规模的前提，必须充分注意，可采取以下措施。

① 进行废水分流。将工厂所有废水混合后再进行处理往往不是好方法，一般都需进行分流。对已采用混合系统的老厂来说，无疑是困难的，但对新建工厂，必须考虑废水分流的工艺和措施。

② 节制用水。每生产单位产品或取得单位产值产出的废水量称为单位废水量。即使在同一行业中，各工厂的单位废水量也相差很大，合理用水的工厂，其单位废水量低。

③ 改革生产工艺。改革生产工艺是减少废水产出量的重要手段。措施有更换和改善原材料，改进装置的结构和性能，提高工艺的控制水平，加强装置设备的维修管理等。若能使某一工段的废水不经处理就用于其他工段，就能有效地降低废水量。

④ 避免间断排出工业废水。例如电镀工厂更换电镀废液时，常间断地排出大量高浓度废水，若改为少量均匀排出，或先放入贮液池内再连续均匀排出，能减少处理装置的规模。

1.2.1.2 降低废水污染物的浓度

通常生产某一产品产生的污染物量是一定的，若减少排水量，就会提高废水污染物的浓度，但采取各种措施也可以降低废水的浓度。工业废水中污染物来源有二：一是某些本应称为产品的成分，由于某种原因而进入废水中，如制糖厂的糖分等；二是从原料到产品的生产过程中产生的杂质，如纸浆废水中含有的木质素等。后者是应废弃的成分，即使减少废水量，污染物质的总量也不会减少，因此废水中的污染物浓度会增加。对于前者，若能改革工艺和设备性能，减少产品的流失，废水的浓度便会降低。一般采取以下措施降低废水污染物的浓度。

① 改革生产工艺，尽量采用不产生污染的工艺。例如，纺织厂棉纺的上浆，传统都采用淀粉作浆料，这些淀粉在织成棉布后，由于退浆而变成废水的成分，因此纺织厂废水中总 BOD_5 的 30%～50%来自淀粉。最好采用不产生 BOD 的浆料，如羧甲基纤维素（CMC）的效果很好，目前已有厂家使用。但在采用此项新工艺时，还必须从毒性等方面研究它对环境的影响。其他例子很多，例如电镀工厂镀锌、镀铜时避免使用氰的方法，已在生产上采用。

② 改进装置的结构和性能。废水中的污染物质是由产品的成分组成时，可通过改进装置的结构和性能来提高产品的收率，降低废水的浓度。以电镀厂为例，可在电镀槽与水洗槽之间设回收槽，减少镀液的排出量，使废水的浓度大大降低。又如炼油厂，可在各工段设集油槽，防止油类排出，以减少废水的浓度。

③ 进行废水分流。在通常情况下，避免少量高浓度废水与大量低浓度废水互相混合，分流后分别处理往往是经济合理的。例如电镀厂含重金属废水，可先将重金属变成氢氧化物或硫化物等不溶性物质与水分离后再排出，电镀厂有含氰废水和含铬废水时，通常分别进行处理。适于生物处理的有机废水应避免与含有有毒物质和 pH 值过高或过低的废水混合。应该指出的是，不是在任何情况下高浓度废水或有害废水分开处理都是有利的。

④ 进行废水均和。废水的水量和水质都随时间而变动，可设调节池进行均质。虽然不能降低污染物总量，但可均和浓度。在某种情况下，经均质后的废水可达到排放标准。

⑤ 回收有用物质。这是降低废水污染物浓度的最好方法。例如从电镀废水中回收铬酸，从纸浆蒸煮废液中回收药品等。

1.2.2 工业水处理要求、用水及排放标准

水质标准是用水对象（包括饮用和工业用水对象）所要求的各项水质参数应达到的极限。各种用户都对水质有特定的要求，于是就产生了各种用水水质标准。水质标准是水处理的参考和依据。此外，水质标准同其他标准一样，可分为国际标准、国家标准、地区标准、行业标准和企业标准等不同等级。

(1) 工业用水及废水水质指标

① 水质的物理性指标

a. 温度。水温影响水的化学反应、生化反应及水生生物的生命活动；改变可溶性盐类、有机物及溶解氧在水中的溶解度；影响水体自净及其速率、细菌等微生物的繁殖与生长能力。

b. 色度。水中含有不同矿物质、染料、有机物等杂质而呈现不同颜色，凭此可初步对水质作出评价。色度对人的感官性状及观瞻有重要影响。

c. 浊度。浊度表示水中含有胶体和悬浮状态的杂质，引起水浑浊的程度。浊度较高，除表示水中含有较多的直接产生浊度的无机胶体颗粒外，可能还含有较多吸附在胶体颗粒上和直接产生浊度的高分子有机污染物；重要的是，包埋在胶体颗粒内部的病原微生物，由于颗粒物质的保护能够增强抵御消毒能力，影响消毒效果，增加了微生物繁殖的风险。控制饮用水的浊度，不但可改观水的感观性状，而且在毒理学和微生物学上意义重大。

d. 臭与味。饮用水中的异臭、异味是由原水、水处理或输水过程中微生物污染和化学污染引起的，是水质不纯的表现。水中的某些无机物会产生一定的臭和味，如硫化氢、过量的铁、锰等。但大多数饮用水中异臭、异味是由水源水中的藻类引起的。同时饮用水消毒中所投加的氯等消毒剂，本身会产生一定的氯味，并可以同水中的一些污染物质反应，产生氯酚等致臭物质。

e. 悬浮物。悬浮物的确切含义是不可滤残渣，为水样中 0.45μm 滤膜截留物质的质量(105℃烘干)。对于给水处理，悬浮物主要反映水中泥沙含量。由于饮用水中颗粒物的含量已经很低，常用浊度表示。对于一般的水源水和给水处理过程中的水，悬浮物与浊度的关系大致上是 1NTU 的浊度对应于 1mg/L 的悬浮物。

f. 电导率。水中溶解性盐类都以离子态存在，具有导电能力。测定水的电导率可了解水中溶解性盐类的含量。通常的自来水含盐量从几百至 1000mg/L，测得的电导率为 100～1000μS/cm。

② 水质的化学性指标。反映水中污染物的综合性水质指标有 BOD_5、COD、TOC、TOD 等。

a. 生化需氧量（BOD）。指水中有机污染物在微生物作用下分解时所需的溶解氧量。通常将在 20℃、历时 20 天的生化需氧量以 BOD_{20} 表示。为缩短检测时间，常以 20℃、5 天生化需氧量 BOD_5 作为常用有机物的水质指标，一般 BOD_5/BOD_{20} 为 70%～80%。

b. 化学需氧量（COD）。水中有机物与强氧化剂（如重铬酸钾、高锰酸钾）作用所消耗的氧，以 COD_{Cr} 及 COD_{Mn} 表示。

c. 总有机碳（TOC）。水中含碳有机物在高温下燃烧转化为 CO_2 所耗的氧量，通常用专门仪器进行燃烧并测定 CO_2 含量。

d. 总需氧量（TOD）。指水中所有有机物 C、N、P、S 等还原性物质）经燃烧生成稳定性氧化物（如 CO_2、NO_x、SO_2）所消耗的氧。

e. 植物营养素。主要是含氮及磷的化合物，包括氨氮、总氮、凯式氮、亚硝酸盐、硝酸盐以及磷酸盐等。

f. 氨氮。氨氮在水中以离子态（NH_4^+）及非离子态（NH_3）存在。NH_3对水中鱼类毒性最大。凯式氮（TKN）为氨氮与有机氮之和。亚硝酸盐是氨氮经氧化产生的。硝酸盐是由亚硝酸盐进一步氧化产生的。水中氨氮、有机氮、亚硝酸盐氮及硝酸盐氮的总和称为总氮。

g. 总磷。包括正磷酸盐（如 PO_4^-、HPO_4^-、$H_2PO_4^-$）和缩合磷酸盐、焦磷酸盐、偏磷酸盐及聚合磷酸盐。

常用无机特性的综合指标有 pH 值、碱度、酸度、硬度、溶解性总固体、总含盐量等。

h. 无机性非金属化合物。主要是砷（As）、硒、硫化物、氰化物、氟化物等。水中氟化物含量高易引起氟中毒，如氟骨症、氟斑釉齿等。在水中砷多以三价和五价形态存在（AsO_3^{3-}、AsO_4^{5-}），三价砷化物比五价砷化物对哺乳类动物及水生生物的毒性作用更大；氰化物（CN^-）包括氰化物、氰络化物和有机氰化物，氰化物（HCN、KCN、NaCN）对人体及水生动物有剧毒作用。

i. 重金属。主要指汞、镉、铅、镍、铬等，是人体健康及保护水生生物毒理学的水质指标。汞、镉的毒性大。铅对人体具有积累性毒性。甲基汞毒性更剧。铬有三价铬和六价铬，水中六价铬毒性最大，是三价铬毒性的 100 倍。

③ 微生物学指标。合格的饮用水中不应含有致病微生物或生物，常以指示菌来表征，如细菌总数、总大肠菌群和耐热大肠菌群（又称粪大肠菌）等。总大肠菌群和耐热大肠菌群是判断水体受到粪便污染程度的直接指标，加上水中细菌总数指标，除了可指示微生物的污染状况外，还常用来判定水的消毒效果。

④ 毒理学指标。饮用水中的有毒化学物质带给人们的健康危害不同于微生物污染。一般微生物污染可导致传染病的暴发，而化学污染物引起的健康危害往往是与之长期接触所致，特别是蓄积性毒物和致癌物的危害更是如此。只有在极特殊的情况下，才会发生大量化学物质污染而引起急性中毒。

⑤ 放射性指标。人类实践活动可能使环境中的天然辐射强度有所提高，特别是核能的发展和同位素技术的应用，可能构成放射性物质对水环境的污染。必须对饮用水中的放射性指标进行常规监测和评价。一般规定总 α 放射性和总 β 放射性的参考值，当这些指标超过参考值时，需进行全面的核素分析以确定饮用水的安全性。

（2）工业用水水质标准。不同的工业用水均可有各自的水质标准。工业用水标准主要分为工业生产、锅炉、洗涤、冷却用水标准等。如《工业循环冷却水处理设计规范》（GB 50050—1995）中的循环冷却水水质标准、《低压锅炉水质标准》（GB 1576—1996）、《火力发电机组及蒸汽动力设备水汽质量标准》（GB 12145—1989）等。

（3）废水排放标准。我国的各类污水排放标准已超过 40 项，建立了较完整的水环境保护法规体系。1973 年的全国环境保护工作会议，确定了“全面规划、合理布局，综合利用、化害为利、依靠群众、保护环境、造福人民”的 28 字方针，颁布了首部环境保护标准《工业“三废”排放标准》（GBJ 4—1973），此后，制定了一系列的环保政策、法规和标准。《工业“三废”排放标准》仅对金属、酚和氰等有毒物质共 19 项污染物进行了控制。1988 年修订发布了《污水综合排放标准》（GB 8978—1988），污染控制物增加到 40 项，并从控制工业污染源扩大到含生活污水在内的所有污染源。1996 年修订推出的《污水综合排放标准》（GB 8978—1996），规定凡有国家行业水污染物排放标准的执行行业标准，其他的污水排放均执行综合排放标准；将污染物控制总数增加到69项，增加了25项难降解有机污染物和放射性指标，强调对难降解有机污染物和“三致”物质等优先控制的原则。

我国同时还规定了标准的分级。如排入《地表水环境质量标准》（GB 3838—2002）Ⅲ类水域（保护区和游泳区除外）和排入《海水水质标准》（GB 3097—1982）中二类海域的污水，执行一级标准。排入《地表水环境质量标准》（GB 3838—2002）中Ⅳ、Ⅴ类水域和排入《海水水质标准》（GB 3097—1982）中三类水域的污水，执行二级标准。排入设置二级污水处理厂的城镇排水系统的污水，执行三级标准。排入未设置二级污水处理厂的城镇排水系统的污水，必须根据排水系统出水受纳水域的功能要求，分别执行一级和二级标准。《地表水环境质量标准》（GB 3838—2002）中Ⅰ、Ⅱ类水域和Ⅲ类水域中划定的保护区，GB 3097—1982中的一类海域，禁止新建排污口，现有的排污口应按水体功能要求实行污染物总量控制，以保证受纳水体水质符合规定用途的水质标准。

此外，还将排放的污染物按其性质及控制方法进行了分类。第一类污染物包括13项指标，主要是重金属和放射性等有毒有害物质，它们能在环境或动植物体内积蓄，对人类构成长期的不良影响。对于第一类污染物不分行业和污水排放方式，也不分受纳水体的功能类别，一律在车间或车间处理设施排放口采样，其最高允许排放浓度必须符合表1-2的规定。第二类污染物的影响小于第一类，包括56项指标，规定的取样地点为排污单位的排放口，其最高允许排放浓度要按地面水功能的要求和污水排放去向，分别执行标准中所示的一、二、三级标准。

表1-2　第一类污染物最高允许排放浓度　　单位：mg/L

污染物	最高允许排放浓度	污染物	最高允许排放浓度
总汞	0.05①	总镍	1.0
烷基汞	不得检出	苯并芘②	0.00003
总镉	0.1	总铍	0.005
总铬	1.5	总银	0.5
六价镉	0.5	总α放射性	1Bq/L
总砷	0.5	总β放射性	10Bq/L
总铅	1.0		

① 烧碱行业（先建、扩建、改建企业）采用0.005mg/L。

② 为试行标准，二级、三级标准区暂不考核。

1.3　工业废水处理方法特征

1.3.1　工业废水处理方法

废水处理过程是将废水中所含有的各种污染物与水分离或加以分解，使其净化的过程。

废水处理方法大体可分为物理处理法、化学处理法、物理化学处理法和生物处理法。物理处理法又可分为调节、离心分离、沉淀、除油、过滤等。化学处理法又可分为中和、化学沉淀、氧化还原等。物理化学处理法又可分为混凝、气浮、吸附、离子交换、膜分离等方法。生物处理法又可分为好氧生物处理法、厌氧生物处理法。

1.3.2　工业废水处理方法的选择

选择废水处理方法前，必须了解废水中污染物的形态。一般污染物在废水中处于悬浮、胶体或溶解状态，通常根据粒径的大小来划分。悬浮物粒径为 1～100μm，胶体粒径为 1nm～1μm，溶解物粒径小于 1nm。一般来说，易处理的污染物是悬浮物，而胶体和溶解物则必须利用特殊的物质使之凝聚或通过化学反应使其粒径增大到悬浮物的程度，或利用微生物或特殊的膜等将其分解或分离。

废水处理方法的确定，可参考已有的相同工厂的工艺流程。如无资料可参考时，可通过实验确定，简述如下。

（1）有机废水

① 含悬浮物时，用滤纸过滤，若滤液中的 BOD_5、COD 均在要求值以下，这种废水可采取物理处理方法，在去除悬浮物的同时，能将 BOD_5、COD 一并去除。

② 若滤液中的 BOD_5、COD 高于要求值，则需考虑采用生物处理方法。进行生物处理试验时，确定能否将 BOD_5 和 COD 同时去除。

好氧生物处理法去除废水中的 BOD_5 和 COD，由于工艺成熟、效率高且稳定，所以获得十分广泛的应用。但由于需要供氧，故电耗较高。为了节能并回收沼气，常采用厌氧法去除 BOD_5 和 COD，特别是处理高浓度 BOD_5 和 COD 废水比较适用（BOD_5＞1000mg/L）。现在已将厌氧法用于低浓度 BOD_5、COD 废水的处理，亦获得成功。但是，从去除效率看，BOD_5 去除率不一定高，COD 去除率反而高些，这是由于难降解的 COD 经厌氧处理后转化为容易生物降解的 COD，使高分子有机物转化为低分子有机物。

③ 若经生物处理后 COD 不能降低到排放标准时，就要考虑采用深度处理。

（2）无机废水

① 含悬浮物时，需进行沉淀试验，若在常规的静止时间内达到排放标准时，这种废水可采用自然沉淀法处理。

② 若在规定的静止时间内达不到要求值时，则需进行混凝沉淀试验。

③ 当悬浮物去除后，废水中仍含有有害物质时，可考虑采用调节 pH 值、化学沉淀、氧化还原等化学方法。

④ 对上述方法仍不能去除的溶解性物质，可考虑采用吸附、离子交换等深度处理方法。

（3）含油废水。首先做静置上浮试验分离浮油，再进行分离乳化油的试验。

参考文献

[1] 谢水波，姜应和．水质工程学（上册）[M]．北京：机械工业出版社，2010．

[2] 李圭白，张杰．水质工程学 [M]．北京：中国建筑工业出版社，2005．

第2章 流量（负荷）调节

2.1 调节池及其类型

调节池是指用于调节运行参数（如流量、悬浮物、其他污染物及温度），使其在一定时段内（通常为24h）趋于稳定，以减弱对后续处理工艺影响的构筑物。

① 作用。对水量和水质进行调节，并调节污水pH值、水温，有预曝气作用，还可用作事故排水。

② 分类。按功能分为水量调节池、水质调节池和水量水质调节池；按运行方式分为交替导流式调节池、间歇导流式（外置式）调节池；按混合程度分为完全混合式调节池、非混合式调节池。

根据所处理废水的水质水量情况，选择非混合式调节池或是完全混合式调节池。例如，废水水量波动大、不含悬浮固体物时，一般选择非混合式调节池。当废水中悬浮固体颗粒物含量高、温度或pH值变化较大时，宜选择混合式调节池。

2.1.1 交替导流式调节池

交替导流式调节池，通常由两个或者两个以上调节池组成（图2-1）。设计的运行方式为：设计的运行周期时间（通常为24h）内，其中一个调节池充水，而另一个调节池排水，两个调节池呈现交替式运行。这类调节池需设置搅拌装置，废水处于搅拌状态使进入后续处理设施的废水污染物浓度保持不变。

这类调节池通常与两个并联运行的序批式反应器配套，但因占地大和投资高等原因，在工业废水处理工艺中很少被采用。

序批式活性污泥法（SBR）是在同一反应池（器）中，按时间顺序由进水、曝气、沉淀、排水和待机五个基本工序组成的活性污泥污水处理方法，是一种按间歇曝气方式来运行的活性污泥污水处理技术。它的主要特征是在运行上的有序和间歇操作，SBR技术的核心是SBR反应池，该池集均化、初沉、生物降解、二沉等功能于一池，无污泥回流系统，尤其适用于间歇排放和流量变化较大的场合。

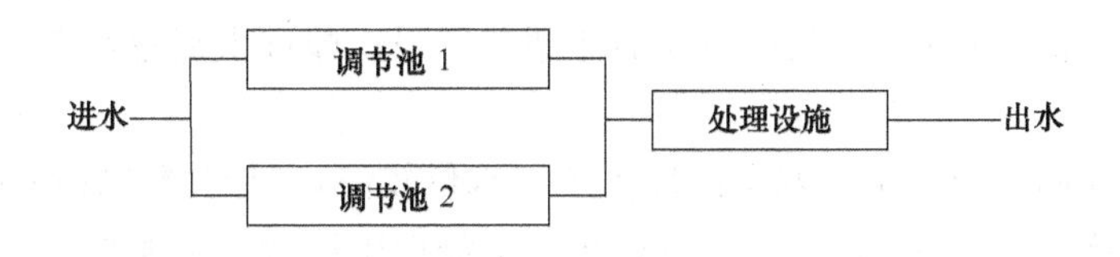

图2-1 交替导流式调节池

2.1.2 间歇导流式调节池

间歇导流式调节池（图 2-2），当废水水质出现明显变化时，可在短时间内将废水迅速切换到外置调节池内，减少对后续处理设施运行的冲击。

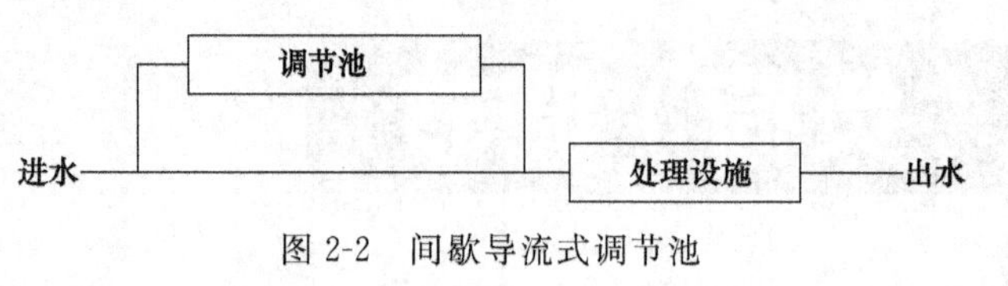

图 2-2 间歇导流式调节池

切换到外置调节池中的废水可以单独处理或以一定流量返回正常的进水系统。如果回流至废水正常进水中，回流流量则依据切换废水的水量、水质及其在外置调节池中的调节状况确定。也就是说，回流前，通过监测调节池中的废水水质以确定回流量的大小，确保调节池内废水的回流不影响后续处理设施的运行。

某些工厂的生产过程中可能产生的有毒或难处理的废水，如设备定期维护，炼油厂、金属精加工厂间歇排放的含氰或含六价铬废水，食品及乳制品厂的设备原位清洗等可采用此类调节池。

由于投资高、占地大等因素限制，此类调节池在工业废水处理中的应用不多。

2.1.3 完全混合式调节池

完全混合式调节池是在废水进入处理设施之前，连续接纳汇集单股或几股废水并完全混合的废水调节池（图 2-3）。此类调节池在工业废水处理中广泛应用。

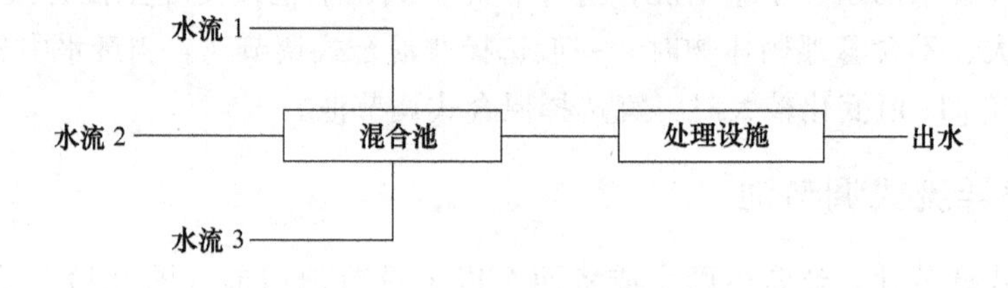

图 2-3 完全混合式调节池

完全混合式调节池，通过每股废水与其他废水完全混合实现废水的调节功能。废水完全混合调节的条件是，所调节的各股废水水质兼容，混合后不发生异常反应。例如，金属精加工厂排放的含氰废水不能与酸性废水混合，否则产生氰化氢剧毒性气体，因此含氰废水须分离并单独处理。

完全混合式调节池的重要设计因素之一，是调节容积充足，能满足实际废水处理的需要。以下案例说明，设计过程中，同样容积的 750m^3 调节池配置不同的抽吸水泵时，可调节的容积差别明显（图 2-4）。

情形（a），泵的启动水位设置于 590m^3 处，此水位以上的调节池的体积为废水调节容积，即进水流量大于出水流量时的废水储存量。液位上升速率为进水流量和出水流量之差。启动水位以下的体积（300m^3）是调节池的非调节容积，即进水流量小于出水流量时调节池的废水储存量。

情形（b），在同一池子中，水泵的启动控制水位较高，因此调节容积减至 200m^3，在泵启动水位以下的体积（550m^3）为非调节容积，不能用于调节进水流量。

因此，在满足出水泵抽吸要求的条件下，低水位启动水泵方式可以增加调节池的调节

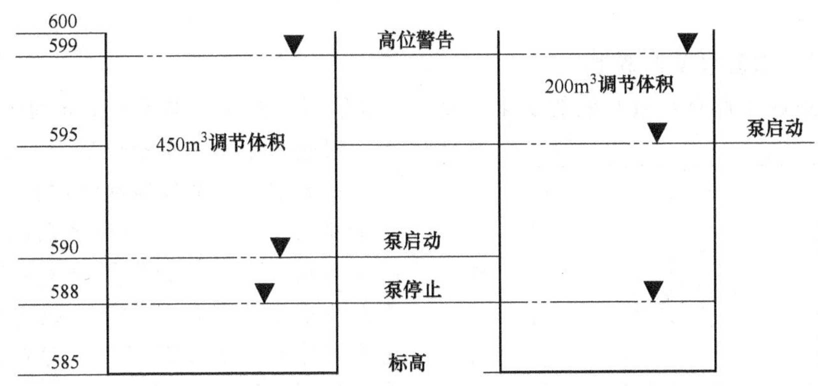

图 2-4　泵设置对完全混合式调节池调节体积的影响

容积。

2.1.3.1　水量调节池

水量调节池也称为均量池，它的作用只是调节水量，只需设置简单的水池，保持必要的调节池容积并使出水均匀即可。

每个污水处理工艺收纳废水都会出现水量峰值和低谷的时期，水量的变化会给后续水处理设备带来不少困难，使其无法处于最优的稳定运行状态。水量的波动越大，过程参数越难控制，处理效果越不稳定，严重时会使处理设施短时无法工作，甚至遭受破坏。因此，应在废水处理系统之前设置调节池，对水量进行调节，以保证废水处理设备的正常运行。调节池的设置是否合理，对后续处理设施的处理能力、设备容积、基建投资、运行费用等都有较大的影响。

水量调节池的特点是池中水位随时间而变化，有的书上也称之为“变水位均衡”。水量调节池主要起均化水量的作用，因此池中一般不设搅拌装置。

水量调节池的结构如图 2-5 所示。进水一般为重力流，出水管设在池底部，以保证最大限度地利用有效容积。水量调节池可以分为出水需要提升和出水不需要提升两种，在有地面高差可以利用时，出水可以不用提升；如果没有足够的高差可以利用，出水可用泵提升。

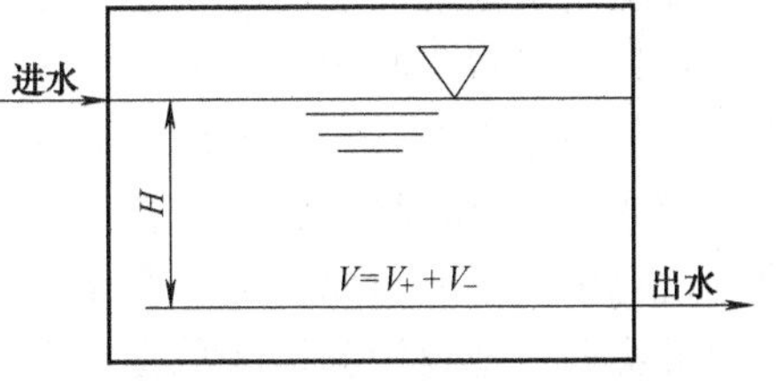

图 2-5　水量调节池的结构示意

H—调节池有效水深；V—调节池有效容积；V_+—进水量大于出水量的累积数的最大值；V_-—进水量小于出水量的累积数的最大值

2.1.3.2　水质调节池

水量调节一般不考虑污水的混合，故出水虽具有均匀的流量，但浓度仍然有可能是变化的，仍不能保证后续处理工艺在稳态下工作，因此有时还需要对水质进行调节。水质调节是使废水在浓度和组分上的变化得到均衡，这不仅要求调节池有足够的容积，而且要求在水池调节周期内不同时间的进出水水质均和，以便使在不同时段流入池内的废水都能达到完全混合的目的。

水质调节池也称均质池，它具有下列作用：a. 减少或防止冲击负荷对处理设备的不利影响；b. 使酸性废水和碱性废水得到中和，使处理过程中的 pH 值保持稳定；c. 调节水温；d. 当处理设备发生故障时，可起到临时的事故贮水池的作用。

水质调节是采用一定的措施使不同水质的水相互混合，常用的有水力混合和动力混合两种方法。

2.1.3.3 **水质水量调节池**

一般工业废水都有水量水质的变化，而水质水量调节池既可均量，又能均质，所以工程上一般应采用水质水量调节池，也称均化池。

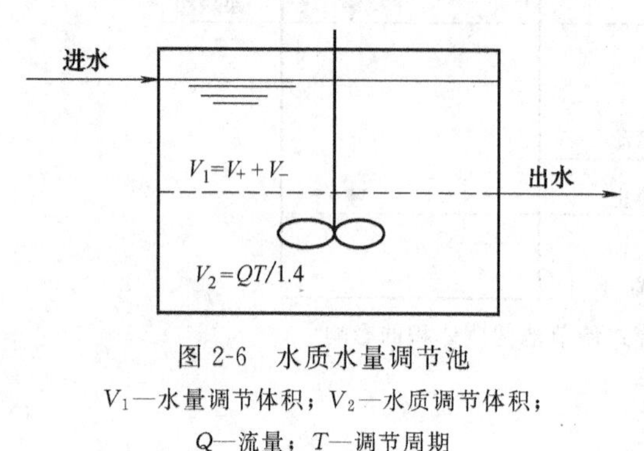

图 2-6 水质水量调节池

V_1—水量调节体积；V_2—水质调节体积；

Q—流量；T—调节周期

水质水量调节池应在池中设置搅拌装置。均量和均质在概念上是有区别的，它们的目的也不同，但其综合作用是使后续的反应过程能在稳定的条件下发生，故均量和均质又是不可分的，所以在工程上存在两个流程组合的问题，从而共同组成均化池。均化池上半部为均量（变水位），下半部为均质（常水位），而出水口设在池体的中部，如图 2-6 所示。出水口以上为均量的容积。这种组合方式占地省，而且水量调节部分也能起一些均和作用，是比较经济合理的，但池的深度相应要大些。

2.2 调节池的设计

2.2.1 数据收集及累积流量曲线

调节池设计最主要的技术参数是污染物的输入速率（即废水流量×浓度）。设计人员需以时间顺序收集废水流量及污染物浓度（BOD、COD 等）资料。有的研究表明，这些技术数据变化趋势呈现正态分布，也就是说，大多数数据的数值与平均值接近，只有少数是极值。所以，通过实测污染物输入速率，可合理估算出废水工程实际污染物输入速率的平均值，然后乘以安全系数便可得污染物输入速率的极值。

废水 pH 值的调节池设计不能采用上述方法。混合废水 pH 值与参加混合的各股废水碱度呈现函数关系，因此调节后废水的 pH 值不能简单地采用物料衡算法计算。所以一般建议，此类调节池设计应根据实验室滴定试验结果估计调节过程对 pH 值的影响。

在设计过程中，设计人员至少应收集两个运行周期的废水流量及污染物浓度资料，以确保技术数据具有代表性。例如，某乳制品厂的一个生产周期包括两个 8h 生产和一个 8h 清洗，那么该工厂的设计人员至少应收集两天（即 48h）的相关数据资料。

在数据收集过程中，废水水样现场采集的时间间隔应尽量短，以获取废水水质水量变化的最大值和最小值。实际往往通过流量计每小时采一次样，依据流量大小等比例混合，得到混合水样。废水随季节变化较大时，则每个季节至少采样一次（有的项目受设计期限的限制，此项工作可能不能实现）。

设计人员在采样工作完成后的数据分析整理过程中，还应考虑工厂可能出现的生产、加工技术或生产工艺、生产过程的变化对废水排放的影响，从而使设计更加符合实际，工程实施后能应对可能出现的各种不同变化。这些技术因素以及实际经济和竞争的不确定性，体现在调节池的设计安全系数方面。

在很多企业，尤其是那些需要清洗操作（如食品行业）、重要工艺或产品发生变化（如食品加工、制药、石油化工）的企业，流量与负荷变化各不相同，高流量时污染物浓度可能较低，反之亦然。

最普遍的计算调节池大小的方法是质量衡算法。该方法中要用到累积流量或累积质量图，这种图有时称为波形图，这种图解方法在很久以前就已经用于确定储水池大小的计算。由时间（一个周期为24h）对累积流量作图，在累积流量曲线的最高点和最低点处划两条平行线，其斜率代表调节池泵入或泵出的平均流量，两条切线间的垂直距离即为所需调节池的大小。

举例说明见表2-1和图2-7所示的奶制品厂的数据。这个例子给出了典型奶制品企业的时平均流量，该技术可用于各种企业（注：根据企业性质，可以采用不同的频率或间隔时间进行流量的测定）。

表2-1 Sunup牛奶厂的流量数据

时　间	流量/(m^3/d)	累积流量/m^3	累积流量百分比
午夜	120	0	0.0%
1	100	120	2.3%
2	80	220	4.2%
3	70	300	5.7%
4	60	370	7.1%
5	70	430	8.2%
6	80	500	9.6%
7	150	580	11.1%
8	300	730	14.0%
9	350	1030	19.7%
10	400	1380	26.4%
11	400	1780	34.0%
正午	450	2180	41.7%
1	350	2630	50.3%
2	500	2980	57.0%
3	450	3480	66.5%
4	400	3930	75.1%
5	200	4330	82.8%
6	200	4530	86.6%
7	150	4730	90.4%
8	150	4880	93.3%
9	100	5030	96.2%
10	100	5130	98.1%
11	200	5230	100.0%

在图2-7中，废水在午夜开始积累，其累积流量曲线如图所示。通过累积曲线原点和24h累计值的直线代表该日平均出水流量，同时也代表调节池的稳定出流率。分析确定调节池的体积至少要达到1700m^3。图2-7同时还可显示池子是满的还是空的。当累积流量曲线的斜率小于平均出水直线斜率时，池子在放空。当累积流量曲线的斜率大于平均出水直线斜率时，池子在充满。

这个方法根据具体一天或其他运行时段内的流量——时间曲线来计算调节池的大小。由于生产的可变性，所需的调节量每日也会发生变化，故还需注意收集代表调节流量变化的日流量、周流量或质量负荷率的变化曲线。因此，调节池体积的计算应采用10%～20%的安全系数，来满足运行方式的变化及未来流量或污染物浓度的变化（该体积为可变储容量）。另外，如果后续单元有能力处理更高的流量，就可以提高调节池的平均出水流量。

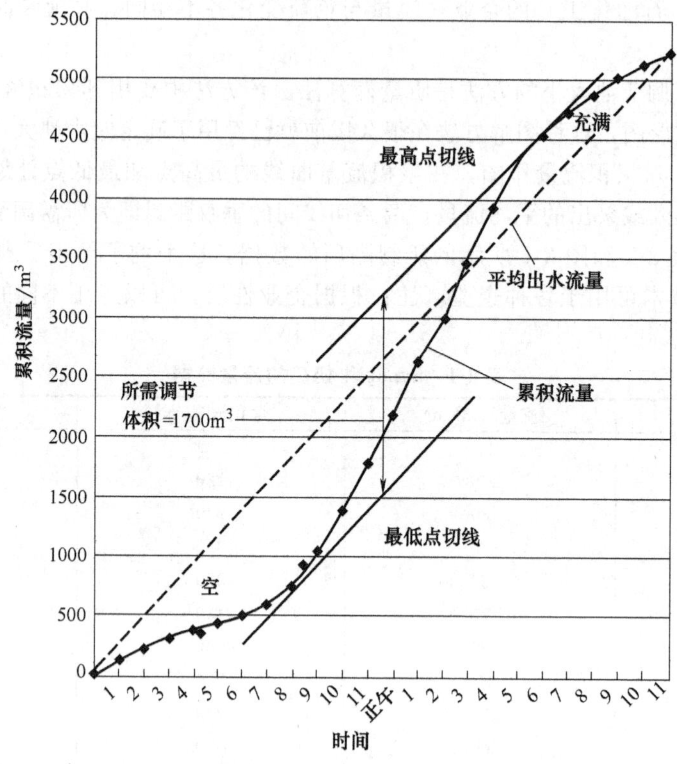

图 2-7　Sunup 牛奶厂累积流量图

2.2.2　交替导流式调节池

交替导流式调节池容纳固定周期（如 24h）的总废水量，其设计基础仅为废水流量。因此，设计参数包括平均流量及其在预定的时间范围内的变化。

【例 2-1】　某工厂排放的废水及其污染物状况见表 2-2，该厂的生产周期为 7 天。依据表 2-2 的数据和安全系数为星期平均流量的 20%，进行调节池设计。在每个生产周期内，该厂有一天不排放生产废水，但调节池每天都正常运行。该调节池的设计计算公式如下：

$$V_t = QT(1+SF) \tag{2-1}$$

式中，V_t 为每个调节池的体积，m^3；Q 为平均流量，m^3/d，本设计中 $Q=171m^3/d$；T 为调节时间，d，本设计中 $T=1d$；SF 为安全系数，%，本设计中 SF=20%。

每个调节池的设计体积为 $205m^3$。

设计人员在评估预计流量或水力负荷超过日平均流量的风险时，可利用标准统计手册或电子表格的数据计算标准偏差。在缺乏短期流量及水力负荷的原始数据时，不能采用该方法预测。

2.2.3　间歇导流式调节池

间歇导流式调节池也称为外置式导流池，我国多用于事故废水的调节，常称为事故池。设计人员在设计时必须充分考虑下列因素：分流的污染物量的变化、变化持续的平均时间以及已分离的废水回流至处理系统的流量，应评估上述因素对后续工艺，特别是生物处理设施的影响，因此设计比较复杂。当上述因素的变化易检测、呈现间歇式变化，且显著影响后续处理设施（如出水酚含量）的运行时，设计人员应优先采用间歇导流式调节池。

间歇导流式调节池设计步骤如下。

步骤一：确定需调节流量的变化频率及变化持续的时间（用于设计调节池）。

步骤二：计算在维持工程正常运行条件下，分流废水回流至处理系统的流速。

步骤三：根据所分流的废水量以及调节池内的废水连续地回流至处理系统，确定调节池的容积。

步骤四：核算废水调节和处理后，出水是否能够达到排放限制。

此类调节池设计的关键是技术资料收集、系统分析。在废水排水管线上安装废水在线自动监测仪，根据废水的变化自动进行废水的分流切换。该项技术应用已有三类案例：通过pH值传感器监测废水pH值变化；在线气相色谱仪监测废水酚的排放；电导传感器监测废水总溶解固体的变化。除此之外，还有其他水质参数的变化可能会严重影响废水生物处理系统的正常运行，特别是当废水只采用一级处理时将直接污染受纳水体。

【例2-2】 如表2-2所示，某工厂废水酚的日排放，随着其生产运行状况的变化，差异较大。因此，需采取分流措施，对废水实施分流，减少冲击负荷，然后根据废水处理系统所能承受的污染物浓度，将分流的废水回流至进水。

24h混合样品中酚的浓度见表2-2。其允许排放浓度为500μg/L。进一步分析各个样品发现，一天中有两个3h时间段（在3：00～6：00之间以及晚间11：00～早上2：00）出现超标问题，此时流量也提高至0.250m^3/min。所以，需导流的总体积按下式计算：

$$V=QTfk \tag{2-2}$$

式中，V为每天需导流的废水体积，m^3；Q为导流量，m^3/min；T为导流时间，h；f为导流频率，次/d；k为单位换算常数，min/h。

表2-2 企业设施的日水流数值特征

天数	总流量/(m^3/d)	酚浓度/(μg/L)	酚质量/(kg/d)
1	350	2000	0.70
2	225	2750	0.62
3	200	3250	0.65
4	240	2500	0.60
5	300	2250	0.68
6	50	100	0.01
7	0	0	0
平均值	171	1836	0.41
最小值	0	0	0
最大值	300	3250	0.70

因此　　$V=0.250m^3/min\times 3h\times 2次/d\times 60min/h=90m^3/d$

控制回流量可由下式计算：

$$f_c=V/(Tk) \tag{2-3}$$

式中，f_c为控制回流量，m^3/min；V为每天导流的废水体积，m^3；T为回流时间，h；k为单位换算系数，min/h。

因此　　$f_c=90m^3/24h\times 1h/60min=0.063m^3/min$

调节池的体积可以这样确定，导流的总水量为90m^3，并以恒定的流量回流至处理系统中。因此，剩余18h的总水量为171－90＝81m^3，按24h计，其平均流量0.056m^3/min。

为了保证6h导流时间内流量不变，调节池体积应该足够大，用以容纳导流时间内（本例为6h）以平均流量流入的体积。

调节池体积按下式计算：

$$V=QTk \tag{2-4}$$

式中，V 为调节池体积，m^3；Q 为未导流时的平均流量，m^3/min；T 为导流时间，h；k 为单位换算系数，min/h。

因此 $$V=0.056\times6\times60=20.16m^3$$

在进入后续处理单元前，从调节池回流到处理系统的废水与系统进水可以通过在线调节池或快速混合池重新汇合。因此，总流量 Q_T 为：

$$Q_T=Q_A+Q_C=0.056+0.063=0.119m^3/min \tag{2-5}$$

式中，Q_A 为未导流时的平均流量，m^3/min；Q_C 为控制回流量，m^3/min。

2.2.4 完全混合式调节池

完全混合式调节系统用来应对企业各个部门产生的多股废水造成的水质、水量的变化，这种变化通常对废水处理设施的进水产生脉冲。该系统是最常见的调节工艺，可以不断削弱流量与负荷变化的峰值，改善后续处理工艺的运行参数，使后续处理工艺稳定运行。

调节池的体积 V_e 由运行参数对后续处理单元的影响来确定，按下式计算：

$$V_e=(\sum f_i)T_e k \tag{2-6}$$

式中，V_e 为调节池的体积，m^3；f_i 为单股废水流量，m^3/min；T_e 为调节时间，h；k 为单位换算系数，min/h。

【例 2-3】 有三股废水分别以 $1.98m^3/min$、$0.59m^3/min$、$0.189m^3/min$ 的流量进入调节池，所需调节时间为 4h，那么：

$$\begin{aligned} V_e &=\sum(f_1+f_2+f_3)T_e k \\ &=(1.98+0.59+0.189)\times4\times60=662.16m^3 \end{aligned}$$

然后，每个运行参数的相对变化可由下面的公式来计算，即单股废水流量相对于总水量变化的变化率，表示如下：

$$V_{art}=(V_{arpi})\frac{f_i}{f_t} \tag{2-7}$$

式中，V_{art}为总废水浓度变化值，mg/L 或 μg/L；V_{arpi}为各股废水浓度变化值，mg/L 或 μg/L；f_i 为各股废水的流量，m^3/min；f_t 为总废水量，m^3/min。

例如，在单股废水中污染物浓度的变化值为 50mg/L，单股废水流量为 $150m^3/min$，总废水流量为 $500m^3/min$，则总废水的浓度变化值为：

$$V_{art}=50\times(150/700)=10.7mg/L$$

上式可用来计算总废水浓度的变化和可能对后续处理系统产生的影响。

2.3 其他设计要素

2.3.1 搅拌

调节池通常需要搅拌混合，尤其在有固体悬浮物存在时。通常连续机械混合比水力混合效果好。没有固体悬浮物时可采用交替导流方式。

2.3.1.1 空气搅拌

当废水中含有可生物降解的污染物时，调节池必须进行曝气，否则会有臭味产生。曝气和混合系统可以有机结合（如空气扩散系统）。在池底多设穿孔管，穿孔管与鼓风机空气管相连，用压缩空气进行搅拌。尽管所需的混合动力会随池子几何形状发生变化，但要通过空气扩散系统使水中的固体保持悬浮状态，单位池子体积的最小曝气量需达到 0.5～0.8L/(m^3·s)。此方式搅拌效果好，还可起预曝气的作用，但运行费用也较高。

2.3.1.2 机械搅拌

在池内安装机械搅拌设备。机械搅拌设备有多种形式，如桨式、推进式、涡流式等。此方法搅拌效果好，但设备常年浸于水中，易受腐蚀，运行费用也较高。

在机械混合搅拌系统中，动力消耗通常需达到 0.02～0.04kW/m^3，这样才能使工业废水中较重的固体完全悬浮起来。

由于工业废水中一般含有较高浓度的固体或者黏性物质，从而使其黏度高于其他废水，故不论是采用机械搅拌系统还是空气扩散系统，使用前一般要进行中试研究。

使用机械混合搅拌系统的经验表明，应当避免在调节池中使用机械表面曝气机，尤其是当废水中含有表面活性剂和肥皂时；另外寒冷季节里，由于表曝机的喷沫可能会产生大量的泡沫和冰冻问题，故应避免使用表曝机；还有，如果调节池的深度较大，表曝机便不能在整个调节池的深度上进行合理的搅拌。对于这种情况，选择潜水搅拌器较为合理，因为它可以安装在任何深度的位置上，而且搅拌器在安装后可根据需要进行的搅拌强度调整，以优化混合效果。当水中会逸出可燃性气体或蒸汽时，需要使用防爆马达。

2.3.1.3 水泵强制循环搅拌

调节池的第三种混合方式就是用水泵将调节池出水进行回流。通常会在泵的出水管道和回流管道上安装节流阀（蝶阀或柱塞阀），使回流水量从 0 变化到 100%。尽管这种方式比机械搅拌混合或空气扩散系统经济，但由于涡流作用，对污染物浓度混合的效率较差。因此，推荐在采用回流混合的调节池中使用挡板。

2.3.2 曝气

除了搅拌，空气扩散曝气和表面机械曝气还能通过化学氧化作用降解化合物，并且能吹脱去除挥发性污染物质。

一些国家在将挥发性有机物排放至大气或者将调节池归类为处理罐时，要求有空气排放许可证。脱出的气体在排入大气之前，要求使用颗粒状活性炭或是化学洗涤器对其进行处理。

其他生产过程排放的气体，如果不含有有害成分，可以直接通入废水中用来搅拌。例如，烟道气通常含有大量的 CO_2，可以用来混合并中和高 pH 值废水。

2.3.3 挡板

除了废水中含有大量可沉降固体的情况以外，绝大多数采用机械搅拌的调节池中都会设置挡板，以防止短流和涡流现象的发生。在圆形池子中，墙壁上通常安装 4 个挡板以减少涡流并提高混合效果。挡板的具体安装位置和尺寸取决于池子结构和搅拌器生产厂家的要求。

实际中还常用到叠排式挡板和底部环绕式挡板。由于叠排式挡板在水平和垂直方向上均能有效地分配水流，故更适用于宽的调节池。

为了保证一定的入口流速以防止悬浮固体沉在池底，应从池子底部进水。

2.3.4 池子结构

由于调节池可能会产生难闻的气味、泡沫和冰冻问题，因此池子的结构必须配置超高（从最高水位到池子顶部的距离）、盖板，并安装管道系统以及其他辅助系统。

(1) 超高。使用空气扩散装置的调节池至少需要 0.5m 的超高，如果系统中有可能产生泡沫，超高要达到 1.5m。使用潜水搅拌器的系统至少需要 0.6m 的超高。使用表曝装置的调节池至少需要 1～1.5m 的超高。

(2) 盖板。如果有可能有难闻气味或是冰冻现象发生，调节池应该覆以盖板或在池内安装合适的通风设备。此外，可以考虑使用一些气味控制装置（化学洗涤器、活性炭）来处理臭气。

(3) 空气扩散装置。采用空气扩散装置进行搅拌或曝气时，大气泡扩散装置在避免固体堵塞或者油脂覆盖方面，性能要优于小气泡扩散装置。同时，扩散装置尽量安装在池底，以防止在其下方产生沉降固体，同时还应该有防止堵塞扩散装置的措施。

(4) 泡沫喷淋。如果废水中含有高浓度的起泡剂和表面活性剂（在乳品厂、其他食品厂和纺织厂比较常见），可以采用泡沫喷淋系统以减少泡沫。泡沫喷淋系统通常使用车间排水或者饮用水，通过喷嘴在一定压力下将水喷洒出来，从而破坏泡沫，也经常用到消泡化学药剂。

(5) 冰冻。若冰冻问题不可避免，外部管道和阀门应设保温措施。如果调节池结冰，应在池子的附近设置加热装置，加上盖板也可以解决这个问题。

(6) 排水与清洗。调节池应该具备一定坡度以便放空排水，而且应设置供水水源用以冲洗。否则，在排水后池中的一些残留物会产生气味，导致环境健康问题。

(7) 放空管和溢流管。调节池设计中可以不必考虑大型泥斗、排泥管等，但必须设有放空管和溢流管，必要时还应考虑设超越管。

(8) 池中设计最高水位不能高于进水管的设计水位，最低水位可按排水泵站的要求设计，池内水深一般为 2m 左右。调节池的形状宜为方形或圆形，以利形成完全混合状态。长形池宜设多个进口和出口。出口宜设测流装置，以监控所调节的流量。

2.3.5 泵的控制与启动

水泵的液位控制基于进出水水量的动态平衡。对于单一泵（一台使用，一台备用）系统，通常要求泵的启动水位尽可能低，并与泵的吸程要求一致。

调节系统的设计还应考虑采用定速泵还是无级变速泵。实际工程中，调节池中的泵向附近构筑物排水时，水头变化很小（如一个堰）。然而，随着调节池水位的上升和下降，水泵的负压水头变化很大。因此在设计调节池水泵系统时，池中水的静压水头是主要考虑的水力变量。

当调节池水位变化时，由于离心泵的输出流量与池中水的静压水头变化相反，因此泵的输出流量也会发生较大的变化。为了抵消这种影响，通常在恒流泵上安装流量控制器来调整泵的输出功率，以便在不同池水液位下维持均衡的输出流量。

采用变频驱动来改变调节池内泵的输出功率是一种低能耗的方法。这种系统一般会用到一个水流回路，即一个变频驱动和一个具有反馈回路的流量计，来调整泵的转速使之满足所需的流量。

参考文献

[1] 周岳溪，李杰．工业废水的管理、处理与处置．北京：中国石化出版社，2012.

[2] 崔玉川．城市污水处理厂处理设施设计计算．第2版．北京：化学工业出版社，2012.

[3] 韩洪军．污水处理构筑物设计与计算．哈尔滨工业大学出版社，2005.

[4] 孙体昌，娄金生，章北平．水污染控制工程．北京：机械工业出版社，2009.

第3章

pH值的控制

3.1 概　　述

pH 值调节是工业废水最常见的预处理过程。工业制造、加工、清洗涤过程中，需要使用多种酸和碱，若将其随意排放会造成污染、腐蚀管道、毁坏农作物，危害渔业生产，破坏生物处理系统的正常运行，因此，大多数工厂在将废水排入地表水体或城市污水处理厂之前需要调节废水 pH 值。

废水最佳 pH 值，在某种程度上取决于废水的处理工艺及排放限值。直接排放时，出水的 pH 值应在 6.0～9.0 之间，以保护受纳水体。间接排放时，出水 pH 值应在 5.5～10.0 之间，以避免造成市政污水管网腐蚀和污水处理厂运行不稳定甚至处理失效。若废水预处理工艺中包括生化处理过程，生物处理单元进水 pH 值则应为 6.5～8.5。当生物处理过程中需硝化反应时，最佳 pH 值一般为 7.5～8.5（该 pH 值范围为典型的生物处理工艺的 pH 值范围，在该范围以外，其他工艺仍具有好的处理效果）。另外，随着水温的变化、工艺形式（间歇式还是连续流）以及技术的不同（好氧处理还是厌氧处理），相应的最佳 pH 值也存在差异。

酸性废水排入污水管网，可能会发生化学反应产生危害。如废水氰离子与酸性废水混合反应所产生的氰化氢，具有剧毒。废水中的硫化物与酸性废水接触后会反应，产生硫化氢气体。无论氰化氢还是硫化氢，即使在低浓度时也具有极大危害性。另外，硫化氢易被生物氧化形成硫酸，硫酸会严重腐蚀混凝土管道。

3.2　中和化学药剂的选择

中和化学药剂的选择依据下列因素，这些因素是根据代表性废水在不同条件下的实验室烧杯试验结果和滴定曲线确立的。

3.2.1　选择影响因素

（1）中和化学药剂的类型。中和化学药剂的选择首先应明确采用酸还是碱（或两者都用）来调节 pH 值。当废水水质变化大而所控制的 pH 值范围较窄时，其中和通常需要酸和碱。

（2）运行费用。中和化学药剂选择的经济评价应通过多方案比较。例如，通过强碱还是弱碱调节酸性废水的 pH 值。采用强碱，其投加量虽少，但是废水 pH 值却很难准确控制，而且每单位强碱的费用可能比每单位弱碱的成本高。化学药剂的运行费用为药剂的单位成本和其投加量的函数。此外，在评估每种化学药剂的运行费用时，还应计算相关的劳动力费用和维护费。

进行化学药剂成本评估时，应合理比较中和化学药剂产生单位碱度或酸度的费用。具体的计算公式如下：

$$C_{碱/酸}=(C_{散装}\times EW)/(P_{散装}\times EW_{CaCO_3}) \tag{3-1}$$

式中，$C_{碱/酸}$为单位重量酸或碱的费用（以 $CaCO_3$ 计）；$C_{散装}$为单位重量散装化学药品的费用；EW 为化学当量；$P_{散装}$为散装化学药品的纯度；EW_{CaCO_3}为碳酸钙的当量，为 50。

（3）投资费用。投资费用包括化学药剂储罐和储藏间、泵、测量设备、建筑材料、安全措施和控制设备的费用。

（4）反应时间。废水中和反应时间影响 pH 值调节装置的数量、规模、混合要求和控制设备。

（5）溶解性固体产生量。废水处理厂的出水中溶解性盐应予以控制。废水中和过程中所产生的溶解性固体浓度，取决于所用中和药剂的种类及投加量。

（6）固体物产量。废水中和过程中产生的固体以悬浮态排入后续处理单元或 POTW，或是在中和池中分离去除后进一步处置（见第 9 章）。而中和过程中所产生的固体量则取决于废水水质、化学中和剂种类、废水的最终 pH 值。

（7）安全性。有些中和化学药剂使用时安全十分重要。在具体选择时，应采取预防措施，避免操作人员在使用过程中出现皮肤接触、意外的眼睛接触和蒸气吸入等问题；其次，根据中和化学药剂的需要量，采取相应的储存和保管措施，避免发生其他次生安全问题。

（8）中和化学药剂过量时的最大/最小 pH 值。当中和单元位于废水处理工艺的前端，或属于生物处理工艺的单元，或是中和过程属于 POTW 的预处理时，则应该明确废水经过中和处理后可能出现的 pH 最大值和最小值。例如，用氢氧化钠中和酸性废水时，氢氧化钠过量会导致废水的 pH 值很高，达不到处理或排放的要求。为此，应采用其他碱，如氢氧化镁［$Mg(OH)_2$］，以避免大幅度提高废水 pH 值，因为在 pH 值接近 9.0 或大于 9.0 时，氢氧化镁溶解度极低。

（9）操作的难易度。废水中和过程操作的难易度取决于调节 pH 值所采用中和化学药剂的类型和投加频率。中和化学药剂形态分固体和液体。固态包括粉末状和颗粒状，投加前需进行溶解、混合，以液态形式储存。固态中和化学药剂通常成包运输（重达几百千克），一般通过人工将其注入混合设备或“高级麻袋”中，麻袋被吊到空架上后，可将中和化学药剂卸至运输设备上。液态中和化学药剂一般用圆桶、提袋、货车或者轨道车运输。

中和化学药剂的种类和用量决定了接收、卸载、储存及运送到 pH 值控制系统过程中所需要的设备。中和化学药剂使用和储存还包括安全、低温保存、防尘、建筑材料和特殊化学品处理系统。如 CO_2 一般呈液态，通过货车运输，在压力容器中低温保存。使用时用气体释放器将 CO_2 气体注入水中。

（10）货源及其他问题。在评价 pH 值调节的中和化学药剂时，其货源、价格浮动及其品质等级都是重要的因素。例如，中和化学药剂的生产位于废水处理厂附近，其运输费用就会减少，相应的单位成本就会降低。此外，可以直接用临近工厂的废水中和另一家废水的 pH 值，不需要再购置中和化学药剂。

以下介绍最常用的中和化学药剂。常见中和化学药剂的基本信息见表 3-1。表 3-2 列出了常见中和剂的特性、类型以及供应和使用方面的主要信息。

表 3-1 常见的碱性中和剂和酸性中和剂（WEF，1994）

名称	分子式	摩尔质量	中和 1mg/L 酸度或碱度（以 mg/L $CaCO_3$ 计）的量
碳酸钙	$CaCO_3$	100	1.00
氧化钙	—	56	0.56
氢氧化钙	$Ca(OH)_2$	74	0.74
氧化镁	MgO	40	0.40
氢氧化镁	$Mg(OH)_2$	58	0.58
白云石生石灰	$[(CaO)_{0.6}(MgO)_{0.4}]$	49.6	0.50
白云石水合物	$\{[Ca(OH)_2]_{0.6}[Mg(OH)_2]_{0.4}\}$	67.6	0.68
氢氧化钠	NaOH	80	0.80
碳酸钠	Na_2CO_3	106	1.06
碳酸氢钠	$NaHCO_3$	84	1.68
硫酸	H_2SO_4	98	0.98
盐酸	HCl	36	0.72
硝酸	HNO_3	62	1.26
碳酸	H_2CO_3	62	0.62

表 3-2 常见中和剂性能（WEF，1994）

性质	碳酸钙（$CaCO_3$）	氢氧化钙［$Ca(OH)_2$］	氧化钙（CaO）	碳酸钠（Na_2CO_3）	氢氧化钠（NaOH）	硫酸（H_2SO_4）	盐酸（HCl）
形态	粉状，碎粒状	粉状，颗粒状	块状，粉状，磨碎状	粉状	液体	液体	液体
船运集装箱	袋装，筒装，散装	袋装，散装	袋装，筒装，散装	袋装，散装	袋装，筒装，散装	袋装，筒装，散装	袋装，筒装，散装
体积重量/(lb/ft^3)	粉状 48～71，碎粒状 70～100	25～70	40～70	34～62	74～100	106～114	64～74
商品纯度	无	一般为 13%	75%～99%，一般为 90%	99.2%	20%，50%，98%	78%，93%	27.9%，37.45%，35.2%
水溶性/(lb/gal)	几乎不溶	几乎不溶	几乎不溶	0.58，32°F 1.04，50°F 1.79，68°F 3.33，86°F	全溶	全溶	全溶
投加形式	固定床用干泥浆	干粉或泥浆	干粉或泥浆	干粉或液体	液体	液体	液体
投加装置	体积计量泵	体积计量泵	干体积，湿泥浆	体积计量器，计量泵	计量泵	计量泵	计量泵
配套设备	泥浆池	泥浆池	泥浆池，消化池	泥浆池	无	无	无
包装材料	铁，钢	铁，钢，塑料，橡胶	铁，钢，塑料，橡胶	铁，钢	铁，钢，玻璃钢，塑料	聚偏氟乙烯，聚四氟乙烯，不锈钢，某些塑料	哈司特镍合金 A，特定塑料

注：$1lb/ft^3=16.02kg/m^3$；$1lb/gal=99.776kg/m^3$。

3.2.2 碱性中和化学药剂

通常用下列碱中和酸性废水。

3.2.2.1 石灰

石灰常用于中和酸性废水，因为其适用性强、成本相对便宜。通常用于中和酸性废水的石灰和石灰岩主要包括高纯度氢氧化钙石灰（熟石灰），氧化钙（生石灰），白云石生石灰，白云石水合物，高钙石灰石，白云灰岩，碳酸钙，电石废料（氢氧化钙）。

不同形式的石灰的中和反应时间不同，从而影响中和反应池的规模、投资费用。部分化学药剂还会产生大量的中间产物，增加所产生的固体物质量和种类。

石灰化合物的溶解和反应速度慢，因此需要较长接触时间和剧烈混合搅拌，以确保反应顺利进行。石灰化合物最大的缺点是中和反应过程中产生固体和结垢（不溶性钙盐），投加过程中产生石灰粉尘使人感到不适并产生潜在的健康问题。中和反应产生的固体需通过澄清池或沉淀池分离，然后脱水、处置。采用石灰，将强酸性废水中和到 pH 值小于 5 时，基本不出现结垢问题；pH＝5～9 时，沉积物呈颗粒污泥或垢，具体取决于废水水质、所使用石灰的类型以及固体沉淀物是否再循环；pH＝9～11 时，在 pH 电极、阀门、管道、泵和堰上形成硬垢，需及时清除。另外，如果石灰过量，将会使废水 pH 值高达 12.5，依据资源保护和回收法（RCRA），由此会造成腐蚀风险。

石灰岩是最便宜的碱性中和剂。常以固定床滤料的形式使用，当废水流经滤床时，会产生 CO_2，易发生气床结合现象。石灰岩中和硫酸废水时，石灰岩滤料上会形成硫酸钙沉积层，后者需通过机械搅拌去除。石灰岩的反应时间一般长达 1h 甚至更长，具体则取决于岩粒滤料材质和粒径，且需定期更新以维持其处理性能。

3.2.2.2 氢氧化钠

氢氧化钠俗称苛性钠，通常有固体和液体两种形态。从使用和溶解的安全性考虑，颗粒态的无水氢氧化钠在废水处理中没有实际应用。因此，下面讨论的内容是指液态氢氧化钠。

氢氧化钠虽然较贵，但与石灰和其他碱相比，在投资成本、运行费用和维护费用方面具有很多优势。氢氧化钠属于强碱中和剂，反应迅速，相应的反应池容积较小。从储存和使用方面来说，它还是一种清洁的化学原料，中和反应过程中产生的固体比石灰类中和剂明显少。此外，废水总的酸与氢氧化钠反应形成钠盐的溶解度高。因此，pH 值调节工艺后续不需另设固体沉淀池。

通常，氢氧化钠与氯一起生产。氯的供需随着地域的不同而变化，因此氢氧化钠的价格和货源变化较大，这是其缺点之一。其他缺点还包括，它对肺和暴露在外的皮肤都会有伤害，以及它一旦溢出，还会造成人员滑倒。另外，过量的氢氧化钠会使废水的 pH 值迅速超过 12，依据《资源保护和回收法》（RCRA），pH 值等于或高于 12.5 会造成腐蚀危险。

3.2.2.3 碳酸氢钠

碳酸氢钠是一种弱碳酸盐，俗称小苏打，是一种高效的缓冲剂。它的 pH 值接近中性，可以有效中和废水中的酸或碱。在废水处理工程中，主要用途为缓冲剂，对于厌氧生物处理系统中的 pH 值控制也非常有效。

3.2.2.4 碳酸钠

碳酸钠（Na_2CO_3，俗称苏打粉）与氢氧化钠相比，使用中的安全问题少；与碳酸氢钠相比，价格便宜。但是作为中和剂，其效果较氢氧化钠和碳酸氢钠的低。碳酸钠作为中和剂时，反应速度较快，但产生 CO_2，由此可能会产生发泡问题。此外，碳酸钠在水中的溶解度低，与熟石灰类似，以悬浊液形式投加比较经济。

3.2.2.5 氢氧化镁

与石灰和氢氧化钠不同，氢氧化镁为弱碱，其溶解属于吸热反应，使用相对安全。氢氧化镁的碱性较大，但反应速度较石灰和苛性钠慢。室温下氢氧化镁溶解度很低，并随着温度升高而降低。pH=9.0左右，氢氧化镁不溶于水，因此过量投加也不会出现废水pH值过度升高。氢氧化镁价格低廉、投加简单易行，常被作为中和酸性废水的替代性中和剂，尤其是溶解性金属的去除。氢氧化镁中和酸性废水所产生的金属氢氧化物污泥的体积一般较小，但脱水却较石灰中和所产生的污泥难。

3.2.3 酸性中和剂

以下介绍中和碱性废水的常用酸。

3.2.3.1 硫酸

硫酸（H_2SO_4）是最常用的碱性废水中和剂，价格低廉、储存简单。在大多数条件下都可以投加，但是其腐蚀性较大，需要特殊的安全防范措施。如果废水中存在高浓度的钠和钙，中和反应则会产生可溶性钠盐和不溶性钙盐。在厌氧条件下，硫酸盐被还原成硫化物，然后形成硫化氢——腐蚀性危险气体。在好氧条件下，硫化物能被生物氧化成硫酸盐，会腐蚀水泥输水管道。

3.2.3.2 二氧化碳和烟道气

目前，人们已经普遍采用压缩CO_2气体中和碱性废水。CO_2溶于水，生成碳酸（一种弱酸）与碱性废水发生中和反应，降低废水的pH值。在废水中和需要进行二、三级微调或者pH值调节范围很小时，采用CO_2经济高效。

烟道气中和碱性废水是一种很实用的方法，比CO_2更经济。烟道气一般含有14%的CO_2，其中和原理与压缩的CO_2气的相同。

3.2.3.3 其他酸

在特定情况下，可采用其他酸（如盐酸、硝酸和磷酸）来中和碱性废水，但费用一般较硫酸高，且比硫酸难以处理。此外，如果对氯化物、总氮、总磷有排放限制，需考虑出水水质是否达标。

3.2.4 储存和包装要求

以下介绍pH值中和剂储存装置的材料选取和储存的要求。在储存装置材料的选择和储存、投加系统设计之前，应咨询药剂供应商、制造商和行业协会。

大量的石灰应采用密闭的混凝土罐或铁罐储存，出料口的坡度不小于60°，料斗一般设置搅拌器。石灰的批量转运可采用传统斗式提升机、带式输送机、平板运输机、拖链输送机或是由碳钢制成的批量传输带运输。风力运输机会使石灰在空气中消解，减小石灰颗粒粒径，因此人工投加和气动投加时，需安装粉尘收集装置。石灰一般以乳液投加，即先将石灰于水中消解，然后由泵注入pH调节池。

废水中和处理过程中，耗碱量较大时，一般采用石灰。生石灰价格低廉，由于石灰中往往夹杂沙砾，因此在投加过程中，容易出现阀门、泵、消化器和其他设备磨损，维护工作繁重。另外，石灰在水中消解时释放大量热量（反应放热），存在其他操作和安全隐患。

除了储存箱的出口应设斗式搅拌槽以外，氢氧化钙的储存和使用要求与生石灰一样。储存箱的出口应设有专用旋转给料器，料斗的坡度至少是65°。与生石灰相比较，石灰乳所含的不溶性残渣少，但仍会损害阀门、泵、消化器和其他设备。

液态氢氧化钠以50%（质量浓度）储存，但在11.7℃（53℉）下，会产生结晶，因此，储存罐应该置于室内或者采取相应的加热和保温措施。如果其浓度稀释至20%（质量分数)，结晶温度则降至−26℃（−15℉）(由于需采取专门的储存方式和安全措施，使用时应先咨询生产商或查阅稀释氢氧化钠溶液的使用手册)。液态氢氧化钠可以储存在圆桶、储存袋，或者货车或火车槽罐。储存器的容量应为最大需求体积的1.5倍（使用时允许用水稀释）或者2周的预期用量，以两者的较大值为基础。氢氧化钠溶液的储存取决于温度和溶液的限制条件。在温度为24～60℃（75～140℉）条件下，储存50%（质量分数）的氢氧化钠溶液，其储存罐应采用低碳钢。当储存温度高于60℃（140°F）时，储存罐需采用更精细的材料（一般不推荐)。如果氢氧化钠长期储存在钢制容器中，则会存在容器铁溶解现象。如果需要避免铁的溶出，储存罐的材质应采用316不锈钢、镍合金、塑料制作，甚至可以用橡胶。

碳酸钠通常采用钢罐储存，并采用配置吸尘器的钢制气动设备来传输。散装或袋装的碳酸钠易吸收空气中的CO_2和水，形成活性较低的碳酸氢钠。储存系统组成包括：一个储存罐，将散装碳酸钠制成浆然后转移到罐的装置，以及将罐中的溶液抽出后用水稀释的装置。储存过程中最重要的是维持一定的储存温度以避免形成晶体，因为后者不易溶解。操作系统中采用的水需预热，加热线圈置于碳酸钠溶液罐底部。如碳酸钠溶液罐位于室外，则需采取保温措施。粉状碳酸钠在储存过程中，有时候会结块形成不同形状的晶体，为了避免形成结晶，应在储存罐底部出口正上方安装电动或气动振荡器。50%～60%（质量分数）的总碳酸钠溶液可以采用泵输送，但应防止热量损失以避免结晶。5%～6%（质量分数）的碳酸钠稀溶液可以采用水的输送方式。

碳酸氢钠的储存和使用方法与碳酸钠的相同。

氢氧化镁是将颗粒态氢氧化镁配成浓度为55%～60%浆液。它不具有特别的腐蚀性，也不难处理，一般散装用罐车输送。尽管可以用其他材料，但储罐材质一般为玻璃钢。氢氧化镁浆液于0℃（32°F）会冻结，储存时需适度搅拌。冻结不会影响氢氧化镁的品质，但会产生分离现象。一旦发生分离，则很难恢复成浆液。

无机酸（如硫酸、盐酸、硝酸）一般以液态储存于生产商提供的圆筒或袋中。散装储存罐也很普遍。根据浓度的不同，硫酸储存包括不锈钢罐、玻璃钢罐和其他塑料罐等。盐酸一般储存于硬质橡胶衬里的金属罐、玻璃钢罐和塑料罐中。硝酸的储存一般采用低碳不锈钢储罐（304型或更好的)。无机酸储罐不要求搅拌，投加一般采用计量泵。泵与酸接触的部件须采用酸的化学惰性材料（向生产商咨询)。

CO_2一般在加压状态下由冷藏车运输。液态CO_2在冷藏加压容器中储存，使用时经气体释放器将液态的CO_2转化成气态，注入废水中进行中和反应。

3.3 pH值控制系统的设计

pH值控制系统将废水pH值调整到允许范围之内，或者满足pH值调整控制过程的要求。因此，pH值控制系统需投加适量酸或碱于废水；废水与pH值控制药剂充分混合；提供足够的中和反应时间，使其达到平衡或接近平衡。

几乎所有的废水水质都会随时间变化，因此pH值控制系统必须能够及时监测废水pH值并控制药剂的投加量，达到目标pH值。pH值是氢离子浓度的对数函数，因此pH值控制系统设计很复杂。比如，向pH=2强酸溶液中添加碱，其量为x，使溶液pH值升至3；如pH值继续升高至4时，碱投加量仅为原始消耗量（x）的10%左右，将pH值升至5耗碱量为1%x，pH值继续至6则耗碱量为0.1%x。因此，废水pH值从2调到7是非常复杂的控制过程。另外，pH 值发生任何可测量的变化之前，需要加入大量的碱，但是随着 pH 值升高，pH 值变化率在溶液达到平衡点之前也升高（这种变化决定于废水的组成成分），然后变化率下降。所以精确控制 pH 值，需有精确而灵敏的控制系统。

下文介绍 pH 值控制系统设计的一般规定。

3.3.1 一般设计规定

在中和控制系统的设计过程中，设计人员需考虑废水流量、pH 值、缓冲能力变化的影响，工业废水的 pH 值随时间（每分钟、每天、每月）变化很大，一些废水（如含酸碱清洗剂的食品加工废水）pH 值几分钟内可由 2.0 跳跃至 12.0。

如废水 pH 值变化范围很大，先通过调节池减少 pH 值变化范围，从而减小 pH 值控制系统的规模。废水处理中调节池可减小废水水质［如流量、悬浮固体或生化需氧量(BOD)］的变化，同时废水水质在正常情况下比较稳定，因此调节池设计相对简单。然而，pH 值是很多复杂化学平衡的反映，化学平衡会随时发生较大变化，故 pH 值不能一直保持稳定。仅仅两个单位的 pH 值变化（如 2～4)，则反映了废水中氢离子浓度变化达 100 倍，而废水其他参数很少有如此大的变化（调节池的设计详见第 8 章）。

很多工厂会同时排放酸性和碱性废水。一些工厂只产生酸性废水，而其附近的工厂或许产生碱性废水。当酸性废水和碱性废水同时产生或者产生地相近时，二者混合就是一种成本低廉的中和处理方法。不同废水按照合适的比例混合不仅中和效果好，还可以避免出现酸碱冲击负荷，在此过程中若出现酸性或碱性废水量不够，应可补充相应量的酸或碱。

对于源自不同工厂的混合废水，设计人员应先通过查阅相关资料，咨询相关的化合物供应商，分析每股废水的水质以评估其兼容性。特别是无毒废水与有毒废水混合，应更谨慎，因为由此产生的固体的处理，均需符合 RCRA 危险废物处理规定。另外，如某股废水需多级处理（如生化处理）且废水混合影响后续处理工艺（如尺寸和其他因素）时，则不应实施废水混合处理。

3.3.2 间歇流和连续流处理系统

pH 值控制系统分为间歇流和连续流系统两种类型，其最大的区别在于所采用控制系统不同以及水力控制位于 pH 值控制的反应器内部还是外部。

3.3.2.1 间歇式 pH 值控制

一般适合于废水水量小或废水间歇性排放的情况。一般间歇式控制装置适应的最大流量范围为 190～380m^3/d，间歇式 pH 值控制系统采用间歇式中和操作，废水达到目标 pH 值后才排放，因此较连续流控制系统简单，运行可靠。

间歇式系统由多级 pH 值调节池或在间歇式 pH 值调节池前设置一个大调节池/储存池（图 3-1)。废水经泵输入 pH 值调节池中，通过 pH 值调节池进水管上的控制阀，控制废水进入哪个 pH 值调节池，中和后的废水则经调节池出水管上的控制阀，重力流进入下游处理工艺或废水收集系统。典型的间歇式控制系统设计，还包括 pH 值调节池的水位控制设备、pH 值监控设备、中和剂投加设备以及 pH 值调节池的混合设备。废水由泵注入调节系统的某个 pH 值控制池，至废水达到设定水位后再投加中和剂。中和剂投加量取决于原水 pH 值。持续投加中和剂，使废水 pH 值达到预定值，再稳定一定时间后排放。

间歇式 pH 值控制系统的主要优点是控制设备简单。一般投加液态中和剂（如硫酸或苛性钠)。由于废水的体积相对较小，中和剂的使用量较小，因此费用较低。中和剂一般采用液态储存，通过电子或电动计量泵将液态中和剂投加到废水中和池。

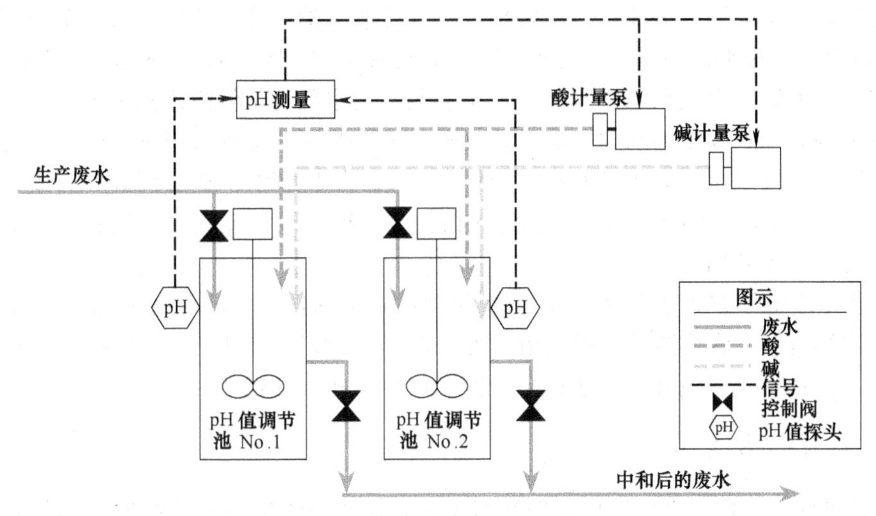

图 3-1　间歇式 pH 值控制流程

3.3.2.2　连续流 pH 值控制

某些小型污水处理厂也可采用连续流 pH 值控制系统，当废水流量大于 190～380m^3/d 时，废水中和往往采用连续流 pH 值控制系统。该系统往往需要更精确的 pH 值监测、控制，确保出水 pH 值稳定达到预定值。

连续流 pH 值控制系统可配置一个、两个或三个串联运行的 pH 值控制池（图 3-2）。pH 值控制池的数量取决于所需的 pH 值控制精度、废水的缓冲能力和预定的 pH 值范围。具有缓冲能力且其 pH 值调节较小的废水，往往采用一个 pH 值调节池。pH 值易变化或者变化范围较大的废水（如 pH 值的变化范围为 2～7），则需采用多个 pH 值调节池。在后种情况下，第一个调节池往往为 pH 值粗调池，然后在第二个或后续调节池中进行 pH 值精调

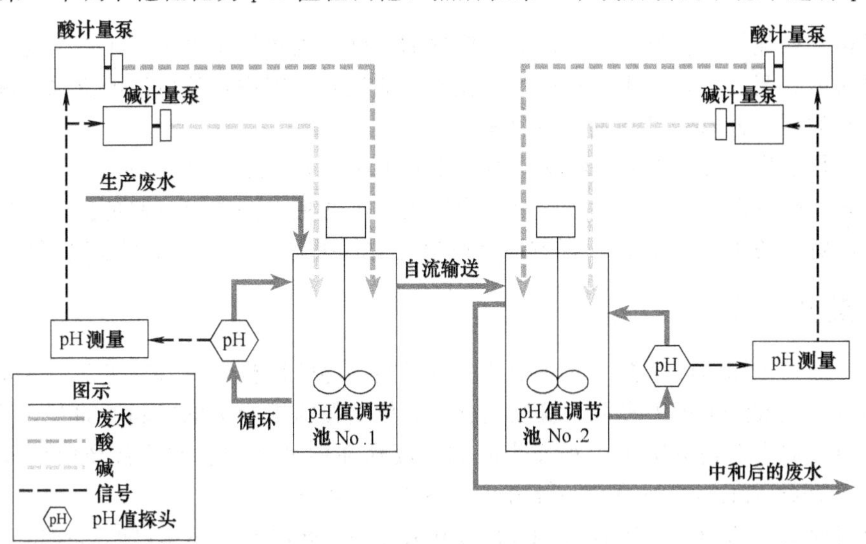

图 3-2　连续式 pH 值控制（两步）系统图示

调节，以使废水的 pH 值达到预定值。设计时，每个控制池一般都分别配置独立的 pH 值监控和中和剂投加装置。

通过分析废水的滴定曲线，可粗略估计每个控制池的预定 pH 值。第一个控制池的废水 pH 预定值为废水缓冲能力接近耗尽的 pH 值，再投加中和剂，废水的 pH 值发生显著变化。这样，在后续的第二个控制池中投加少量中和剂，废水的 pH 值便达到预定值。

根据现场高程和废水的水力性能，连续流 pH 值控制系统可采用重力流。但是实际工程往往需要废水提升泵站，先将废水提升至第一个 pH 值控制池，通过调解后的废水再以重力流流入后续的 pH 值控制池。在连续流 pH 值控制系统，废水连续地流经各个控制池，因此不需要设置自动控制阀。

连续流 pH 值控制系统的中和剂存储和投加，与间歇式 pH 值控制系统类似。尽管如此，由于连续流 pH 值控制系统通常用于废水量较大的废水处理工程，因此，采用中和剂的干式投加（包括相应的混合和输送设备）的费用较湿式投加低。

3.3.3 水力停留时间

pH 值调节池的容积除以所调节的废水流量，即为 pH 值控制系统的水力停留时间。实际废水所需的 pH 值控制系统的水力停留时间与废水中和反应速率、中和剂与废水混合类型及其强度之间呈现函数关系。实际工程中，pH 值调节池的容积须足够大，以便在最大设计流量和最低（或最高）pH 值条件下，实现 pH 值有效调控。此外，在设计前需弄清废水的详细变化。

最短水力停留时间通常比最不利状况所对应的水力停留时间短 5～10min。废水的正常（平均）状况下，水力停留时间一般为 15～30min。尽管如此，如果废水排放变化很大，水力停留时间则长达 1～2h 或者更长。

pH 值控制所需的水力停留时间与中和剂有关。采用液态中和剂时，最短的水力停留时间一般为 5min，而固态（包括泥浆状）中和剂却需要 10min。当中和剂为含白云石的石灰，相应的水力停留时间则需要 30min。

3.3.4 池形设计

为了达到最佳的混合效果，圆柱形反应器的深度应大致等于直径，矩形反应器应采用近立方体（深度、宽度、长度相等）结构。在连续流控制系统中，反应池的进水口和出水口应设在池两侧的相反方向，以避免出现短流。

中和剂投加位置应设在 pH 值调节池进水管或者循环混合管上（泵混合系统）。圆柱形反应器若采用垂直混合，反应池子内至少应设置 2 个或更多的挡板以避免漩流，挡板宽度一般为反应池宽度的 1/20～1/12。正方形反应池混合效果好，其中不需要设置挡板。

3.3.5 混合要求

混合目的在于缩短废水在中和池中的反应时间。尽管回流泵或者空气射流的水力混合器效果更理想，但实际工程中多采用机械混合，具体选择需综合考虑中和池的布局及废水流量等因素。混合动力消耗取决于中和反应时间、废水在中和池中的水力停留时间及混合类型（图 3-3）（Eckenfelder，1989），一般为 0.04～0.08kW/m^3。

混合需要足够的动力，从而使 pH 值调节系统的“死时间”不超过废水在中和反应池的水力停留时间的 5%。所谓的“死时间”是指从中和剂投加后至第一次检测到 pH 值变化所消耗的时间。理论上，“死时间”越短越好，从而使控制系统能根据信息及时调整中和剂的投加。

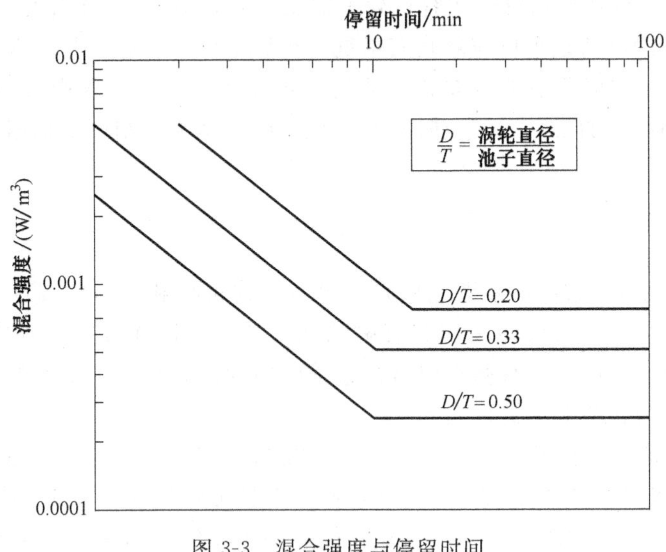

图 3-3 混合强度与停留时间

3.4 操作注意事项

3.4.1 过程控制

以下介绍 pH 值控制系统过程控制所需注意的有关技术问题。

3.4.1.1 间歇式 pH 值控制系统

间歇式 pH 值控制系统包括 pH 值简易监测和控制系统。废水 pH 值达到预定值之前，一直停留在调节池内，因此与连续流 pH 值控制系统相比较，间歇式 pH 值控制系统过程控制简单。

pH 值探头一般安装在伸缩臂上，由控制池的上方浸入池内。另外，pH 值探头也可通过安装在控制池上的特殊阀，穿过池壁插入池内监测，从而随时进行探头的维修和校准，而不影响控制池的正常运行，但 pH 值探头需安装位于控制池最低水位以下，以避免导致探头薄膜干燥。

根据生产厂家提供的控制程序，可以通过 pH 仪直接控制中和剂投加设备（计量泵或控制阀）。此外，pH 仪可将 pH 值的数据先传输至 PLC，再通过 PLC 控制中和剂的投加设备。通常，控制设备的选择需综合业主和工程的具体控制要求。控制系统中的计量泵可选用无级变速泵，从而在 pH 值偏离设定值较大时加大中和剂投加速率，反之，在 pH 值与预定值较近时减小中和剂的投加速率。废水 pH 值一旦达到预定值，排放之前应在调节池内至少继续停留 5min 或更长时间，否则可能出现因为 pH 值瞬间数值变化导致出水水质不合格。

3.4.1.2 连续流 pH 值控制系统

废水连续排放，因此连续流 pH 值控制系统需要精准灵敏的控制。pH 值控制点（数字）需低于设定值，因为 pH 值偏离将导致废水排放不达标或者后续处理工艺的无法正常运行。

例如，若设定碱性废水 pH 值调节上限为 9，pH 值控制点应设定为 8.5 或 8.0，甚至更低，具体需根据废水的缓冲性能、pH 值变化及所采用的控制系统确定。

连续流 pH 值控制系统通常采用容积较大的反应罐，pH 值探头往往不能直接插入池内，由此监测的数据不能反映整个反应罐真实情况。pH 值探头即使能直接插入反应罐，监测点也应尽可能地接近 pH 值调节池（如调节池的出水管或外部循环管中）。进水的 pH 值也需监测，以改善中和剂投加设备的响应时间。过程控制的精确度则要求根据废水水质及其变化状况确定。

3.4.2 腐蚀

pH 值控制系统所需解决的主要问题是：设备、构筑物和管道的腐蚀问题。废水 pH 值调节所采用的中和剂——酸或碱往往具有腐蚀性，设计人员在设计过程中应选择合适的材料，如不锈钢、玻璃纤维及各种塑料以减缓或消除腐蚀。如果采用水泥池，则池表面需要涂覆化学防腐材料以防止酸对水泥的腐蚀。

在较预定 pH 值高或低条件下，运行 pH 值控制系统是另一种减缓腐蚀的措施。例如，某酸性废水 pH 值调节的预定最低值为 5.5，操作人员可将废水 pH 值的控制值提高到 pH=6.0 或 6.5，以减缓设备的腐蚀。当然，这一措施与 pH 值调节采用的中和剂有关。另一种减缓腐蚀的方法就是选择腐蚀性弱的中和剂。例如，在大多数情况下，碳酸比硫酸的腐蚀性弱。

3.4.3 结垢

过饱和石灰的 pH 值调节过程中往往会出现结垢现象。结垢会降低 pH 值控制系统的准确性和有效性。通常，结垢出现在搅拌器、泵、管道、中和池和 pH 仪上。可通过机械或化学方法定期清除。

3.4.4 沉积物处理

尽管 pH 值控制是调节废水的氢离子浓度，但中和剂添加会产生一系列副反应。一些反应会产生沉积物（也就是溶解性固体转为悬浮固体的过程），这些沉积物处于悬浮还是沉降状态则与其产生量、密度以及搅拌强度有关。

如果废水的下游处理过程（或 POTW）可以消纳这些副产物，最简单的处置方法是将沉积物与 pH 值调节后的废水混合排放。如果沉积物干扰废水下游处理过程和收集系统的正常运行，则应将其分离、浓缩，单独处置。

沉积物去除最常见的方法是沉淀。在间歇式 pH 值控制系统中，沉淀池的设计相对灵活，pH 值控制池设计为沉淀池，即 pH 值控制池设计足够的停留时间，废水中和过程中产生的沉积物经过有效沉淀后由池底排出。连续流 pH 值控制系统往往设计单独的沉淀池。可行的固体去除技术包括颗粒介质过滤、织物介质过滤和膜过滤等。

沉淀后沉积物需进行脱水减容和减量处置（脱水设备详见第 9 章）。

3.4.5 运行费用

pH 值控制系统的运行费用包括中和剂、动力（搅拌和泵）、设备清洗和校准、维护、人力、相关设备及污泥处置费用。大多数 pH 值控制系统，中和剂消耗是运行费用的最大部分，因此需要充分注重中和剂选择、精准 pH 值监测装置选用和中和剂的投加控制等。

生产过程往往随时变化，废水性质随之变化。因此，需要进行废水的定期测定，绘制相应的pH值滴定曲线，为pH值控制系统的运行调整提供技术依据，有效控制其运行费用。另外，受市场的影响，中和剂价格随时会出现较大的波动。例如，烧碱是氯气生产的副产物，随着氯气需求的变化，烧碱的价格随之变化。因此，适时调整中和剂的种类能够有效降低pH值控制过程的运行成本。

3.5 应用实例

3.5.1 酸性废水药剂中和处理应用实例

某化肥厂日排放含氟废水30t，废水中含有多种物质，主要有氟硅酸钠（Na_2SiF_6）、盐酸、食盐、硫酸钠等。其中氟化物含量在6000mg/L左右，且酸性很强，pH值在1左右。

(1) 处理方法。根据含氟废水的特性，采用石灰粉中和，废水处理工艺流程见图3-4。利用搅拌桨的充分搅拌，使石灰粉能均匀地与氟化物反应生成氟化钙沉淀，从而大大削弱氟化物在废水中的含量。由于废水中含有一定量杂质，反应后的沉淀颗粒细小，沉降速度缓慢。为提高沉降速度，在沉淀阶段加入凝聚剂PAM来增大沉淀物的颗粒，使沉淀速度明显加快，经4～5h的自然沉降，上清液的水质达到国家排放标准。

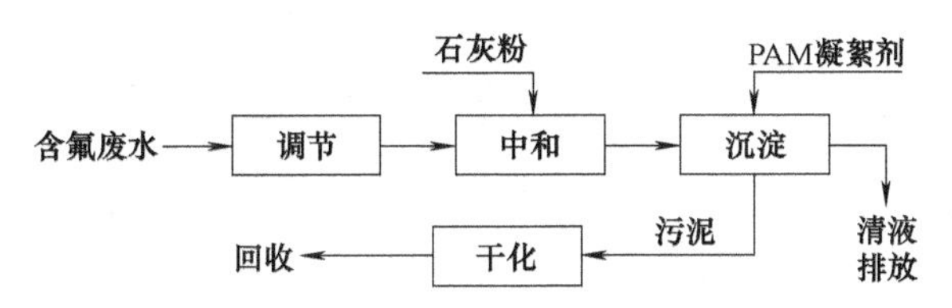

图3-4 用化学中和法处理含氟酸性废水工艺流程示意

(2) 工艺运行参数。污水调节池容积40m³，停留时间1d。中和池容积20m³，设置有搅拌桨。池内装石灰粉和PAM凝聚剂。停留时间4～5h。清水池容积25m³，排放的上层清液经清水池至排污口。用污水泵从调节池提升至中和池，型号为HT13-ZK4.0/20，流量10m³/m，扬程20m，配电机型号为Y1004，功率为2.2kW。搅拌机直径1200mm，转速60r/min，配电机Y112M-4，功率4kW。

(3) 处理效果。虽然进水水质有一定波动，但经化学中和沉淀处理后氟化物去除率为99.9%，悬浮物的去除率达到94.9%，COD_{Cr}的去除率为93.5%。进水F^-、SS、COD_{Cr}和pH值分别为5813～7465mg/L、905～2242 mg/L、830～970mg/L和0.97～0.99，出水F^-、SS、COD_{Cr}和pH值分别为3.35～5.97mg/L、59～66mg/L、52～63mg/L和6.45～7.24。出水水质达到《污水综合排放标准》(GB 8978—96) Ⅰ级国家标准。

3.5.2 升流式膨胀中和滤池应用实例

某维尼纶厂用升流式膨胀中和滤池处理含硫酸工业废水。废水量为250m³/h，硫酸浓度为1500～2300mg/L，pH值为1～2，还含有其他杂质。该厂采用聚氯乙烯板制成的恒速升流式膨胀中和滤池。石灰石滤料粒径为0.5～3.0mm，平均粒径为1.5mm，滤层高1.2m，膨胀后达1.4～1.6m，上部清水区高0.5m，总高度2.9m，直径1.2m，共6座。经中和后，出水pH值达4.2～5.0。经吹脱池处理后，废水的pH值可提高到6以上。处理每吨硫酸消耗石灰石 1.2t，每隔 3h 左右需补加新料，半个月左右需倒床一次。

参考文献

[1] 周岳溪，李杰. 工业废水的管理、处理与处置. 北京：中国石化出版社，2012.
[2] 孙体昌，娄金生，章北平. 水污染控制工程. 北京：机械工业出版社，2009.
[3] 王九思，陈学民等. 水处理化学. 北京：化学工业出版社，2002.

第4章 消 毒

地面水经常受到土壤、工业污水废水、生活污水及各种杂质的污染，促使细菌滋生，有时每毫升水中细菌数可达几万到几十万个，在有的水域里大肠杆菌甚至达数万个以上。水中的微生物往往黏附在悬浮颗粒物上，因此，给水处理中的混凝沉淀和过滤在去除悬浮物、降低水浊度的同时，也去除了大部分微生物。但是去除并不彻底，水中仍然存在有一定数量的细菌和病原菌。

在生活饮用水处理过程中，消毒主要杀死对人体健康有害的病原菌和病毒等，保证饮水的卫生安全。我国《生活饮用水卫生标准》中规定：在37℃培养24h的水样中，细菌总数每毫升水中不超过100个，总大肠菌群每升水中不超过3个。为此，在混凝澄清过滤之后还需要进行消毒。

在工业用水处理过程中，水中存在的微生物会对后续处理设备产生不良影响。例如，水中的细菌转移到电渗析膜表面，进一步在膜面繁殖，使膜电阻增加；细菌、微生物对醋酸纤维素反渗透膜有侵蚀作用；细菌繁殖会污染膜。因此，消毒是防止细菌、微生物对电渗析膜、反渗透膜和离子交换膜等污染的措施。另外，有些工业用水也对水有灭菌、除病毒的要求，例如饮料工业洗瓶用水、医药工业洗瓶用水等。

常用的消毒技术有物理消毒技术和化学消毒技术。物理消毒是利用加热、冷冻、照射等方法对生物遗传物质的核酸进行破坏从而达到消毒的目的，主要方法有紫外线消毒、微电解消毒、超声波消毒等。化学消毒亦即药剂消毒。根据药剂对微生物的作用机理不同，可分为氧化型消毒剂和非氧化型消毒剂。氧化型消毒是用一定的药剂改变水质成分的同时，氧化微生物机能而达到消毒目的。氧化型消毒方法主要有氯化消毒、臭氧消毒和重金属离子消毒和其他氧化剂消毒等。其中以加氯法使用最为普遍。氯化消毒由于氯的消毒能力强、价格便宜、设备简单、余氯测定方便、便于加量调节等优点而得到广泛应用。加氯法，除使用氯气以外，还有氯的化合物，如次氯酸钠、次氯酸钙、氯胺类以及比氯的氧化性能更为强烈的氧化剂——二氧化氯。消毒还可以用非氧化性消毒剂，如氯酚类消毒剂和季铵盐类化合物。此外，国外研制的二硫氰酸亚甲酯、盐酸十二烷基胍、有机溴化物等，以及国内研制成功的NL-4，SQ8等都是有效的消毒剂。

4.1 氯 消 毒

4.1.1 氯气的特性

氯气是黄绿色的气体。在标准大气压下，温度为0℃时，其密度约为空气的2.5倍；在−33.6℃时，呈液态；常温下，加压到0.6～0.8MPa亦为液态，此时每升质量1468.41g，约为水的1.5倍。因此，同样质量的氯气与液氯相比，体积相差456倍，故常使氯气液化，便于灌瓶、储藏和运输。

氯气是具有强烈刺激性的窒息性气体。对人体有害，尤其对于呼吸系统及眼部黏膜伤害很大，会引起气管痉挛和肺气肿，使人窒息死亡。氯气浓度达到3.5mg/L时，就能使人嗅到气味；达到14.0mg/L时，咽喉会疼痛；达到20.0mg/L时，引起气呛；当达到50.0mg/L时就会发生生命危险，再高时会引起死亡。

氯气能溶于水，溶解度随着水温的增高而减少。在常压下（氯分压为0.1MPa），若水温在10℃时，可溶解1%；水温为20℃时，可溶解0.7%；水温达到30℃时，只能溶解0.55%。

4.1.2 氯消毒原理

氯气与水接触，极易发生歧化反应：

$$Cl_2 + H_2O \longrightarrow HOCl + HCl \tag{4-1}$$

次氯酸是一种弱酸，当pH>6.5时，部分离解为氢离子和次氯酸根：

$$HOCl \longrightarrow H^+ + OCl^- \tag{4-2}$$

氯的消毒作用，一般认为主要是依靠次氯酸（HOCl）。由于次氯酸的分子量很小，电荷呈中性，它能很快扩散到带负电的细菌表面；另外次氯酸又是一种强氧化剂，能损害细菌的细胞膜，使蛋白质、RNA和DNA等物质释出，并透过细菌的细胞壁而穿透到细菌的内部，以氯的强氧化作用来破坏细菌赖以生存的酶系统，通过氧化作用破坏磷酸葡萄糖去氢酶的巯基，从而使细菌死亡。

次氯酸根（OCl^-）是离子态的，也具有一定的杀生作用，但是由于细菌表面带负电荷，因同性相斥而难以接近，故OCl^-的杀生效果较差。

实际上，很多地表水源中，由于有机污染而含有一定的氨。氯加入这种水中，会发生如下的反应：

$$Cl_2 + H_2O \longrightarrow HOCl + HCl \tag{4-3}$$

$$NH_3 + HOCl \longrightarrow NH_2Cl + H_2O \tag{4-4}$$

$$NH_2Cl + HOCl \longrightarrow NHCl_2 + H_2O \tag{4-5}$$

$$NHCl_2 + HOCl \longrightarrow NCl_3 + H_2O \tag{4-6}$$

从上述反应可见：次氯酸、一氯胺（NH_2Cl）、二氯胺（$NHCl_2$）和三氯胺（NCl_3）都存在，它们在平衡状态下的含量比例取决于氯、氨的相对浓度、pH值和温度等因素。一般来说，当pH值大于9.0时，一氯胺占优势；当pH值为7.0时，一氯胺和二氯胺同时存在，近似等量；当pH值小于6.5时，主要是二氯胺；而三氯胺只有在pH值低于4.5时才存在。

氯胺是氯化消毒的中间产物，其中具有消毒杀菌作用的只有一氯胺和二氯胺，而二氯胺的杀菌效果较一氯胺要高。纯的一氯胺是一种无色不稳定液体，沸点为-66℃，能够溶于冷水和乙醇，微溶于四氯化碳和苯。一氯胺的消毒作用是通过缓慢释放次氯酸而进行的。当pH值低时，二氯胺所占比例大，消毒效果较好。三氯胺消毒作用极差，且具有恶臭味（到0.05mg/L含量时，已不能忍受）。一般自来水中不太可能产生三氯胺，而且它在水中溶解度很低，不稳定而且易气化，所以三氯胺的恶臭味并不引起严重问题。

从消毒效果而言，水中有氯胺时，仍然可理解为依靠次氯酸起消毒作用。从式(4-3)～式(4-6)可见：只有当水中的次氯酸因消毒而消耗后，反应才向左进行，继续产生消毒所需的次氯酸。因此当水中存在氯胺时，消毒作用比较缓慢，需要较长的接触时间。根据实验室静态试验结果，用氯消毒，5min内可杀灭细菌达99%以上；而用氯胺时，相同条件下，5min内仅达60%；需要将水与氯胺的接触时间延长到十几小时，才能达到99%以上的灭菌效果。

由此可见，水中的氯胺是氯与水中的氨氮反应生成的具有氧化能力的化合物，其含氯总量称为化合性氯。加入水中的氯量若高于需氯量与化合氯之和时，剩余的氯在水中多以游离态存在，称为游离性氯，或自由性氯。自由性氯的消毒性能比化合性氯高得多。为此可以将氯消毒分为自由性氯消毒和化合性氯消毒两大类。

4.1.3 加氯量

水中加氯量可以分为两部分，即需氯量和余氯。由于水中含有一定的微生物、黏泥、有机物及其他还原性化合物，这些物质要消耗掉一部分有效氯，这部分被消耗的氯称为需氯量。只有加氯超过需氯量之后，才能测出水中的余氯量。保留一定数量余氯的目的是为了保持持续的杀生力，防止水的污染。我国《生活饮用水卫生标准》（TJ 20—76）规定：加氯接触30min后，游离性余氯不应低于0.3mg/L；对于集中式给水厂的出厂水，管网末梢水的余氯不应低于0.05mg/L；对于不同用途的工业用水，其控制余氯量也不相同。

水处理中的加氯量一般要通过需氯的实验来确定。根据水质情况不同，加氯量大致有以下两种情况。

① 如果水质纯净（如蒸馏水），由于水中没有细菌存在，水中氨氮、有机物质和还原性物质等都不存在，此时需氯量为零，因此，加氯量即等于余氯量，如图4-1中直线L_1所示，该线与坐标轴成45°。

② 事实上天然水特别是地表水源多少已受到有机物和细菌等污染。为了氧化这些有机物和杀灭细菌要消耗一定的氯量，即需氯量，水质越差，耗氯越多。同时，加氯量必须超过需氯量，才能保证一定的剩余氯。当水中有机物较少，而且主要不是游离氨和含氮化合物时，需氯量满足以后就会出现余氯，如图4-1中直线L_2所示，这条曲线与横坐标交角小于45°，其原因如下。

a. 水中有机物与氯作用的速度有快慢。当测定余氯时，有一部分有机物尚在继续与氯作用中。

b. 水中余氯有一部分会自行分解，如次氯酸由于受水中某些杂质或光线的作用，产生如下的催化分解：

$$2HOCl \longrightarrow 2HCl + O_2 \tag{4-7}$$

c. 当水的污染程度比较严重（如循环冷却水处理漏氨时），而且水中的工艺泄漏物主要是氨氮化合物时，情况比较复杂。此时加氯量如图4-2所示。

从图上可知，在开始加氯时，OA阶段加氯量表示水中的杂质把氯消耗光，即余氯为零。此时，虽杀灭细菌，但是效果不可靠，因为无余氯来抑制细菌的再度繁殖；在AH阶段，表示随着加氯量的增加，余氯量也有增加，但是，增加较慢一点，也即表示加氯后，有余氯存在，有一定的杀菌效果，但余氯是化合性氯；在HB阶段，表示加氯量虽然增加，然而余氯却反而下降，因为这时化合性余氯产生了如下反应：

$$2NH_2Cl + HOCl \longrightarrow N_2\uparrow + 3HCl + H_2O \tag{4-8}$$

从上式可知，氯胺被氧化成一些不起消毒作用的化合物，使得余氯反而逐渐减少；当到达B点之后，进入BC阶段，此后已经没有可以消耗氯的杂质了，出现自由性余氯，此时杀生能力最强，效果最好。我们习惯上把H点称为峰点，为余氯量最高点，此时为化合性余

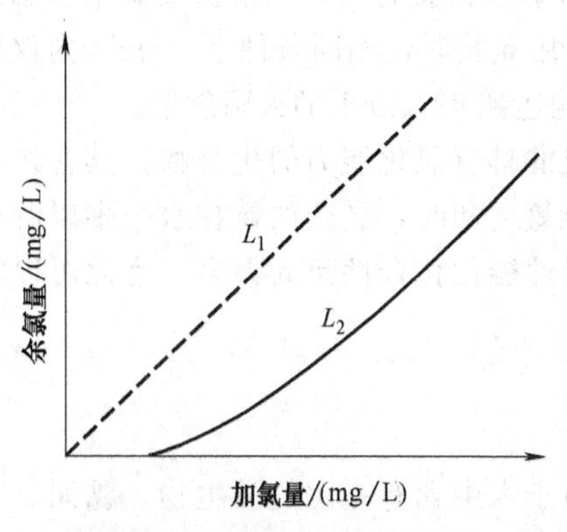

图 4-1 加氯量与余氯关系

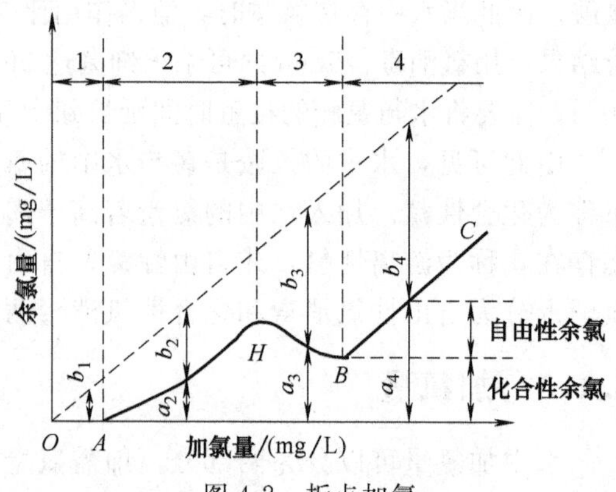

图 4-2 折点加氯

氯而不是游离性余氯。将 B 点称为折点，余氯较低，然而继续加氯，余氯就会增加，而且是游离性余氯。加氯量超过折点需要量时称为折点氯化。

鉴于上述情况，一般加氯量按下述确定：当水中含氨量小于 0.3mg/L 时，加氯量控制在折点之后；当水中含氨量大于 0.5mg/L 时，加氯量控制在峰点之前；当水中含氨量在 0.3～0.5mg/L 时，加氯量控制在峰点与折点之间。但是，由于各地水质不同，尚需要根据实际的生产情况经过试验来确定。一般来说，经过混凝、沉淀、过滤后的水，或清洁的地下水，加氯量可采用 0.5～1.5mg/L；如果水源水质较差，或是经过混凝、沉淀，而未经过过滤，或是为了改善混凝条件，使其中一部分氯来氧化水中的杂质，加氯只可采用 1.0～2.5mg/L。

当原水受到严重污染，采用普通的混凝沉淀和过滤加上一般加氯量的消毒方法都不能解决问题时，折点加氯法可取得明显效果，它能降低水的色度，去除恶臭，降低水中有机物含量，还能提高混凝效果。折点加氯法过去常常应用，但自从发现水中有机污染物能与氯生成三卤甲烷（THM）后，采用折点加氯来处理受污染水源已引起人们担心，转而寻求去除有机污染物的预处理或深度处理方法和其他消毒法。

4.1.4 加氯点

加氯点主要是从加氯效果、卫生要求以及设备保护三方面来确定的，大致情况如下。

(1) 滤后加氯。指在过滤后的清水中加氯，它是最常用的消毒方式。加氯点是在过滤水到清水池的管道上，或清水池的进口处，以保证氯与水的充分混合。由于消耗氯的物质此时已经大部分去除，所以加氯量很少，效果也好。

(2) 滤前加氯（预氯化）。指过滤之前加氯或与混凝剂同时加氯。这种方法对污染较严重的水或色度较高的水能提高混凝效果，降低色度和去除铁、锰等杂质。尤其在用硫酸亚铁作为混凝剂时，利用加氯可使亚铁氧化为三价铁，促进硫酸亚铁的凝聚。此外，还可以改善净水构筑物的工作条件，例如可以防止沉淀池底部的污泥腐烂发臭；防止构筑物内滋长青苔；防止微生物在滤料层中生长繁殖，延长滤池的工作周期。

对于污染严重的水，加氯点在滤池前为好，也可以采用二次加氯，即混凝沉淀前和滤后各一次。

(3) 中途加氯。指在输水管线较长时，为了既能保证管网末梢的余氯，又不致使水厂附近管网中的余氯过高，在管网中途补充加氯。加氯的位置一般都设在管网中途的加压泵站或储水池泵站内。

（4）工业循环冷却水系统的加氯点。工业循环冷却水系统的加氯点通常有两处：一是循环水泵的吸入口；二是远离循环水泵的冷却塔水池底部。由于冷却塔水池是微生物重要的滋长地，此处加氯杀生效果最好。

4.1.5 影响氯消毒效果的因素

氯化消毒的影响因素主要有加氯量、接触时间、pH 值、水温、水的浊度和微生物的种类及数量等。

（1）加氯量和接触时间。加氯量除了需要满足需氯量外，尚应有一定量的剩余氯。所需余氯量的多少与余氯的性质有关。氯加入水中后，必须保证与水有一定的接触时间，才能充分发挥消毒作用。对游离性余氯，要求接触时间 30min 后，游离性余氯达 0.3～0.5mg/L；对化合性余氯，要求接触时间 1～2h 后，化合性余氯达 1～2mg/L。

（2）水温。温度升高使次氯酸易于透过细胞壁，并加快它们与酶的化学反应速度。所以在加氯量相同的情况下，温度越高，氯对微生物的杀灭效果越好，水温每提高 10℃，病菌杀灭率提高 2～3 倍。

（3）pH 值。次氯酸电离的平衡常数为：

$$K_i=\frac{[H^+][OCl^-]}{[HOCl]} \tag{4-9}$$

在不同温度下次氯酸离解平衡常数见表 4-1。

表 4-1 次氯酸离解平衡常数

温度/℃	0	5	10	15	20	25
$K_i\times10^{-8}$/(mol/L)	2.0	2.3	2.6	3.0	3.3	3.7

【例 4-1】 计算在 20℃，pH 值为 7 时，次氯酸所占的比例。

【解】 根据式（4-9）可得

$$\frac{[OCl^-]}{[HOCl]}=\frac{K_i}{[H^+]}$$

查表 4-1 得水温为 20℃时，$K_i=3.3\times10^{-8}$

次氯酸所占的比例：$\dfrac{[HOCl]\times100}{[HOCl]+[OCl^-]}=\dfrac{100}{1+\dfrac{[OCl^-]}{[HOCl]}}=\dfrac{100}{1+\dfrac{K_i}{[H^+]}}$

代入数据得：次氯酸所占的比例=75.2%

由此可见，次氯酸的离解程度取决于水温和 pH 值，即次氯酸与次氯酸根的比例取决于水温和 pH 值。当 pH<5 时，次氯酸在水中的含量接近 100%，随着 pH 值的增高，次氯酸逐渐减少而次氯酸根逐渐增多；pH 值等于 6 时，次氯酸含量在 95%以上；pH 值>7 时，次氯酸含量急剧减少；pH 值等于 7.5 时，次氯酸和次氯酸根大致相等；pH 值>9 时，次氯酸根接近 100%。所以，通常在 pH 值较低时，氯消毒效果较好。

根据对大肠杆菌的试验，次氯酸的杀菌效率比次氯酸根高约 80 倍。因此，消毒时应注意控制水的 pH 值，不要太高，以免生成次氯酸根较多、次氯酸较少而影响杀菌效率。

（4）浊度。用氯消毒时，必须使生成的次氯酸和次氯酸根直接与水中细菌接触，方能达到杀菌效果。若水的浊度很高，悬浮物质较多，细菌多附着在这些悬浮颗粒上，则氯的作用达不到细菌本身，使杀菌效果降低。这说明了消毒前混凝沉淀和过滤处理的必要性。悬浮颗粒对消毒的影响，因颗粒性质、微生物种类而不同。如黏土颗粒吸附微生物后，对消毒效果影响甚小，而水中的有机颗粒物与微生物结合后，会使微生物获得明显的保护作用。病毒因体积小，表面积大，易被吸附成团，因而颗粒对病毒的保护作用较细菌大。

(5) 水中微生物的种类和数量

不同微生物对氯的耐受性不尽相同，除腺病毒外，肠道病毒对氯的耐受性较肠道病原菌强。消毒往往达不到100%的杀灭效果，常以99%、99.9%或99.99%的效果为参数。故消毒前若水中细菌过多，则消毒后水中细菌数就不易达到卫生标准的要求。

4.1.6 消毒副产物

消毒副产物（disinfection by-products，DBPs）是指对饮用水采用氯消毒的过程中，水中含有的一些天然有机物（natural organic matter，NOM）与氯反应生成的化合物。

目前已确定的消毒副产物有三卤甲烷（THMs）、卤代乙酸（HANs）、卤代氰（Cysnogenhandes）、卤代酮（HKs）、卤代醛（HATs）、卤代酚（HHBs）等。通过对某些癌症的发病率及其病源学关系的调查分析和大量的动物试验研究，发现饮用水中的卤代烃类化合物是多种癌症的致癌因子。据美国、日本、加拿大、挪威、芬兰等国的研究，在有机卤代物含量较高的饮水区域，其胃癌、肝癌、膀胱癌等发病死亡率明显增高。因此，在DBPs毒理学的研究方面，普遍认为消毒副产物会有“三致”作用，即诱变性、致癌性和生殖与发育毒性。这一问题饮用水处理中应该高度重视。

4.2 其他消毒法

4.2.1 二氧化氯消毒

二氧化氯（Chlorine Dioxide，ClO_2）常温下是一种黄绿色到橙色的气体，颜色变化取决于其浓度；具有类似于氯气和臭氧的刺激性气味；沸点为11℃，熔点为－59℃。二氧化氯的挥发性较强，稍一曝气即从溶液中逸出。

二氧化氯是一种易于爆炸的气体。当空气中的二氧化氯含量大于10%或水溶液中含量大于30%时都易于发生爆炸；受热和受光照或遇到有机物等能促进氧化作用的物质时，也能加速分解并易引起爆炸。工业上经常使用空气和惰性气体冲淡二氧化氯，使其含量小于8%～10%。

作为消毒剂，二氧化氯对微生物的灭活机理原则上与一般氧化剂类消毒剂相同。二氧化氯在水中几乎100%以分子状态存在，易透过细胞膜。二氧化氯在水溶液中的氧化还原电位高达1.5V，具有很强的氧化作用。作为氧化剂，二氧化氯的氧化能力要比氯和过氧化氢强，而比臭氧弱。其杀菌作用主要是通过渗入细菌及其他微生物细胞内，与细菌及其他微生物蛋白质中的部分氨基酸发生氧化还原反应，使氨基酸分解破坏，进而控制微生物蛋白质合成，最终导致细菌死亡。同时，二氧化氯对细胞壁有较好吸附和透过性能，可有效地氧化细胞内含巯基的酶。除对一般细菌有杀死作用外，对芽孢、病毒、藻类、铁细菌、硫酸盐还原菌和真菌等均有很好的杀灭作用。二氧化氯对病毒的灭活作用在于其能迅速地对病毒衣壳上蛋白质中的酪氨酸起破坏作用，从而抑制病毒的特异性吸附，阻止了对宿主细胞的感染。二氧化氯消毒的主要特性表现在对微生物的灭活范围广、灭活能力强，有机副产物少、有害副作用小，受pH值、有机物的影响较小。

二氧化氯极不稳定，气态和液态二氧化氯均易爆炸，故必须以水溶液形式现场制取，及时使用。制取二氧化氯的方法较多。在水处理中，制取二氧化氯的方法主要有电解法和化学法两种。电解法目前少用，化学法也有以下两中不同的反应制作方式。

4.2.1.1 亚氯酸钠（$NaClO_2$）+氯（Cl_2）法

即亚氯酸钠氧化法，该法是采用亚氯酸钠与氯进行反应，或者与次氯酸反应生成二氧化氯，其反应式如下：

$$Cl_2 + H_2O \longrightarrow HOCl + HCl \quad (4\text{-}10)$$

$$HOCl + HCl + 2NaClO_2 \longrightarrow 2ClO_2 + 2NaCl + H_2O \quad (4\text{-}11)$$

$$Cl_2 + 2NaClO_2 \longrightarrow 2ClO_2 + 2NaCl \quad (4\text{-}12)$$

根据式（4-12），理论上1mol氯和2mol亚氯酸钠反应可生成2mol二氧化氯。但实际应用时，为了加快反应速度，投氯量往往超过化学计量的理论值，这样产品中就往往含有部分自由氯。当用作受污染水的消毒剂时，多余的自由氯存在就有产生三卤甲烷（THMs），但不会像氯消毒那样严重。

二氧化氯的制取是在1个内填瓷环的圆柱形发生器中进行。由加氯机出来的氯溶液和用泵抽出的亚氯酸钠稀溶液共同进入二氧化氯发生器，经过约1min的反应，便得二氧化氯水溶液，像加氯一样直接投入水中。发生器上设置1个透明管，通过观察，出水若呈黄绿色即表明二氧化氯生成，反应时应控制混合液的pH值和浓度。

4.2.1.2 亚氯酸钠+盐酸（硫酸）分解法

该法即亚氯酸钠酸分解法。是采用亚氯酸钠与一定浓度的酸溶液反应生成二氧化氯，一般发生量较小的发生器采用稀盐酸，发生量较大的采用浓盐酸，反应式如下：

$$5NaClO_2 + 4HCl \longrightarrow 4ClO_2 + 5NaCl + 2H_2O \quad (4\text{-}13)$$

$$10NaClO_2 + 5H_2SO_4 \longrightarrow 8ClO_2 + 5Na_2SO_4 + 4H_2O + Cl_2 + H_2 \quad (4\text{-}14)$$

这是一个自氧化还原反应，亚氯酸钠既是氧化剂又是还原剂，盐酸（硫酸）是酸化剂。因此，理论上有20%的亚氯酸钠被还原成NaCl（Na_2SO_4），如果以亚氯酸钠转化为二氧化氯为有效产率来计，其最高有效产率只有80%。但从产物中二氧化氯的实际产率来看，通常可以达到95%以上，且工艺操作较安全。但是在用硫酸制备时，需注意硫酸不能与固态$NaClO_2$接触，否则会发生爆炸。此外，尚需注意两种反应物（$NaClO_2$和HCl或H_2SO_4）的浓度控制，浓度过高，化合时也会发生爆炸。这种制取方法不会存在自由氯，故投入水中不存在产生THM_s之虑。

该工艺具有工艺简单、不需要加温、设备容易操作及维护、产物中二氧化氯纯度高等优点，是国外小型先进二氧化氯发生器常用的反应原理。如德国的Prominent（普罗名特）、ALLDOS（安度时）、美国的F&P公司都有相应的产品，我国采用亚氯酸钠产生二氧化氯的发生器也大多以此工艺为基础。

该种工艺的制取方法也是在1个圆柱形二氧化氯发生器中进行。先在2个溶液槽中分别配制一定浓度（注意浓度不可过高，一般HCl浓度8.5%，亚氯酸钠浓度7%）的HCl和$NaClO_2$溶液，分别用泵打入二氧化氯发生器，经过约20min反应后便形成二氧化氯溶液。酸用量一般超过化学计量3～4倍。

以上两种ClO_2制取方法各有优缺点。采用强酸与亚氯酸钠制取ClO_2，方法简便，产品中无自由氯，但$NaClO_2$转化成ClO_2的理论转化率仅为80%，即5mol的$NaClO_2$产生4mol的ClO_2。采用氯与亚氯酸钠制取ClO_2，1mol的$NaClO_2$可产生1mol的ClO_2，理论转化率100%。由于$NaClO_2$价格高，采用氯制取ClO_2在经济上应占有优势。当然，在选用生产设备时，还应考虑其他各种因素，如设备的性能、价格等。

为解决二氧化氯的储运问题，人们开发出了稳定性二氧化氯。液体稳定性二氧化氯为透明至微黄色水溶液，在－5～95℃下性质稳定（能储存两年），便于运输，它的有效二氧化氯质量分数一般在2%以上。固体稳定性二氧化氯易溶于水，其中含二氧化氯2%～5%，使用简单、携带方便。

4.2.2 氯胺消毒

氯胺消毒作用缓慢，杀菌能力比自由氯弱。但氯胺消毒的优点是：当水中含有有机物和酚时，氯胺消毒不会产生氯臭和氯酚臭，同时大大减少THMs产生的可能；能保持水中较久的余氯，适用于供水管网较长的情况。不过，因杀菌能力弱，通常作为辅助消毒剂以抑制细菌再繁殖。

人工投加的氨可以是液氨、硫酸铵［$(NH_4)_2SO_4$］或氯化铵（NH_4Cl）。水中原有的氨也可利用。硫酸铵或氯化铵应先配成溶液，然后再投加到水中。液氨投加方法与液氯相似，化学反应见式（4-3）～式（4-6）。

氯和氨的投加量视水质不同而有不同比例。一般采用氯∶氨＝3∶1～6∶1。以防止氯臭为主要目的时，氯和氨之比应小些；当以杀菌和维持余氯为主要目的时，氯和氨之比应大些。

采用氯胺消毒时，一般先加氨，待其与水充分混合后再加氯，这样可减少氯臭，特别是当水中含酚时，这种投加顺序可避免产生氯酚恶臭。氯和氨也可同时投加。有资料认为，氯和氨同时投加比先加氨后加氯，可减少有害副产物（如三卤甲烷、卤乙酸等）的生成。

4.2.3 次氯酸钠消毒

次氯酸钠（NaOCl）是用发生器的钛阳极电解食盐水而制得，反应如下：

$$NaCl + H_2O \longrightarrow NaOCl + H_2\uparrow \tag{4-15}$$

次氯酸钠也是强氧化剂和消毒剂，但消毒效果不如氯强。次氯酸钠消毒作用仍依靠次氯酸，反应如下：

$$NaOCl + H_2O \longrightarrow HOCl + NaOH \tag{4-16}$$

次氯酸钠发生器有成品出售。由于次氯酸钠易分解，故通常采用次氯酸钠发生器现场制取，就地投加，不宜储运。制作成本就是食盐和电耗费用。

4.2.4 臭氧消毒

臭氧（O_3）由3个氧原子组成，在常温常压下，它是淡蓝色的具有强烈刺激性的气体。臭氧密度为空气的1.7倍，易溶于水，在空气或水中均易分解消失。臭氧对人体健康有影响，空气中臭氧浓度达到1000mg/L即有致命危险，故在水处理中散发出来的臭氧尾气必须处理。臭氧都是在现场用空气或纯氧通过臭氧发生器高压放电产生的。臭氧发生器是臭氧生产系统的核心设备。如果以空气作气源，臭氧生产系统应包括空气净化和干燥装置以及鼓风机或空气压缩机等，所产生的臭氧化空气中臭氧含量一般在2%～3%（质量分数）；如果以纯氧作为气源，臭氧生产系统应包括纯氧制取设备，所生产的是纯氧/臭氧混合气体，其中臭氧含量约达6%（质量分数）。由臭氧发生器出来的臭氧化空气（或纯氧）进入接触池与待处理水充分混合。为获得最大传质效率，臭氧化空气（或纯氧）应通过微孔扩散器形成微小气泡均匀分散于水中。

臭氧溶于水后会发生两种反应：一种是直接氧化，反应速度慢，选择性高，易与苯酚等芳香族化合物及乙醇、胺等反应；另一种是臭氧分解产生羟基自由基从而引发的链反应，此反应还会产生十分活泼的、具有强氧化能力的单原子氧［O］，可瞬时分解水中有机物质、细菌和微生物。化学反应式如下：

$$O_3 \longrightarrow O_2 + [O] \tag{4-17}$$

$$[O] + H_2O \longrightarrow 2[\cdot OH] \tag{4-18}$$

羟基自由基的氧化电位为2.8V，具有极强的氧化能力，是自然界中仅次于氟的强氧化剂，同时也可作为反应的催化剂，引起的连锁反应可使水中有机物充分降解。当溶液pH值高于7时，臭氧自分解加剧，自由基型反应占主导地位，这种反应速度快，选择性低。

由上述机理可知，臭氧在水处理中能氧化水中的多数有机物使之降解，并能氧化酚、氨氮、铁、锰等无机还原性物质。此外，由于臭氧具有很高的氧化还原电位，能破坏或分解细菌的细胞壁，容易通过微生物细胞膜迅速扩散到细胞内并氧化其中的酶等有机物；或破坏其细胞膜、组织结构的蛋白质、核糖核酸等从而导致细胞死亡。因此，臭氧能够除藻杀菌，对病毒、芽孢等生命力较强的微生物也能起到很好的灭活作用。

臭氧作为高效的无二次污染的氧化剂，是常用氧化剂中氧化能力最强的（臭氧>二氧化氯>氯>一氯胺）。其氧化能力是氯的2倍，杀菌能力是氯的数百倍，能够氧化分解水中的有机物，氧化去除无机还原物质，极迅速地杀灭水中的细菌、藻类、病原体等。臭氧在氧化溶解性有机物的过程中，还存在“微絮凝作用”，对提高混凝效果有一定作用，去除微生物、水草、藻类等有机物产生的嗅、味效果良好，脱色比氯和二氧化氯更为有效和迅速。臭氧杀菌的变化范围较大，消毒效果好，剂量小，作用快，不产生三卤甲烷等有害物质，同时还可使水具有较好的感官指标。臭氧对一些顽强病毒的灭活作用远远高于氯。但水中臭氧分解速度快，无法维持管网中有一定量的剩余消毒剂水平，故通常在臭氧消毒后的水中投加少量的氯系消毒剂，这也是臭氧作为唯一消毒剂使用极少的原因。当前，臭氧作为氧化剂以氧化去除水中有机污染物更为广泛。

臭氧在水体中溶解度较小且稳定性差，因此不易保存，需现场制备现用。消毒的臭氧发生器装置复杂，设备投资昂贵，占地面积大，成本为氯消毒的2～8倍。当水量和水质变化时，调节臭氧投加量比较困难。此外，臭氧处理会产生醛类及溴酸盐等有毒副产物，但是从总体而言，臭氧化副产物的危害明显低于氯所造成的危害。因此，从副产物危害方面来讲，臭氧仍是一种比较理想的氧化消毒剂。

4.2.5 紫外线消毒

紫外线杀菌消毒原理是利用适当波长的紫外线能够破坏微生物机体细胞中的DNA（脱氧核糖核酸）或RNA（核糖核酸）的分子结构，造成生长性细胞死亡和再生性细胞死亡，达到杀菌消毒的效果。经试验，紫外线杀菌的有效波长范围可分为四个不同的波段：UVA（400～315nm）、UVB（315～280nm）、UVC（280～200nm）和真空紫外线（200～100nm）。其中能透过臭氧保护层和云层到达地球表面的只有UVA和UVB部分。就杀菌速度而言，UVC处于微生物吸收峰范围之内，可在1s之内通过破坏微生物的DNA结构杀死病毒和细菌，而UVA和UVB由于处于微生物吸收峰范围之外，杀菌速度很慢，往往需要数小时才能起到杀菌作用。在实际工程的数秒钟水力停留（照射）时间内，该部分实际上属于无效紫外部分。因此，给排水工程中所说的紫外线消毒实际上就是指UVC消毒。紫外线消毒技术是基于现代防疫学、医学和光动力学的基础，利用特殊设计的高效率、高强度和长寿命的UVC波段紫外线照射流水，将水中各种细菌、病毒、寄生虫、水藻以及其他病原体直接杀死，达到消毒的目的。

紫外线消毒所需接触时间短，杀菌效率高，它不向水中增加任何物质，没有副作用，这是它优于氯化消毒的地方。此外，紫外线消毒运行费用较低，只需定期更换紫外线灯和清洗套管，可实现无人值守。但是这种消毒方法无持续杀菌作用，每支灯管处理水量有限，且每周需用酒精棉球擦拭灯管，并定期更换，紫外线灯光源强度小、使用寿命短，成本也较贵。

现在我国有一些给水量较小的体育馆、医院等室内给水、小规模工业用水，已使用紫外线低压汞灯消毒。但给水量较大的采用紫外线高压汞灯消毒的尚少，还处于试验、试用阶段。

紫外线消毒装置主要由灯管、漏磁变压器、反射罩组成。国产紫外线用低压汞灯灯管，常见的有15W、20W、30W等。GD30型的主要参数列于表4-2，灯管必须与符合要求的漏磁变压器配套使用。变压器技术参数与灯管相同，频率为50Hz。反射罩一般采用铝制材料，要求反射率高、内壁光滑且耐腐蚀。该装置主要是利用表面抛光的铝制反射罩将紫外线辐射到水中，所处理的水多为无压流。

表4-2 GD30型低压汞灯的主要参数

输入功率/W	电源电压/V	工作电压/V	工作电流/mA	使用寿命/h	灯管	
					全长/nm	有效弧长/nm
30	220	500	36	3000	160	600

4.2.6 微电解消毒

微电解消毒即是电化学法消毒，其消毒实质是电化学过程中产生的具有杀菌能力的物质与直接电场综合作用的结果。电解法对细菌的杀灭速度小于紫外线，比氯和二氧化氯快，与臭氧相近。经微电解处理后的水具有持续消毒能力，因电解处理后水中存在一定余氯量。微电解法易于降解水中的有机物，所生成的三卤甲烷的量比加氯消毒生成的量要低。即使含前驱物质较多的水，经过微电解处理后的水中三卤甲烷的浓度仍低于国家标准中所规定的数值。微电解消毒运行管理简单、安全、可靠，但达到灭活效果时的能耗较高，人们对微电解消毒的机理、影响因素、设备的研究还有待进一步的研究和探索。

水的消毒方法除了以上介绍的几种以外，还有高锰酸钾消毒、重金属离子（如银）消毒及磁化消毒等。综合各种消毒方法，可以这样说，没有一种方法完美无缺，不同的消毒方法配合使用，往往可互相取长补短，该问题专家们也在不断探索研究。

参考文献

[1] 严煦世，范瑾初，许保玖等. 给水工程 [M]. 北京：中国建筑工业出版社，1999.
[2] 李圭白，张杰等. 水质工程学 [M]. 北京：中国建筑工业出版社，2005.
[3] 雷仲存，钱凯，刘念华. 工业水处理原理及应用 [M]. 北京：化学工业出版社，2003.
[4] 赵建莉，王龙. 饮用水消毒副产物的危害及去除途径 [J]. 水科学与工程技术，2008，1.
[5] 张旋，王启山. 饮用水氯消毒生成DBPs的影响因素及其控制工艺 [J]. 供水技术，2008.

第5章 工业水处理中的工艺仪器及其控制

工业水处理中，要用到很多的工艺仪器以确保水处理工艺的正常进行。相对来说，由于工业废水处理工艺的多样性与复杂性，所用到的工艺仪器要比工业给水处理多一些。下面从工业废水处理的角度对一些常用的工艺仪器进行总结，当然，其中大部分工艺仪器，也可用于工业给水处理。

水处理属于流程工业，流程工业通用的检测仪器，如温度、压力/压差、流量/流速、液位/水位等测量仪表都适用于水处理工程。仪器在工业废水处理、工艺控制和为日常管理提供数据（例如流量测定和记录）方面起着非常重要的作用。合适的仪器不仅能够提高废水处理设施的处理效率和可靠性，还能降低运行费用（例如节省化学药品耗量、能耗、劳动力费用等）。反之，可能导致处理工艺失败和处理成本增加。

5.1 水量测量

在废水处理中，废水量是最常见和最重要的参数。废水量（flow）为监测的废水累积量。流量（flow rate）则是单位时间内流经测量装置的流体（液体或气体）体积。

当流体通过一个测量装置时，传感器通过其产生的扰流大小测定流量。这些测量装置主要包括明渠（如计量堰和计量槽）或封闭管道（如文丘里管和涡流流量计）。此外，一些传感器可直接测定管道中的流速（如磁力流量计和超声波流量计），不需附加测量装置。

5.1.1 明渠流

5.1.1.1 计量堰

堰是指横置于明渠中、流体流经的隔板或围墙。堰的种类包括：矩形堰（如薄壁堰或宽顶堰）、三角形堰（如 V 形槽）、梯形堰（如 Cipolleti 堰 ）或更复杂的堰（如对称比例式堰）。矩形堰（图 5-1）可以沿整个渠道宽度设置，长度和渠宽一致，也可与三角堰或梯形堰一样，采用长度小于渠宽的末端收缩设置方式。

通过堰的流量可以根据堰顶水深计算。堰顶水深可以由操作人员手动测量或传感装置（如浮子、扩散器、水下发射器和超声波发射器等）自动测量。对堰的宽度设计要求为计量堰能适应预期变化范围内的流量和水深，传感器准确地测定流量。

在污水计量中，堰计量的明显缺陷是悬浮固体可在堰板前的缓流区中沉积，影响流量的测定。因此，堰计量最主要是针对处理后污水的测定，未处理的污水不宜采用。

矩形薄壁堰 Bazin 公式：

$$Q=0.66\times cB\times(2g)^{0.66}\times H^{1.5} \tag{5-1}$$

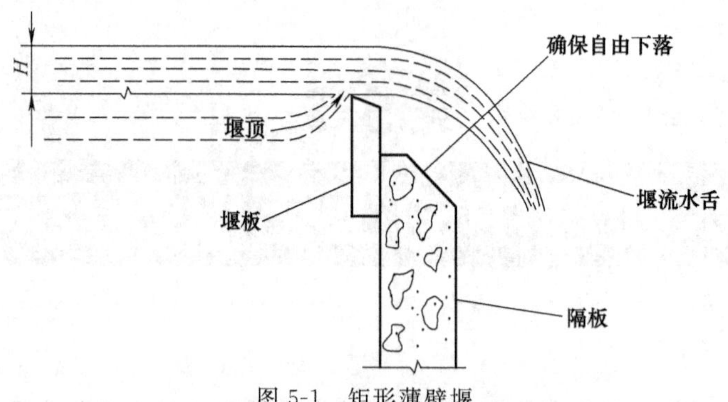

图 5-1　矩形薄壁堰

式中，Q 为流量，m^3/s；B 为堰宽，m（如果计量堰比渠道窄，则 $B=0.2H$）；c 为流量排放系数，平均 0.62；g 为重力加速度，$9.81g/(cm^2 \cdot s)$；H 为堰顶水深，从堰的边缘测量，m。

计量堰的流量计算表可以查水力学手册，如 Water Measurement Manual（DOI，2001）。当堰用来测量较大的水槽或蓄水池的溢流水量时，大多数堰流公式和堰流计算表都认为水流在堰顶的过流速度可以忽略不计。有一些计算方法可以用来修正过流速度，但难以实现自动化监控，因此，设计人员在设计堰时，应使过流速度尽可能小。

计量堰的特点如下：结构简单、价廉，测量精度可满足工艺要求，可靠性高；水头损失大，不能用于接近平坦地面的水渠；堰板上游容易堆积污物，需定期清理。

5.1.1.2　计量槽

计量槽是通过在明渠布设专门构型以测定明渠流流量，属于常用测定方法之一。根据废水流经计量槽的咽喉部位所产生的水头差，测定流量。与计量堰相比，计量槽的特点是水头损失小，不会出现悬浮固体沉淀淤积。

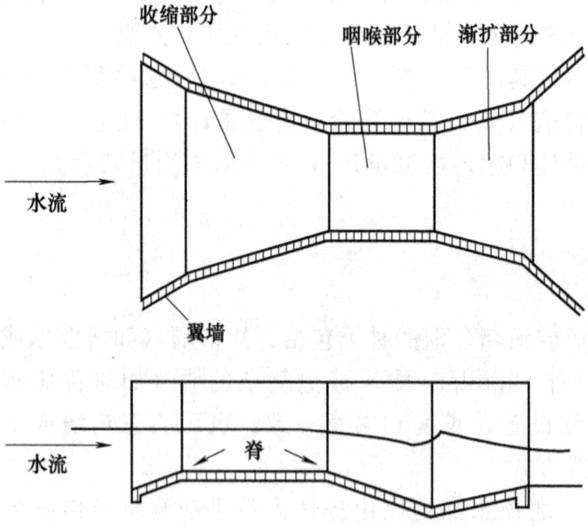

最常见的计量槽是 Palphl L. Parshall 在 1922 年发明的 Parshall 计量槽（图 5-2）。不同 Parshall 计量槽的特性被广泛研究，而且已有精确的计算表和计算曲线。在 Water Measurement Manual 的附录中，附有不同规格 Parshall 计量槽的喉宽数据。表 5-1 给出了喉宽从 1in（0.0254m）到 6ft（1.8288m）的 Parshall 计量槽的测量范围，可以用作计量槽的初步设计。Parshall 槽流量计的特点是：水中固态物质几乎不沉积，随水流排出。水位抬高比堰小，仅为 1/4，适用于不容许有大落差的渠道。

图 5-2　Parshall 计量槽原理

另外一种明渠流计量槽是 Palmer Bowlus flume（简称 PB 槽）（图 5-3），PB 槽为圆形暗渠专用，可以直接安装在非满流的管道中。PB 槽的特点如下：在维持自由水面流的管区内，管壁粗糙度等条件变化会导致流量值变化，而 PB 槽几乎不受管壁粗糙程度等条件变化的影响，测量值的长期变化小。PB 槽的水头损失在非满管流仪表中属于较小的，喉道部槽顶自清洗效果显著，几乎不必担心固体物的沉淀和堆积。作为渠道不发生射流的条件，PB 槽上游暗渠坡度必须在 20/1000 以下，然而实际渠道几乎没有会超过该坡度值的情况。下游侧水深必须小于上游测水深的 85%，若不能满足此条件，测量精度会下降，有时甚至无法测量。而 H 型槽（图 5-4）非常适用于流量变化范围很大的明渠流量测定。

表 5-1　Parshall 计量槽的测量范围

喉度/in①	流量范围/gpm②	喉度/in①	流量范围/gpm②
1	2～90	24	200～15000
2	5～175	30	250～19000
3	20～800	36	300～22000
6	30～1700	48	600～30000
9	50～4000	60	700～38000
12	60～7000	72	1200～45000
18	100～11000		

① 1in×25.4=1mm。

② 1gpm×5.451=$1m^3/d$。

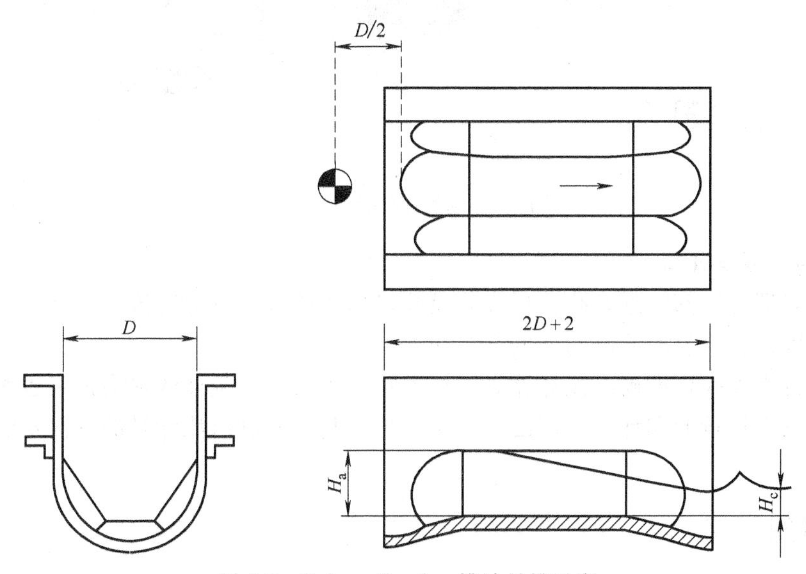

图 5-3　Palmer Bowlus 槽计量槽示意

D—圆形暗渠直径；H_a—上游侧水位；H_c—下游侧水位

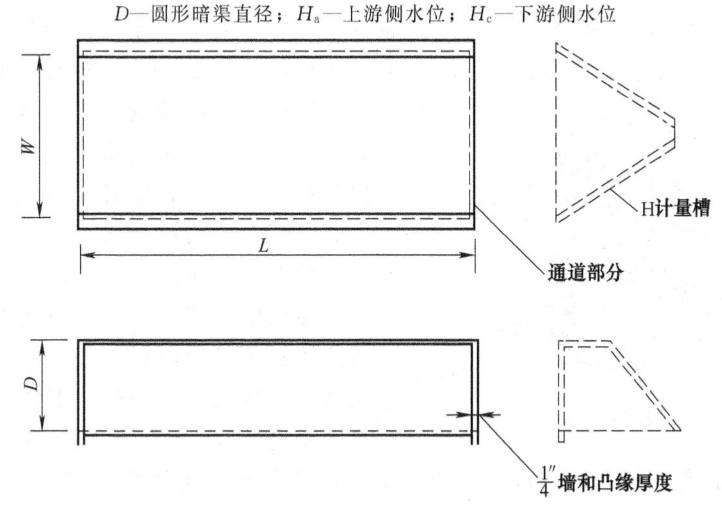

图 5-4　H 型计量槽示意图

W—槽宽；L—槽长；D—槽高

5.1.1.3 流速-面积流量计

流速-面积流量计是在连续方程的基础上来测定流量的。

$$Q=VA \tag{5-2}$$

式中，Q 为流量；V 为平均流速；A 为过流面积。

流速-面积计量计（图 5-5）采用两个串联传感器：一个测量水流深度并计算过流面积，另外一个测定平均流速。它属于流量的直接测定方法之一（间接方法是通过测定液位计算流速）。由于传感器的相对准确度高和测量的直接性强，该法是目前最准确的明渠流量测定方法之一。

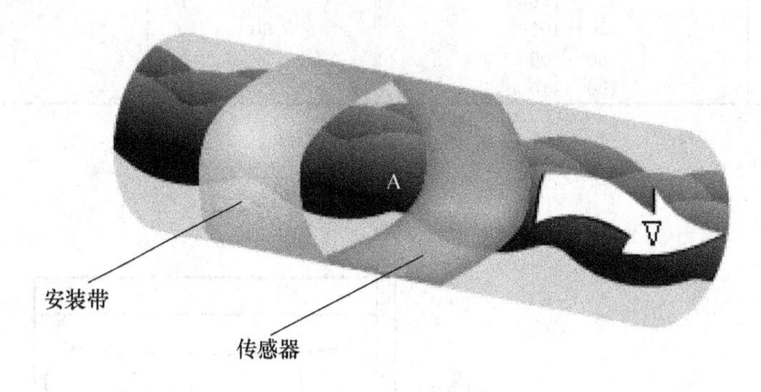

图 5-5 速度-面积计量计原理

5.1.1.4 淹没孔口

通过在容器壁底部附近开孔，形成淹没孔口出流的方法可进行流量监测。孔口出流流量与孔口大小以及孔口上面液位的高度有关。

因为进行淹没孔口准确出流计算时，所需总水头较大，额外的水头损失也大，所以淹没孔口的使用没有计量堰和计量槽广泛。但是，这种利用淹没出流计量的方法对于一些工业废水更为适用。

5.1.2 封闭管流

5.1.2.1 电磁流量计

电磁流量计（直读式频率计）的工作原理是基于 Faraday 定律。当导体在磁场中移动时，导体的感应电压与其在磁场中的移动速度成比例（图 5-6）。电磁流量计以流动的液体作为导电体，后者的速度是液体通过管道横截面的平均速度；在管道的两边放置电磁线圈产生磁场，通过垂直安装于磁化线圈的电极测定感应电压，再转换为流量值。图 5-7 给出了一个典型的电磁流量计示意。

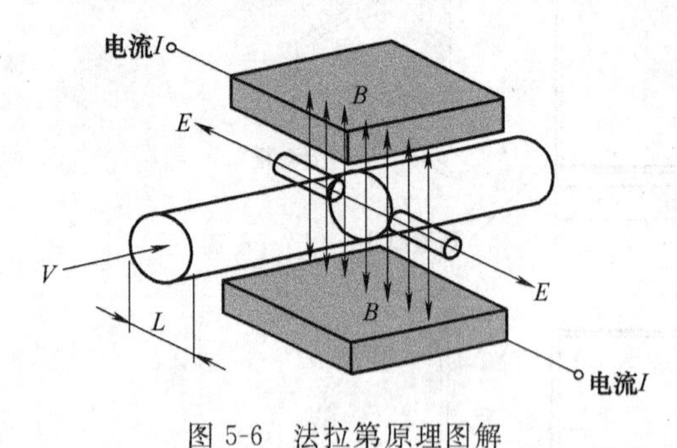

图 5-6 法拉第原理图解

使用电磁流量计时应注意以下几点。①待测流体必须是导电体。②水流必须以连续满流流动。③确保上游直管的长度（大约为管道直径的 10 倍）和下游直管的长度（大约为管道直径的 5 倍），以确保水流在电极间呈现出均衡的流速分布。④被测液体中含有异物。⑤与流体接触部件材料的选择。

$$E=BLV \tag{5-3}$$

式中，E 为感应电压；B 为磁场…磁力线密度）；L 为电极间距离（管道直径）；V 为流体平均流速。

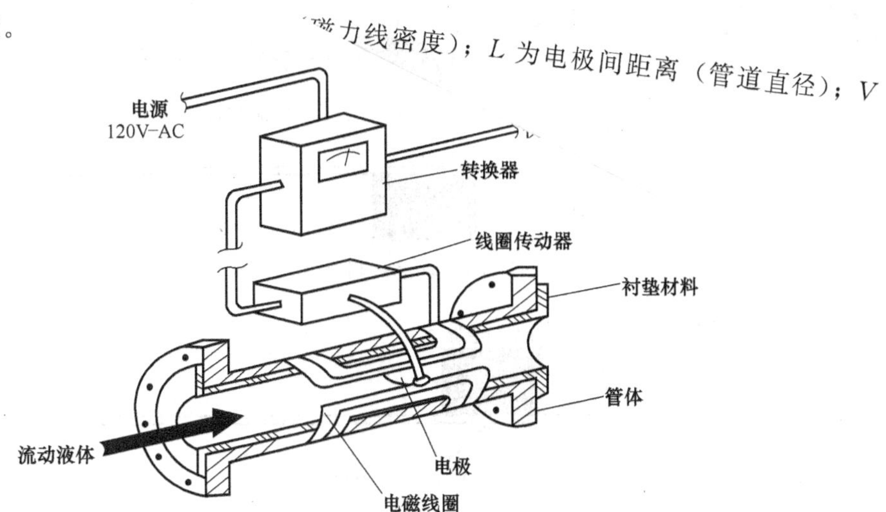

图 5-7　电磁流量计示意

在电磁流量计的使用过程中，电极可能被污染，因此，需使用离线或在线清理系统定期进行清理（例如，利用超声波清理鳞型沉积物或低温蒸发清理油脂类污垢）。

电磁流量计的优点如下。

① 结构简单，无可动和阻流部件，无压头损失，不会引发堵塞、磨损等弊端；适于测量带有颗粒物的污水、浆液等固液两相流体和黏性介质。若采用耐腐蚀绝缘衬里或耐腐蚀绝缘材料作电极，可用于各类腐蚀性介质的测量。

② 由于电磁流量计测量的是体积流量，不受被测介质的温度、黏度、密度以及电导率的影响。因此，只需用水标定后即可用于测量其他导电液体的流量，而无须再进行其他修正。

③ 测量范围宽，可达 100∶1。测量结果只与被测介质的平均流速有关，而与轴对称分布下的流动状态无关（层流或紊流）。

④ 无机械惯性，灵敏度高，可测瞬时脉动流量且线性度好，可将测量结果直接转换成线性标准信号就地指示或远传。

5.1.2.2　超声波流量计

超声波流量计适合于封闭管道的流量测定，其原理是依据感应声波的变化来测定流量。超声波流量计有两种类型：Doppler 效应流量计和传输时间流量计。

1843 年，Dopple 从一个移动声源发出的声音信号中，辨识出频率的变化。Dopple 效应流量计（图 5-8）就是在流动的液体中发射出一个已知频率的超声信号，并且测定反射信号的频率，这种频率（Dopple）的改变值与流动液体的平均流速有关。和大多数流量计相同，最后通过连续方程计算出流量。

在液体中必须有足够的悬浮固体来反射声波信号，否则，必须引入细小的气泡（假如废水处理厂可以提供气源）。

传输时间超声流量计（图 5-9）是在管道两侧沿对角线方向分别设置了反射声波发生器和接收器。脉冲声波交替在传感器之间传送，不断测定脉冲声波的传输时间。由于交替脉冲信号传输速度的变化与管中水流的平均流速有关，故脉冲声波的传输时间也随着流动液体的

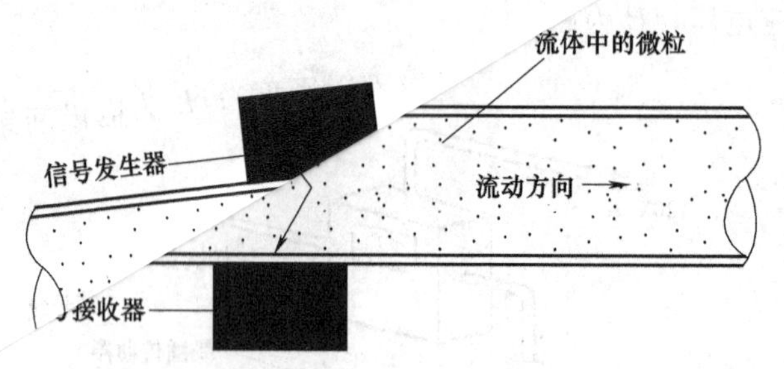

图 5-8 Dopple 超声波流量计示意

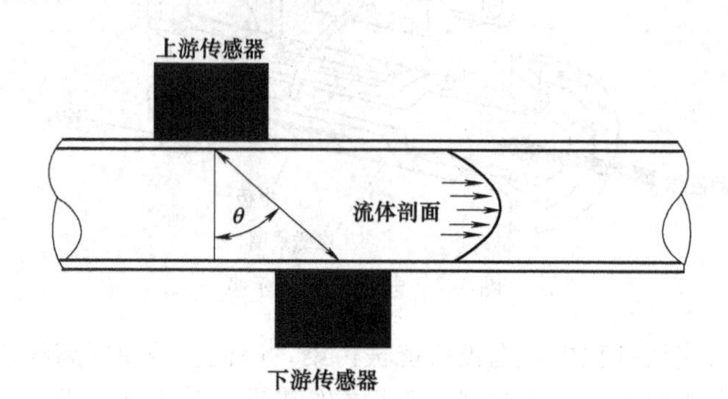

图 5-9 传输时间超声流量计示意

注：θ 为折射角。

变化而变化。

与其他电子流量测量系统相比，超声波流量计更易受到干扰和信噪比的影响。因此，在工程中应该慎用该流量计，并应通过实际测试与独立的标准核对后再固定安装。

5.1.2.3 文丘里管

Bernoulli 方程表明，流体流经管道时产生的压力降与其流速的二次方成正比。文丘里管是利用 Bernoulli 原理设计的流量测定装置，由特定的结构和一对测压管组成（图 5-10）。

文丘里流量管可以通过两个测压管的压力差的平方根直接测定流量，或者通过不同的压力发射器产生电信号。发射器输出的电信号可以按比例换算成压差（流量计算通过接收装置完成）。或者发射器配置可以计算平方根的电子计算器，它输出信号的大小与流量成正比。

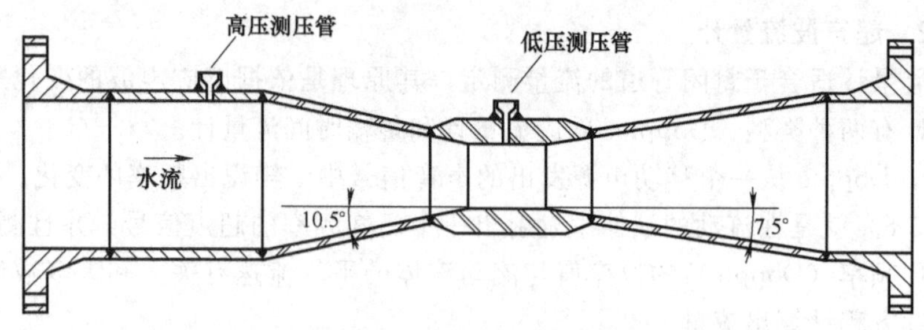

图 5-10 文丘里流量计示意

文丘里流量计同样适用于气态或液态流体的测定。但测定含有固体的流体时，由于压力管和毛细管容易堵塞，使用效果不好。近年来，尽管已经研究开发了不同的方法（如用化学密封剂和净化剂）克服文丘里流量计的这一局限性，但在污水和废气的侵入式测定中仍不是主流仪器。

5.1.2.4 孔板流量计

孔板流量计依靠液体流经孔板所产生的压差测定流量。其原理是，将一个带有圆孔的隔板，安装在流动着气体或液体的管道内，隔板上游和下游设有测压管，测压管均与压差平方根计量器或电子压差流量发射器相连。

孔板流量计的成本较低，只适合于测定最大与最小流量之比小于 3∶1 的清洁流体。孔板的开孔度以及传感器的量程范围与被测量液体的流动特性（如压力、温度和流量范围等）之间都有严格的对应关系。即使系统最初运行正常，但经过一段时间的运行后会因孔的腐蚀、运行过程中流量的改变等而出现问题。在实际运行过程中，无法使用的孔板流量计的数量可能会超过正常运行的孔板流量计的数量。

5.1.2.5 质量流量计

以上的流量计只能测定流体的体积流量，这对于水、典型的含悬浮物废水以及其他密度变化不大的流体来说，测定结果相当精确。然而，当被测定物质的密度发生变化（例如，活性污泥的曝气系统内气流的密度会随压力变化而变化）时，只有测定其质量流量才能达到准确的计量效果。气态流体的质量流量可以通过压力和体积流量测定，或者通过质量流量计直接测定。

通过 Corriolis 效应，质量流量计能准确测定密度大的泥浆或者反应物溶剂的质量流量。质量流量计结构复杂和造价高，因此，工业生产中的应用案例较多，废水处理中应用案例比较少。

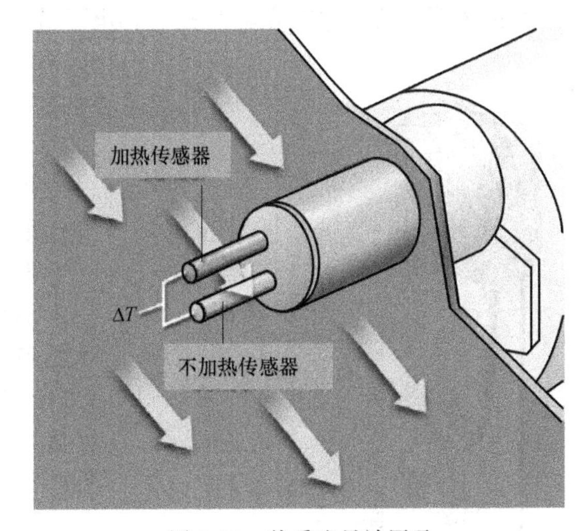

图 5-11 热质流量计图示

ΔT—温度差

热质空气流量计是在流体管道内安置一对相邻的、相互隔开的温度传感器（图 5-11），其中一个传感器是被加热的，另外一个不加热。流动液体的冷却效应会使两个传感器之间的温度差增大——质量流量越大，温度差值越大。

实践表明，在曝气系统的风量测定上，热质流量计优于孔板和文丘里流量计。由于水滴和水蒸气会干扰温差的测量值，因此在气-水混合物（如曝气鼓风机的入口可能会掺入雨水）测量时应慎用。

5.2 液位测量

5.2.1 气泡式液位测量仪

气泡式液位测量仪（图 5-12）的工作原理是当采用管道向液体中不断地注入少量空气时，管道内空气的压力与管道末端以上液体的高度成正比，通过测定该压力反映液位值。管道内空气的压力可采用气动测量器或控制器、电压力开关、电子传感器等仪器检测。

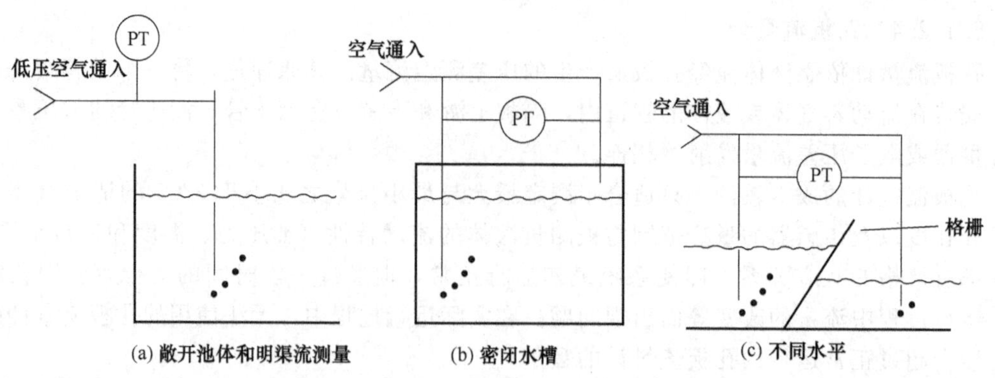

图 5-12 典型的气泡式液位测量装置的应用

5.2.2 压力传感器

压力传感器（或信号变送器）是一种电子装置，它发射的电信号与传感器上部液体的深度成正比。压力传感器可以固定在池壁外侧靠近池底的隔板上，也可以淹没悬挂在液体中（图 5-13）。潜水式压力传感器的信号发射装置上设有一个传递静水压力的小孔，或者该装置直接密封在油里，通过有弹性的隔膜传递静水压力。

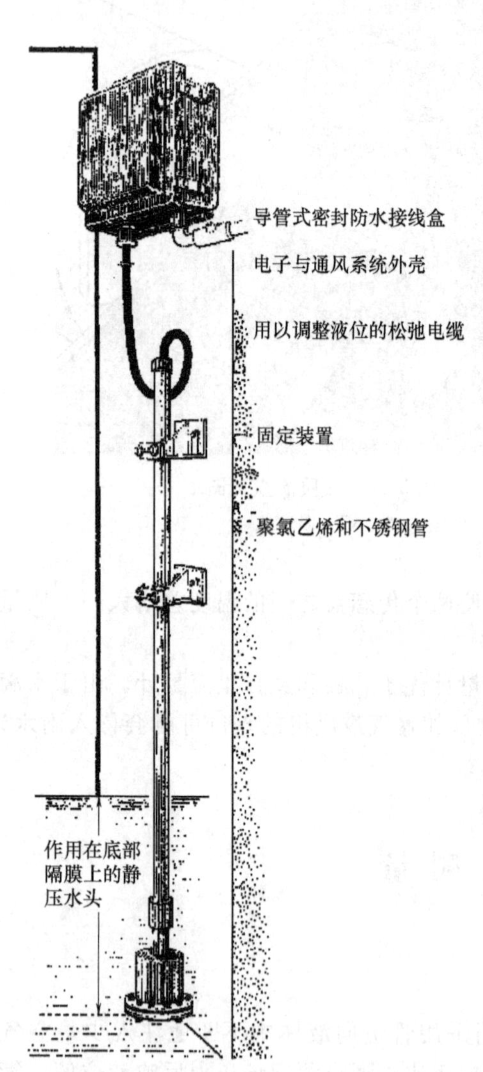

图 5-13 隔膜型潜水传感器装置

隔板安装式和潜水小孔感应式传感器非常适用于不易发生堵塞的清洁溶液的液位测定，而潜水隔膜式传感器更适合于含有悬浮固体的溶液（如废水）与稀污泥的液位测定。污水含有蒸汽、浮渣、浮油和湍流等因素的干扰，故潜水隔膜式传感器特别适合用于污水集水井的液位测定。

5.2.3 阻抗探针和电容探头

阻抗探针和电容探头的工作原理是，探针浸入导电液体后，电路的某些特性（如电阻和电容）会随探针浸没深度的变化而变化，通过准确测定这种特性的变化来反映液位。

测定导电的液体时，电容探头必须被隔离，阻抗探针只能测定导电的液体。这两种探针都易受测试流体的污染而无法正常运行，在测定纯度不高的流体时必须注重维护。

5.2.4 超声波液位计

超声波液位计由上至下向待测液体表面发射声波或脉冲超声，后者传声至液体表面后被反射回来（图 5-14），根据声波或脉冲超声从发射器到液体表面然后反射到接受器的传输时间，可换算出超声传感器头部与液体表面之间的距离，该距离与液位成反比，即离传感器头部的距离越短，液位就越高。

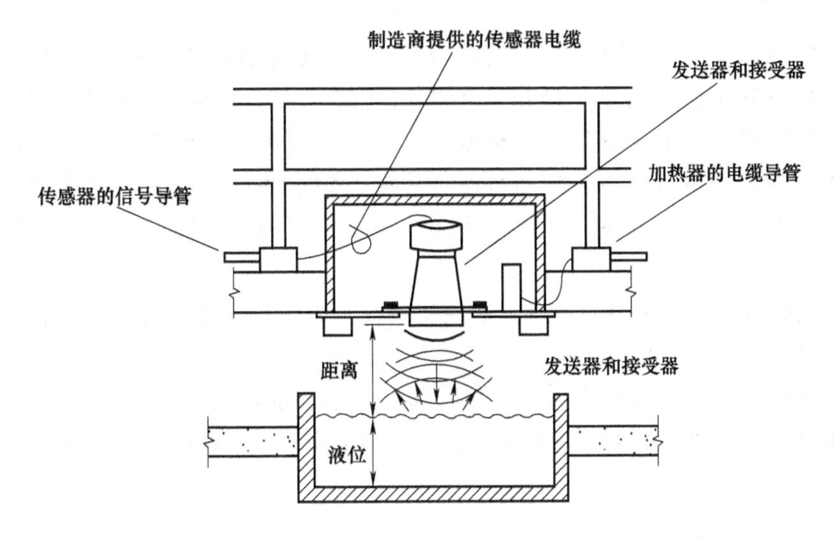

图 5-14　超声波液位计工作原理示意

超声波液位计属于非浸入性测定仪，即测定仪不需要与液面接触，非常适用于测定界面清晰的静止液面，而不适用于消能井内湍流液体的测定，以及液体表面上有厚重的蒸汽或因存在泡沫或浮油层而使界面模糊的液体的测定。因此，大多数未经处理的污水的集水井不宜使用超声波液位计。

5.2.5　压力测定仪

压力测定仪常用于输送加压气体和液体的封闭管线的压力测定。压力测定仪分为数据现场显示（如压力表）或远程传送数据（如机电传感器）两种。采用化学密封隔膜片，可以防止压力测定仪在测定含有固体的工业流体时出现堵塞。采用阻尼或满流可以减小压力波动的幅度。

5.3　过程分析仪

近几年来，过程分析仪变得越来越可靠，并且得到广泛应用。过程分析仪能与监控和数据采集（SCADA）系统整合，实现了废水处理系统的实时监控和高效自动化运行，改变了需要操作人员值守的管理。以下介绍常用的过程分析仪。

5.3.1　pH 计

电化学上，pH 值的测定采用电极对。测量电极的玻璃薄膜内充满 pH 值为 7.0（中性）的缓冲溶液，参比电极是一个充满饱和氯化钾溶液的渗透膜。pH 计的电路系统识别并放大电极之间的电极电位，其中还配置温度补偿作用的温度传感器。用电极电位法测量溶液 pH 值，可以获得较准确的结果。

随着电极的老化，pH 计的指针（或读数）会出现“漂移”现象，应经常进行校正。在废水处理应用中，pH 计电极易受污染，应经常清洗或者更换。

5.3.2 溶解氧仪

溶解氧的测定方法主要有以下五种：碘量法、高锰酸钾修正法、叠氮化钠修正法、膜电极法、电导测定法。溶解氧浓度一般采用溶解氧探头测定。溶解氧探头由安装在电解质溶液中的电极对（阴极和阳极）构成，电解质溶液和待测液体通过气体渗透膜隔开。从阴极到阳极的电子流（如电流）与待测液体的溶解氧浓度成正比，此电流可以被识别、放大并且显示和传送。电流对温度高度敏感，因此，溶解氧仪还包括一套温度感应和补偿电路系统。

溶解氧是废水生物处理过程中重要的控制参数。因此，溶解氧仪在废水生物处理系统中普遍应用。

在测定过程中，溶解氧探头易受固体、脂肪、油和油脂（FOG）的污染，因此，需要经常清洗和更换。溶解氧探头存在维护问题，维护工作量越来越小的新型溶解氧测定仪不断涌现。

5.3.3 氧化还原电位仪

溶液的氧化还原电位（ORP）是表征原子或分子对其他原子或分子给出电子的电化学能力的指标。氧化还原电位采用电极测定，这与 pH 计类似，但前者的玻璃薄膜不是专门测氢离子的。

氧化还原电位仪常用于重金属离子（如铬）的去除过程和氰化物在碱中的氯化去除过程。一种专用的高分辨率 ORP 测量系统有时用于氯消毒的精确控制和重亚硫酸盐的脱氯过程。

5.3.4 电导率仪

水的电导率是指电流通过横截面积各为 $1cm^2$、相距 1cm 的两电极之间水样的电导。电导率反映电解质溶液的导电能力。电解质（如酸、碱和盐）在水溶液中能电离成带电离子，能使溶液导电产生电流。测定水和溶液的电导，可以了解水被杂质污染的程度和溶液中所含盐分或其他离子的量。电导率是水质监测的常规项目之一。

电导传感器使用两个电极与溶液接触（图 5-15）。在电极上施加交流电（AC）电压，将测量的电流转换为电导率的标准单位（S/cm）。

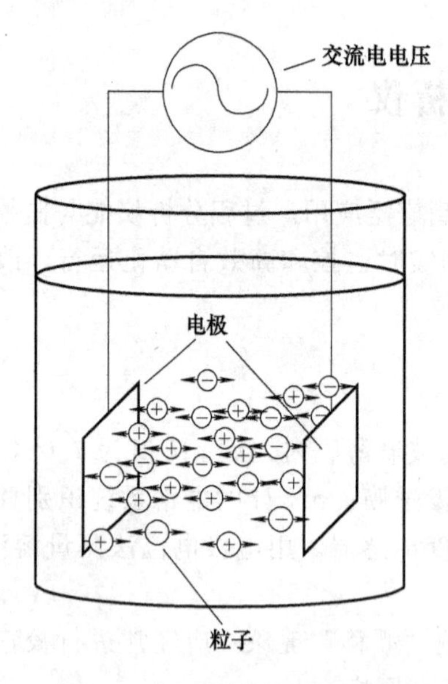

图 5-15 电导率测量装置示意

5.3.5 流动电流测定仪

流动电流测定仪是水和废水处理中用于监控絮凝剂的专用电导仪。絮凝剂包括有机电解质（如聚合物）、无机电解质（如铁盐和石灰），与水中颗粒接触形成絮凝体，然后与水分离。水或废水中投加絮凝剂混合后，利用流动电流测定仪测定水流中的动电荷值，该值可反映水或废水中混凝剂的残留量，由此控制混凝剂的投加量。

5.3.6 浊度计和粒子计数器

浊度计和粒子计数器是实验室或在线监测悬浮固体去除（如砂滤及膜过滤）效果的仪器。

浊度是反映混合液中悬浮固体浓度的一个参数。悬浮粒子可反射光，而被溶解的固体则不反射。光会沿直线通过不含悬浮固体的溶液。但是，光通过含有悬浮固体的混合液时，部分光线会被反射回来或被反射到两边。目前各种类型的浊度测定仪全都是利用光电光度法原理制成的，即将一束光照射到水样中，在与入射光呈直角的方向上，用一个光电池测量被反射或散射出来的光束强弱。当光源是一个标准烛时，用 Jackson 浊度单位（JTU）来表示浊度的大小。目前，USEPA 采用原有福尔马肼标准浊度进行校准的浊度衡量体系，其基本浊度单位是 NTUs（Nephelometric turbidity units）。

浊度测定仪有不同的分类方法。其中，最为常见的是按照浊度的测定方法来分类，可以分为：透射光测定法；散射光测定法；透射光和散射光比较测定法；表面散射光法。粒子计数器有时用于高效膜处理工艺（如超滤和反渗透）的出水中悬浮固体的精确测量。粒子计数器可检测 2～750μm 的粒子，并能显示流量为 100mL/min 的样品中高达 10 亿个的粒子数目。

5.3.7 呼吸仪

呼吸仪是适合于小规模生化反应器中废水需氧量的在线监测仪器（图 5-16）。呼吸仪可以测定活性污泥的呼吸速率，呼吸速率是单位时间单位体积的微生物所消耗的溶解氧的量。呼吸仪也可称为 BOD 监测仪。在线呼吸仪可以显示有机负荷和毒性的实时变化。在线呼吸仪的响应时间一般不超过 0.5h。

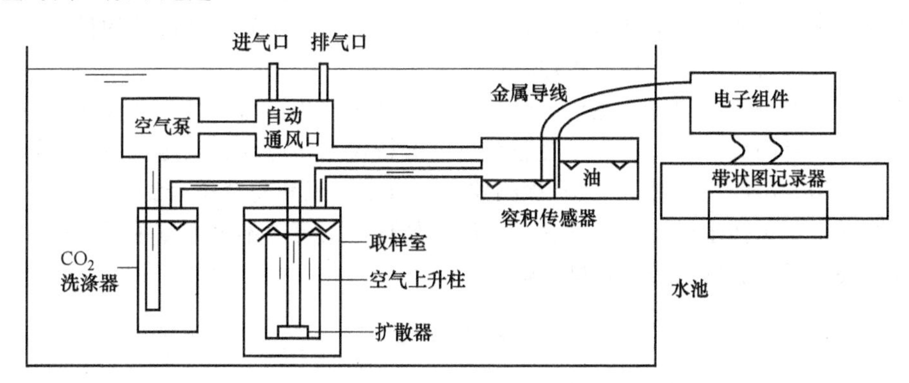

图 5-16 呼吸仪工作原理示意（Respirometry Plus，LLC，Fond du Lac，Wisconsin 提供）

5.3.8 总有机碳仪

总有机碳是以碳的含量表示有机物质总量的一项综合性指标，单位为 mg/L，其反映了废水中有机物的污染程度。总有机碳仪的测定原理方法为下列几种。

① 热氧化法：高温燃烧将有机物转变为二氧化碳。

② 紫外光（UV）-过硫酸盐氧化法：样品溶液与过硫酸钾混合，暴露于紫外线。

③ 基于化学氧化的分析仪：使用多种氧化剂（如氧气、臭氧或过氧化氢）与用酸或其他基本预处理方式预处理后的水样中的有机碳进行反应。

5.3.9 化学需氧量、生化需氧量测定仪

化学需氧量（COD）是指在一定条件下，氧化1L水样中还原性物质所消耗的氧化剂的量，以氧的mg/L表示。化学需氧量仪采用强氧化剂，测定水样中可氧化的物质（如碳、碳氢化合物中的氢、氮、硫和磷）的总量。化学需氧量反映了水中受还原性物质的污染程度。

生化需氧量（BOD）是指在有氧溶解的条件下，好氧微生物在分解水中的有机物的生物化学过程中所消耗的溶解氧量。BOD的测定方法有五天培养法、检压法、库仑法、微生物电极法等。生化需氧量仪采用配备呼吸仪的小型的连续流生物反应器，测定COD中能被微生物和生化反应所氧化的物质的量。BOD监测仪有微生物电极BOD测定仪和库仑法BOD测定仪两种。

5.3.10 氨氮及硝酸盐测定仪

受纳水体中氨对水生生物有毒害作用，而且在通过氨氧化为亚硝酸盐和硝酸盐的过程中消耗溶解氧。事实上，各种含氮化合物都会导致水体富营养化。地下水饮用水源遭硝酸盐污染可能诱发高铁血红蛋白症（“蓝婴”综合征）。

氨氮的在线分析一般应用于以下领域：污水处理达标排放，自来水源水污染监测，地表水污染监测，污水处理工艺硝化反应曝气控制。污水处理工艺水中氨和硝酸盐的测定方法（如分光光度法和离子选择性电极）较多，其中包括便携式分析仪、近期入市的新型浸没式在线分析仪。

5.3.11 余氯及亚硫酸盐残渣测定仪

余氯是保证水质卫生指标的重要参数，也是加氯消毒工艺的基本控制参数。生活污水排入地表水和地下水之前，常用氯气或者氯系消毒剂消毒。亚硫酸盐化合物用于去除消毒后的余氯，以免对水生生物产生不利影响。在复合闭合系统控制氯和亚硫酸盐的投加过程中，往往通过余量分析仪反馈的信号控制投加量。

水质分析中测量余氯的方法主要有两种，一种是比色法，另一种是电极法。余量分析仪通常利用电流测量探头，如果测定化合态余氯，分析仪则还应配备测定低pH值样品用的缓冲剂。还可使用专用的高分辨率ORP探测器监测自由余氯和化合态余氯。

如果原水中不包括生活污水，许多工业废水处理厂则可以不设消毒单元。例如，金属加工废水没有混入浴室和厨房污水，则不需要消毒。

参考文献

[1] 李明俊，孙鸿燕主编．环保机械与设备［M］．北京：中国环境科学出版社，2005.
[2] 刘转年，范荣桂主编．环保设备基础［M］．徐州：中国矿业大学出版社，2013.
[3] 程广振主编．热工测量与自动控制［M］．北京：中国建筑工业出版社，2005.
[4] 陈刚主编．建筑环境测量［M］．北京：机械工业出版社，2005.
[5] 毛徐辛等著．检测技术及仪表［M］．北京：机械工业出版社，2010.

第二篇

工业给水处理

第6章

浊度的去除

浊度是指水中悬浮物对光线透过时所发生的阻碍程度。水中的悬浮物一般是泥土、砂粒、微细的有机物和无机物、浮游生物、微生物和胶体物质等。水的浊度不仅与水中悬浮物质的含量有关，而且与它们的大小、形状及折射系数等有关。常用的去除水中浊度物质的方法有混凝、沉淀、澄清和过滤。

6.1 混　　凝

废水中含有大量无机物及有机物等杂质，这些杂质按尺寸大小可分为悬浮物、胶体和溶解物等。其中胶体的颗粒尺寸很小，在水中经长期静置也不会下沉。废水处理中常见的胶体有黏土颗粒（0.1～1μm）、细菌（0.4～2μm）、病毒（15～300nm）、腐殖质以及蛋白质等。悬浮物和胶体是使水产生浑浊现象的根源，其中某些有机物（如腐殖质和藻类）往往会使水产生色度、臭味等；而废水中的病菌及致病微生物会通过水传播疾病。

混凝处理的主要对象是细粒的悬浮物和胶体，粒径大于0.1mm的泥沙通常在水中可很快下沉，而粒径较小的悬浮物和胶体杂质，由于在水中非常稳定，需用混凝法加以去除。

6.1.1 混凝机理

6.1.1.1 胶体的结构及其ζ电位

图6-1是胶体粒子的双电层结构及其电位分布示意。粒子的中心，是由数百以至数万个分散相固体物质分子组成的胶核。在胶核表面，有一层带同号电荷的离子，称为电位离子层，电位离子层构成了双电层的内层，电位离子所带的电荷称为胶体粒子的表面电荷，其电性正负和数量决定了双电层总电位的符号和大小。为了平衡电位离子所带的表面电荷，液相

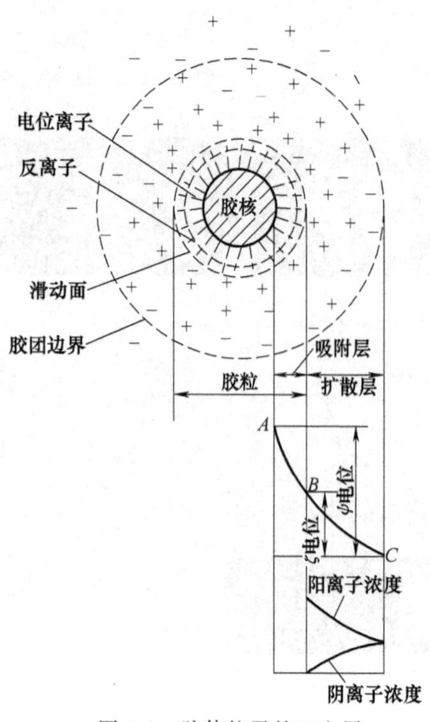

图 6-1　胶体粒子的双电层结构及其电位分布示意

一侧必须存在众多电荷数与表面电荷相等而电性与电位离子相反的离子，称为反离子。反离子层构成了双电层的外层，其中紧靠电位离子的反离子被电位离子牢固吸引着，并随胶核一起运动，称为反离子吸附层。吸附层的厚度一般为几纳米，它和电位离子层一起构成胶体粒子的固定层。固定层外围的反离子由于受电位离子的引力较弱，受热运动和水合作用的影响较大，因而不随胶核一起运动，并趋于向溶液主体扩散，称为反离子扩散层。扩散层中，反离子浓度呈内浓外稀的递减分布，直至与溶液中的平均浓度相等。

固定层与扩散层之间的交界面称为滑动面。当胶核与溶液发生相对运动时，胶体粒子就沿滑动面一分为二，滑动面以内的部分是一个做整体运动的动力单元，称为胶粒。由于其中的反离子所带电荷数少于表面电荷总数，所以胶粒总是带有剩余电荷。剩余电荷的电性与电位离子的电性相同，其数量等于表面电荷总数与吸附层反离子所带电荷之差。胶粒和扩散层一起构成电中性的胶体粒子（即胶团）。

胶核表面电荷的存在，使胶核与溶液主体之间产生电位，称为总电位或 ψ 电位。胶粒表面剩余电荷，使滑动面与溶液主体之间也产生电位，称为电动电位或 ζ 电位。图 6-1 中的曲线 AC 和 BC 段分别表示出 ψ 电位和 ζ 电位随与胶核距离不同而变化的情况。ψ 电位和 ζ 电位的区别是：对于特定的胶体，ψ 电位是固定不变的，而 ζ 电位则随温度、pH 值及溶液中反离子强度等外部条件而变化，是表征胶体稳定性强弱和研究胶体凝聚条件的重要参数。

6.1.1.2　水中胶体的稳定性

所谓胶体的稳定性是指胶体颗粒在水中保持分散状态的性质。胶体具有巨大的表面自由能，有较大的吸附能力，同时在布朗运动的作用下，颗粒间有互相碰撞的机会，但是由于同类胶体微粒带着同号的电荷，它们之间的静电斥力阻止微粒间彼此接近而聚合成较大颗粒；其次，带电荷的胶粒和反离子都能与周围的水分子发生水化作用，形成一层水化膜，也阻碍胶粒的聚合。由胶体的双电层结构可知，胶体运动表现出的是 ζ 电位而非 ψ 电位。胶体的胶粒带电越多，其 ζ 电位就越大；扩散层中反离子越多，水化作用也越大，水化膜也越厚，因此扩散层也越厚，越具有稳定性。由于废水中杂质成分复杂，存在的条件不同，同一种胶体所表现出的 ζ 电位很不一致。

对于憎水性胶体而言，其稳定性主要取决于颗粒表面的动电位，即 ζ 电位。胶体的稳定性可从两个颗粒相碰时互相间的作用力来分析。按照库仑定律，两个带同样电荷的颗粒之间有静电斥力，它与两胶粒表面的间距 x 有关，用 E_R 排斥势能表示，E_R 随 x 的增大呈指数关系减小，两胶粒表面越接近，斥力越大。两个颗粒表面分子间还存在范德华引力，其大小同样与间距 x 有关，用吸引势能 E_A 表示，E_A 与 x 的二次方呈反比。这两种力的合力即为总势能 E，决定着胶体微粒是否稳定。

图 6-2 表示出了胶体相互作用势能与颗粒间距离的关系。当两个胶体颗粒表面的距离

$x=oa\sim oc$ 时，E_R 占优势，两个颗粒总是处于相斥状态。当 $x<oa$ 或 $x>oc$ 时，E_A 占优势。当胶体微粒表面距离为 ob 时斥能最大，用 E_{max} 表示。一般情况下，胶体颗粒的布朗运动的动能不足以克服这个最大斥能，所以不能聚合，故胶体处于分散稳定状态。但如能克服这个最大斥能，则颗粒就有可能进一步接近，直至吸引势能大于排斥势能而使它们吸附聚合。

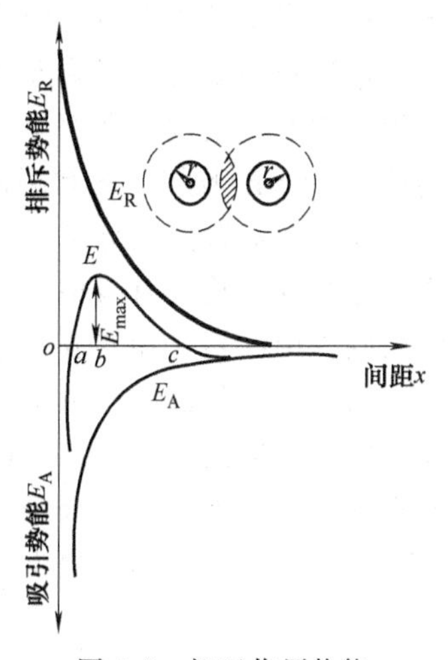

图 6-2　相互作用势能与颗粒间距离的关系

对于亲水性胶体而言，水化作用却是胶体稳定的主要原因。水化作用来源于粒子表面极性基团对水分子的强烈吸附，使粒子周围包裹一层较厚的水化膜，阻碍胶粒相互靠近，使范德华引力不能发挥作用。

6.1.1.3　胶体脱稳的机理

废水的混凝过程是一个十分复杂的过程，其机理一直是水处理专家们研究的课题，迄今也还没有一个统一的认识。混凝过程就是使废水中稳定存在的胶体或细小颗粒失去稳定性的过程，该过程称为胶体的脱稳。不同的水质条件及投加不同种类的混凝剂，致使胶体脱稳的作用机理也有所不同。当前看法比较一致的是，混凝剂对水中胶体粒子的脱稳作用有压缩双电层、电性中和、吸附架桥和网捕四种。

(1) 压缩双电层。如前所述，胶体颗粒在水中能保持稳定的分散悬浮状态，主要是由于胶粒的 ζ 电位。胶核表面的 ψ 电位一般是固定的，而滑动面上的 ζ 电位是表明双电层构造的一个主要指标，如扩散层的厚度 δ 变小，电位曲线变陡，ζ 电位自然也下降，排斥势能变小。当扩散层厚度压缩到某种程度使两个胶粒因布朗运动相互碰撞时，由于胶粒之间的范德华引力不变，而静电斥力变小，两种力的对比便发生变化，当排斥能峰 E_{max} 小于布朗运动的能量时，则胶粒就可以在引力的作用下相互结合起来。在水中投加电解质混凝剂就可以达到此目的。对于水中的负电荷胶粒而言，投入的电解质混凝剂应是正电荷离子或聚合离子。通常向水中投加铝盐或铁盐等混凝剂后，混凝剂提供的大量正离子会涌入胶体扩散层甚至吸附层，从而增加扩散层及吸附层中的正离子浓度，就使扩散层减薄，胶粒的 ζ 电位降低，排斥能峰 E_{max} 减小，胶粒间的相互排斥力减小。同时，由于扩散层减薄，胶粒间相撞时的距离也减少，因此相互间的吸引力相应变大，从而使胶粒易发生聚集。当大量正离子涌入吸附层以致扩散层完全消失时，ζ 电位为零，这时称为等电状态。在等电状态下，胶粒最易发生聚集。实际上，ζ 电位只要降至某一程度，胶粒就开始产生明显的聚集，这时的 ζ 电位称为临界电位。综上所述，此种机理是添加反离子时的作用，即所添加的离子是与胶体所带电荷符号相反的离子，使 ζ 电位降低。

此机理还可以解释当混凝剂投量过多时胶体再稳定的过程，原因是水中原来带负电荷的胶体可变成带正电荷的胶体，这是由于带负电荷的胶核直接吸附了过多的正电荷聚合离子的结果。这种吸附力非单纯的静电力作用，一般认为还存在范德华引力、氢键及共价键等。

(2) 电性中和。当投加的电解质为铝盐或铁盐时，它们在一定的条件下水解生成各种络合阳离子，水中的异号胶粒与这些络合阳离子有强烈的吸附作用，由于这种吸附作用中和了它的部分电荷，降低了 ζ 电位，减少了静电斥力，因而容易与其他颗粒接近而互相吸附，此时静电引力成为絮凝的主要作用。但混凝剂投量也不能过多，否则会使胶粒吸附过多的反离子，使原来带的负电荷转变成带正电荷，使胶粒发生再稳现象。

(3) 吸附架桥。吸附架桥作用主要是指链状高分子聚合物在静电引力、范德华力和氢键力等作用下，通过活性部位与胶粒和细微悬浮物等发生吸附桥联的过程，桥联的结果形成“胶粒-高分子-胶粒”的絮凝体，高分子物质在这里起胶粒与胶粒之间相互结合的桥梁作用。

作为混凝剂的高分子物质以及三价铝盐或铁盐溶于水后，经水解和缩聚反应形成高聚物，这些物质均具有线型结构，整个分子具有一定的长度，胶体颗粒对这类高分子具有强烈的吸附作用，聚合物在胶粒表面的吸附来源于各种物理化学作用，如范德华引力、静电引力、氢键、配位键等。由于高分子物质易被胶粒所强烈吸附，且线型长度较大，因而它可以在相距较远的两个胶粒之间进行吸附架桥。即当它的一端吸附某一胶粒后，另一端伸入水中又吸附另一胶粒，通过高分子吸附架桥，颗粒逐渐变大，最终形成肉眼可见的粗大絮凝体(矾花)，吸附架桥的凝聚模式如图 6-3 所示。

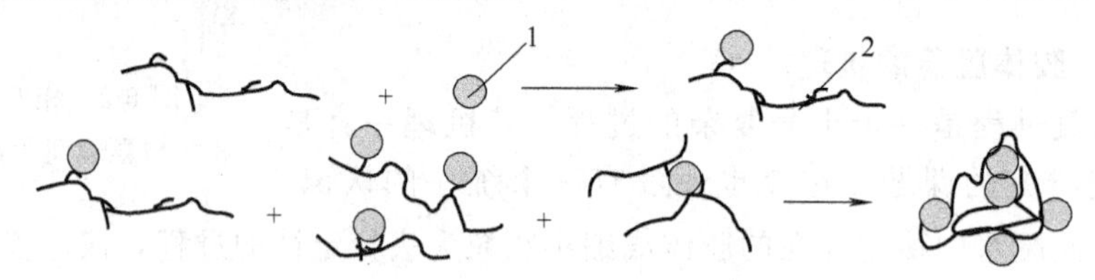

图 6-3 高分子絮凝剂对胶体微粒的吸附架桥作用模式示意

1—胶体颗粒；2—絮凝剂大分子

在废水处理中，对高分子絮凝剂投加量、搅拌时间和强度都应严格控制。投加量过大时，会使胶粒表面饱和产生再稳现象；已经架桥絮凝的胶粒，如受到长时间剧烈的搅拌，架桥聚合物可能从另一胶粒表面脱开，重又回到原所在胶粒表面，造成再稳定状态。

对于高分子混凝剂特别是有机高分子混凝剂来说，吸附架桥起决定作用；对于 $Al_2(SO_4)_3$ 等无机盐混凝剂来说，吸附架桥作用和压缩双电层作用均具有重要作用。

(4) 网捕。当三价铝盐或铁盐等投量很大而生成大量氢氧化物沉淀时，这些沉淀物在自身沉降过程中，能网捕、卷扫水中的胶体和微粒等产生沉淀分离，称为网捕或网罗卷带。这种作用基本上是一种机械作用。另外水中胶粒本身可作为这些氢氧化物沉淀物形成的核心，所以混凝剂最佳投加量与被除去物质的浓度成反比，即胶粒越多，混凝剂投加量越少，反之投加量越多。

例如，对于硫酸铝的水解，在 pH＝7～8 时，聚合度极大的中性 $Al(OH)_3$ 将占绝对多数，它能产生微小的凝聚作用，吸附和黏结水中的胶体杂质，卷带它们一起从水中分离出去，即起吸附卷扫作用，具有十分优异的絮凝性能。

以上介绍的混凝的四种机理，在水处理中常不是单独孤立的现象，往往可能是同时或交叉发挥作用的，只是在一定情况下以某种作用为主而已。

6.1.2 混凝剂和助凝剂

6.1.2.1 混凝剂

目前用于废水处理的混凝剂种类很多，按化学成分可分为无机和有机两大类；按分子量大小、官能团的特性及官能团离解后所带电荷的性质，又可分为高分子、低分子、阳离子型、阴离子型和非离子型混凝剂等。混凝剂的分类见表 6-1。这里只介绍常用的混凝剂。

(1) 硫酸铝。硫酸铝在我国使用较为普遍，有固、液两种形态，一般使用固态硫酸铝。根据其中不溶于水的物质的含量，可分为精制和粗制两种。精制硫酸铝含有不同数量的结晶水，常用的是 $Al_2(SO_4)_3 \cdot 18H_2O$，含无水硫酸铝 50%～52%，含 Al_2O_3 约 15%，相对密

表 6-1 混凝剂的分类

名称			分子式
无机混凝剂	铝系	硫酸铝	$Al_2(SO_4)_3 \cdot 18H_2O$
		明矾	$KAl(SO_4)_2 \cdot 12H_2O$
		聚合氯化铝(PAC)	$[Al_2(OH)_nCl_{6-n}]_m$
		聚合硫酸铝(PAS)	$[Al_2(OH)_n(SO_4)_{3-n/2}]_m$
	铁系	硫酸亚铁(绿矾)	$FeSO_4 \cdot 7H_2O$
		硫酸铁	$Fe_2(SO_4)_3$
		三氯化铁	$FeCl_3 \cdot 6H_2O$
		聚合氯化铁(PFC)	$[Fe_2(OH)_nCl_{6-n}]_m$
		聚合硫酸铁(PFS)	$[Fe_2(OH)_n(SO_4)_{3-n/2}]_m$
有机混凝剂	人工合成	聚丙烯酰胺(PAM)	$[-CH_2-CH-CONH_2-]_x$(非离子型、阳离子型、阴离子型)
		聚氧化乙烯(PEO)	非离子型
		聚丙烯酸钠	阴离子型
		聚乙烯吡啶盐	阳离子型
	天然	树胶、动物胶等	

度1.62，外观为白色结晶体。粗制硫酸铝中有效氧化铝含量基本与精制相同，主要是不溶于水的物质含量高，废渣较多，价格较低，但质量不稳定，且因不溶于水的杂质含量高，酸度较高，腐蚀性较强，溶解与投加设备需考虑防腐。

硫酸铝适用于水温为20～40℃，pH=4～8的水质条件。当pH=4～7时，主要去除水中有机物；pH=5.7～7.8时，主要去除水中悬浮物；pH=6.4～7.8时，主要处理浊度高、色度低（小于30度）的水。

硫酸铝使用方便，混凝效果较好，不会给处理后的水质带来不良影响。缺点是当水温低时硫酸铝水解困难，形成的絮体较松散。

(2) 聚合氯化铝（PAC）。聚合氯化铝又名碱式氯化铝或羟基氯化铝，是一种无机高分子混凝剂。它是以铝灰或含铝矿物作为原料，采用酸溶或碱溶法加工而成，其中含氧化铝（Al_2O_3）10%以上，不溶物<1%，其化学式为 $[Al_2(OH)_nCl_{6-n}]_m$，其中 $n=1\sim5$，$m\leqslant10$，是 m 个 $Al_2(OH)_nCl_{6-n}$（羟基氯化铝）单体的聚合物。

聚合氯化铝中 OH^- 与 Al 的摩尔数之比与混凝效果有很大关系，一般可用碱化度 B 表示：

$$B=\frac{n\mathrm{OH}^-}{3n\mathrm{Al}}\times100\% \tag{6-1}$$

例如，$Al_2(OH)_5Cl$ 的碱化度 $B=5/(3\times2)=83.3\%$。制备过程中，控制适当的碱化度，可获得所需要的优质聚合氯化铝，目前生产的聚合氯化铝一般要求 B 为50%～80%。

聚合氯化铝可看成是 $AlCl_3$ 在一定的条件下经水解、聚合逐步转化成 $Al(OH)_3$ 沉淀物过程中的各种中间产物。一般铝盐在投入水中后才发生水解反应，反应产物受水的pH值和铝盐浓度的影响，而聚合氯化铝在投入水中前已发生水解反应，因此可根据原水水质的特点来控制生产过程中的反应条件，从而制取所需要的最适宜的聚合物，投入水中即可直接提供高价聚合离子，故混凝效果要优于硫酸铝。

聚合氯化铝作为混凝剂处理废水时有如下特点：①对污染严重或低浊度、高浊度、高色度的原水都可达到较好的混凝效果；②温度适应性好，pH值适用范围宽，可在pH=5～9之间使用；③矾花形成快，颗粒大而重，沉淀性能好，投药量一般比硫酸铝低；④其碱化度比其他铝盐、铁盐高，因此药液对设备的侵蚀作用小，且处理后水的pH值和碱度下降较小。

(3) 三氯化铁。三氯化铁（$FeCl_3 \cdot 6H_2O$）是一种常用的混凝剂，是黑褐色的结晶体，有强烈的吸水性，极易溶于水。和铝盐相似，在一定的条件下，Fe^{3+}通过水解、聚合可形成多种成分的配合物或聚合物，如单核组分 $Fe(OH)_2^+$、$Fe(OH)^{2+}$ 及多核组分 $Fe_2(OH)_2^{4+}$、$Fe_3(OH)_4^{5+}$ 等，以至 $Fe(OH)_3$ 沉淀物，其混凝机理亦与硫酸铝相似。三氯化铁的优点是形成的矾花密度大，易沉降，在低温、低浊时仍有较好效果，适宜的 pH 值范围也较宽；缺点是溶液具有强腐蚀性，处理后的水的色度比用铝盐高。

(4) 聚合硫酸铁。聚合硫酸铁的化学式为 $[Fe_2(OH)_n(SO_4)_{3-n/2}]_m$，英文缩写为 PFS。它与聚合铝盐都是具有一定碱化度的无机高分子聚合物，且作用机理也颇为相似。适宜水温 10～50℃，pH 值 5.0～8.5，但在 pH 值 4～11 的范围内均可使用。与普通铁盐相比，它具有投加剂量小、絮体生成快、对水质的适应范围广以及水解时消耗水中碱度少等一系列优点，因而在废水处理中的应用越来越广泛。

(5) 有机高分子混凝剂。有机高分子混凝剂分为人工合成和天然两类，常用的是人工合成的混凝剂。高分子混凝剂一般都是线型高分子聚合物，它们的分子呈链状，并由很多链节组成，每一链节为一化学单体，各单体以共价键结合。聚合物的分子量是各单体的分子量的总和，一个聚合物分子中单体的总数称聚合度。低聚合度的相对分子质量从 1000 至几万，高聚合度的相对分子质量从几千至几百万。高分子混凝剂溶于水中，将生成大量的线型高分子，当高分子聚合物的单体含有可离解官能基团时，沿链状分子长度就会有大量可离解基团，常见的有—COOH、$—SO_3H$、$—PO_3H_2$、$—NH_3OH$、$—NH_2OH$ 等，基团离解即形成高聚物离子。根据高分子在水中离解的情况，可分成阴离子型、阳离子型和非离子型。当单体上的基团在水中离解后，在单体上留下带负电的部位（如得到$—SO_3^-$ 或$—COO^-$），此时整个分子成为带负电荷的大离子，这种聚合物称阴离子型聚合物；当在单体上留下带正电的部位（如得到$—NH_3^+$、$—NH_2^+$）而整个分子成为一个带正电荷的很大离子时，称为阳离子型聚合物；不含离解基团的聚合物则称为非离子型聚合物。有时在单体上同时存在带有正电和负电的部位，这时就以正、负电的代数和代表高分子离子的电荷类型。

聚丙烯酰胺（PAM）是一种最重要的和使用最多的高分子混凝剂，也称为三号絮凝剂，其结构式为：

$$\left[\begin{array}{l} —CH_2—CH— \\ \qquad\quad\;\; | \\ \qquad\quad CONH_2 \end{array}\right]_n$$

其中 n 表示聚合度，聚丙烯酰胺的聚合度可高达 20000～90000，相对分子质量可达 150 万～600 万，有些可以达到 1000 万以上。聚丙烯酰胺也可以作为助凝剂与其他混凝剂一起使用，产生良好的混凝效果。其添加的顺序影响絮凝效果，一般情况下，当原水浊度低时，宜先投加其他凝混剂，后投聚丙烯酰胺（相隔半分钟为宜），使杂质颗粒先行脱稳到一定程度，为聚丙烯酰胺大离子的絮凝作用创造有利条件；如原水浊度较高时，宜先投聚丙烯酰胺，后投其他混凝剂，让聚丙烯酰胺先在较高浊度水中充分发挥作用，吸附一部分胶粒，使浊度有所降低，其余胶粒由其他混凝剂脱稳，再由聚丙烯酰胺吸附，这样可降低其他混凝剂的剂量。

聚丙烯酰胺是由丙烯酰胺聚合而成，其中还剩有少量未聚合的丙烯酰胺单体，这种单体是有毒的，故产品中的单体残留量应严格控制。有的国家规定混凝剂中单体丙烯酰胺的含量需在 0.2%以下，有的国家规定不得超过 0.05%。

常见的天然高分子混凝剂有骨胶、淀粉、纤维素、蛋白质、藻类等，这些都有混凝和助凝作用。比较有效的有海藻酸钠、木刨花、榆树根、松树子等天然高分子物质，但应用时应注意研究天然高分子的结构和性能，研究提取和保存有效成分的方法以及对这些物质是否含有其它有毒物质进行毒理学的鉴定。

6.1.2.2 助凝剂

当单独使用混凝剂不能取得预期效果时，需投加助凝剂以提高混凝效果。助凝剂的作用是改善絮凝体结构，产生大而结实的矾花，作用机理是调整 pH 值、增加絮体密度或高分子物质的吸附架桥作用。常用助凝剂的种类及特点见表 6-2。

表 6-2 常用助凝剂的种类及特点

名称	分子式或代号	作用与注意事项
氯	Cl_2	①当处理高色度水及用作氧化水中有机物，或去除臭味时，可在投加混凝剂前先投氯，以减少混凝剂用量；②用硫酸亚铁作混凝剂时，为使二价铁氧化成三价铁可在水中投加氯
生石灰	CaO	①用于原水碱度不足；② 用于去除水中的 CO_2，调整水的 pH 值
氢氧化钠	NaOH	①用于调整水的 pH 值；②投加在滤池出水后可用于水质稳定处理；③一般采用浓度≤30%液体商品，在投加点稀释后投加；④气温低时会结晶，浓度越高越易结晶；⑤使用时要注意安全
活化硅酸（活化水玻璃·泡花碱）	$Na_2O \cdot xSiO_2 \cdot yH_2O$	①适用于硫酸亚铁与铝盐凝聚剂，可缩短混凝沉淀时间，节省凝聚剂用量；②原水浑浊度低、悬浮物含量少及水温较低（约在 14℃以下）时使用，效果更为显著；③可提高滤池滤速；④必须注意加注点；⑤要有适宜的酸化度和活化时间
骨胶		①骨胶有粒状和片状两种，来源丰富，骨胶一般和三氯化铁混合后使用；②骨胶投加量与澄清效果成正比，且不会因投加量过大使混凝效果下降；③投加骨胶及三氯化铁后的净水效果比单独投三氯化铁效果好，可降低净水成本；④投加量少，投加方便
海藻酸钠	$(NaC_6H_7O_6)_x$（简写为 SA）	①原料取自海草、海带根或海带等；②生产性试验证实 SA 浆液在处理浊度稍大的原水（200NTU 左右）时助凝效果较好，用量仅为水玻璃的 1/15左右，当原水浊度较低时（50NTU 左右）助凝效果有所下降，SA 投量约为水玻璃的 1/5；③SA 价格较贵，产地只限于沿海

6.1.3 影响混凝效果的主要因素

影响混凝效果的因素较复杂，主要有废水的性质、药剂的种类和用量、水力条件三方面的因素。

6.1.3.1 水质的影响

(1) 水温。水温对混凝效果影响很大，尤其是水温低时混凝效果较差，尽管冬季混凝剂的用量很大，但也难以获得较好的混凝效果。低温时絮体形成缓慢，絮体粒径小、松散，不利于沉降。主要原因有以下几点。

① 水温影响无机盐类的水解，由于无机盐类混凝剂的水解是吸热反应，水温低时，水解反应慢。如硫酸铝的最佳反应温度是 35～40℃，当水温低于 5℃时，水解速度变慢。

② 低温水的黏度大，布朗运动减弱，颗粒之间碰撞机会减少，不利于脱稳胶粒相互絮凝，同时水流剪切力增大，影响絮凝体的成长，进而影响后续沉淀处理的效果。

③ 水温低时，由于胶体颗粒水化作用增强，妨碍了胶体凝聚。

④ 水温低时，水的 pH 值提高，相应的混凝最佳 pH 值也将提高。

改善低温水混凝效果的主要措施如下。

① 增加混凝剂的投量，以改善颗粒之间的碰撞条件。

② 投加助凝剂（如活化硅酸）或黏土以增加絮体的重量和强度，提高沉速。

③ 用气浮法代替沉淀法作为混凝的后续处理。尽管这样，混凝效果仍不理想，如何提高低温水的混凝效果目前仍是研究的主要课题。

(2) 水的 pH 值与碱度。在不同 pH 值下，铝盐与铁盐混凝剂的水解产物的形态不一样，混凝效果也各异，因此，pH 值是影响混凝的一个主要因素。

由于混凝剂水解反应不断产生 H^+，它与水中 HCO_3^-（碱度）作用生成 CO_2，当投药量较少，原水的碱度又较大时，由于上述的缓冲作用，水的 pH 值略有降低，对混凝效果不会有大的影响。当投药量较大，原水的碱度小，不足以中和水解产生的酸时，水的 pH 值将大幅度下降，要保持水解反应充分进行，必须加碱去中和 H^+，一般投加 CaO。用于除去废水的浊度时，硫酸铝的最佳 pH 值范围为 6.5～7.5；用于除色时，pH 值在 4.5～5.5 之间。三价铁盐水解反应同样受 pH 值的控制，但三价铁盐混凝剂适应的 pH 值范围较宽，最优 pH 值大约在 6.0～8.4 之间；用于除色时，pH 值在 3.5～5.0 之间。当使用 $FeSO_4 \cdot 7H_2O$ 时，由于溶解度较大，且 Fe^{2+} 只能形成较简单的络合物，混凝效果较差，因此要把 Fe^{2+} 氧化成 Fe^{3+}，氧化的方法通常采用溶解氧氧化或加氯氧化。

一般来说，高分子混凝剂尤其是有机高分子混凝剂在投入水中前已发生水解聚合反应，聚合物形态基本确定，故对水的 pH 值变化适应性较强，混凝效果受 pH 值的影响较小。

(3) 水中悬浮物浓度的影响。颗粒浓度过低往往不利于混凝，人工投加黏土或高分子助凝剂可提高混凝效果。但由于不同的黏土杂质的粒径大小和级配、化学组成、带电性能和吸附性能等各不相同，因而即使浊度相同，混凝性能也不同。杂质颗粒级配越单一均匀、越细越不利，大小不一的颗粒将有利于混凝。当水中有机物过高时，会吸附于胶体颗粒上使胶体具有很高的稳定性，这就是所谓有机物对胶体的保护作用。向水中投 Cl_2 来氧化有机物，破坏其作用，就能提高混凝效果。有机物少时有助凝作用，在实际应用时应利用这个作用。

因电解质能使胶体凝聚，所以水中溶解盐类能对混凝发生影响，由于 $Al_2(SO_4)_3$ 的水解产物都带正电核，所以天然水中 Ca^{2+}、Mg^{2+} 对压缩双电层有利，而水中某些阴离子（如 Cl^-）可能对混凝产生不利影响，不过这些方面还有许多问题有待研究。

6.1.3.2 混凝剂的影响

对铝盐和铁盐混凝剂而言，当废水的 pH<3 时，简单水合铝离子 $[Al(H_2O)_6]^{3+}$ 可起压缩胶体双电层作用；在 pH=4.5～6.0 范围内（视混凝剂投量不同而异），主要是多核烃基配合物对负电荷胶体起电性中和作用，凝聚体比较密实；在 pH=7.0～7.5 范围内，电中性氢氧化铝聚合物 $[Al(OH)_3]_n$ 可起吸附架桥作用，同时也存在某些烃基配合物的电性中和作用，混凝效果较好。

对于阳离子型高分子混凝剂可对负电荷胶粒起电性中和与吸附架桥双重作用，絮凝体一般比较密实，并且对废水的 pH 值适用范围更广。非离子型和阴离子型高分子混凝剂只能起吸附架桥作用。

除上述混凝剂种类的影响外，其投加量对混凝效果也有影响。投加量除与水中微粒种类、性质、浓度有关外，还与混凝剂品种、投加方式和介质条件有关。对任何废水的混凝处理，都存在最佳投药量的问题，应通过试验确定。一般的投药量范围是：普通铝盐、铁盐为 10～30mg/L；聚合盐为普通盐的 1/3～1/2；有机高分子混凝剂通常只需 1～5mg/L。投加不能过量，否则会出现胶体的再稳现象。

6.1.3.3 水力条件的影响

在混合阶段，对水流进行剧烈搅拌的目的，主要是使药剂快速均匀地分散于水中以利于混凝剂快速水解、聚合及颗粒脱稳。由于上述过程进行很快，故混合要快速剧烈，通常在 10～30s 至多不超过 2min 即可完成。搅拌强度的速度梯度 G 值一般在 700～1000s^{-1} 之内。在絮凝阶段，主要靠机械或水力搅拌促使颗粒碰撞凝聚，故以同向絮凝为主，通常以 G 值和GT值（T为絮凝时间）作为控制指标。在絮凝过程中，絮凝体尺寸逐渐增大，由于大的絮凝体容易破碎，故自絮凝开始至絮凝结束，G值应渐次减小。采用机械搅拌时，搅拌强度应逐渐减小；采用水力絮凝池时，水流速度应逐渐减小。絮凝阶段，平均G在$20\sim70s^{-1}$范围内，平均GT在$1\times10^4\sim1\times10^5$范围内。

6.1.4 混凝的工艺与设备

混凝的处理对象是水中的胶体粒子以及微小悬浮物，包括凝聚与絮凝两个过程。凝聚是指胶体失去稳定性的过程；絮凝则指胶体脱稳后聚结成大颗粒絮体的过程。自药剂与水均匀混合起直至大颗粒絮体形成为止，在工艺上总称混凝过程。能起凝聚与絮凝作用的药剂统称为混凝剂。混凝过程是由一系列单元串联起来组成的，每个单元设有相应的设备，完成凝聚作用的有加药和混合等设备，完成絮凝作用的设备为絮凝池（也称反应池）。混凝处理的工艺流程如图 6-4 所示。

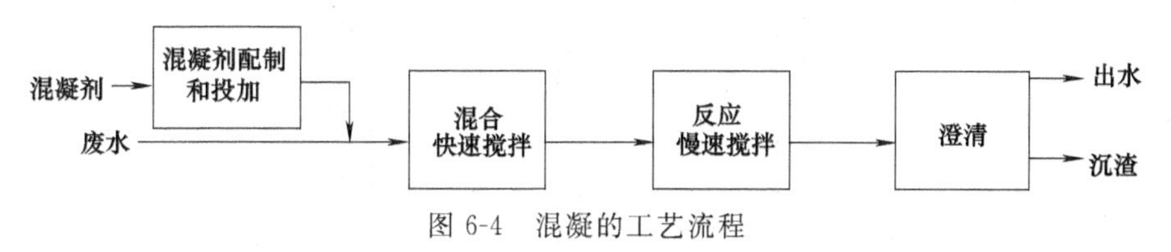

图 6-4 混凝的工艺流程

由图 6-4 可见，整个混凝工艺过程包括混凝剂的配制及投加、混合以及絮凝反应三个步骤。

混凝剂的配制和投加是保证混凝过程的先决条件。对于混凝剂投加系统和设备的设计，应考虑不同原水水质条件下的最大投加量，并考虑运行中的超负荷因素，留有适当余量。

混合阶段的目的是使混凝剂快速均匀地分散于水中以利于其快速水解、聚合及颗粒脱稳。由于上述过程进行很快，故对混合的要求是快速剧烈但时间要短，通常混合时间为 10s～2min。

絮凝阶段的目的是使絮体尺寸逐渐增大，主要靠机械或水力搅拌促使颗粒碰撞凝聚，长大成可见的絮体（矾花），粒径变化可从微米级增加到毫米级，变化幅度达几个数量级。这一阶段要求搅拌强度低，但时间要长。由于大的絮凝体容易破碎，故采用机械搅拌时，搅拌强度应逐渐减小，采用水力絮凝池时，水流速度应逐渐减小。

6.1.4.1 混凝剂的溶解和溶液的配制

混凝剂的投配方法分干投法与湿投法两种，我国大多采用湿投法。所谓湿投法是将块状或粒状混凝剂溶解成浓药液，然后通过耐腐蚀泵或射流泵将浓药液送入溶解池，用自来水稀释到所需浓度后再投入水中的方法。湿投法系统包括药剂溶解、配制、计量、投加和混合等过程。当采用液体混凝剂时可不设溶解池，药剂储存于储液池后直接进入溶液池。药剂的溶解根据投加量大小、混凝剂的品种，可采用水力、机械或压缩空气等搅拌方式，其中用的较多的是机械搅拌。

水力溶解采用压力水对药剂进行冲溶和淋溶，适用于小水量和易溶解的药剂，其优点是可以节省机电等设备，缺点是效率较低，溶药不够充分。

机械溶解方法大多采用电动搅拌机。搅拌机由电动机、传动或减速器、轴杆、叶片等组成，可以自行设计，也可选用生产厂的定型产品。图 6-5 所示为常用机械搅拌设备之一。

设计和选用搅拌机时应注意以下几点。

① 转速。搅拌机转速有减速和全速两种，减速搅拌机一般为 100～200r/min，全速一般为 1000～1500r/min。

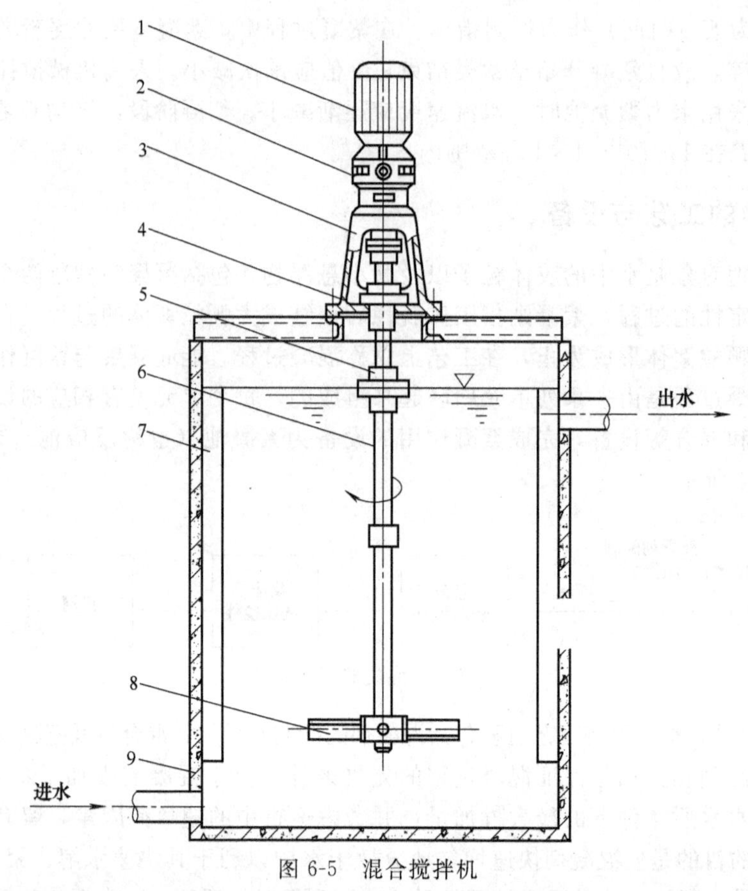

图 6-5　混合搅拌机

1—电动机；2—减速机；3—机座；4—轴承装置；5—联轴器；6—搅拌轴；7—挡板；8—搅拌器；9—搅拌池

② 结合转速选用合适的叶片形式和叶片直径，常用的叶片形式有螺旋桨式、平板式等。

③ 采用防腐蚀措施和耐腐蚀材料，尤其在使用强腐蚀药剂时。搅拌机适用于大、中、小尺寸的溶解池。

机械搅拌方法适用于各种药剂和各种规模的废水，具有溶解效率高、溶药充分、便于实现自动控制操作等优点，因而被普遍采用。

压缩空气溶解一般在溶解池底部设置环形穿孔布气管。气源一般由空压机提供。压缩空气溶解适用于各种药剂和各种规模的废水处理，但不宜用作较长时间的石灰乳液连续搅拌。

6.1.4.2　混凝剂的投加

混凝剂投加设备包括计量设备、药液提升设备、投药箱、必要的水封箱及注入设备等。根据不同的投药方式或投药量控制系统，所用设备也有所不同。

(1) 投加地点和方式。根据工艺流程，药剂投加点的位置可以设在提升水泵前，也可以投加于原水管。泵前投加一般投加在水泵吸水管进口处或吸水管中，利用水泵叶轮转动使药剂充分混合，从而可省掉混合设备。原水管中投加药剂是最常用的方式，根据废水处理工艺和生产管理的需要，可投加在原水总管上，也可投加在各絮凝池的进水管中，加药管应采用耐腐蚀材料。

投加方法可以采用重力投加，也可采用压力投加，一般多采用压力投加。重力投加系统需设置高位溶液池，利用重力将药液投入水中。溶液池与投药点水体水位高差应满足克服输液管的水头损失并留有一定的余量。重力投加输液管不宜过长，并力求平直，以避免堵塞和气阻。重力投加时，溶液池的液面标高应通过计算确定，一般高于絮凝池或澄清池水面 3m 以上。加药管尽量按最短路线敷设以减小水头损失。重力投加适宜于中小水量，且投加点较集中的场合。泵前重力投加系统见图 6-6 和图 6-7。

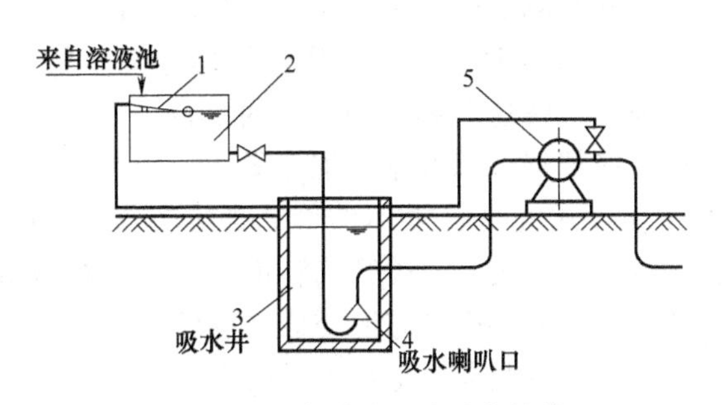

图 6-6 吸水喇叭口处重力投药

1—浮球阀；2—水封箱；3—吸水井；4—吸水喇叭口；5—水泵

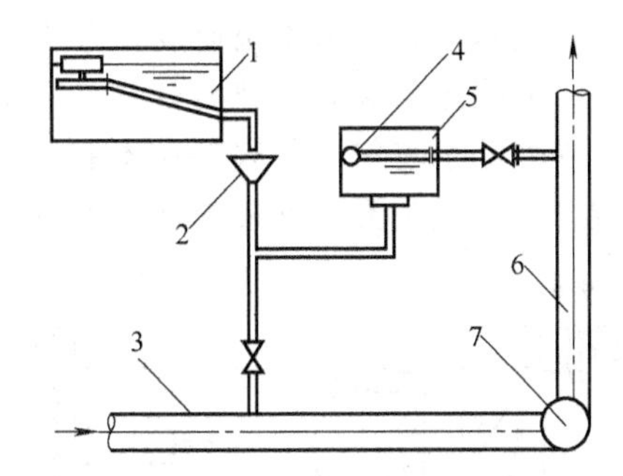

图 6-7 吸水管内重力投药

1—溶液池；2—漏斗；3—吸水管；4—浮球阀；5—水封箱；6—水泵出水管；7—水泵

压力投加可采用水射器和加药泵两种方法。利用水射器投加如图 6-8 所示，它具有设备简单、使用方便、不受溶液池高程所限等优点，但效率较低，且需另外设置水射器压力水系统。

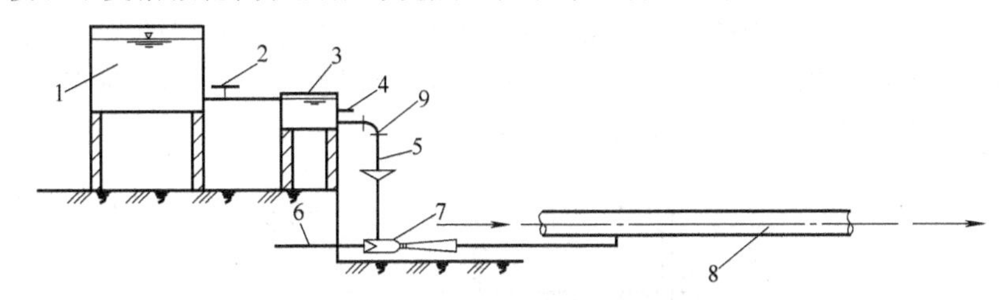

图 6-8 水射器压力投加

1—溶液池；2,4—阀门；3—投药箱；5—漏斗；6—高压水管；7—水射器；8—原水进水管；9—孔、嘴等计量装置

加药泵投加如图 6-9 所示，通常采用计量泵。计量泵同时具有压力输送药液和计量两种功能，与加药自控设备和水质监测仪表配合，可以组成全自动投药系统，达到自动调节药剂投加量的目的。目前常用的计量泵有隔膜泵和柱塞泵。采用计量泵投加具有计量精度高、加药量可调节等优点，适应于各种规模的废水处理，但计量泵价格较高。目前新建以及改建的处理厂已大多采用计量泵投加方式。

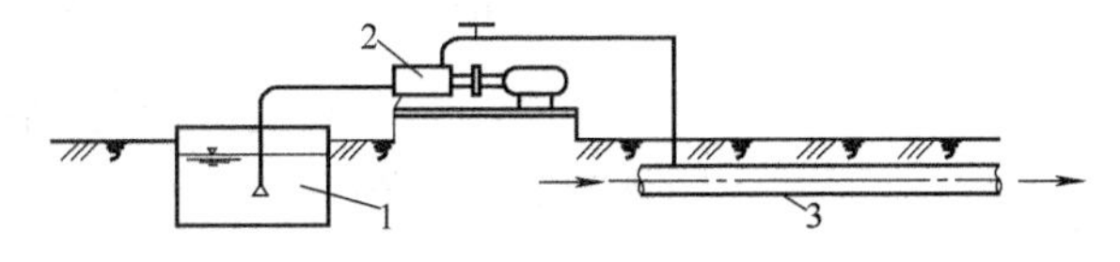

图 6-9 计量泵压力投药

1—溶液池；2—计量泵；3—进水管

(2) 提升设备。由搅拌池或储液池到溶液池，以及当溶液池高度不满足重力投加条件时均需设置药液提升设备，最常用的是耐腐蚀泵。

常用的耐腐蚀泵有以下几种形式。

① 耐腐蚀金属离心泵。型号有 IH、F、BF 等，其过流部件的材料采用耐腐蚀的金属材料。另一种为泵体采用金属材料，但其过流部件采用耐腐蚀塑料，如聚丙烯、聚全氟乙丙烯等，型号有 FS 等，这种泵较常采用。

② 塑料离心泵。其泵体用聚氯乙烯等塑料制成，型号有 SB、101、102 型等。

③ 耐腐蚀液下立式泵。型号有 Fy 型等，这种泵的泵体及加长部件均采用耐腐蚀金属材

料制成，适宜用于地下储液池等场合。

此外，还有耐腐蚀陶瓷泵、玻璃钢泵等，但较少采用。

（3）混合设备。对混合设施的基本要求是通过对水的强烈搅动，在很短时间内使药剂均匀地扩散到水中，即采用快速混合方式。混合方式是影响混合效果的主要因素之一。

混合方式还与混凝剂种类有关。当使用高分子絮凝剂时，由于其作用机理主要是絮凝，故只要求使药剂均匀地分散于水体中，而不要求采用“快速”和“剧烈”的混合。

混合的方式主要有管式混合、水力混合、机械搅拌混合以及水泵混合等。

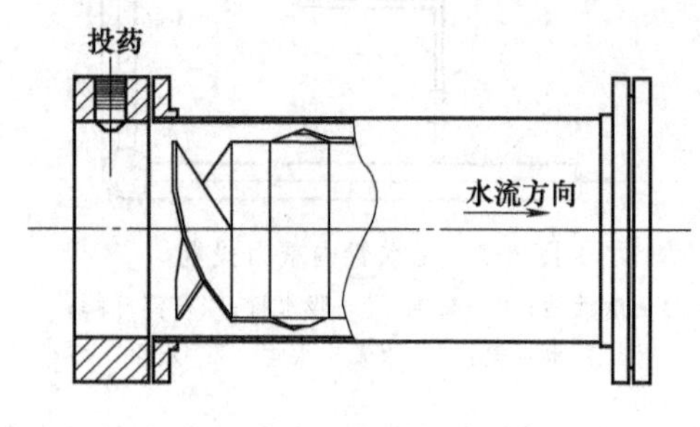

图 6-10 管式静态混合器

① 管式混合。常用的管式混合有管道静态混合器、孔板式、文氏管式管道混合器、扩散混合器等，其中管道静态混合器应用较多。

管道静态混合器是在管道内设置多节固定叶片，使水流成对分流，同时产生涡旋反向旋转及交叉流动，从而获得混合效果。如图 6-10 所示为目前应用较多的管式静态混合器构造示意。

管式扩散混合器是在孔板混合器前加上锥形配药帽。锥形帽的顶角为 90°，锥形帽顺水流方向的投影面积为进水管总面积的 1/4，孔板开孔面积为进水管总面积的 3/4，混合器管节长度 $L \geqslant 500$mm。孔板处的流速取 1.0～2.0m/s，混合时间为 2～3s，速度梯度 G 值约为 700～1000s^{-1}。图 6-11 为管式扩散混合器构造。

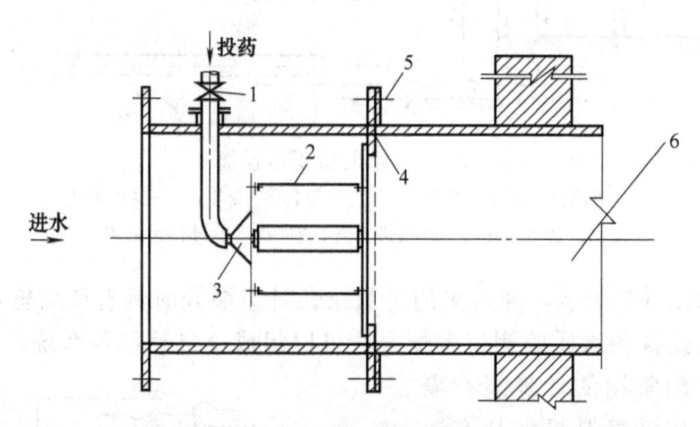

图 6-11 管式扩散混合器

1—塑料阀；2—支架；3—锥形配药帽；4—孔板；5—橡胶垫；6—管道

② 机械搅拌混合池。图 6-12 为机械搅拌混合池。机械搅拌机采用较多的为桨板式和推进式。桨板式结构简单，加工制造容易，但效率比推进式低。推进式效率较高，但制造较复杂。有条件时宜首先考虑采用推进式搅拌机。为避免产生共同旋流，应在混合池中设置竖直固定挡板。

机械搅拌混合池可以在要求的混合时间内达到需要的搅拌强度，满足速度快、均匀充分混合的要求，水头损失小，并可适应水量、水温、水质等的变化，可取得较好的混合效果，适用于各种规模的处理厂和使用场合。混合池可采用单格或多格串联。

混合池停留时间一般为 10～60s（有的国家建议混合时间为 1～5min），G 值一般采用 500～1000s^{-1}。机械搅拌机一般采用立式安装，为减少共同旋流，可将搅拌机轴中心适当偏离混合池的中心。

③ 水泵混合。水泵混合是利用水泵叶轮产生的涡流而达到混合的一种方式（与前面加药方式类似）。采用水泵混合应注意的要点是：①药剂可投加入每台水泵的吸水管中，或者吸水喇叭管处，不宜投在吸水井；②为防止空气进入水泵，投药管中不能掺有空气，需在加药设施中采取适当的措施；③投加点距絮凝池的距离不能过长，以避免在原水管中形成絮凝体；当采用腐蚀性的药剂时，应考虑对水泵的腐蚀影响。

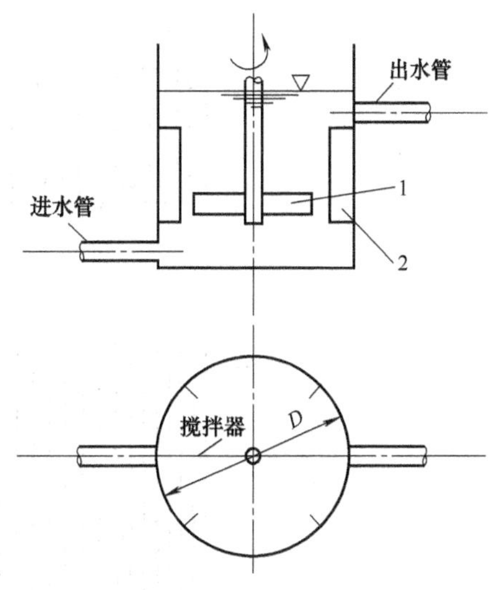

图 6-12 机械搅拌混合池

1—桨板；2—固定挡板

综上所述，可以总结出不同混合方式的特点：水力混合虽设备简单，但难以适应水量、水温等条件的变化，故已很少采用；机械混合可以适应水量、水温等的变化，但相应增加了机械设备；水泵混合没有专用的混合设施，但水泵与絮凝池相距必须较近；管式混合无须设置专用混合池，混合效果较好，但受水量变化影响较大。具体采用何种形式应根据废水处理的工艺布置、水质、水量、药剂品种等因素综合确定。

(4) 混凝设备。完成絮凝过程的设备称絮凝池。为了达到完善的絮凝反应，必须具备两个主要条件，即具有充分絮凝能力的颗粒和保证颗粒获得适当的碰撞接触而又不致破碎的水力条件。

絮凝池的类型很多，按输入能量的方式不同，可分为机械絮凝池和水力絮凝池两大类。

机械絮凝池是通过电机或其他动力带动叶片进行搅动，使水流产生一定的速度梯度，这种形式的絮凝池不消耗水流自身的能量，其絮凝所需的能量由外部输入。

水力絮凝池则利用水流自身能量，通过流动过程中的阻力给液体输入能量，反映为絮凝过程中产生一定的水头损失。

① 隔板絮凝池。水流以一定流速在隔板之间通过而完成絮凝过程的絮凝池称为隔板絮凝池。如果水流方向为水平的，称为水平隔板絮凝池，如图 6-13 所示；如果水流为上下竖向的，称垂直隔板絮凝池，如图 6-14 (c) 所示。

水平隔板絮凝池是应用最早且较普遍的一种絮凝池。隔板的布置可采用来回往复的形式，如图 6-13 (a) 所示，水流沿槽来回往复前进，流速则由大逐渐减小，这种形式称为往复式隔板絮凝池。为达到流速递减的目的，有两种措施：一是将隔板间距从起端至末端逐步放宽，池底相平；二是隔板间距相等，从起端至末端池底逐渐降低。因施工方便一般采用前者较多。若地形合适，可采用后者。

往复式隔板絮凝池在转折处消耗较大能量，虽然它可提供较多的颗粒碰撞机会，但也容易引起已形成的絮体破碎。为减少能量损失，以后又发展了一种把 180°的急剧转折改为 90°转折的回转式隔板絮凝池，如图 6-13 (b) 所示。这种絮凝池一般水流由池中间进入，逐渐回转流向外侧，因而其最高水位出现在池的中间，而出口处的水位基本与沉淀池水位相配合。由于这一原因，回转式絮凝池更适合于对原有水池提高水量时的改造。回转式隔板絮凝池由于转折处的能量消耗较往复式絮凝池小，因而有利于避免絮体的破碎，然而也减少了颗粒的碰撞机会，影响絮凝速度。考虑到絮凝初期增加颗粒的碰撞是主要因素，而后期则应着重于避免絮体的破碎，因而出现了往复式隔板与回转式隔板相结合的形式。

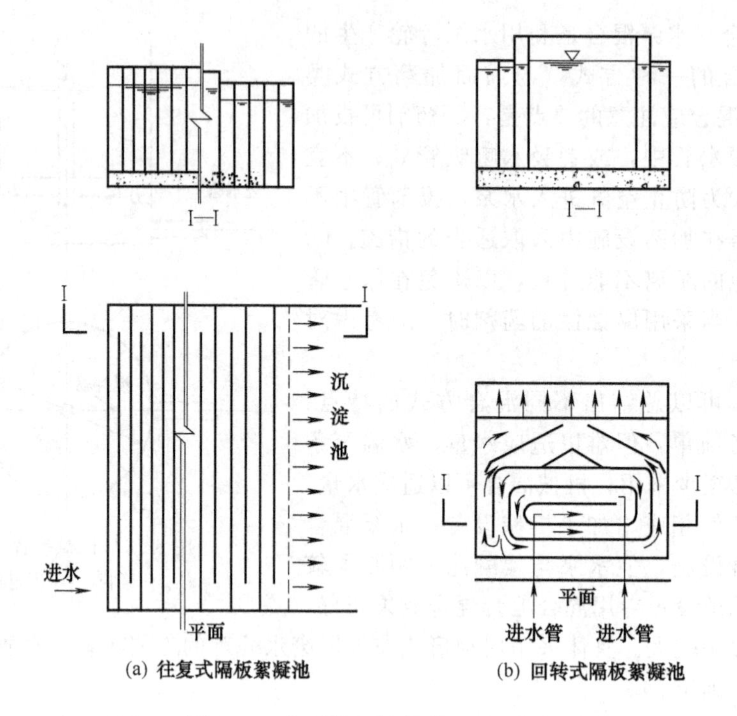

图 6-13　水平隔板絮凝池的不同形式

当处理水量较小时，为了控制絮凝槽内的流速，并避免槽的宽度太窄，隔板絮凝池也可以布置成双层。上、下层分别设置隔板，进行串联运行。隔板的布置可以是来回的，也可以是回流的。水流可以先通过下层隔板再进入上层，也可以先经过上层再流入下层，一般认为先进下层可以避免积泥。对于规模较小的絮凝池，双层隔板絮凝可以充分利用空间而节省用地，并可与沉淀池深度保持一致而利于结构设计。

② 折板絮凝池。折板絮凝池是在隔板絮凝池的基础上加以改造而发展起来的。从 20 世纪 70 年代应用以来，取得了成功经验，成为目前应用较普遍的形式之一。这种折板絮凝池的总絮凝时间由以往的 20～30min（隔板絮凝池）缩减至 15min 左右，絮凝效果良好。

折板絮凝池的布置方式按照水流方向可分成竖流式和平流式两种，目前以采用竖流式为多；根据折板相对位置的不同又可分为异波和同波两种形式，如图 6-14 所示。

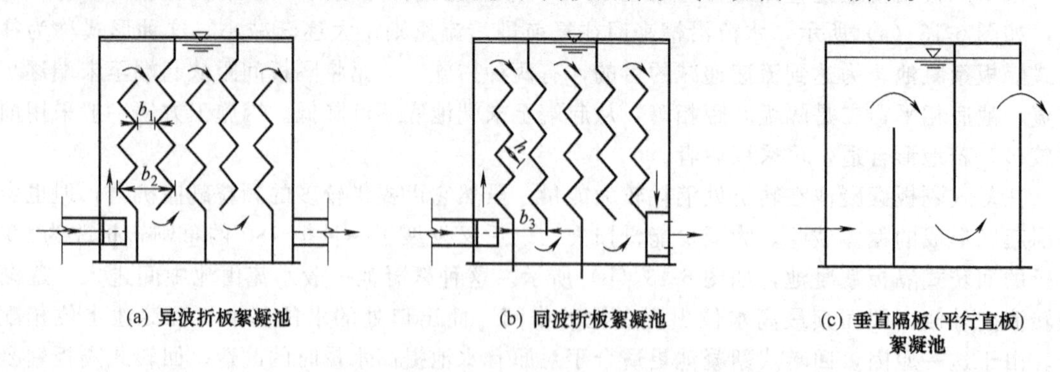

图 6-14　竖流式折板絮凝池的不同形式

异波折板是将折板交错布置，使水流速在通过收缩段时最小，通过扩张段时最大，从而产生絮凝反应所需要的紊动；同波折板是将折板平行布置，使水的流速保持不变，水在流过转角处产生紊动。与折板絮凝反应池相似的应用形式还有波纹板及波折板。

折板絮凝池可布置成多通道或单通道，单通道是指水流沿两折板间不断循序流行，多通道则指将絮凝反应池分隔为若干区格，各区格内设一定数量的折板，水流按各区格逐格通过。絮凝反应池可设计为3～6段，同隔板絮凝反应池一样，折板间距应根据水流速度由大到小而改变。目前为提高大规模的废水处理的效果，采用不同形式的折板相组合，即多通道折板絮凝反应池，第一阶段可采用异波，第二阶段采用同波，第三阶段采用平板，其布置形式如图6-15所示。

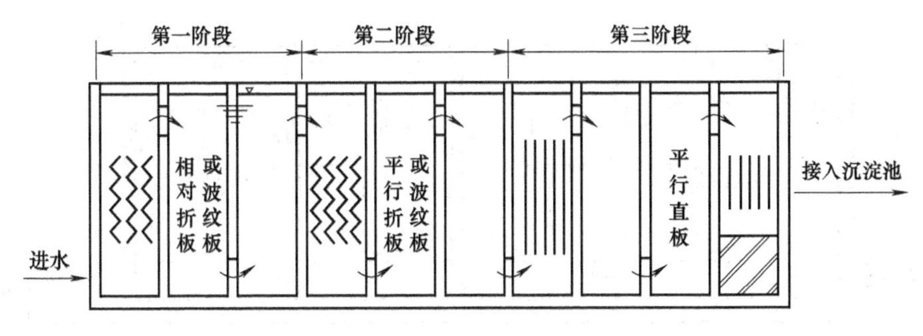

图6-15　多通道折板絮凝反应池的布置形式

③ 栅条（网格）絮凝池。栅条（网格）絮凝池是在沿流程一定距离（一般为0.6～0.7m）的过水断面中设置栅条或网格，通过栅条或网格的能量消耗完成絮凝过程。当水流通过网格时，相继收缩、扩大，形成涡旋，造成颗粒碰撞，所需絮凝时间相对较少。栅条絮凝池的布置及构造如图6-16所示。

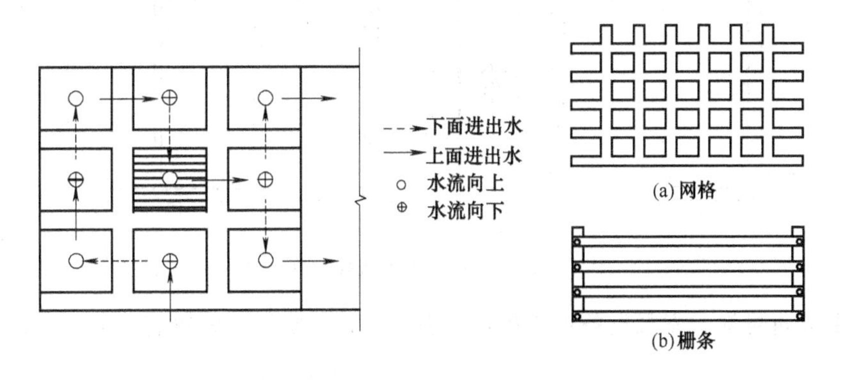

图6-16　栅条（网格）絮凝池示意

栅条絮凝池一般由上、下翻越的多格竖井所组成。各竖井的过水断面尺寸相同，因而平均流速也相同。为了控制絮凝过程中G值的变化，絮凝池前段采用密型栅条或网格，中段采用疏型栅条或网格，末段可不放置栅条或网格。

栅条或网格可采用木材、扁钢、铸铁或水泥预制件组成，由于栅条比网格加工容易，因而应用较多。

栅条（网格）絮凝池的分格数一般采用8～18格，但也可以通过降低竖井流速，以减少分格数的布置，其分格数仅为3～6格。

④ 机械搅拌絮凝池。机械搅拌絮凝池是通过机械带动叶片而使液体运动完成絮凝的絮凝池。叶片可以做旋转运动，也可以上下往复运动。目前国内的机械絮凝池大都是采用旋转

运动的方式。

机械搅拌絮凝池分为水平轴式和垂直轴式两种，见图 6-17 和图 6-18。搅拌叶片目前多用条形桨板，有时也有布置成网状形式。

为了适应絮凝过程中 G 值变化的要求和提高絮凝的效率，机械搅拌絮凝池一般应采用多级串联。对于较大规模的絮凝池，各级分设搅拌器，每一级采用不同的转速。为适应絮凝体形成的规律，第一级搅拌强度最大，而后逐级减少，从而速度梯度 G 值也相应由大变小。搅拌强度取决于搅拌器转速和桨板面积，由计算决定。而对于小规模的机械絮凝池，为实现不同的搅拌速度，也有采用一根传动轴带动不同回转半径桨板的形式。

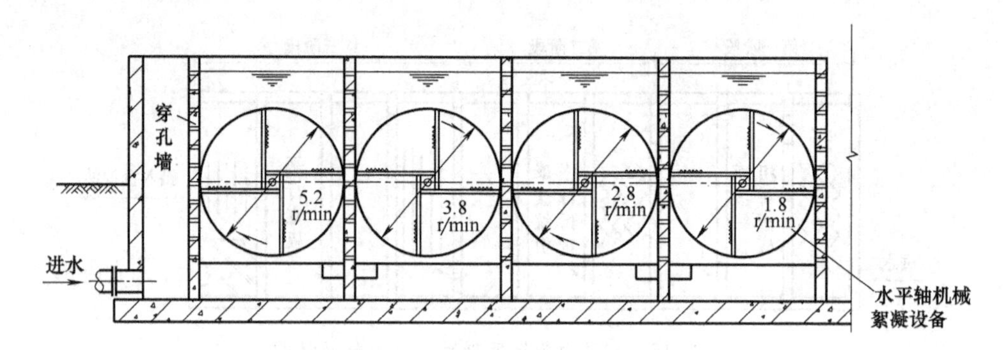

图 6-17　水平轴式机械搅拌絮凝池

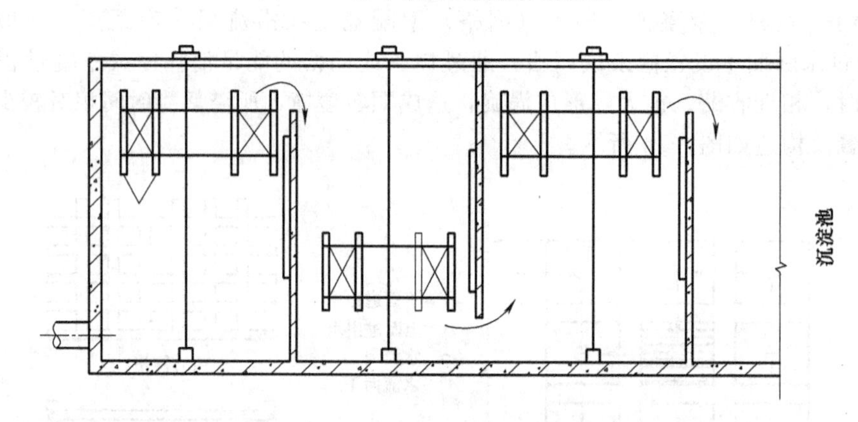

图 6-18　垂直轴式机械搅拌絮凝池

由以上分析可知，絮凝设备可以布置成多种形式，常用的大致有以下类型：

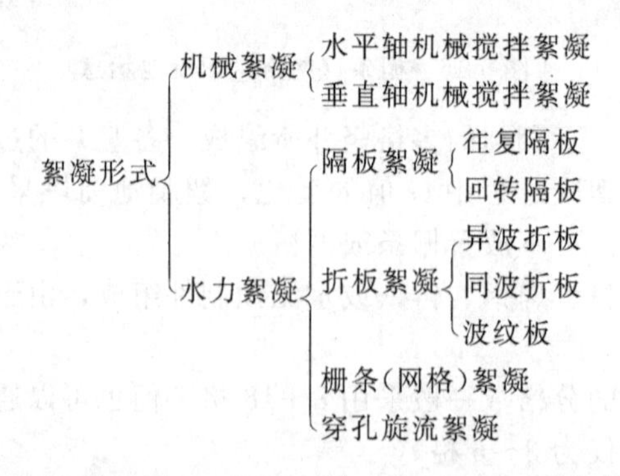

此外，还可以将上述不同形式加以组合，如隔板絮凝与机械搅拌絮凝组合、穿孔絮凝与隔板絮凝组合等，可根据不同的适用条件和设计要求灵活选用。

6.2 沉淀和澄清

6.2.1 沉降理论

6.2.1.1 悬浮颗粒在静水中的沉淀

因为废水中悬浮物的颗粒大小、物理和物理化学性质不同，因此在沉降过程中表现出的规律也不同，此外不同颗粒之间还会有相互作用，这种作用的程度又与颗粒的性质、质量浓度等有关系，所以颗粒在废水中的沉降是一个非常复杂的过程，到目前为止还没有一种理论可以准确地描述所有沉降过程。

根据废水中可沉降物质颗粒的大小、凝聚性能的强弱及其质量浓度的高低，可把沉降过程分为自由沉降、絮凝沉降、成层沉降和压缩沉降四种类型。

(1) 自由沉降。废水中的悬浮颗粒的浓度低，在沉降过程中颗粒互不黏合，不改变形状、尺寸及密度，各自独立完成沉降的过程。沉降过程中各颗粒开始是加速，一定时间后变为匀速下沉。可观察到的现象是水从上到下逐渐变清。

(2) 絮凝沉降。废水中悬浮固体浓度不高（50～500mg/L)，但在沉降过程中能发生凝聚或絮凝作用，由于絮凝作用，多个小颗粒互相黏结变为大颗粒，致使颗粒质量增加，沉降速度加快，沉速随深度而增加，即颗粒呈加速下沉。可观察到的现象也是水由上到下逐渐变清，但可观察到颗粒的絮凝现象。

(3) 成层沉降（集团沉降、拥挤沉降）。当污水中悬浮颗粒的浓度提高到一定程度（>500mg/L)后，每个颗粒的沉淀将受到周围颗粒存在的干扰，沉降速度有所降低。随着浓度进一步提高，颗粒间的干涉影响加剧，沉速大的颗粒也不能超过沉速小的颗粒，致使颗粒群结合成为一个整体，各自保持相对不变的位置，共同下沉。观察到的现象是水与颗粒群之间有明显的分界面，沉降的过程实际上是该分界面下沉的过程。

(4) 压缩沉降。当悬浮颗粒浓度很高时，固体颗粒互相接触，且互相支承，靠颗粒自身的重力作用不能下沉，颗粒的下沉是在上层颗粒的重力压缩下，下层颗粒间隙中的液体被挤出界面，致使固体颗粒群被浓缩而实现的。特征是颗粒群与水之间也有明显的界面，但颗粒群部分比成层沉降时密集，界面的沉降速度很慢。

上述四种类型的沉降是相互联系的。在实际应用中，在同一个沉淀池中的不同沉降时间，或沉淀池的不同深度可能是不同的沉降类型。如果在实验室用量筒来观察沉降过程，会发现随沉降时间的延长，不同的沉降类型会在不同时间出现，如图 6-19 所示。图中时刻 1 沉降时间为零，在搅拌的作用下废水中的悬浮物呈均匀状态；在时刻 1 与 2 之间为自由沉降或絮凝沉降时间；到时刻 2 时，水与颗粒层出现明显的界面，此时变为成层沉降阶段，同时由于靠近底部的颗粒很快沉降到容器底部，所以在底部出现压缩层 D。在时刻 2 与时刻 4 之间，界面继续以匀速下沉，沉降区 B 的质量浓度基本保持不变，压缩区的高度增加。到时刻 5 时沉降区 B 消失，此时称为临界点。时刻 5 和时刻 6 之间为压缩沉降阶段。试验时各时刻出现的时间和存在的时间长短与颗粒的性质、质量浓度和是否添加药剂有关。

6.2.1.2 自由沉降理论

关于影响颗粒沉降的主要因素，以单体球形颗粒的自由沉降为例加以说明。为了便于讨

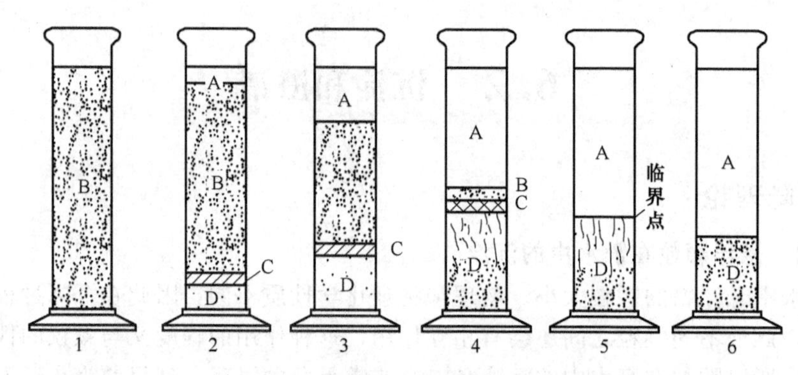

图 6-19 不同沉降时间沉降类型分布示意

A—澄清区；B—沉降区；C—过渡区；D—压缩区

论，假定：①颗粒为球形且为非压密性的，在沉淀过程中不改变自己的形状；②液体是静止的，为非压缩性的，球状颗粒沉淀不受容器器壁的影响；③颗粒承受相同的重力场。

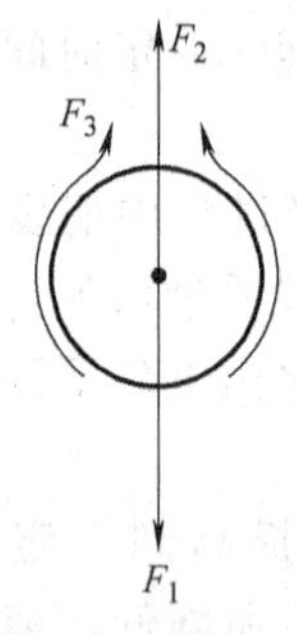

图 6-20 颗粒自由沉降时受力分析图

静水中的球体颗粒，受其本身重力 F_1 的作用而下沉，同时又受到液体的浮力 F_2 的抵抗，从而阻止颗粒下沉。此外，在下沉过程中还受到水的阻力 F_3 的作用，如图 6-20 所示。

颗粒的自由沉降可用牛顿第二定律表述，从图 6-20 可以得出：

$$m\frac{\mathrm{d}u}{\mathrm{d}t}=F_1-F_2-F_3 \tag{6-2}$$

式中，u 为颗粒的沉速，m/s；m 为颗粒质量，g；t 为沉淀时间，s；F_1 为颗粒所受的重力，N；F_2 为颗粒的浮力，N；F_3 为下沉过程中受到的摩擦阻力，N。

F_1、F_2、F_3 分别由式（6-3）、式（6-4）和式（6-5）计算：

$$F_1=\frac{\pi d^3}{6}g\rho_g \tag{6-3}$$

$$F_2=\frac{\pi d^3}{6}g\rho_y \tag{6-4}$$

$$F_3=\frac{C\pi d^2\rho_y\mu^2}{8}=C\frac{\pi d^2}{4}\rho_y\frac{\mu^2}{2}=CA\rho_y\frac{\mu^2}{2} \tag{6-5}$$

式中，A 为颗粒在垂直运动方向平面上的投影面积；d 为颗粒的直径，m；g 为重力加速度，m/s^2；μ 为液体的黏度；ρ_g 为颗粒的密度；ρ_y 为液体的密度；C 为阻力系数，是球形颗粒周围液体绕流雷诺数的函数。

把上列各关系式代入式（6-2），整理后得：

$$m\frac{\mathrm{d}u}{\mathrm{d}t}=g(\rho_g-\rho_y)\frac{\pi d^3}{6}-C\frac{\pi d^2}{4}\rho_y\frac{u^2}{2} \tag{6-6}$$

颗粒下沉时，起始沉速为 0，在重力的作用下逐渐加速，摩擦阻力 F_3 也随之增加，很快（约 1/10s）重力与阻力达到平衡，加速度 $\mathrm{d}u/\mathrm{d}t=0$，颗粒等速下沉。故式（6-6）可改写为：

$$u=\sqrt{\frac{4}{3}\times\frac{g}{C}\times\frac{\rho_g-\rho_y}{\rho_y}d} \tag{6-7}$$

从水力学可知阻力系数 C 是球体颗粒周围液体绕流的雷诺数 Re 的函数。当颗粒的沉速较小，其周围绕流的流速不大，并处于层流状态时（$Re<1.9$），阻力主要来自液体的黏滞

性，此时温度是主要的影响因素；当绕流的流速较大，并转入紊流状态时，液体的惯性力也将产生阻力。

对废水中的颗粒污染物来说，颗粒的粒径较小，沉速不大，绕流多处于层流状态，阻力主要来自污水的黏滞性，在这种情况下，阻力系数公式 $C=24/Re$；Re 是雷诺数，$Re=du\rho_y/\mu$；代入阻力系数公式，整理后得式（6-8）。

$$u=\frac{\rho_g-\rho_y}{18\mu}gd^2 \tag{6-8}$$

式（6-8）即为斯托克斯公式。从该式可知：①颗粒沉速 u 的决定因素是（$\rho_g-\rho_y$）当 $\rho_g-\rho_y<0$ 时，u 呈负值，颗粒上浮，$\rho_g-\rho_y>0$ 时，u 呈正值，颗粒下沉，$\rho_g-\rho_y=0$ 时，$u=0$，颗粒在水中不沉也不浮；②沉速 u 与颗粒的直径 d 的平方成正比，所以增大颗粒直径 d 可大大地提高沉淀（或上浮）效果；③u 与 μ 成反比，μ 取决于水质与水温，在水质相同的条件下，水温高则 μ 值小，有利于颗粒下沉（或上浮）；④由于污水中颗粒非球形，故式（6-8）不能直接用于工艺计算，需要加非球形修正。

6.2.1.3 沉降试验和沉降曲线

污水中含有的悬浮物实际上是大小、形状及密度都不相同的颗粒群，而且其性质、特性也因废水性质不同而有差异。因此，通常要通过沉降试验来判定其沉降性能，并根据所要求的沉降效率来取得沉降时间和沉降速度这两个基本的设计参数。

根据污水沉降试验的结果，绘制各种参数间的关系曲线，这些曲线统称为沉降曲线。沉降曲线是沉淀处理单元设计的基础。

各种类型沉降的试验方法基本相同，但沉降曲线的绘制方法是不同的。

（1）自由沉降试验。试验用沉降柱如图 6-21 所示，直径为 80～100mm，高度为 1500～2000mm。试验需沉降柱 6～8 个。

试验步骤如下。将已知悬浮物浓度和水温的水样注入各沉降柱，直到水从溢流口溢出，搅拌均匀后测定其悬浮物浓度 c_0。然后开始沉降，取样点设于水深 H 处。经 t_1 时间后，在第 1 个沉降柱取 100mL 左右水样，取样时要准确记录所取试样的体积。经 t_2 时间后，在第 2 个沉降柱取样，依此类推，依次取样直到试验完成。分别分析各水样的悬浮物浓度 c_1、c_2、…、c_n，然后计算各沉降时间 t_i 的沉降速度 u_i，$u_i=H/t_i$，它的意义是在时间 t_i 内能沉降 H 高度的最小颗粒的沉降速度；计算各沉降时间 t_i 时的剩余固体分数 p_i，$p_i=c_i/c_0$，它的意义是悬浮物中沉降速度小于 u_i 的颗粒占悬浮物总量的分数。因为在沉降 t_i 时间时，悬浮物中沉降速度大于 u_i 的颗粒已全部沉降过了取样口，而沉降速度小于 u_i 的颗粒的浓度不变。然后以沉降速度 u 为横坐标，p 为纵坐标作图，如图 6-22 所示。若要求去除沉速为 $u_0=\frac{H}{t}$ 的颗粒则沉速 $u_t\geqslant u_0$ 的所有颗粒都可被去除，去除量为（$1-p_0$），而沉速 $u_t<u_0$ 的颗粒可被部分去除，其去除量应为 $\int_0^{p_0}\frac{u_t}{u_0}dp$。

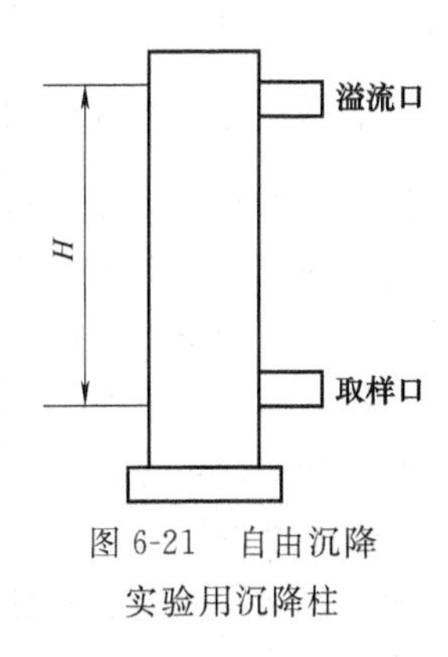

图 6-21 自由沉降实验用沉降柱

因此总去除率 η 应为：

$$\eta=(100-p_0)+\frac{100}{u_0}\int_0^{p_0}u\,dp \tag{6-9}$$

从图 6-22 可知，$\int_0^{p_0} u \mathrm{d}p$ 是沉降曲线与纵坐标所包围的面积，如把此包围的面积划分成很多矩形小块，便可用图解的方法求得去除率。

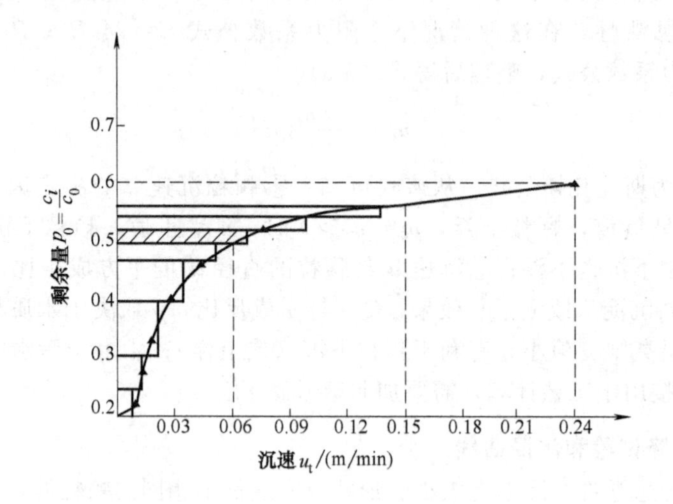

图 6-22　剩余固体分数与沉速的关系曲线

(2) 絮凝沉降试验。在絮凝沉降中，颗粒的沉速随深度的加大而加大，悬浮物质的去除不仅取决于沉速，而且也和沉降的深度有关。絮凝沉降的有关参数只能通过沉降试验测定，所采用的沉降柱的深度应尽可能与实际沉淀池相等。一般情况下，絮凝沉降试验是在直径为 150～200mm、高度为 1500～2500mm 的沉降柱内进行，其结构与图 6-21 所示的基本相同，只是设有多个取样口（一般每隔 500～600mm 设一个）。试验中将水样装满沉降柱，搅拌均匀后开始计时，每隔一定时间间隔，如 10mm、20mm、30mm、…、120min，同时在各取样口取样，分析各水样的悬浮物浓度，计算其表观去除率 E，$E=\frac{c_0-c_i}{c_0}\times 100\%$。在直角坐标纸上，纵坐标为取样口深度（m），横坐标为沉降时间（min），将同一沉降时间、不同深度的去除率标于其上，然后把去除率相等的各点连接起来，即可画成等去除率曲线。从中可以求出与不同沉淀时间、不同深度相对应的总去除率。

(3) 成层与压缩沉降试验。成层与压缩沉降试验可在直径为 100～150mm、高度为 1000～2000mm 的沉降柱内进行。将已知悬浮物浓度 c_0 的污水，装入沉降柱内（高度为 H_0），搅拌均匀后，开始计时，水样会很快形成上清液与污泥层之间的清晰界面。污泥层内的颗粒之间相对位置稳定，沉降表现为界面的下沉，而不是单颗粒下沉，沉速用界面沉速表达。

记录界面高度随时间的变化，在直角坐标纸上，以纵坐标为界面高度，横坐标为沉降时间，作界面高度与沉降时间关系曲线，如图 6-23 所示。界面下沉的初始阶段，由于浓度较稀，沉速是悬浮物浓度的函数 $u=f(c)$，呈等速沉降，见图 6-23A 段。随着界面继续下沉，悬浮物浓度不断增加，界面沉速逐渐减慢，出现过渡段，见图 6-23B 段。此时，颗粒之间的水分被挤出并穿过颗粒上升，成为上清液。界面继续下沉，浓度更浓，污泥层内的下层颗粒能够机械地承托上层颗粒，因而产生压缩区，见图 6-23C 段。

通过图 6-23 曲线任一点，作曲线的切线，切线的斜率即该点对应的界面的界面沉速 u_c。分别作等速沉淀段的切线及压缩段的切线，两切线交角的角平分线交沉淀曲线于 D 点，D

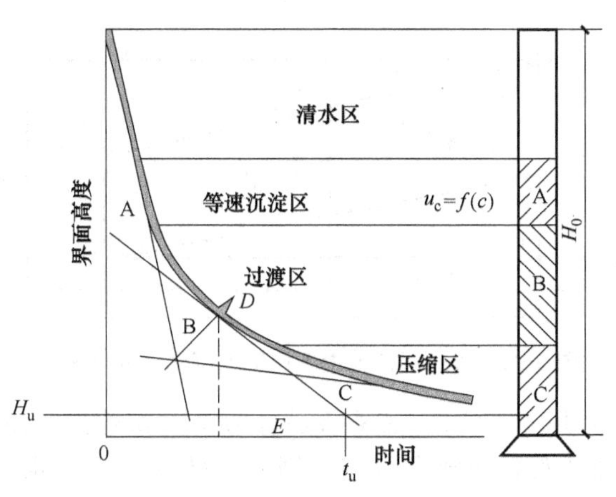

图 6-23　沉淀曲线及装置

A—阻滞区；B—过渡区；C—压缩区

点就是等速沉淀区与压缩区的分界点。与 D 点相对应的时间即压缩开始时间。这种静态试验方法可用来表述动态二次沉淀池与浓缩池的工况，亦可作为它们的设计依据。

根据图 6-23 可以确定不同条件下所需的沉淀池的面积。沉淀池有两个目的：一是澄清水，得到一定悬浮物浓度的出水；二是浓缩，即得到规定浓度的污泥，实际应用中应根据不同的目的确定沉淀池的面积。

① 澄清所需的最小面积：

$$A_1=\frac{Q}{u_c} \tag{6-10}$$

式中，A_1 为澄清所需的沉淀池的最小面积，m^2；u_c 为界面的沉降速度，m/s；Q 为废水的处理量，m^3/s。

② 浓缩所需最小面积的确定：

$$A_2=\frac{Qt_u}{H_0} \tag{6-11}$$

式中，t_u 为到达要求的浓度所需的沉降时间，s；Q 为废水的处理量，m^3/s；H_0 为池深，m。

t_u 的确定方法如下：a. 确定等于要求浓度 c_u 时的界面高度 H_u，$H_u=c_0H_0/c_u$；b. 在纵坐标上找到 H_u，过 H_u 做横坐标的平行线，再过临界点 D 做沉降曲线的切线，使两直线相交，交点为 E；c. 过 E 点做横坐标的垂线与横坐标的交点即 t_u。实际所需的沉淀池面积根据实际用途的不同来选择，如果仅是得到澄清水则选择 A_1；如果需要得到一定浓度的污泥，则选择 A_2；如果既要得到澄清水又要得到一定浓度的污泥，则选择 A_1、A_2 中较大者。

（4）理想沉淀池。为了分析悬浮颗粒在沉淀池内运动的普遍规律及其分离效果，提出一种概念化的沉淀池，即所谓的理想沉淀池。如图 6-24 所示即为理想沉淀池示意，按功能，沉淀池可分为流入区、流出区、沉淀区和污泥区四部分。

理想沉淀池的假定条件如下：①池内污水按水平方向流动，从入口到出口，分布均匀；②悬浮颗粒在流入区沿整个水深均匀分布并处于自由沉降状态，每个颗粒的沉速 u_i 固定不变；③颗粒的水平分速等于水平流速 v，从入口到出口的流动时间为 t；④颗粒一经接触池底即被除去不再上浮。

设某一颗粒从点 A 处进入沉淀区，它的运动轨迹为其水平流速 v 和沉速 u 的矢量和，

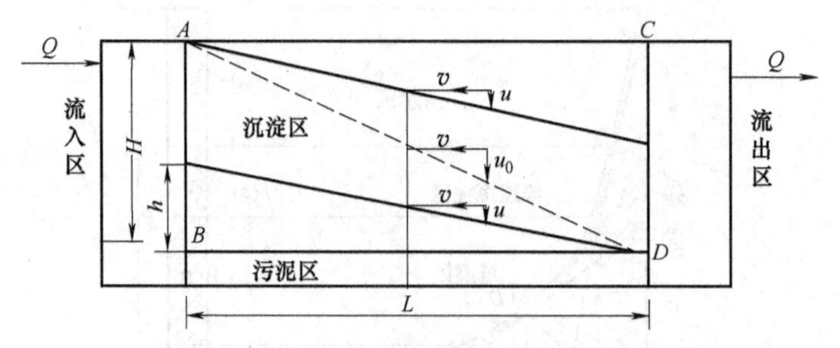

图 6-24　理想沉淀池中不同颗粒沉降过程分析

是斜率为 u/v 的斜线，如图 6-24 所示。必存在粒径为 d_0、沉速为 u_0 的颗粒，在流入区处于水的表面 A 点，在出口处恰好沉至池底 D 点，则 u_0 为临界沉速，也称最小沉速，即在该沉淀池中能够完全除去的最小颗粒的沉降速度。凡是 $u \geqslant u_0$ 的颗粒全部能够沉于池底，则可得如下关系式：

$$\frac{u_0}{v}=\frac{H}{L} \tag{6-12}$$

即有

$$u_0=\frac{H}{L}v \tag{6-13}$$

沉速小于 u_0 的颗粒则不能一概而论，其中一部分流入沉淀池时靠近水面，将不能沉于池底并被带出池外，而另外一部分流入沉淀池时接近池底，因此能够沉于池底。

假设沉速为 $u<u_0$ 的颗粒占全部颗粒的分率为 $\mathrm{d}p$，其中能够从水中分离出去的部分为 $\frac{h}{H}\mathrm{d}p$。

由于 $h=u_0t$，$H=u_0t$，可得

$$\frac{h}{u}=\frac{H}{u_0} \tag{6-14}$$

于是

$$\frac{h}{H}\mathrm{d}p=\frac{u}{u_0}\mathrm{d}p \tag{6-15}$$

对沉速小于 u_0 的全部颗粒来讲，从水中分离出来的总量将等于：

$$\int_0^{p_0}\frac{u}{u_0}=\frac{1}{u_0}\int_0^{p_0}u\mathrm{d}p \tag{6-16}$$

而沉淀池对悬浮颗粒的全部去除百分数为

$$\eta(\%)=(100-p_0)+\frac{1}{u_0}\int_0^{p_0}u\mathrm{d}p \tag{6-17}$$

式中，p_0 为沉速小于 u_0 的颗粒在全部颗粒中所占的质量分数，%。

上式与式 (6-9) 相同，说明式 (6-17) 也可用图解法求解。

设处理水量为 $Q(\mathrm{m^3/s})$，而分离面积为 $A=BL(\mathrm{m^2})$（B 为理想沉淀池的宽度），可得下列各关系式。

颗粒在沉淀池中的沉降时间

$$t=\frac{L}{v}=\frac{H}{u_0} \tag{6-18}$$

沉淀池的容积

$$V=Qt=HBL \tag{6-19}$$

通过沉淀池的流量

$$Q=\frac{V}{t}=\frac{HBL}{t}=Au_0 \tag{6-20}$$

此处定义

$$\frac{Q}{A}=q \tag{6-21}$$

显然在数值上 $$u_0=q \tag{6-22}$$

Q/A 的物理意义是单位时间内通过沉淀池单位表面积的流量，一般称之为表面负荷率或溢流率，以 q 表示，单位是 $m^3/(m^2 \cdot s)$ 或 $m^3/(m^2 \cdot h)$。从式（6-21）可以看出，表面负荷率与该沉淀池能完全去除的最小颗粒的沉降速度在数值上是相等的，通过沉降试验求得应去除颗粒的最小沉速 u_0，也就求得了理想沉淀池的表面负荷率 q 值。

根据图 6-24，沉降速度为 u_t 的颗粒，入流时在水深 h 以下的可全部被沉降去除，因为 $\frac{h}{u_t}=\frac{L}{v}$，所以 $h=\frac{u_t}{v}L$，则沉速为 u_t 的颗粒的去除率 η_u 为：

$$\eta_u=\frac{h}{H}=\frac{\frac{u_t}{v}L}{H}=\frac{\frac{u_t}{vH}}{L}=\frac{\frac{u_t}{vHB}}{LB}=\frac{\frac{u_t}{Q}}{A}=\frac{u_t}{q} \tag{6-23}$$

说明了颗粒的去除率仅取决于表面负荷 q 和颗粒沉速 u_t，而与沉降时间无关。

6.2.2 沉淀池

按照水在池内的总体流向，沉淀池可分为平流式、竖流式和辐流式三种形式，如图6-25所示，图中的箭头表示水流的方向。平流式沉淀池，污水从池一端流入，按水平方向在池内流动，从另一端溢出，池体呈长方形，在进口处的底部设储泥斗。辐流式沉淀池表面呈圆形，污水从池中心进入，澄清污水从池周溢出，在池内污水也呈水平方向流动，但流速是变化的。竖流式沉淀池表面多为圆形，但也有呈方形或多角形的，污水从池中央下部进入，由下向上流动，澄清污水由池面和池边溢出。

所有类型的沉淀池都包括入流区、沉降区、出流区、污泥区和缓冲区 5 个功能区，如图 6-25 所示。进水处为入流区，池子主体部分为沉降区，出水处为出流区，池子下部为污泥区，污泥区与沉降区交界处为缓冲区。入流区和出流区的作用是进行配水和集水，使水流均匀地分布在各个过流断面上，提高容积利用系数以及为固体颗粒的沉降提供尽可能稳定的水力条件。沉降区是可沉颗粒与水分离的区域。污泥区是泥渣储存、浓缩和排放的区域。缓冲层是分隔沉降区和污泥区的水层，防止泥渣受水流冲刷而重新浮起。以上各部分相互联系，构成一个有机整体，以达到设计要求的处理能力和沉降效率。

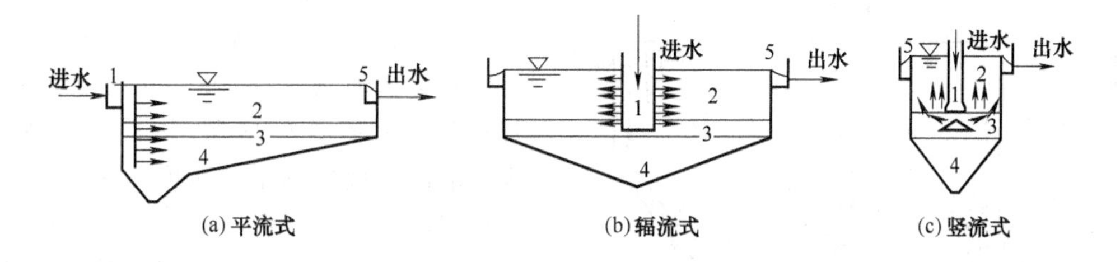

图 6-25 沉淀池的类型示意

1—入流区；2—沉降区；3—缓冲区；4—污泥区；5—出流区

6.2.2.1 平流式沉淀池

在平流式沉淀池内，水是沿水平方向流过沉降区并完成沉降过程的，如图 6-26 所示。废水由进水槽经淹没孔口进入池内。在孔口后面设有挡板或穿孔整流墙，用来消能稳流，使进水沿过流断面均匀分布。在沉淀池末端设有溢流堰（或淹没孔口）和集水槽，澄清水溢过堰口，经集水槽排出。在溢流堰前也设有挡板，用以阻隔浮渣，浮渣通过可转动的排渣管收集和排除。池体下部靠近进水端有泥斗，斗壁倾角为 50°～60°，池底以 0.01～0.02 的坡度坡向泥斗。泥斗内设有排泥管，开启排泥阀时，泥渣便在静水压力作用下由排泥管排出池外。

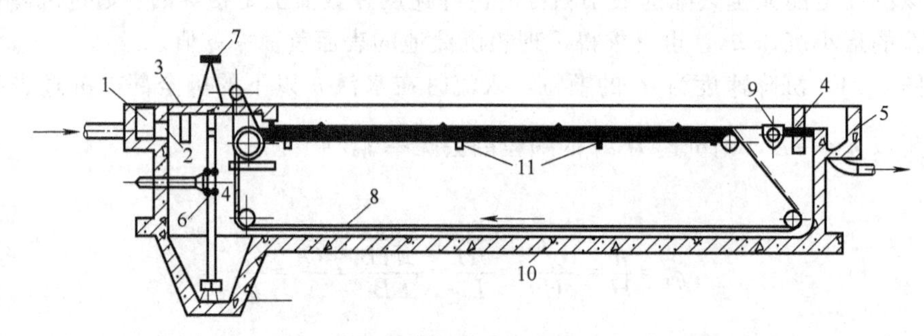

图 6-26　设有链带式刮泥机的平流式沉淀池

1—进水槽；2—进水孔；3—进水挡流板；4—出水挡流板；5—出水槽；6—排泥管；7—排泥阀门；8—链条；9—排渣管槽（能够转动）；10—导轨；11—支撑

平流式沉淀池的流入装置常用潜孔，在潜孔后垂直水流方向设有挡板，其作用一方面是消除入流废水的能量，另一方面也可使入流废水在池内均匀分布。入流处的挡板一般高出池水水面 0.1～0.5m，挡板的浸没深度在水面下应不小于 0.25m，并距进水口 0.5～1.0m。出流区设有流出装置，出水堰可用来控制沉淀池内的水面高度，且对池内水流的均匀分布有着直接影响，安置要求是沿整个出水堰的单位长度溢流量相等。锯齿形三角堰应用最普遍，水面宜位于齿高的 1/2 处。为适应水流的变化或构筑物的不均匀沉降，在堰口处设有能使堰板上下移动的调节装置，使出水堰口尽可能平正。堰前也应设挡板或浮渣槽，挡板应高出池内水面 0.1～0.15m，并浸没在水面下 0.3～0.4m。

平流式沉淀池的排泥装置与方法一般有以下几种。

（1）静水压力法。利用池内的静水位，将污泥排出池外。排泥管直径为 200mm，插入污泥斗，上端伸出水面以便清通。静水压力为 1.5m（初次沉淀池）和 0.9m（二次沉淀池）。为了使池底污泥能滑入污泥斗，池底应有 0.01～0.02 的坡度，造成池总深加大，故也可采用如图 6-27 所示的多斗式平流沉淀池，以减小深度。

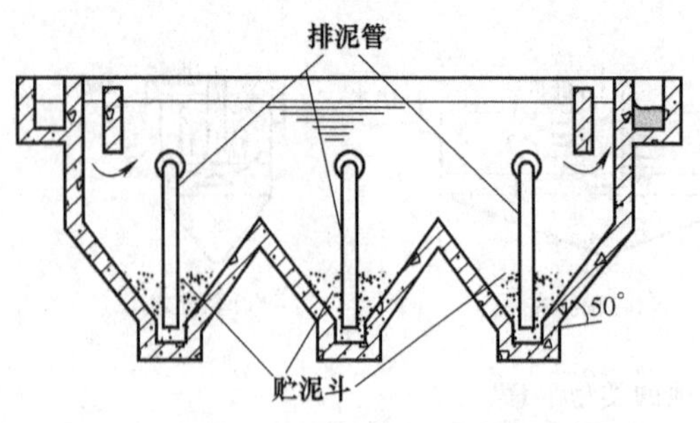

图 6-27　多斗排泥平流式沉淀池结构示意

（2）机械排泥法。机械排泥法是用机械装置把污泥集中到污泥斗，然后排出，常用的有链带式刮泥机和行走小车式刮泥机。链带式刮泥机如图 6-28 所示，链带上装有刮板，沿池底缓慢移动，速度约 1m/min，把沉泥缓缓推入污泥斗，当链带刮板转到水面时，又可将浮渣推向流出挡板处的浮渣槽。链带式的缺点是机件长期浸于污水中，易被腐蚀，且难维修。

行走小车刮泥机如图 6-28 所示。小车沿池壁顶的导轨往返行走，带动刮板将沉泥刮入污泥斗，同时将浮渣刮入浮渣槽。由于整套刮泥机都在水面上，不易腐蚀，易于维修。被刮入污泥斗的沉泥，可用静水压力法或螺旋泵排出池外。

（3）吸泥法。当沉淀物密度低、含水率高时，不能被刮除，可采用单口扫描泵吸式吸泥

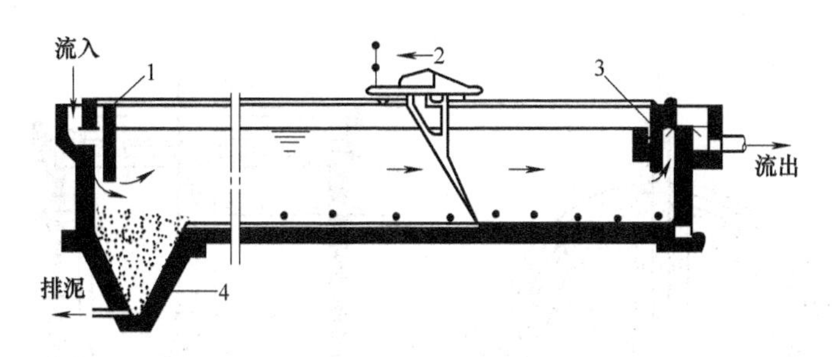

图 6-28 设有行走小车刮泥机的平流式沉淀池

1—挡板；2—刮泥装置；3—浮渣槽；4—污泥斗

机，使集泥与排泥同时完成，如图 6-29 所示。图中吸口 1、吸泥泵与吸泥管 2 用猫头吊 8 挂在桁架 7 的工字钢上，并沿工字钢作横向往返移动，吸出的污泥排入安装在桁架上的排泥槽 4，通过排泥槽输送到污泥后续处理的构筑物中，这样可以保持污泥的高程，便于后续处理。单口扫描泵吸式吸泥机向流入区移动时吸、排沉泥，向流出区移动时不吸泥。吸泥时的耗水量约占处理水量的 0.3%～0.6%。

平流式沉淀池的沉淀区有效水深一般为 2～3m，废水在池中停留时间为 1～2h，表面负荷 1～3m^3/(m^2·h)，水平流速一般不大于 4～5mm/s，为了保证废水在池内分布均匀，池长与池宽比以 4～5 为宜。

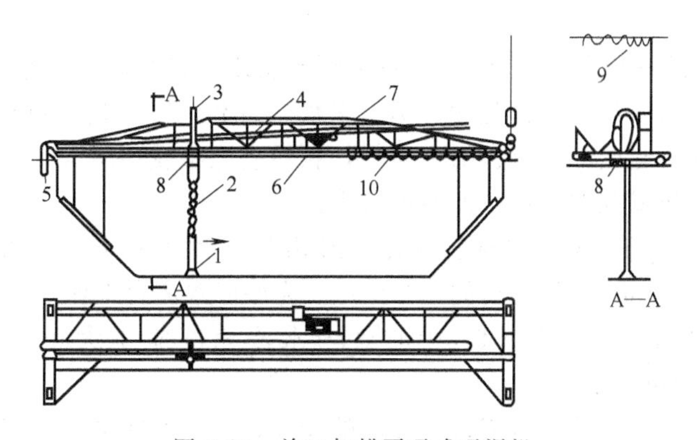

图 6-29 单口扫描泵吸式吸泥机

1—吸口；2—吸泥泵及吸泥管；3—排泥管；4—排泥槽；5—排泥渠；6—电机与驱动机构；7—桁架；8—小车电机及猫头吊；9—桁架电源引入线；10—小车电机电源引入线

在实际的沉淀池内，污水流动状态和理论状态差异很大。由于流入污水与池内原有污水之间在水温和密度方面的差异，因此，可产生异重流。由于惯性力的作用，污水在池内能够产生股流；又由于池壁、池底及其他构件的存在，导致污水在池内流速分布不均，出现偏流、絮流等现象。这些因素在设计时可采用一些经验系数和校正项加以考虑。

平流式沉淀池的主要优点是有效沉淀区大，沉淀效果好，造价较低，对废水流量的适应性强；缺点是占地面积大，排泥较困难。

6.2.2.2 竖流式沉淀池

竖流式沉淀池多用于小流量废水中絮凝性悬浮固体的分离，池面多呈圆形或正多边形，如图 6-30 所示。上部为沉降区，下部为污泥区，二者之间有 0.3～0.5m 的缓冲层。沉淀池运行时，废水经进水管进入中心管，由管口出流后，借助反射板的阻挡向四周分布，并沿沉降区断面缓慢竖直上升。沉速大于水速的颗粒下沉到污泥区，澄清水则由周边的溢流堰溢入集水槽排出。如果池径大于 7m，可增加辐射向出水槽。溢流堰内侧设有半浸没式挡板来阻止浮渣被水带出。池底锥体为储泥斗，它与水平的倾角常不小于 45°，排泥一般采用静水压力。污泥管直径一般采用 200mm。

竖流式沉淀池的水流流速 v 是向上的，而颗粒沉速 u 是向下的，颗粒的实际沉速是 v 与

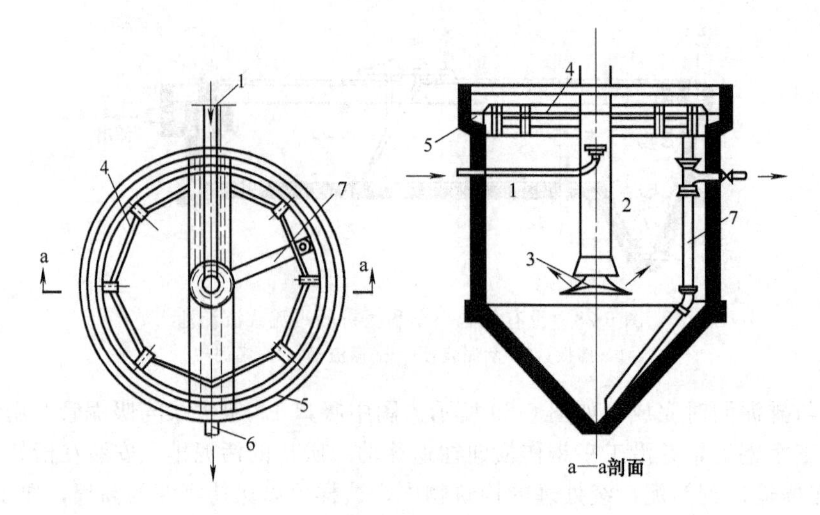

图 6-30 竖流式沉淀池

1—进水管；2—中心管；3—反射板；4—挡板；5—集水槽；6—出水管；7—污泥管

u 的矢量和，只有 $u \geqslant v$ 的颗粒才能被沉淀去除，因此颗粒去除率比平流与辐流式沉淀池小。但若颗粒具有絮凝性，则由于水流向上，带着微颗粒在上升的过程中互相碰撞，促进絮凝，使颗粒变大，沉速随之增大，颗粒去除率就会增大。竖流式沉淀池可用静水压力排泥，不必用机械刮泥设备，但池深较大。

竖流式沉淀池的直径（或边长）为 4～8m，沉淀区的水流上升速度一般采用 0.5～1.0mm/s，沉淀时间 1～1.5h。为保证水流自下而上垂直流动，要求池子直径与沉淀区深度之比不大于 3∶1。中心管内水流速度应不大于 0.03m/s，而当设置反射板时，可取 0.1m/s。

污泥斗的容积视沉淀池的功能而异。对于初次沉淀池，泥斗一般以储存 2d 污泥量来计算，而对于活性污泥法后的二次沉淀池，其停留时间以取 2h 为宜。

竖流式沉淀池的优点是排泥容易，不需设机械刮泥设备，占地面积较小。其缺点是造价较高，单池容量小，池深大，施工较困难。因此，竖流式沉淀池适用于处理水量不大的小型污水处理厂。

6.2.2.3 辐流式沉淀池

辐流式沉淀池大多呈圆形，根据进出水方式的不同，又分为中心进水周边出水型（简称为中进周出）、周边进水周边出水型（简称为周进周出）和周边进水中心出水型（简称为周进中出）三种。其中中心进水周边出水型辐流式沉淀池最为常用，在此主要以中心进水周边出水型辐流沉淀池为例对辐流式沉淀池进行介绍。

如图 6-31 所示，辐流式沉淀池的直径一般为 6～60m，最大可达 100m，池周水深 1.5～3.0m。废水经进水管进入中心布水筒后，通过筒壁上的孔口和外围的环形穿孔整流挡板（穿孔率为 10%～20%）沿径向呈辐射状流向池周，其水力特征是污水的流速由大向小变化。沉淀后的水经溢流堰或淹没孔口汇入集水槽排出。溢流堰前设挡板，可以拦截浮渣。沉于池底的污泥由安装于桁架底部的刮板以螺线形轨迹刮入泥斗，刮泥机由桁架及传动装置组成。当池径小于 20m 时，用中心传动；当池径大于 20m 时，用周边传动。周边线速为1.0～1.5m/min，池底坡度一般为 0.05，污泥靠静压或污泥泵排出。

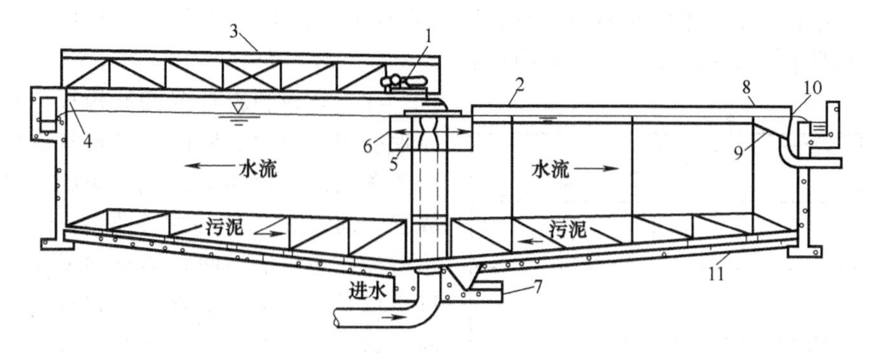

图 6-31 中心进水周边出水型辐流式沉淀池示意

1—驱动装置；2—装在一侧桁架上的刮渣板；3—桥；4—浮渣挡板；5—转动挡板；
6—转筒；7—排泥管；8—浮渣刮板；9—浮渣箱；10—出水堰；11—刮泥板

辐流式沉淀池的优点是建筑容量大；采用机械排泥，运行较好；管理较简单。

辐流式沉淀池适用范围广泛，在城市污水及各种类型的工业污水的处理中都可以使用，既能够用作初次沉淀池，也可以用作二次沉淀池，一般适用于大型污水厂。这种沉淀池的缺点是池中水流速度不稳定，排泥设备庞大，维护困难，造价亦较高。

6.2.2.4 斜板和斜管沉淀池

(1) 浅层沉降原理。斜板、斜管沉淀池是根据浅层沉降原理设计的新型沉淀池。与普通沉淀池比较，它具有容积利用率高和沉降效率高等优点。

设有一理想沉淀池，其沉降区的长、宽、深分别为 L、B 和 H，表面积为 A，处理水量为 Q，表面负荷为 q_0，能够完全去除的最小颗粒的沉速为 u_0，则 $Q=u_0A$。由此可见，在 A 一定的条件下，若增大 Q，则 u_0 成正比增大，从而使 $u \geqslant u_0$ 的颗粒所占分率（$1-p_0$）和 $u<u_0$ 的颗粒中能被除去的分率 u/u_0 都减小，总沉降效率 E_t 相应降低；反之，要提高沉降效率，则必须减小 u_0，结果 Q 成正比减小。以上分析说明，在普通沉淀池中提高沉降效率和增大处理能力相互矛盾，二者之间呈此长彼落的负相关关系。

但是，如果将沉降区高度分隔为 n 层，即 n 个高度为 $h=H/n$ 的浅层沉降单元，如图6-32所示，则在 Q 不变的条件下，颗粒的沉降深度由 H 减小到 H/n，可被完全除去的颗粒沉降范围由原来的 $u \geqslant u_0$ 扩大到 $u \geqslant u_0/n$，沉速 $u<u_0$ 的颗粒中能被除去的分率也由 u/u_0 增大到 nu/u_0，从而使总沉降效率 E_t 大幅度提高；反之，如果 E_t 不变，即沉速为 u_0 的颗粒在下沉了距离 h 后恰好运动到浅层的右下端点，即水流速度可以由 v 增加到 v' 而沉淀池的总去除率不变。则由 $v/v'=h/H$ 和 $h=H/n$ 可得 $v'=nv$，即 n 个浅层的处理水量 $Q'=HBnv$，比原来增大了 n 倍。显然，分隔的浅层数愈多，总沉降效率 E_t 值提高愈多或 Q' 值增加愈多。

此外，沉淀池的分隔还能大大改善沉降过程的水力条件，当水以速度 v 流过当量直径为 d_e 的断面时，雷诺数 $Re=d_e v\rho_1/\mu$，$d_e=4R$（R 为水力半径）。若原沉淀池内水流的雷诺数为 Re，则分隔为 n 个浅层后的雷诺数 $Re'=(B+H)Re/(nB+H)$。如果再沿纵向将池宽 B 也分为 n 格，即相当于 n^2 个管形沉降单元，则其雷诺数 $Re''=Re/n$。显然，$Re''<Re'<Re$。实际上，普通沉淀池中，$Re=4.0\times10^3\sim1.5\times10^5$，水流处于紊流状态，而在斜板和斜管沉淀池内则可分别降至 500 和 100，远小于各自的层流临界雷诺数 10^3 和 2.0×10^3，可使颗粒在稳定的层流状态下沉降。其次，由于浅层和管形沉降单元的水力半径 R 很小，表征水流稳定性的弗劳德数 $Fr=v^2/(Rg)$ 可增大至 $10^{-4}\sim10^{-3}$ 以上。上述沉降面积增大和水力条件

改善的双重有利因素，不但使斜板、斜管沉淀池能在接近于理想的稳定条件下高效率运行，而且也大大缩小了处理单位水量所需的池容。

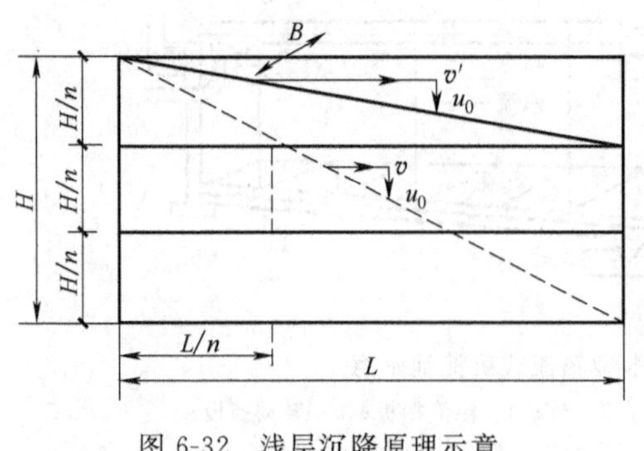

图 6-32 浅层沉降原理示意

（2）斜板和斜管沉淀池构造。将浅层沉降原理应用于工程实际时，必须解决沉泥从隔板上侧顺利滑入泥斗的问题。为此要把隔板倾斜放置，而且相邻隔板之中要留有适当的间隔，一块隔板和它上面间隔的空间就构成一个斜板沉降单元。如果再用垂直于斜板的隔板进行纵向分离，每个斜板单元就变为若干斜管沉降单元。斜板倾角 θ 通常按污泥的滑动性及滑动方向与水流方向是否一致来确定，一般取 30°～60°，为了安装和检修和方便，通常将许多斜板或斜管预制成规格化的整体，然后安装在沉淀池内，就构成斜板或斜管沉淀池。安装斜板或斜管的区域为沉降区，沉降区以下依次为入流区和污泥区，沉降区上面为出流区。沉淀池工作时，水从斜板之间或斜管内流过，沉落在斜板、斜管底面上的泥渣靠重力自动滑入泥斗。这种沉淀池常用穿孔整流墙布水，用穿孔管或淹没孔口集水，也可以在池面上增设潜孔式中途集水槽使集水更趋均匀。集泥常采用多斗式，用穿孔管靠静压或泥泵排泥。沉降区高度大多为 0.6～1.0m，入流、出流区高度分别为 0.6～1.2m 和 0.5～1.0m。为防止水流短路，须在池壁与斜板或斜管体间隙处安装阻流板。

根据沉降区内水流与污泥的相对运动方向，斜板（管）沉淀池分为异向流、同向流和横向流三种，如图 6-33 所示。异向流的水流方向与污泥运动方向相反；横向流的水流方向与污泥运动方向互相垂直；同向流的水流方向与污泥运动方向相同。异向流可采用斜板或斜管单元，而横向流和同向流则只能采用斜板单元。目前主要采用异向流。

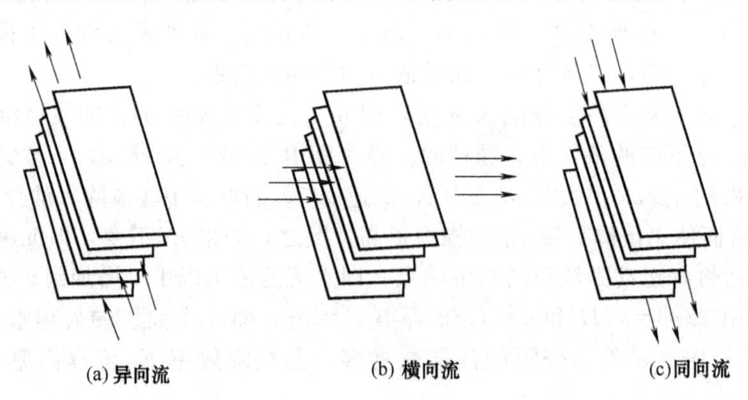

图 6-33 斜板沉淀池水流方向示意

图 6-34 为异向流斜板沉淀池示意。异向流斜板（管）长度通常采用 1～1.2m，倾角 60°，板间垂直间距不能太小，以 8～12cm 为宜，为防止沉淀污泥的上浮，缓冲层高度一般采用 0.5～1.0m。

斜板常用薄塑料板模压和黏结制成，也可用玻璃钢板或木板。斜管除上述材料外，还可用酚醛树脂涂刷的纸蜂窝。斜板通常用平板或波纹板。斜管断面有正六边形、菱形、圆形和正方形，其中以前两种最为常用。

斜板（管）沉淀池的水流接近层流状态，有利于沉降，而且增大了沉降面积，缩短了颗粒沉降距离，从而大大减少了废水在池中的停留时间，初沉池的停留时间可以降低到约 30min。这种沉淀池的处理能力高于一般沉淀池，由于其具有去除率高、停留时间短、占地面积小等优点，故常用于初沉池以及已有污水处理厂挖潜或扩大处理能力。但斜板（管）沉淀池也存在以下一些缺点：造价较高；斜板（管）上部在日光照射下会大量繁殖藻类，增加污泥量；易在板间积泥，不宜于处理黏性较高的泥渣，尤其不宜用作二沉池。因为活性污泥的黏度较大，容易粘在板或管上，经厌氧消化后，脱落并浮到水面结成壳或阻塞斜板（管），影响沉降面积。

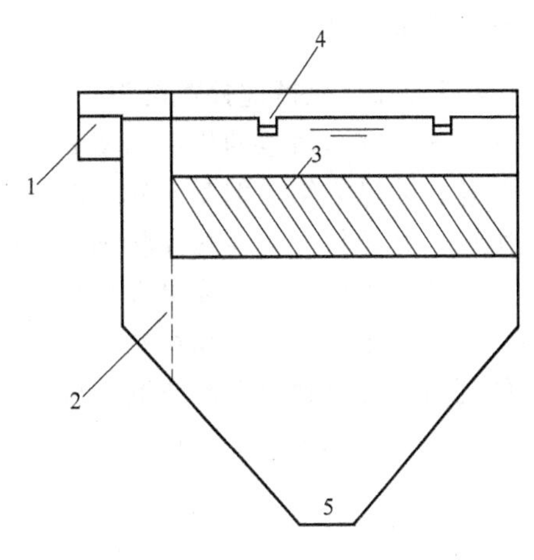

图 6-34　异向流斜板沉淀池示意

1—进水槽；2—布水孔；3—斜板；4—出水槽；5—污泥斗

6.2.3　澄清池

6.2.3.1　澄清池的分类

澄清池形式很多，按水与泥渣的接触情况，分为循环（回流）泥渣型和悬浮泥渣（泥渣过滤）型两大类。

(1) 循环（回流）泥渣型。循环泥渣型澄清池是利用机械或水力的作用，使部分沉淀泥渣循环回流以增加和水中杂质的接触碰撞和吸附机会，提高混凝的效果。一部分泥渣沉积到泥渣浓缩室，大部分泥渣又被送入絮凝室重新与原水中的杂质碰撞和吸附，如此不断循环。在循环泥渣型澄清池中，加注混凝剂后形成的新生微絮粒和絮凝室出口呈悬浮状态的高浓度原有大絮粒之间进行接触吸附，也就是新生微絮粒被吸附结合在原有粗大絮粒（即在池内循环的泥渣）之上而形成较为结实易沉的粗大絮粒。机械搅拌澄清池和水力循环澄清池就属于此种形式。

(2) 悬浮泥渣（泥渣过滤）型。悬浮泥渣型澄清池是使上升水流的流速等于絮粒在静水中靠重力沉降的速度，絮粒处于既不沉淀又不随水流上升的悬浮状态，当絮粒集结到一定厚度时，就构成泥渣悬浮层。原水通过时，水中的杂质有充分的机会与絮粒碰撞接触，并被悬浮泥渣层的絮粒吸附、过滤而截留下来。由于悬浮泥渣层是处于悬浮状态，所以为了与循环泥渣的接触絮凝相区别，就把这种接触絮凝称作泥渣过滤。脉冲澄清池和悬浮澄清池就属于此种类型。

与沉淀池不同的是，沉淀池池底的沉泥均被排除而未被利用，而澄清池则充分利用了沉淀泥渣的絮凝作用，排除的是经过反复絮凝的多余泥渣。其排泥量与新形成的泥渣量相等，泥渣层始终处于新陈代谢状态中，因而泥渣层能始终保持着接触絮凝的活性。

由于澄清池重复利用了有吸附能力的絮粒来澄清原水，因此可以充分发挥混凝剂的净水效率。

上述两种澄清池又可分为以下形式：

- 澄清池
  - 循环泥渣型
    - 机械搅拌式
    - 水力循环式
  - 悬浮渣渣型
    - 脉冲式
    - 悬浮式

由于近年来国内对悬浮澄清池及水力循环澄清池已较少应用，故着重叙述机械搅拌澄清池和脉冲澄清池。

6.2.3.2 机械搅拌澄清池

机械搅拌澄清池的构造如图 6-35 所示。它利用安装在同一根轴上的机械搅拌装置和提升叶轮，使进入第一絮凝室的水流，先通过搅拌叶片缓慢回转，使水中杂质能和泥渣相互凝聚吸附，并保持泥渣在悬浮状态，进而通过提升叶轮将泥渣水从第一絮凝室提升到第二絮凝室，继续混凝反应以结成更大的颗粒，从第二絮凝室出来经过导流室进入分离区。在分离区内，由于过水断面的面积突然增大，流速降低，絮凝状颗粒与清水靠密度差而实现分离。沉下的泥渣除部分通过泥渣浓缩室排出以保持泥渣平衡外，大部分泥渣则通过搅拌、提升装置在池内不断与原水再度循环。

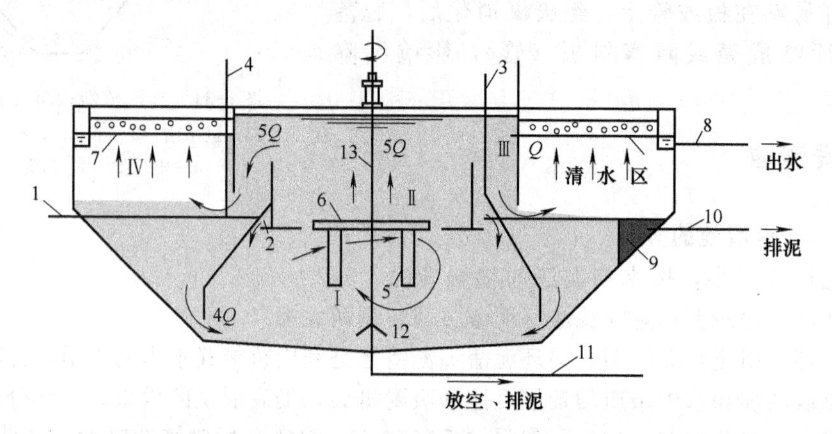

图 6-35 机械搅拌澄清池剖面示意

1—进水管；2—三角配水槽；3—透气管；4—投药管；5—搅拌桨；6—提升叶轮；7—集水槽；8—出水管；9—泥渣浓缩室；10—排泥管；11—放空管；12—排泥罩；13—搅拌轴；Ⅰ—第一絮凝室；Ⅱ—第二絮凝室；Ⅲ—导流室；Ⅳ—沉降分离室

原水由进水管 1 通过环形三角配水槽 2 的缝隙均匀流入第一絮凝室Ⅰ，因原水中可能含有气体，会积在三角槽顶部，故应安装透气管 3。凝聚剂投加点按实际情况和运转经验确定，可加在水泵吸水管内，亦可由投药管 4 加入澄清池进水管、三角配水槽等处，亦可在多处同时加注药剂。

搅拌设备由提升叶轮 6 和搅拌桨 5 组成，提升叶轮装在第一和第二絮凝室的分隔处。搅拌设备的作用是：①提升叶轮将回流水从第一絮凝室提升至第二絮凝室，使回流水中的泥渣不断在池内循环；②搅拌桨使第一絮凝室内的水和进水迅速混合，泥渣随水流处于悬浮和环流状态。因此，搅拌设备使接触絮凝过程在第一、第二絮凝室内得到充分发挥。回流流量为进水流量的 3～5 倍，图中表示的回流量为进水流量的 4 倍。

搅拌设备宜采用无级变速电动机驱动，以便随进水水质和水量变动而调整回流量或搅拌强度。但是生产实践证明，一般转速在 5～7r/min，平时运转中很少调整搅拌设备的转速，因而也可采用普通电动机通过蜗轮蜗杆变速装置带动搅拌设备。

第二絮凝室设有导流板（图 6-35 中未给出），用以消除因叶轮提升时所引起的水的旋转，使水流平稳地经导流室Ⅲ流入分离室Ⅳ。分离室中下部为泥渣层，上部为清水层，清水向上经集水槽 7 流至出水管 8。清水层需有 1.5～2.0m 深度，以便在排泥不当而导致泥渣层厚度变化时，仍可保证出水水质。

向下沉降的泥渣沿槽底的回流缝再进入第一絮凝室，重新参加絮凝，一部分泥渣则自动排入泥渣浓缩室9进行浓缩，至适当浓度后经排泥管排除，以节省排泥所消耗的水量。

澄清池底部设放空管，备放空检修之用。当泥渣浓缩室排泥还不能消除泥渣上浮时，也可用放空管排泥。放空管进口处设有排泥罩12，使池底积泥可沿罩的四周排除，使排泥彻底。

机械搅拌澄清池具有处理效率高、运行较稳定，对原水浊度、温度和处理水量的变化适应性较强等特点。它的适用条件为：无机械刮泥时，进水浊度一般不超过500度，短时间内不超过1000度；有机械刮泥时，进水浊度一般为500～3000度，短时间内不超过5000度，当超过5000度时，应加设预沉池。机械搅拌澄清池的单位面积产水量较大，适用于大、中型处理水厂。它与其他形式的澄清池比较，机械设备的日常管理和维修工作量较大。

6.2.3.3 脉冲澄清池

脉冲澄清池剖面和工艺流程见图6-36。它主要是利用脉冲发生器，使进入水池的原水脉动地流入池底配水系统，在配水管的孔口处以高速喷出，并激烈地撞在人字形稳流板上，使原水与混凝剂在配水管与稳流板之间的狭窄空间中以极短的时间进行充分混合和初步絮凝，形成微絮粒。然后通过稳流板缝隙整流后，以缓慢速度垂直上升，在上升过程中，絮粒则进一步凝聚，逐渐变大变重而趋于下沉，但因上升水流的作用而被托住，形成了悬浮泥渣层。由于悬浮泥渣具有一定的吸附性能，在进水“脉冲”的作用下，悬浮泥渣层有规律地上下运动，时疏时密，这样有利于絮粒的继续碰撞和进一步接触絮凝，同时也能使悬浮泥渣层的分布更趋均匀。当水流上升至泥渣浓缩室顶部后，因断面突然扩大，水流速度变慢，因此，过剩的泥渣流入浓缩室，从而使原水得以澄清，并向上汇集于集水系统而流出。过剩的泥渣则在浓缩室浓缩后排出池外。

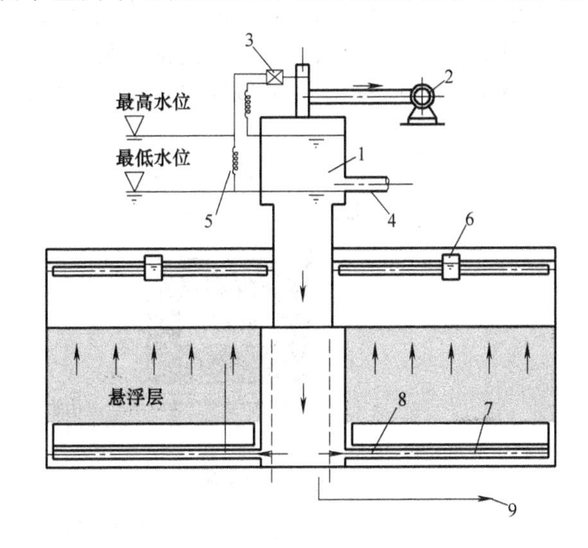

图6-36 采用真空泵脉冲发生器的澄清池剖面示意
1—进水室；2—真空泵；3—进气阀；4—进水管；5—水位电极；6—集水槽；7—稳流板；8—配水管；9—排泥管

脉冲澄清池的特点是澄清效率高，它具有快速混合、缓慢充分絮凝、大阻力配水系统使布水较均匀、池体利用较充分等优点。池型可做成圆形、方形、矩形，便于因地制宜布置，也适用于平流式沉淀池改建。由于水下集水装置、配水装置可采用硬聚氯乙烯制品，受腐蚀影响小，维修保养较简单，适用于大、中、小型水处理厂。

脉冲澄清池适宜处理浊度长期小于3000度的原水，当原水浊度大于3000度时需考虑预沉措施。它对水量、水温适应能力较差，当选用真空式时需要一套真空设备，操作管理要求较高，当选用虹吸式时水头损失较大，脉冲周期也较难控制。

6.3 过　　滤

过滤是废水处理的单元操作之一，目的是截留废水中所含的悬浮颗粒，包括胶体粒子、细菌、各种浮游生物、滤过性病毒与漂浮油、乳化油等，进而降低废水的浊度、COD和

BOD 等。

根据不同的目的，废水处理中过滤的主要作用是：①经化学处理或生物处理后的出水，进一步去除废水中的悬浮颗粒和生物絮体，使出水浊度大幅降低；②进一步降低出水的有机物含量，对重金属、细菌、病毒也有很高的去除率；③去除化学除磷时产生的沉淀；④废水活性炭处理或离子交换之前的预处理，可提高后续处理设施的安全性和处理效率；⑤进一步去除废水中的污染物质，可减少后续的杀菌消毒费用。

过滤的种类很多，本章仅介绍深层粒状介质过滤。

6.3.1 概述

深层过滤的基本过程是废水由上到下通过一定厚度的、由一定粒度的粒状介质组成的床层，由于粒状介质之间存在大小不同的孔隙，废水中的悬浮物被这些孔隙截留而除去，如图 6-37（a）所示。随着过滤过程的进行，孔隙中截留的污染物越来越多，到一定程度时过滤不能进行，需要进行反洗，目的是去除截留在介质中的污染物。反洗的过程是通过上升水流的作用使滤料呈悬浮状态，滤料间的孔隙变大，污染物被水流带走，如图 6-37（b）所示。反洗完成后再进行过滤，所以深层过滤过程是间断进行的。

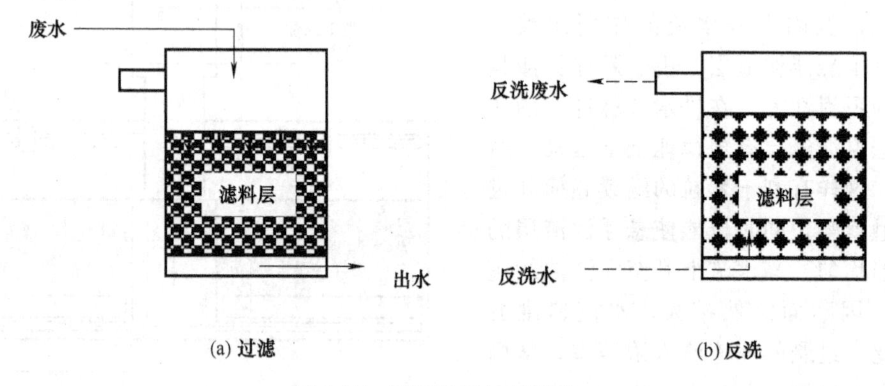

图 6-37 深层过滤过程示意

粒状介质过滤是在滤池中完成的，普通滤池内有排水槽、滤料层、承托层和配水系统；池外有集中管廊，配有浑水进水管、清水出水管、冲洗水总管、冲洗水排出管等管道及阀门等附件。

其中，滤池冲洗废水由排水槽排出，在过滤时排水槽也是分配待滤水的装置；滤料层是滤池中起过滤作用的主体；承托层的作用主要是防止滤料从配水系统中流失，同时对均匀分布冲洗水也有一定的作用；而配水系统的作用在于使冲洗水在整个滤池面积上均匀分布。

6.3.2 过滤理论

水流中的悬浮颗粒能够黏附于滤料颗粒表面上，涉及两个问题：首先，被水流挟带的颗粒如何与滤料颗粒表面接近或接触，这就涉及颗粒脱离水流流线而向滤料颗粒表面靠近的迁移机理；第二，当颗粒与滤粒表面接触或接近时，依靠哪些力的作用使得它们黏附于滤粒表面上，这就涉及黏附机理。应说明的是，过滤过程非常复杂，目前还没有完全清楚，以下只是一些假说。

（1）迁移机理。悬浮颗粒脱离流线与滤料接触的过程就是迁移机理。在过滤过程中，滤层孔隙中的水流速度较慢，被水流挟带的颗粒由于受到某种或几种物理（力学）作用就会脱离流线而与滤料颗粒表面接近，悬浮颗粒脱离流线而与滤料接触的过程，就是迁移过程。一般认为，迁移过程由筛滤、拦截、沉淀、惯性、扩散和水动力作用等产生。

① 筛滤。比孔隙大的颗粒被机械筛分，截留于滤料层的表面上，然后这些被截留的颗粒形成孔隙更小的滤饼层，使过滤水头增加，甚至发生堵塞。显然，这种表面筛滤没能发挥整个滤层的作用。

② 拦截。沿流线流动的颗粒，在流线会聚处与滤料表面接触产生拦截作用。其去除率与颗粒直径的平方成正比，与滤料粒径的立方成反比。

③ 重力沉降。如果悬浮物的粒径和密度较大，将存在一个沿重力方向的相对沉降速度。在重力作用下，颗粒偏离流线沉淀到滤料表面上。沉淀效率取决于颗粒沉速和过滤水流速的相对大小和方向。此时，滤层中的每个小孔隙起着一个浅层沉淀池的作用。

④ 惯性。当流线绕过滤料表面时，具有较大动量和密度的颗粒因惯性冲击而脱离流线与滤料表面接触。

⑤ 扩散作用。对于微小悬浮颗粒，布朗运动较剧烈时会扩散至滤料表面。

⑥ 水力作用。也称为水动力作用，是因为在滤粒表面附近存在速度梯度，非球体颗粒在速度梯度作用下，会产生转动而脱离流线与滤料颗粒表面接触。

对于上述迁移机理，目前只能定性描述，其相对作用大小尚无法定量估算。虽然也有某些数学模式，但还不能解决实际问题。在实际过滤中，悬浮颗粒的迁移将受到上述各种机理的作用，可能几种机理同时存在，也可能只有其中某些机理起作用。它们的相对重要性取决于颗粒本身的性质（粒度、形状、密度等）、水流状况、滤层孔隙形状等。

(2) 黏附机理。黏附作用是一种物理化学作用。上述迁移过程中与滤料接触的悬浮颗粒被黏附于滤料颗粒表面上，或者黏附在滤粒表面上原先黏附的颗粒上，就是附着过程。引起颗粒附着的因素主要有如下几种。

① 范德华引力和静电力。由于颗粒表面上所附电荷和由此形成的双电层产生静电力，同时颗粒之间还存在范德华引力、某些化学键和某些特殊的化学吸附力，使颗粒之间产生黏附。

② 接触凝聚。在原水中投加混凝剂，压缩悬浮颗粒和滤料颗粒表面的双电层，但尚未生成微絮凝体时，立即进行过滤。此时水中脱稳的胶体很容易与滤料表面凝聚，即发生接触凝聚作用。原水经加药后直接进入滤池过滤，即采用直接过滤的方式时，接触凝聚是主要的附着机理。

③ 吸附。悬浮颗粒细小，具有很强的吸附趋势，吸附作用也可能通过絮凝剂的架桥作用实现。絮凝物的一端附着在滤料表面，而另一端附着在悬浮颗粒上，某些聚合电解质能降低双电层的排斥力或者在两表面活性点间起键的作用而改善附着性能。

当然，在颗粒黏附的同时，还存在由于孔隙中水流的剪切力作用导致其从滤料表面脱落的趋势，黏附与脱落的程度往往取决于黏附力和水流剪应力的相对大小。随着过滤进行，悬浮颗粒的黏附，滤料间的孔隙逐渐减小，水流速度加快，水流剪力增大，最后黏附的颗粒由于黏附力较弱就可能优先脱落。脱落的颗粒以及没有黏附的颗粒会被水流挟带向下层推移，下层滤料的截留作用得到发挥。

(3) 脱落机理。过滤一定时间后，由于滤层阻力过大或出水水质恶化，过滤必须停止进行滤层清洗，使滤池恢复工作能力。滤池通常用高速水进行反冲洗或气、水反冲洗或表面助冲加高速水流冲洗。无论采用何种方式，在反冲洗时，滤层均膨胀一定高度，滤料处于流化状态，截留和附着于滤料上的悬浮物受到高速反洗水或气的冲刷而脱落。滤料颗粒在水流中旋转、碰撞和摩擦，也是悬浮物脱落的主要原因之一。反冲洗效果主要取决于冲洗强度、时间及滤层膨胀度。

6.3.3 过滤水力学

滤层由大量滤料颗粒组成，在过滤过程中，滤料颗粒对水流运动产生阻力，同时滤层中所截留的悬浮颗粒量不断增加，导致过滤过程中水力条件改变。水头损失及滤速是设计和运行操作中的重要参数。过滤水力学所阐述的即是过滤时水流通过滤层的水头损失变化及滤速的变化。

(1) 清洁滤层水头损失。过滤开始时，滤层是干净的，水流通过干净滤层的水头损失称“清洁滤层水头损失”或称“起始水头损失”。就砂滤池而言，滤速为8～10m/h时，该水头损失仅为30～40cm。

(2) 等速过滤中的水头损失变化。当滤池过滤速度保持不变，即滤池流量保持不变时，称为等速过滤。等速过滤一般采用下述三种方式。

① 变水位控制。在滤池进水端设置进水流量控制装置，如流量分配堰等，使每个滤池的进水流量基本一致，在过滤周期的初期，因滤层的水头损失小，滤层上水深浅，随着过滤的进行，滤层的水头损失逐渐增加，滤层上水位也逐渐上升，见图6-38。

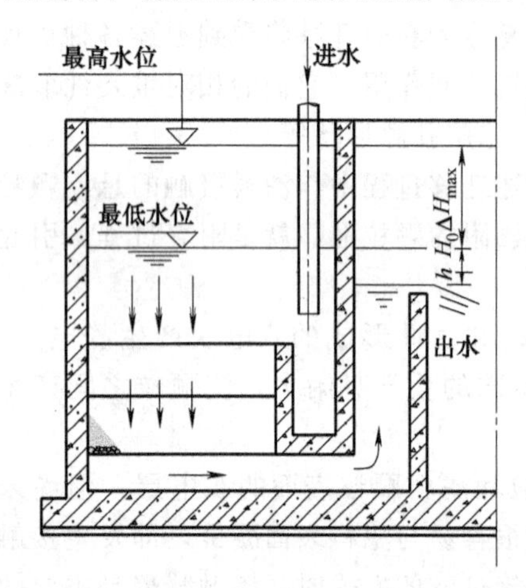

图6-38 等速过滤

② 常水位控制。通过对过滤水位的测定（水位计或浮球）控制滤池出水阀门的开启度，减小出水阀门的阻力，使滤池的总水头损失不随时间的延长而下降。

③ 进水控制的等水位控制。结合上述两种控制方式，既对进水流量分配进行控制，同时控制出水，使过滤水位恒定。

滤池中水位的高低反映了滤层水头损失的大小，在等速过滤状态下，水头损失随时间而逐渐增加，滤池中水位逐渐上升，见图6-38。当水位上升至最高允许水位时，进水堰室不再进水，过滤停止需进行反冲洗。冲洗后刚开始过滤时，滤层水头损失为H_0。当过滤时间为t时，滤层中水头损失增加ΔH_t，于是过滤时滤池的总水头损失为：

$$H_t = H_0 + h + \Delta H_t \tag{6-24}$$

式中，H_0为清洁滤层水头损失，cm；h为配水系统、承托层及管（渠）水头损失之和，cm；ΔH_t为在时间为t时的水头损失增加值，cm。

式中的H_0和h在整个过滤过程中保持不变，ΔH_t则随t增加而增大。ΔH_t与t的关系，反映了滤层截留杂质量与过滤时间的关系，即滤层孔隙率的变化与时间的关系。根据试验，ΔH_t与t一般呈直线关系，见图6-39。图中H_{max}为水头损失增值为最大时的过滤水头损失，设计时应根据技术经济条件决定，一般为1.5～2.0m。图中T为过滤周期，随滤料组成、原水浓度、滤速而异，一般控制在12～24h。设过滤速度$v'>v$，一方面$H_0'>H_0$，同时单位时间内被滤层截留的杂质较多，水头损失增加也较快，因而过滤周期$T'<T$。其中已忽略了承托层及配水系统、管（渠）等水头损失的微小变化。

以上仅讨论整个滤层水头损失的变化情况。至于由上而下逐层滤料水头损失的变化情况就比较复杂。鉴于上层滤料截污量多，愈往下层愈少，因而水头损失增值也由上而下逐渐减小。

(3) 变速过滤中的滤速变化。滤速随过滤时间而逐渐减小的过滤称为变速过滤或减速过滤。普通快滤池可以设计成变速过滤，也可设计成等速过滤，而且采用不同的操作方式，滤速变化规律也不相同。

在过滤过程中，如果过滤水头损失始终保持不变，由式 (6-24) 可知，滤层孔隙率的逐渐减小，必然使滤速逐渐减小，这种情况称等水头变速过滤。这种变速过滤方式在普通快滤池中一般不可能出现。因为滤池进水总流量基本不变，尽管处理厂内设有多座滤池，根据水流进、出的平衡关系，要保持每座滤池水位恒定而又要保持总的进、出流量平衡当然不可能。不过，在分格数很多的移动罩滤池中，有可能达到近似的等水头变速过滤状态。

对于如图 6-40 所示的滤池，如果采用并联运行，进水渠相互连通，且每座滤池进水阀均处于滤池最低水位以下，各滤池内的水位基本相同，当其中某个滤池阻力增大时，则总进水量在各滤池间重新分配，使滤池内水位稍稍上升，从而增加了较干净滤池的水头和流量。随着滤层阻力的增大，滤速相应降低，除滤层外的其余各部分阻力随滤速变化也有所减少，总的结果是滤速降低较为缓慢。采用这种降速过滤方式运行，需要的工作水头（即滤池深度）可以小于等速过滤。

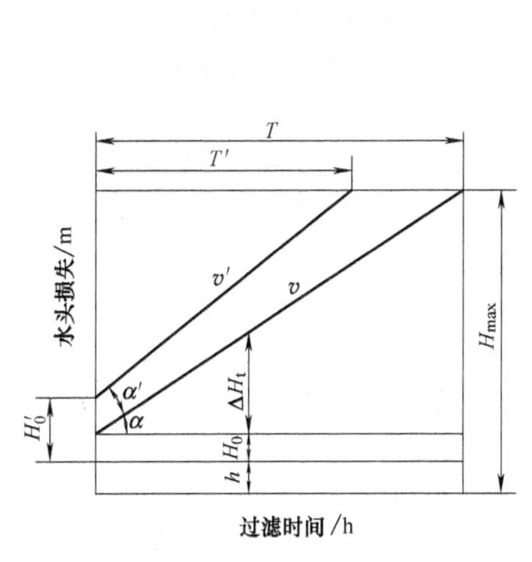

图 6-39 水头损失与过滤时间关系

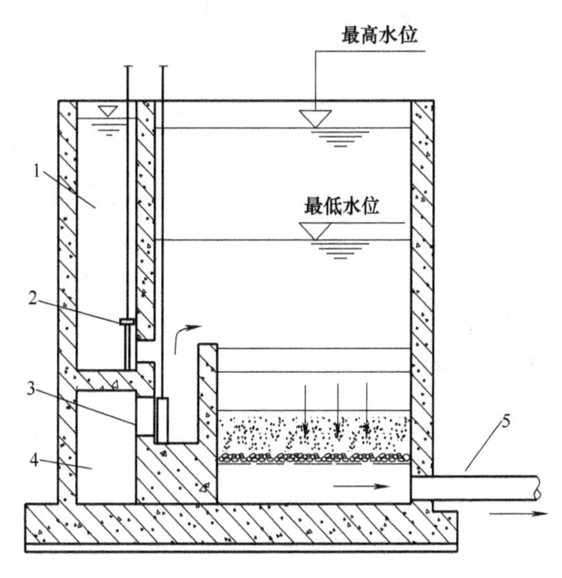

图 6-40 减速过滤

1—进水渠；2—进水阀；3—反洗水排水阀；4—排水渠；5—出水口

克里斯比 (J. L. CIeasby) 等对这种降速过滤进行了较深入的研究以后认为，与等速过滤相比，在平均滤速相同的情况下，减速过滤的滤后水质较好，而且在相同过滤周期内，过滤水头损失也较小。这是因为当滤料干净时，滤层孔隙率较大，虽然滤速较高（在容许范围内），但孔隙中流速并非按滤速增高倍数而增大。相反，滤层内截留杂质量较多时，虽然滤速降低，但因滤层孔隙率减小，孔隙流速未必过多减小。因而，过滤初期滤速较大，可使悬浮杂质深入下层滤料；过滤后期滤速减小，可防止悬浮颗粒穿透滤层。等速过滤则不具备这种自然调节功能。

(4) 滤层中的负水头。在过滤过程中，当滤层截留了大量杂质以致砂面以下某一深度处的水头损失超过该处水深时，便出现负水头现象。由于上层滤料截留杂质最多，故负水头往往出现在上层滤料中。图 6-41 表示过滤时滤层中的压力变化。各水压线与静水压力线之间的水平距离表示过滤时滤层中的水头损失。直线 1 表示水流静止时滤层内压力的分布。按照流体力学静力学原理，位能转化为压能，滤层内压力沿滤层深度线性增加，且为一条 45°的直线。曲线 2 为清洁滤料过滤时的压力线。这时滤层内压力分布沿滤层深度仍为线性关系，压力沿滤层深度而增加，由于要克服阻力消耗一部分水头，故增加的幅度小于静止滤层。随着过滤的进行，由于滤层截污量沿滤层深度呈指数分布，故滤层上部截污量远大于滤层下部，而上部截污后孔隙变小，在流量不变的情况下滤速加快，导致上层的水流阻力快速增加。从曲线 3、曲线 4 可以看到，压力的变化沿滤层深度增加开始是减小的，然后又逐渐增大，说明下层的损失小于上层。由曲线 4 可知，在砂面以下 c 处（a 处与之相同），水流通过 c 处以上砂面的水头损失恰好等于 c 处以上的水深（a 处亦相同），而在 a 处和 c 处之间，水头损失则大于各相应位置的水深，于是在 $a \sim c$ 范围内出现负水头现象，在砂面以下的 b 处，出现最大负水头。

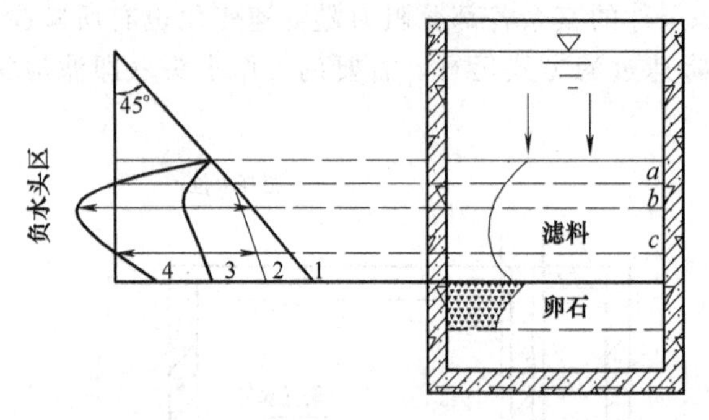

图 6-41　过滤时滤层内压力变化

1—静水压力线；2—清洁滤料过滤时水压线；3—过滤时间为 t_1 时的水压线；4—过滤时间为 t_2（$t_2 > t_1$）时的水压线

负水头会导致溶解于水中的气体释放出来而形成气囊。气囊对过滤有破坏作用，一是减少有效过滤面积，使过滤时的水头损失及滤速增加，严重时会破坏滤后水质；二是气囊会穿过滤层上升，有可能把部分细滤料或轻质滤料带出，破坏滤层结构。反冲洗时，气囊更易将滤料带出滤池。

避免出现负水头的方法是增加砂面上水深，或令滤池出口位置等于或高于滤层表面。

6.3.4　滤料

滤料的选择是影响滤池过滤效果的主要因素之一，有条件时应通过对不同滤料进行试验比较确定。

滤料选择主要是确定滤床深度、滤料品种、颗粒的大小和组成分布等。常用的滤料有天然石英砂、无烟煤、颗粒活性炭以及石榴石、钛铁矿石等，选择时还应注意滤料的供应来源和滤料的硬度、颗粒形状、抗腐性和含杂质量等参数。

（1）滤料的粒径和滤层厚度。采用的滤层厚度与滤料粒径有关，滤料颗粒越小，滤层越不易穿透，滤层厚度可较薄，相反采用滤料的粒径越大，滤层容易泄漏，需要的滤层厚度较深，但过滤的水头损失比较小。因此从水质保证考虑可采用较小的滤料粒径和较薄的滤层厚度或者较粗的滤料粒径和较深的厚度。

滤料粒径小，过滤水头损失大，如果滤层厚度相同，则过滤周期缩短。因此，应在满足出水水质的前提下，寻求最佳的粒径与厚度组合。

此外，滤料粒径和厚度也与滤速有关。在相同的过滤周期，采用的滤速高，要求滤层总的截污容量也高，以发挥滤层的深层截污能力，一般可采用较粗的滤料颗粒和较厚的滤层。

（2）有效粒径与不均匀系数。描述滤料粒径分布主要有中位粒径法、有效粒径法、平均粒径法。最为广泛使用的是有效粒径法，即以滤料有效粒径 d_{10} 和不均匀系数 K_{80} 来表示其粒径的分布。

$$K_{80}=\frac{d_{80}}{d_{10}} \tag{6-25}$$

式中，d_{10}为滤料质量10%能通过的筛孔孔径；d_{80}为滤料质量80%能通过的筛孔孔径。其中d_{10}称为有效粒径，反映了细颗粒的尺寸；d_{80}反映了粗颗粒的尺寸。滤池在反冲洗过程中，滤料呈流化和膨胀状态，冲洗完成后细小颗粒滤料积聚在滤床上部，大颗粒滤料沉到滤床底部，由上而下形成细-粗滤料滤床，这种滤料称为级配滤料。不均匀系数越大，形成粗细的差距越明显，滤料粒径的分布越不均匀，这对过滤和冲洗都很不利。级配滤料的不均匀系数K_{80}一般为1.6～2.0。

级配滤料的截污作用主要集中在上层细颗粒，滤层的截污作用不充分，为了克服级配滤料的缺陷可以采用多层滤料或均质滤料，具体内容见滤层的结构。

(3) 滤料层的结构。如前所述，滤料与颗粒表面存在黏附作用。同时，由于孔隙中水流剪力的作用，颗粒从滤料表面上亦存在脱落的趋势。黏附力和水流剪力的相对大小，决定了颗粒黏附和脱落的程度。

在过滤初期，滤料较干净，孔隙率较大，孔隙流速较小，水流剪力相对较小，因而黏附作用占优势。随着过滤时间的延长，滤层中杂质逐渐增多，孔隙率逐渐减小，水流剪力逐渐增大，黏附的颗粒从滤料表面脱落下来，于是，悬浮颗粒便向下层推移，下层滤料截留作用渐次得到发挥。

然而，往往是下层滤料截留悬浮颗粒作用远未得到充分发挥时，过滤就得停止。这是因为，滤料经反冲洗后，滤层因膨胀而分层，表层滤料粒径最小，黏附比表面积最大，截留悬浮颗粒量最多，而孔隙尺寸又最小，过滤到一定时间后，表层滤料间孔隙将逐渐被堵塞，甚至产生筛滤作用而形成泥膜，使过滤阻力剧增。其结果是在一定过滤水头下滤速减小，或者因滤层表面受力不均匀而使泥膜产生裂缝，大量水流将自裂缝中流出，以致悬浮杂质穿过滤层而使出水水质恶化。当上述两种情况之一出现时，过滤将被迫停止。如果按整个滤层计，单位体积滤料中的平均含污量称为滤层纳污能力，单位以g/cm^3或kg/m^3计。

为了改变上细下粗的滤层中杂质分布严重不均匀的现象，提高滤层含污能力，便出现了双层滤料、三层滤料或混合滤料及均质滤料等滤层，见图6-42。

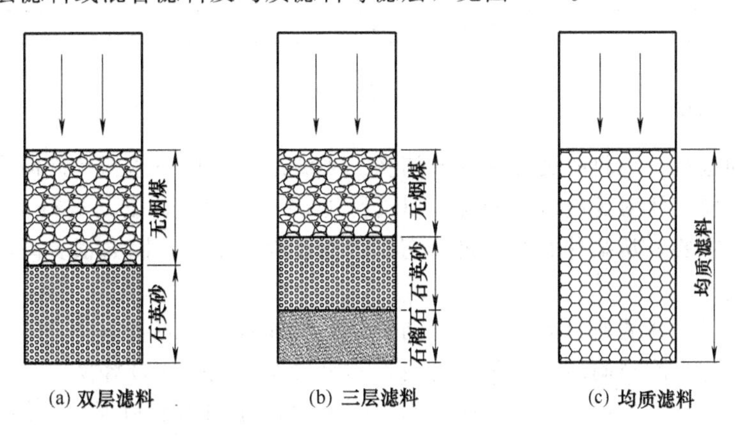

图6-42　几种滤料组成示意

双层滤料上层采用密度较小、粒径较大的轻质滤料（如无烟煤），下层采用密度较大、粒径较小的重质滤料（如石英砂）。由于两种滤料存在密度差，在一定反冲洗强度下，反冲后轻质滤料仍在上层，重质滤料位于下层，见图6-42(a)。虽然每层滤料粒径仍由上而下递增，但就整个滤层而言，上层平均粒径总是大于下层平均粒径。实践证明，双层滤料含污能力较单层滤料约高1倍以上。在相同滤速下，过滤周期增长；在相同过滤周期下，滤速可提高。

三层滤料上层为大粒径、小密度的轻质滤料（如无烟煤），中层为中等粒径、中等密度的滤料（如石英砂），下层为小粒径、大密度的重质滤料（如石榴石），见图6-42（b）。各层滤料平均粒径由上而下递减。这种滤料组成不仅含污能力大，且因下层重质滤料粒径很小，对保证滤后水质有很大作用。

所谓“均质滤料”，并非指滤料粒径完全相同（实际上很难做到），滤料粒径仍存在一定程度的差别（差别比一般单层级配滤料小），而是指沿整个滤层深度方向的任一横断面上，滤料组成和平均粒径均匀一致，见图6-42（c）。要做到这一点，必要的条件是反冲洗时滤料层不能膨胀。当前应用较多的气水反冲滤池大多属于均质滤料滤池，这种均质滤料层的含污能力显然也大于上细下粗的级配滤层。

总之，滤层组成的改变，是为了改善单层级配滤料层中杂质分布状况，提高滤层纳污能力，相应地也会降低滤层中水头损失的增长速率。无论采用双层、三层或均质滤料，滤池构造和工作过程与单层滤料滤池无多大差别。

（4）常用滤料规格。常用滤料规格见表6-3。

表6-3　常用滤料规格

类型	滤料粒径/mm	K_{80}	厚度/mm
单层级配石英砂	$d_{10}=0.5\sim0.6$	2～2.2	700
双层滤料	石英砂 $d_{10}=0.5\sim0.6$	2	400～500
	无烟煤 $d_{min}=0.8$ $d_{max}=1.8$	2	400～500
多(三)层滤料	无烟煤 $d_{min}=0.8$ $d_{max}=1.6$	<1.7	450
	石英砂 $d_{min}=0.5$ $d_{max}=0.8$	<1.5	230
	钛铁矿 $d_{min}=0.25$ $d_{max}=0.5$	<1.7	70
均质石英砂滤料	$d_{10}=0.95\sim1.20$	1.3～1.5	1000～1300

6.3.5　滤池冲洗

随着过滤的进行，滤料的孔隙逐渐被堵塞。当滤层水头损失达到允许值或者出水浊度不能满足要求时，就需要对滤层进行冲洗，以清除滤层中截留的污物，进行下一周期的过滤。反冲洗过程非常重要，从某种意义上讲，它比过滤过程更重要，因为很多问题都是反冲洗不好造成的。

一般认为，吸附在滤料上的污泥分为两种：一种是滤料直接吸附污泥，称为一次污泥，较难脱落；另一种为滤料间隙中沉积的污泥，称为二次污泥，比较容易去除。反冲洗时去除二次污泥主要可通过水流剪切力来完成，而去除一次污泥则需滤料颗粒之间的碰撞和摩擦。滤池冲洗时的主要作用是冲洗水流的剪切力和颗粒之间的碰撞作用。

（1）滤池反冲洗方式。滤池冲洗从冲洗时的滤层状态可分为滤层膨胀冲洗和微膨胀冲洗。滤池冲洗的方式有三种：单独用水反冲洗；用空气和水反冲洗；带表面冲洗的反冲洗。

单独水反冲洗要去除滤料上吸附的污泥，达到较好的冲洗效果，必须提供滤料足够的碰撞、摩擦机会，因此一般采用高速冲洗，冲洗强度比较大，在冲洗过程中滤料膨胀流化，呈悬浮状态，颗粒在悬浮流化状态下相互碰撞，完成剥落污泥和排除污泥的任务。冲洗强度是指单位时间内单位滤池面积通过的反洗水量，单位是 L/(m^2·s)。

单独水冲洗的优点是只需一套反冲洗系统，比较简单。其缺点是冲洗耗水量大，冲洗能力弱，当冲洗强度控制不当时，可能产生砾石承托层走动，导致漏砂。

单独水冲洗后滤料通过水力分级呈上细下粗的分层结构状态。

采用气、水反冲洗时，空气快速通过滤层，微小气泡加剧滤料颗粒之间的碰撞、摩擦，并对颗粒进行擦洗，有效地加速污泥的脱落，反冲洗水主要起漂洗作用，将已与滤料脱离的污泥带出滤层，因而，水洗强度小，冲洗过程中滤层基本不膨胀或微膨胀。

气、水反冲洗的优点是冲洗效果好、耗用水量小、冲洗过程中不需滤层流化、可选用较粗的滤料等。其缺点是需增加空气系统，包括鼓风机、控制阀以及管路等，设备较单纯水冲洗要多。

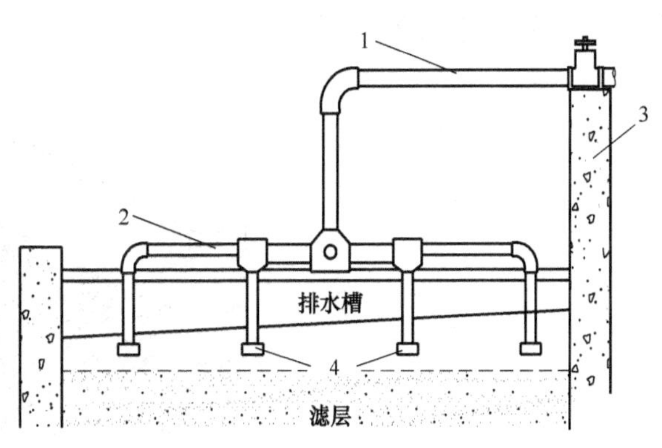

图 6-43　固定式表面冲洗装置示意

1—压力水总管；2—压力水支管；3—滤池池壁；4—喷嘴

表面冲洗一般作为单水洗的辅助冲洗手段。由于过滤过程中滤料表层截留污泥最多，泥球往往结在滤料的上层，因此在滤层表面设置高速冲洗系统，利用高速水流对表层滤料加以搅拌，增加滤料颗粒碰撞机会，同时高速水流的剪切作用也明显高于反冲洗。表面冲洗有固定式和旋转式两种方式，见图 6-43 和图 6-44。

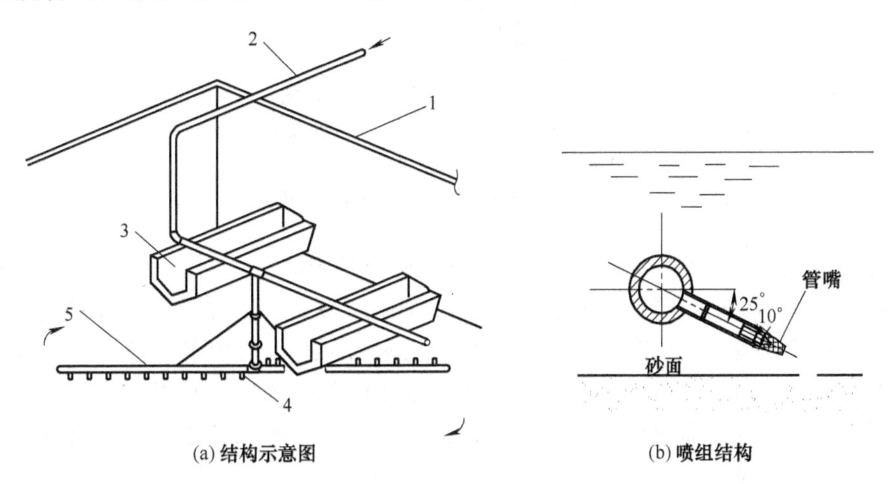

图 6-44　旋转式表面冲洗装置示意

1—滤池池壁；2—压力水管；3—滤池反洗水槽；4—喷嘴；5—旋转臂

(2) 滤池反冲洗方式。滤池反冲洗方式主要有以下几个方面。

① 直接采用出水泵房的出水进行滤池冲洗。由于处理水出水压力一般高于滤池冲洗所需压力且压力有一定变化，因此引出的冲洗管上必须设置压力调节阀或控制设备。采用出水泵房直接冲洗一般能耗较大。

② 采用高位冲洗水箱（塔）。高位水箱（塔）必须有足够的冲洗容量，高位水箱进水充

水泵规模小于冲洗水泵。

③ 采用专用冲洗水泵。专用冲洗水泵可根据滤池冲洗压力和水量进行配置，冲洗强度容易得到控制，能量浪费少，但需增加相应设备。

④ 滤池自冲洗。即利用其他滤池出水和滤后水位与反冲洗排水堰的水位差进行冲洗，这种冲洗方式冲洗水头小，要求配套小阻力配水系统，冲洗强度不易调节。

6.3.6 普通快滤池

快滤池本身包括集水渠、反冲洗排水槽、滤料层、承托层（也称垫层）及配水系统五个部分，如图 6-45 所示。

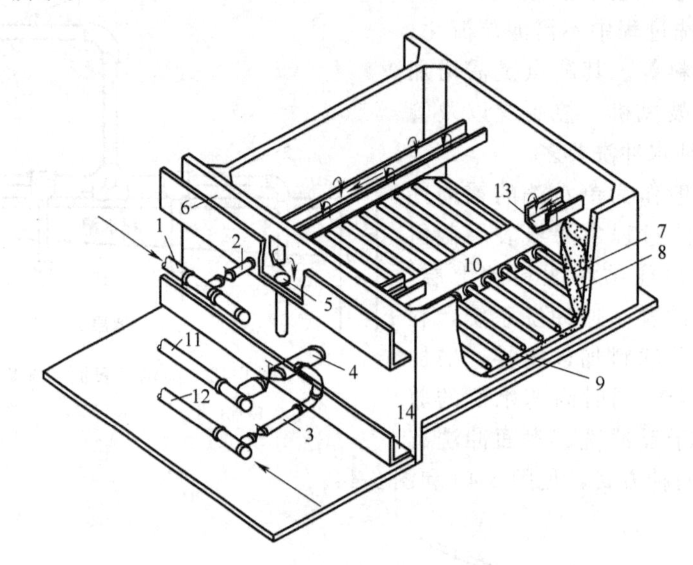

图 6-45 普通快滤池构造剖视图

1—进水总管；2—进水支管；3—出水支管；4—反冲洗水支管；5—排水阀；
6—进水渠；7—滤料层；8—承托层；9—配水支管；10—配水干管；
11—冲洗水总管；12—清水总管；13—冲洗排水槽；14—废水渠

在快滤池的运行过程中，主要是过滤和冲洗两个过程的重复循环。过滤就是生产清水的过程，过滤时，开启进水支管 2 与出水支管 3 的阀门，关闭反冲洗水支管 4 的阀门与排水阀 5。进水就经进水总管 1、支管 2 从进水渠 6 进入滤池。进水由集水渠进入滤池时，从洗砂排水槽的两边溢流而出，通过槽的作用使水均匀分布在滤池整个面积上。然后经过滤料层 7、承托层 8 后，由配水系统的配水支管 9 汇集起来再经配水系统干管 10、出水支管 3、清水总管 12 流往清水池。

随着过滤时间的延长，可能会出现两种情况。①由于砂粒表面不断吸附水中的杂质，使砂粒间的孔隙不断减小，水流的阻力就会不断增长。当水头损失达到允许的最大值时，继续过滤会使滤池产水量锐减。② 水头损失仍在允许范围内，但出水水质参数不合格。

出现上述任何一种情况，滤池都需停止过滤进行冲洗。冲洗就是把砂粒上截留的杂质冲洗下来的过程。冲洗的流向与过滤完全相反，是从滤池的底部朝滤池上部流动的，所以叫反冲洗，冲洗水是用过滤后的出水（又称滤后水）。冲洗时，关闭进水支管 2 与出水支管 3 的阀门，停止过滤，但要保持池子水位在砂面以上至少 10cm 处，以防止空气进入滤层。开启排水阀 5 与反冲洗水支管 4 的阀门，冲洗水即由冲洗水总管 11、支管 4，经配水系统的干管、支管及支管上的许多孔眼流出，自下而上穿过承托层及滤料层，均匀地分布于整个滤池平面上。滤料层在自下而上均匀分布的水流中处于悬浮状态，滤料得到清洗。冲洗废水流入排水槽13，再经进水渠6、排水管和废水渠14排入下水道。冲洗一直进行到冲洗排水变清，滤料基本洗干净为止。一般从停止过滤至冲洗完毕需20～30min，在这段时间内，滤池停止生产。冲洗所消耗的清水约占滤池生产水量的1%～3%（视处理规模而异），冲洗结束后，过滤重新开始。

从过滤开始到过滤终止的运行时间，称滤池的过滤周期，一般以小时计。冲洗操作包括反冲洗和其他辅助冲洗方法所需的时间称为滤池的冲洗周期。过滤周期与冲洗周期以及其他辅助时间之和称为滤池的工作周期或运转周期，也称为过滤循环，一般为12～24h。快滤池单位时间的产水量取决于滤速。滤速也称滤池负荷，是指单位时间、单位滤池横截面积的过滤水量，单位为$m^3/(m^2 \cdot h)$或m/h。

普通快滤池又称四阀滤池，是应用历史最久和采用较广泛的一种滤池形式。每格滤池的进水、出水、反冲洗水和排水管上均设置阀门，用以控制过滤和反冲过程。为减少阀门，可以用虹吸管取代进水和排水阀，习惯上称为“双阀滤池”。实际上它与四阀滤池的构造和工艺过程完全相同，只是以两个虹吸管代替两个阀门而已，故仍称之为普通快滤池。

因为过滤过程是间断进行的，为保证整个处理过程的连续性，实际使用时都是多个滤池并联运行，少数滤池在反冲洗，多数滤池在过滤，所以就涉及多个滤池如何布置的问题。普通快滤池的布置，根据其规模大小，可采用单排或双排布置。滤池的布置应使阀门相对集中、管理简单，便于操作管理和安装维修。对于小型单排滤池，一般阀门集中布置在一侧。快滤池的管廊内主要是进水、清水出水、冲洗来水、冲洗排水（或称废水渠）等管道以及与其相应的控制阀门。

下面分别介绍各部分的结构和作用。

（1）管廊的布置。集中布置滤池的管渠、配件及阀门的场所称为管廊。管廊的上面为操作室，设有控制台。管廊的布置要满足下列要求：①保证设备安装及维修所必要的空间，但同时布置要紧凑；②管廊内要有通道，管廊与过滤室要便于联系；③管廊内要求有适当的采光及通风。管廊的布置与滤池的数目和排列有关，一般滤池的个数少于5个时宜用单行排列，管廊位于滤池的一侧。超过5个时宜用双行排列，管廊在两排滤池中间。后者布置紧凑，但采光、通风不如前者，检修也不方便。管廊中有管道、阀门及测量仪表等设备，主要管道有进水管、清水管、冲洗水管及排水管等。管道可采用金属材料，也可用钢筋混凝土渠道代替。

（2）滤池配水系统。滤池配水系统的作用是均匀收集滤后水和均匀分配反冲洗水，后者更为重要。目前快滤池常用的配水方式为大阻力配水系统，通过系统的水头损失一般大于3m，主要形式为由配水干管（渠）和配水支管（穿孔管）组成的配水系统。大阻力配水系统具有布局简单、配水均匀性较好和造价较低的优点。其缺点是水头损失大，因而耗能较其他方式高。图6-46所示为穿孔管式大阻力配水系统布置。

（3）滤池排水设施。滤池排水包括反冲洗排水槽和集水渠两部分。集水渠将排水槽的排水收集排出，排水槽布置在滤层表面上方，主要用于均匀收集滤层反冲洗水，断面一般有三角形槽底和半圆形槽底两种形式。

（4）承托层。承托层的作用是防止过滤时滤料通过配水系统的孔眼进入出水中，同时在反冲洗时保持稳定，并对均匀配水起协助的作用。承托层由若干层卵石，或者经破碎的石块、重质矿石构成，承托层中的颗粒粒度按上小下大的顺序排列。承托层常用的为卵石，因

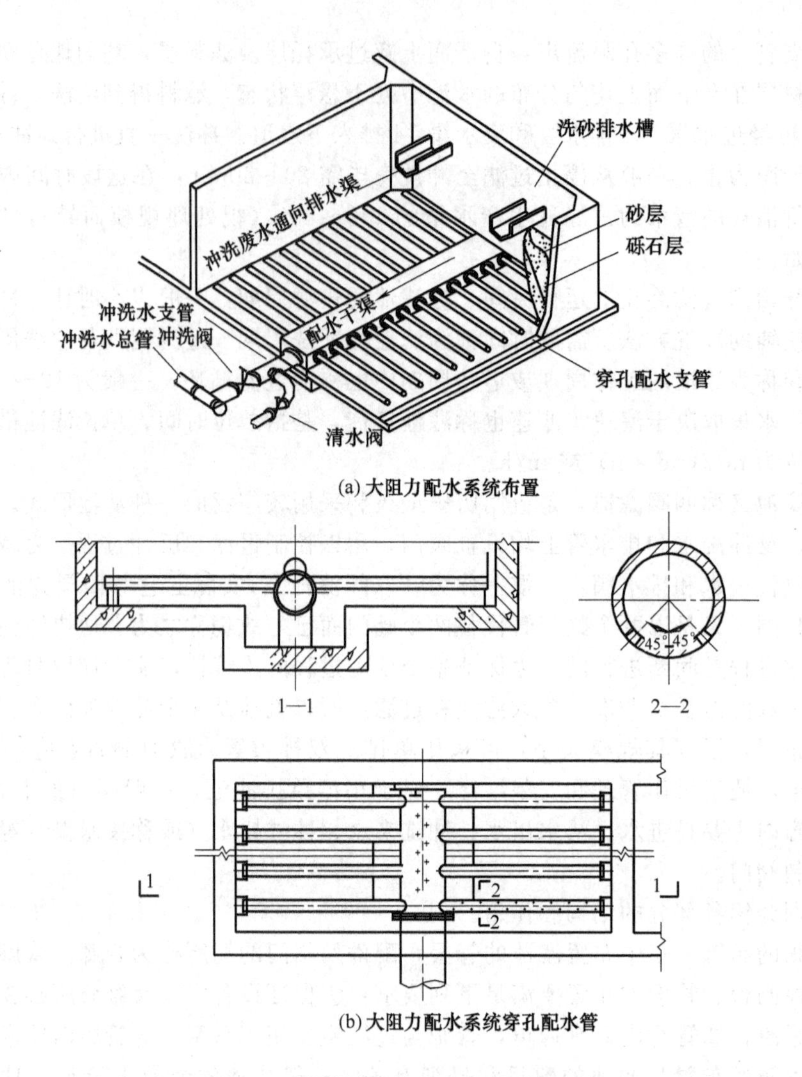

图 6-46 穿孔管式大阻力配水系统示意

此也称卵石层。最上一层承托层与滤料直接接触，根据滤料底部的粒度确定卵石粒度的大小。最下一层承托层与配水系统接触，须根据配水孔的大小来定粒度的大小，大致按孔径的4倍考虑。最下一层承托层的顶部至少应高于配水孔眼100mm。常用于管式大阻力配水系统的承托层规格见表6-4。

表 6-4 承托层规格

层次(自上而下)	粒径/mm	厚度/mm
1	2～4	100
2	4～8	100
3	8～16	100
4	16～32	100

为了保证承托层的稳定，并对配水的均匀性起充分的作用，对于材料的机械强度、化学稳定性、形状和密度都有一定的要求。前三者的要求与对滤料的要求类似，承托层应由坚硬的、不被水溶解的、形状接近球形的材料构成。承托层的密度直接与滤层的密度有关。为了防止在反冲洗时承托层中那些与滤料粒度接近的层次可能发生的浮动或者处于不稳定状态，这部分承托层料的

密度必须至少与滤料的密度一样。例如，当用卵石做石英砂滤层或双层滤料的承托时，其相对密度必须大于2.25。当采用三层滤料或单层重质滤料（如锰砂）时，至少承托层中粒度小于8mm的部分要由同样的重质材料构成。同样的道理，当采用无烟煤一类密度较小的材料为单层滤料或多层材料的底层时，承托层就不一定要采用卵石那样密度大的材料了。

(5) 单池面积和滤池深度。滤池个数直接涉及滤池造价、冲洗效果和运行管理等方面。池子多则冲洗效果好，不会超过允许的强制滤速，保证总出水量。而且，因滤速增加对水质的影响也会小一些，运转上的灵活性也比较大。但如池子太多，也会引起冲洗工作过于频繁，运转管理也不方便；反之，若滤池个数过少，单池面积较大，则在个别滤池检修期间对出水量影响较大，冲洗水分布不均匀，冲洗效果欠佳。目前我国建造的比较大的滤池面积为130m² 左右。设计中，滤池的个数一般经过技术经济比较来确定，并考虑其他处理构筑物和总体布局等因素，但不得少于2个。

滤池深度包括保护层高0.25～0.3m；滤层表面以上水深1.5～2.0m；滤层厚度0.7～0.8m；承托层厚度0.4m。据此，滤池总深度一般为3.0～3.5m。单层砂滤池深度一般稍小，双层和三层滤料的滤池池深稍大。

6.3.7 其他形式滤池

6.3.7.1 虹吸滤池

虹吸滤池是快滤池的一种形式，它的特点是利用虹吸原理进水和排走反洗水。此外，它利用小阻力配水系统和池子本身的水位来进行反冲洗，不需另设冲洗水箱或水泵，加之较易自动控制池子的运行，所以已较多地得到应用。

(1) 虹吸滤池的构造及工作原理。虹吸滤池是由6～8个单元滤池组成。滤池的形状主要是矩形，水量小时也可建成圆形。图6-47为圆形虹吸滤池的工作示意。滤池的中心部分相当于普通快滤池的管廊，滤池的进水和冲洗水的排除由虹吸管完成，管廊上部设有真空控制系统。

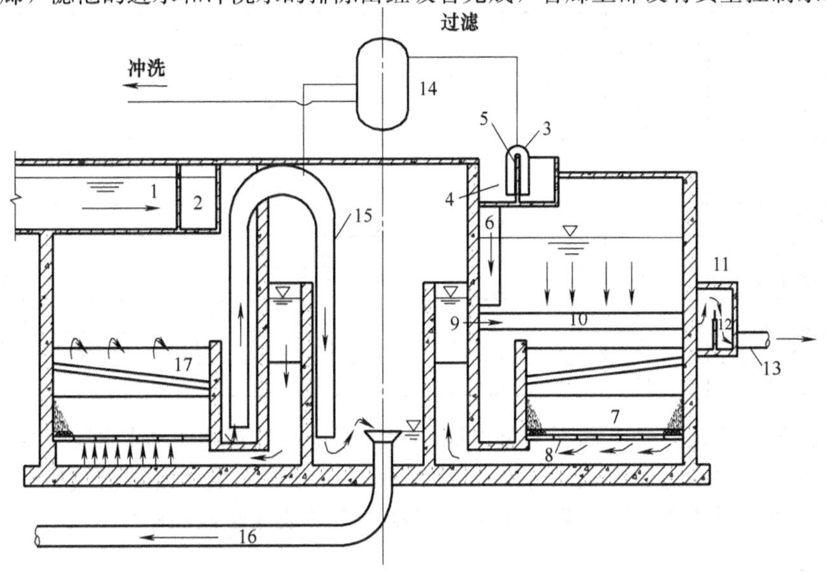

图6-47 虹吸滤池工作示意

1—进水槽；2—环形配水槽；3—进水虹吸管；4—单格滤池进水槽；5—进水堰；6—布水管；7—滤层；8—配水系统；9—集水槽；10—出水管；11—出水井；12—出水堰；13—清水管；14—真空系统；15—冲洗虹吸管；16—冲洗排水管；17—冲洗排水槽

图 6-47 的右半部表示过滤时的情况。进水由进水槽 1 进入滤池上部的环形配水槽 2，经进水虹吸管 3 流入单格滤池进水槽 4，再经过进水堰 5 和布水管 6 流入滤池。水经过滤层 7 和配水系统 8 而流入集水槽 9（实际是反洗水储存槽），再经出水管 10 流入出水井 11，通过出水堰 12 流出滤池。

随着过滤的进行，滤层中的含污量不断增加，水头损失不断增大，要保持出水堰 12 上的水位，即维持一定的滤速，则滤池内的水位会不断地上升。当滤池内水位上升到预定的高度时，水头损失达到了最大允许值（一般采用 1.5～2.0m），滤层就需要进行反冲洗。

图 6-47 的左半部表示滤池冲洗时的情况。首先破坏进水虹吸管 3 的真空，使该单元滤池停止进水，滤池内水位逐渐下降，当滤池水位无显著下降时，利用真空系统 14 抽出冲洗虹吸管 15 中的空气，使之形成虹吸，并把滤池内的存水通过冲洗虹吸管 15 抽到池中心的下部，再由冲洗排水管 16 排走。此时滤池内水位降低，当清水槽的水位与池内水位形成一定的水位差时，反冲洗开始。当滤池水位降低至冲洗排水槽 17 的顶端时，反冲洗强度达到最大值。此时，其他格滤池的全部过滤水量都通过集水槽 9 源源不断地供给该滤池冲洗。当滤料冲洗干净后，破坏冲洗虹吸管 15 的真空，冲洗立即停止，然后，再启动虹吸管 3，滤池又可以进行过滤。各单元滤池轮流进行反冲洗。

冲洗水头一般采用 1.0～1.2m，是由集水槽 9 的水位与冲洗排水槽顶的高差来控制的。滤池平均冲洗强度一般采用 10～15L/(m^2·s)，冲洗历时 5～6min。一个单元滤池在冲洗时，其他滤池会自动调整增加滤速使总处理水量不变。

（2）配水系统。虹吸滤池通常采用小阻力配水系统，有格栅式（包括钢格栅、木格栅和钢筋混凝土格栅）、平板孔式和滤头等，各自构造和特点见表 6-5。

表 6-5　各种小阻力配水系统构造和水头损失值

名称		流量系数 α	开孔比 β/%	水头损失/cm			数据来源
				冲洗强度 /[L/(m^2·s)]	冲洗强度 /[L/(m^2·s)]	冲洗强度 /[L/(m^2·s)]	
格栅式	钢格栅	0.85	47	0.003	0.005	0.007	计算值
		0.85	20	0.043	0.060	0.094	
	木格栅	0.60	40	0.007	0.013	0.020	计算值
		0.60	15	0.051	0.090	0.140	
	条缝式滤板	0.60	4	0.8	1.3	2.1	冲洗强度 19L/(s·m^2)时，实测损失 4cm
平板式	钢筋混凝土圆孔板	0.75	1.32	4.2	7.5	11.7	计算值
		0.75	0.80	11.4	20.4	31.9	
	条隙孔板	0.75	6.74	1.0	2.5	3.8	实测值
	铸铁圆孔板	0.75	6.15	0.2	0.35	0.54	计算值
		0.75	2.20	约 5	11.6	约 13	实测值，包括尼龙网损失
滤头	改进型尼龙滤头	0.80	1.44	—	21	30	实测值

虹吸滤池的主要优点是不需要大型的阀门及相应的电动或水力等控制设备，可以利用滤池本身的出水量、水头进行冲洗，不需要设置冲洗水塔或水泵，由于滤过水位永远高于滤层，可保持正水头过滤，不至于发生负水头现象。主要缺点是池深较大，一般在 5～6m，冲洗效果不理想。

6.3.7.2　无阀滤池

无阀滤池的工作原理如图 6-48 所示，其平面形状一般采用圆形或方形。

过滤过程为：原水经进水分配槽 1、进水管 2 及配水挡板 5 的消能和分散作用后，比较均匀地分布在滤层上部，水流通过滤料层6、承托层7与小阻力配水系统8进入集水空间9，然后经连通渠10上升到冲洗水箱11。随着过滤的进行，冲洗水箱中的水位逐渐上升，当水位达到出水渠12的溢流堰顶后，进入渠内，最后流入清水池。

无阀滤池的冲洗用水，全靠自己上部的冲洗水箱暂时储存。冲洗水箱的容积按照一个滤池的一次冲洗水量设计，无阀滤池常用小阻力配水系统。

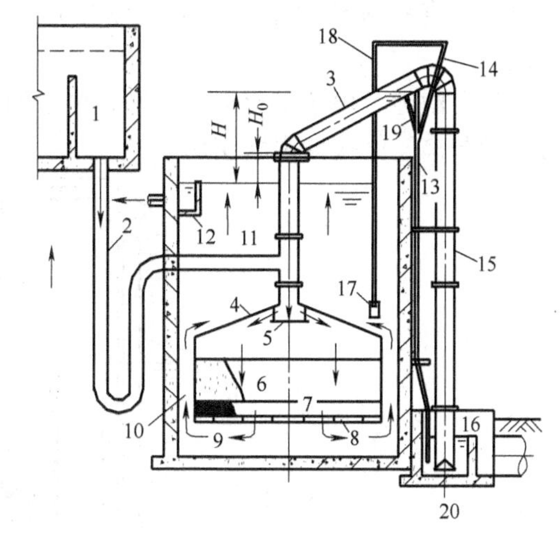

图6-48　重力式无阀滤池工作原理

1—进水分配槽；2—进水管；3—虹吸上升管；4—伞形顶盖；5—挡板；6—滤料层；7—承托层；8—配水系统；9—底部配水区集水空间；10—连通渠；11—冲洗水箱；12—出水渠；13—虹吸辅助管；14—抽气管；15—虹吸下降管；16—水封井；17—虹吸破坏斗；18—虹吸破坏管；19—强制冲洗管；20—冲洗强度调节器

当滤池刚投入运转时，滤层较清洁，虹吸上升管与冲洗水箱的水位差为过滤初期水头损失。随着过滤的进行，水头损失逐渐增加，使得虹吸上升管3内的水位缓慢上升，也就使得滤层上的过滤水头加大，用以克服滤层中增加的阻力，使滤速不变，过滤水量也因此不变。当虹吸上升管内的水位上升到虹吸辅助管13以前（即过滤阶段），上升管中被水排挤的空气受到压缩，从虹吸下降管15的下端穿过水封进入大气。当虹吸上升管中的水位超过虹吸辅助管13的上端管口时，水便从虹吸辅助管中流下，依靠下降水流在管中形成的真空和水流的挟气作用，抽气管14不断把虹吸管中的空气带走，使它产生负压。虹吸上升管中的水位继续上升，同时虹吸下降管15中的水位也在上升，当上升管中的水越过虹吸管顶端而下落时，管中真空度急剧增加，达到一定程度时，虹吸管3、15中两股水柱汇合后，水流便冲出管口流入水封井16，把管中残留空气全部带走，形成连续虹吸水流，冲洗就开始了。虹吸形成后，冲洗水箱的水便沿着与过滤相反的方向，通过连通渠10，通过底部配水系统9的分配，均匀地从下而上经过滤池，自动进行冲洗，冲洗后的水进入虹吸管3、15流到排水井。

在冲洗过程中，冲洗水箱的水位逐渐下降，当降到虹吸破坏斗17缘口以下时，虹吸破坏管18把斗中水吸光，管口露出水面，空气便大量由破坏管进入虹吸管，虹吸被破坏，冲洗即停止，虹吸上升管中的水位回降，过滤又重新开始。

无阀滤池优点是：①运行自动，操作方便，工作稳定可靠；②在运转过程中滤层内不会出现负水头；③结构简单，节省材料，造价比普通快滤池低30%～50%。但由于冲洗水箱建于滤池的上部，滤池的总高度较大，滤池冲洗时，进水管照样进水并被排走，浪费了一部分澄清水，并且增加了虹吸管管径。由于采用的是小阻力配水系统，所以滤池面积不能太大。无阀滤池适用于工矿、城镇的小型废水处理工程。

6.3.7.3　压力滤池

压力滤池是在密闭的容器中进行压力过滤的滤池，是快滤池的一种形式，通常采用钢制外壳。现成产品直径一般不超过3m，立式安装，如图6-49所示。滤池内装滤料及进水和配水系统，滤料厚1.0～1.2m，配水系统通常用小阻力的缝隙式滤头或开缝、开孔的支管上包尼龙网。滤池外设各种管道和阀门。压力滤池在压力下进行过滤，进水用泵直接打入，滤后水借压力直接送到用水设备或后续处理设备中，为提高冲洗效果，一般用压缩空气辅助冲洗。

压力滤池常用于工业给水处理、中水回用处理、污水深度处理等，当用于工业给水处理时，常与离子交换器串联使用。

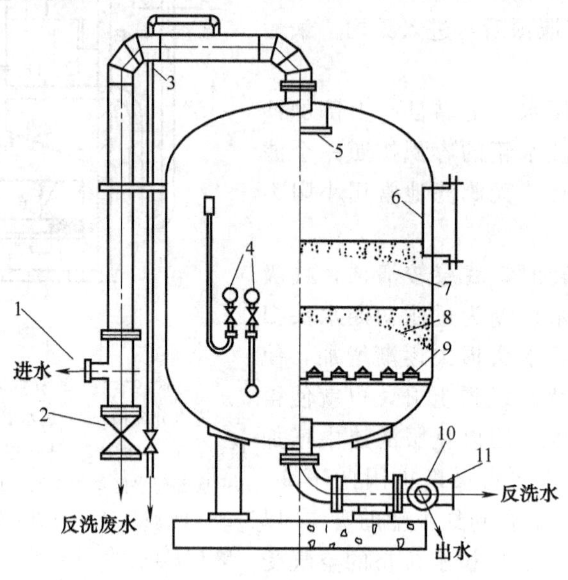

图 6-49　压力滤池

1—进水管；2—反洗水排出管；3—排气管；4—压力表；5—进水分配板；6—检查孔；7—无烟煤滤层；8—石英砂滤层；9—滤头；10—出水管；11—反洗水进水管

参考文献

[1]　严煕世，范瑾初主编．给水工程［M］．第四版．北京：中国建筑工业出版社，1999.

[2]　给水排水设计手册．第 3 册．北京：中国建筑工业出版社.

[3]　彭党聪主编．水污染控制工程（第 3 版）［M］．北京：冶金工业出版社，2010.

[4]　范瑾初编著．混凝技术［M］．北京：中国环境科学出版社，1992.

[5]　胡筱敏编著．混凝理论与应用［M］．北京：科学出版社，2007.

[6]　高廷耀，顾国维，周琪主编．水污染控制工程［M］．北京：高等教育出版社，2007.

[7]　张自杰主编．废水处理理论与设计［M］．北京：中国建筑工业出版社，2003.

第7章

脱盐

7.1 水的软化

7.1.1 软化的目的与方法概述

硬度是水质的一项重要指标。水的硬度由水中的一些多价阳离子形成，硬度大小取决于水中多价阳离子的浓度，离子浓度愈高，则水的硬度愈大。生产用水对硬度指标有一定的要求，若水中硬度高，会在电加热盘管外壁和锅炉对流管内壁产生水垢，降低热效率，增大能耗。因此，对于低压锅炉，一般要进行水的软化处理；对于中、高压锅炉，则要求进行水的软化与脱盐处理。

水中硬度包括 Ca^{2+}、Mg^{2+}、Fe^{2+}、Mn^{2+}、Sr^{2+}、Fe^{3+}、Al^{3+} 等已形成难溶盐类的金属阳离子。在天然水中，主要是钙离子和镁离子，其他致硬离子含量很少。所以，通常把水中钙、镁离子的总含量称为水的总硬度 H_t。硬度又可分为碳酸盐硬度 H_c 和非碳酸盐硬度 H_n（$H_n=H_t-H_c$），碳酸盐硬度在煮沸时易沉淀析出，亦称为暂时硬度，而非碳酸盐煮沸时不易沉淀析出，亦称为永久硬度。

国际上硬水分类标准（以 $CaCO_3$ 计），当硬度为 0～50mg/L 则为软水，50～100mg/L 为中等软水，100～150mg/L 为微硬水，150～200mg/L 为中等硬水，大于 200mg/L 为硬水。

水中的阳离子主要是 Ca^{2+}、Mg^{2+}、Na^{+}、K^{+} 等。水中阴离子主要是 HCO_3^-、Cl^-、SO_4^{2-}，其他阴离子含量均较低。

就整个水体而言，阳离子的电荷总数与阴离子的电荷总数是相等的，水体保持电中性。人们无法明确指出这些离子在水中结合成哪些化合物，若将水加热蒸发，便会按一定规律先后结合成某些化合物从水中沉淀析出。通常，钙、镁的重碳酸盐转化成难溶的 $CaCO_3$ 和 $Mg(OH)_2$ 首先沉淀析出，其次是钙、镁的硫酸盐，而钠盐最后析出，在水处理中，往往根据这一现象把有关的离子假想结合在一起，写成化合物的形式。如表 7-1 表示的以当量离子作为基本单元时，水中阳离子物质的量浓度和阴离子物质的量浓度的关系。

表 7-1　水中例子的假想组合

<table>
<tr><td colspan="2">$c\left(\frac{1}{2}Ca^{2+}\right)=2.4$</td><td colspan="2">$c\left(\frac{1}{2}Mg^{2+}\right)=1.2$</td><td>$c(Na^+,K^+)=1.2$</td></tr>
<tr><td>碳酸盐硬度</td><td colspan="3">非碳酸盐硬度</td><td></td></tr>
<tr><td>$c(HCO_3^-)=1.2$</td><td colspan="3">$c\left(\frac{1}{2}SO_4^{2-}\right)=1.8$</td><td>$c(Cl^-)=1.8$</td></tr>
<tr><td>$c\left[\frac{1}{2}Ca(HCO_3)_2\right]=1.2$</td><td>$c\left(\frac{1}{2}CaSO_4\right)=1.2$</td><td>$c\left(\frac{1}{2}MgSO_4\right)=0.6$</td><td>$c\left(\frac{1}{2}MgCl_2\right)=0.6$</td><td>$c(NaCl)=1.2$</td></tr>
</table>

注：1. c 表示物质的浓度（mmol/L）。

2. 括号内表示该物质的基本计算单元。

表 7-1 中清晰地表明水中阳离子与阴离子的总量相等，也表明水中离子的假想组合情况以及化合物含量的大小。

目前水的软化处理主要有下面几种方法。①药剂软化法或沉淀软化法，该方法基于溶度积原理，加入化学药剂，使水中钙、镁离子生成难溶化合物沉淀析出。②离子交换软化法，该方法基于离子交换原理，使水中钙、镁离子与交换剂中阳离子（Na^+或H^+）发生置换反应，从而去除硬度。此外还有电渗析法、反渗透蒸馏法等处理工艺，在结合脱盐、淡化的同时，也去除了水中的硬度，达到软化的目的。

7.1.2 水的药剂软化法

不同物质在水中的溶解能力是不同的。物质的溶解能力以溶解度表示，溶解度的大小取决于溶质本身的性质，温度、压力对溶解度也有一定的影响。

在水中不易溶解的物质称为难溶化合物。难溶化合物的溶解过程是一个可逆过程，以$CaCO_3$为例：

$$\underset{(固体)}{CaCO_3} \xrightleftharpoons{溶解} \underset{(沉淀)}{Ca^{2+}} + \underset{(溶液)}{CO_3^{2-}}$$

当达到平衡时，根据质量作用定律可写成

$$[Ca^{2+}][CO_3^{2-}]=[CaCO_3]K=L_{CaCO_3}$$

在一定温度下，L_{CaCO_3}为一常数，称为溶度积常数或溶度积。水中常见的难溶化合物的溶度积见表 7-2。

表 7-2 某些难溶化合物的溶度积（25℃）

化合物	$CaCO_3$	$CaSO_4$	$Ca(OH)_2$	$MgCO_3$	$Mg(OH)_2$
溶度积	4.8×10^{-9}	6.1×10^{-5}	3.1×10^{-5}	1.0×10^{-5}	5.0×10^{-12}

水的药剂软化工艺工程，就是根据溶度积原理，将一定量的药剂如石灰、苏打等投入原水中，使之与钙、镁离子反应生成沉淀物$CaCO_3$、$Mg(OH)_2$，从而去除水中的钙、镁离子。常见钙盐、镁盐的溶解度见表 7-3。

表 7-3 碳酸钙、碳酸氢钙、氧化钙、镁化合物及硫酸钙的溶解度

名称	分子式	溶解度(以 $CaCO_3$ 计)/(mg/L)		名称	分子式	溶解度(以 $CaCO_3$ 计)/(mg/L)	
		0℃	100℃			0℃	100℃
重碳酸钙	$Ca(HCO_3)_2$	1620	分解	重碳酸镁	$Mg(HCO_3)_2$	37100	分解
碳酸钙	$CaCO_3$	15	13	碳酸镁	$MgCO_3$	101	75
氯化钙	$CaCl_2$	336000	554000	氯化镁	$MgCl_2$	362000	443000
硫酸钙	$CaSO_4$	1290	1250	硫酸镁	$MgSO_4$	170000	356000

（1）冷石灰法　冷石灰法可在室温下操作，其反应为：

$$CO_2+Ca(OH)_2 \rightleftharpoons CaCO_3+H_2O$$

$$Ca(HCO_3)_2+Ca(OH)_2 \rightleftharpoons 2CaCO_3+2H_2O$$

$$Mg(HCO_3)_2+2Ca(OH)_2 \rightleftharpoons Mg(OH)_2+2CaCO_3+2H_2O$$

这种方法钙硬度可降低至 35～50mg/L，如图 7-1 所示。

如果有非碳酸盐硬度存在，只用冷石灰处理效果不好。非碳酸盐硬度大于 70mg/L，钙将随镁的降低而增加。例如，处理水中含 110mg/L Ca，95mg/L Mg 和 110mg/L 碱度，用冷石灰处理后钙可以降低至 35mg/L，镁可以降至 70mg/L。

为了改进价格低镁，可以使用铝酸钠，反应如下：

$$NaAlO_2 + 2H_2O \rightleftharpoons Al(OH)_3 + NaOH$$

$$MgSO_4 + 2NaOH \rightleftharpoons Mg(OH)_2 + Na_2SO_4$$

$$MgCl_2 + 2NaOH \rightleftharpoons Mg(OH)_2 + 2NaCl$$

(2) 石灰-苏打法　石灰-苏打法是软化最古老的方法之一。这一方法利用氢氧化钙和苏打灰（Na_2CO_3）除去水中的重碳酸钙、镁等。

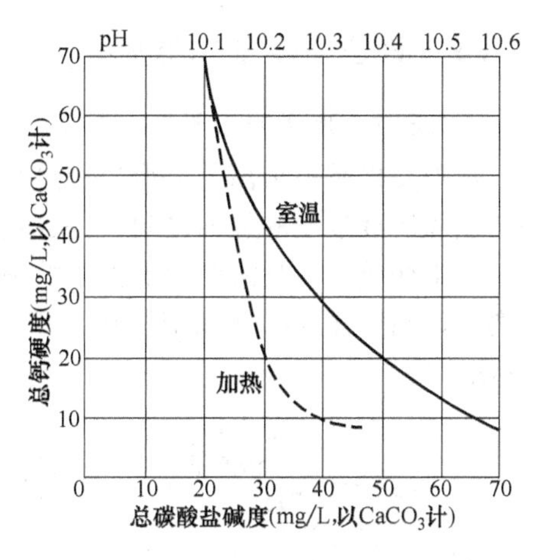

图 7-1　石灰法软化钙硬度的降低

化学反应如下：

$$CaO + H_2O \rightleftharpoons Ca(OH)_2$$

$$CO_2 + Ca(OH)_2 \rightleftharpoons CaCO_3 + H_2O$$

$$Ca(HCO_3)_2 + Ca(OH)_2 \rightleftharpoons 2CaCO_3 + 2H_2O$$

$$Mg(HCO_3)_2 + 2Ca(OH)_2 \rightleftharpoons Mg(OH)_2 + 2CaCO_3 + 2H_2O$$

$$Fe(HCO_3)_2 + 2Ca(OH)_2 \rightleftharpoons 2CaCO_3 + Fe(OH)_2 + 2H_2O$$

$$2NaHCO_3 + Ca(OH)_2 \rightleftharpoons CaCO_3 + Na_2CO_3 + 2H_2O$$

$$CaSO_4 + Na_2CO_3 \rightleftharpoons CaCO_3 + Na_2SO_4$$

以上反应表明：由于通常水中含有的碳酸盐多于非碳酸盐，因此，要求使用的石灰多于苏打灰，而如果含有非碳酸盐硬度高，则可使用的苏打灰多于石灰。因 Na_2CO_3 比石灰贵，故软化含硫酸盐的水的费用将高于软化含碳酸盐的水的费用，除去重碳酸镁的费用也将高于除去重碳酸钙的费用。如上述反应所示，它要求使用两倍的石灰，由于碳酸钙和氢氧化镁的溶解度很小，完全消除水中的钙和镁离子是不可能的。理论上，在这一过程中可软化的硬度为 25mg/L（以 $CaCO_3$ 计），但实际上硬度将降到 50～60mg/L。

(3) 热石灰法。这一过程一般在 49～60℃的条件下进行，因为温度的提高可以加快反应速率，这种方法较多用于锅炉水的处理。

热石灰法一般在下述情况下应用。

① 用于节约能源的废热回收，如锅炉的排污或低压废蒸汽的利用，或回收热量。

② 用于当使用阴离子交换树脂，在最高操作温度下有限制时制备去除矿物质的原水。这时可以降低除盐器的设备投资和操作费用。

③ 可应用于冷却水排污系统。即冷却塔的排污少，可以用石灰和苏打灰（Na_2CO_3）处理，降低钙和镁的浓度。为了使排污水可以加用到冷却系统，也可以用这一方法控制循环冷却水中的硅含量。

单纯石灰软化法主要是去除水中的碳酸盐硬度，降低水的碱度。但过量投加石灰，反而会增加水的硬度。若石灰软化与混凝处理同时进行，可产生共同沉淀效果，常用的混凝剂为铁盐。经石灰处理后，水的剩余碳酸盐硬度可降低到 0.25～0.5mmol/L，剩余碱度约 0.8～1.2mmol/L，硅化合物可去除 30%～35%，有机物可去除 25%，铁残留量约 0.1mg/L。石灰-苏打软化法则可同时去除水中碳酸盐硬度和非碳酸盐硬度。石灰用以去除碳酸盐硬度，苏打用以去除非碳酸盐硬度，软化水的剩余硬度可降低到 0.15～0.2mmol/L，该法适用于硬度大于碱度的水。

7.1.3 离子交换基本原则

7.1.3.1 离子交换平衡

离子交换是一个离子交换反应过程，这个反应过程不是发生在均相溶液中，而是在固态的树脂和溶液接触的界面之间，并且这个反应过程是可逆的。在离子交换过程中树脂结构本身不发生变化，而是溶液中的离子扩散到树脂分子网中，在那里发生交换反应，被交换下来的离子以同样途径扩散到溶液中。以钠型树脂除钙为例，离子扩散过程一般分为5个步骤（见图7-2）。

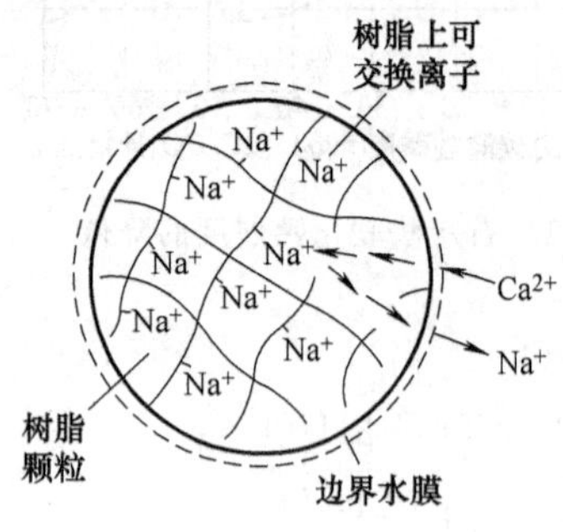

图7-2 离子扩散过程

① 溶液中 Ca^{2+} 向树脂表面迁移，并通过树脂表面边界水膜。

② Ca^{2+} 在树脂孔道内运动，到达交换位置。

③ Ca^{2+} 与树脂上 Na^+ 进行交换反应。

④ 交换下来的 Na^+ 由树脂孔道向外迁移。

⑤ Na^+ 通过树脂表面边界水膜进入溶液。

离子交换反应通式为：

$$nR^-A^+ + B^{n+} \rightleftharpoons R_n^-B^{n+} + nA^+ \tag{7-1}$$

这里 R^- 是交换树脂上的阴离子基团，A^+ 和 B^{n+} 是溶液中的阳离子，离子交换达到平衡时有：

$$K_{A^+}^{B^{n+}} = \frac{[R_n^-B^{n+}]_r[A^+]_s^n}{[R^-A^+]_r^n[B^{n+}]_s} \tag{7-2}$$

式中，$[R_n^-B^{n+}]_r$ 为树脂中 B^{n+} 的活度；$[R^-A^+]_r$ 为树脂中 A^+ 的活度；$[B^{n+}]_s$ 为溶液中 B^{n+} 的活度；$[A^+]_s$ 为溶液中 A^+ 的活度。

若用浓度关系代替活度关系，则

$$K_{A^+}^{B^{n+}} = \frac{[R_n^-B^{n+}]_r[A^+]_s^n}{[R^-A^+]_r^n[B^{n+}]_s} \tag{7-3}$$

式中，$[R_n^-B^{n+}]_r$、$[R^-A^+]_r$ 分别为平衡时树脂中 B^{n+}、A^+ 的浓度，mol/L；$[B^{n+}]_r$，$[A^+]$ 分别为平衡时水中 B^{n+}、A^+ 的浓度，mol/L。

当一价离子对一价离子进行交换时

$$K_{A^+}^{B^+} = \frac{[R^-B^+]_r[A^+]_s}{[R^-A^+]_r^n[B^+]_s} \tag{7-4}$$

当一价离子对二价离子进行交换时

$$K_{A^+}^{B^{2+}} = \frac{[R_2^-B^{2+}]_r[A^+]_s^2}{[R^-A^+]_r^2[B^{2+}]_s} \tag{7-5}$$

系数 $K_{A^+}^{B^{n+}}$ 并非常数，它依赖于离子交换剂的性质及溶液中离子的种类和浓度，还与交换树脂对溶液中不同离子具有的不同交换选择性质有关。系数 $K_{A^+}^{B^{n+}}$ 是用来判断交换反应方向和交换程度的一个重要参数，由于其大小能相对反映树脂对不同离子的结合能力，所以把系数 $K_{A^+}^{B^{n+}}$ 称为离子交换选择系数。

同一树脂对不同的离子选择性也不同，表7-4给出了阳离子树脂对不同离子的选择性系数，选择系数 $K_{A^+}^{B^{n+}}$ 可根据表7-4计算。

表 7-4 阳离子树脂对不同阳离子的选择性系数

离子	交联度/%			离子	交联度/%		
	4	8	21		4	8	21
氢	1.0	1.0	1.0	铁	2.4	2.5	2.7
锂	0.9	0.85	0.81	锌	2.6	2.7	2.8
钠	1.3	1.5	1.7	钴	2.65	2.8	2.9
铵	1.6	1.95	2.3	铜	2.7	2.9	3.1
钾	1.75	2.5	3.05	镉	2.8	2.95	3.3
铷	1.9	2.6	3.1	镍	2.85	3.0	3.1
铯	2.0	2.7	4.2	钙	3.4	3.9	4.6
铜	3.2	5.3	9.5	锶	3.85	4.95	6.25
银	6.0	7.6	12.0	汞	5.1	7.2	9.7
锰	2.2	2.35	2.5	铅	5.4	7.5	10.1
镁	2.4	2.5	2.6	钡	6.15	8.7	11.6

表 7-4 中所给的选择系数 K 值是以对 H^+ 的选择系数为 1 作为基准，要计算任意离子的选择系数可用下式计算。

对一价离子

$$K_{A^+}^{B^+}=\frac{K_{H^+}^{B^+}}{K_{H^+}^{A^+}} \tag{7-6}$$

对二价离子

$$K_{A^+}^{B^{2+}}=\frac{K_{H^+}^{B^{2+}}}{(K_{H^+}^{A^+})^2} \tag{7-7}$$

式（7-7）推导如下。由离子交换反应式

$$2R^-H^+ + B^{2+} \longrightarrow R_2^-B^{2+} + 2H^+ \tag{7-8}$$

得

$$K_{H^+}^{B^{2+}}=\frac{[R_2^-B^{2+}][H^+]^2}{[R^-H^+]^2[B^{2+}]} \tag{7-9}$$

由离子交换反应式

$$R^-H^+ + A^+ \longrightarrow R^-A^+ + H^+ \tag{7-10}$$

得

$$K_{H^+}^{A^+}=\frac{[R^-A^+][H^+]}{[R^-H^+][A^+]} \tag{7-11}$$

由离子交换反应式

$$2R^-A^+ + B^{2+} \longrightarrow R_2^-B^{2+} + 2A^+ \tag{7-12}$$

得

$$K_{A^+}^{B^{2+}}=\frac{[R_2^-B^{2+}][A^+]^2}{[R^-A^+]^2[B^{2+}]} \tag{7-13}$$

因此有

$$K_{A^+}^{B^{2+}}=\frac{K_{H^+}^{B^{2+}}}{(K_{H^+}^{A^+})^2} \tag{7-14}$$

根据离子选择系数，便可知道树脂对离子的相对亲和能力。

阴离子树脂对阴离子选择系数的计算与阳离子树脂相同，表 7-5 给出了阴离子树脂对不同阴离子选择系数。

表 7-5 强碱阴离子树脂对不同阴离子选择系数

离子	Ⅰ型树脂	Ⅱ型树脂	离子	Ⅰ型树脂	Ⅱ型树脂
氢氧根	1	1	溴化物	50	6
苯磺酸根	500	75	溴酸根	27	3
水杨酸根	450	65	亚硝酸根	24	3
柠檬酸根	220	23	氯化物	22	2.3
碘化物	175	17	重碳酸根	6.0	1.2
(苯)酚盐	110	27	碘酸根	5.5	0.5
硫酸氢根	85	15	甲酸根	4.6	0.5
氯酸根	74	12	醋酸根	3.2	0.5
硝酸根	65	8	氟化物	1.6	0.3

注：1. 表中数据对 OH^- 而言，若求 $K_{A^-}^{B^-}$ 可以从表中查得 $K_{OH^-}^{A^-}$ 和 $K_{OH^-}^{B^-}$，代入公式 $K_{A^-}^{B^-}=K_{OH^-}^{B^-}/K_{OH^-}^{A^-}$ 计算。

2. 表中Ⅰ型树脂的反应基团为 $-CH_2N\oplus(CH_3)_3$[1]。

3. 表中Ⅱ型树脂的反应基团为 $-CH_2N\oplus(CH_3)_2C_2H_4OH$。

一般的树脂对离子亲和能力的大小有以下规律。

① 化合价高的离子的亲和能力大于低价离子。例如：$Fe^{3+}>Mg^{2+}>Na^+$，$PO_4^{3-}>SO_4^{2-}>NO_3^-$。这种亲和力随着溶液中总离子浓度的减小而增加。

② 同价离子交换反应的程度随水合离子半径的减小和原子序数的增加而增加；$Ca^{2+}>Mg^{2+}>Be^{2+}$，$K^+>Na^+>Li^+$。

③ 溶液中离子浓度高时，交换反应不遵循以上规律，常与之相反。这也是树脂再生的基础。

树脂的交联度和水合离子间的关系也会影响交换反应的进行程度。若交联度大，大的水合离子难以通过树脂通道进入树脂内部。在水处理中，选用对某种离子高亲和力的树脂去除该离子可提高交换速率，充分利用交换容量。但再生时则需要较高的再生液浓度。

若将选择性系数表达式中的各浓度用树脂和溶液相中离子浓度的分率表示，对于两种一价离子之间的交换反应，则有

$$R^-A^+ + B^+ \rightleftharpoons R^-B^+ + A^+ \tag{7-15}$$

则其选择系数表示为

$$K_{A^+}^{B^+}=\frac{y}{1-y}\times\frac{1-x}{x} \tag{7-16}$$

式中，$K_{A^+}^{B^+}$ 为 A 型树脂对 B 离子的选择性系数；y 为平衡时树脂相中 B 离子的分率；$y=\frac{[R^-B^+]_r}{[R^-B^+]_r+[R^-A^+]_r}$；$x$ 为平衡时溶液相中 B 离子的分率；$x=\frac{[B^+]_s}{[A^+]_s+[B^+]_s}$。

从式（7-16）可知，当离子交换平衡时，y 愈小，即 B 离子在树脂中浓度愈小，表明离子交换树脂对 B 离子的选择性就愈小；x 愈小，即 B 离子在液相中浓度愈小，表明对 B 离子的选择性就愈大。

对不等价离子之间的交换反应，例如二价离子对一价离子的交换

$$2R^-A^+ + B^{2+} \rightleftharpoons R_2^-B^{2+} + 2A^+ \tag{7-17}$$

则其选择系数可表示为

$$K_{A^+}^{B^{2+}}=\frac{c}{E_v}\times\frac{y}{(1-y)^2}\times\frac{(1-x)^2}{x} \tag{7-18}$$

式中，E_v 为树脂的全交换容量，mol/L；c 为液相中两种离子的总浓度，mol/L。

[1] ⊕表示多个基团的连接。

从式（7-18）可知，不等价离子交换平衡时，其选择系数还与树脂全交换容量 E_v 和液相中两种交换离子的总浓度 c 有关。

7.1.3.2 离子交换速度

离子交换过程除受到离子浓度和树脂对各种离子亲和力的影响外，同时还受到离子扩散过程的影响，后者归结为有关离子交换与时间的关系，即离子交换速度问题。

离子扩散过程一般可分为5个步骤（图7-1）。在步骤（3）中，Ca^{2+} 与 Na^{+} 的交换属于离子之间的化学反应，其反应速度非常快，可瞬间完成。通常离子交换速度为上述两种扩散过程（即膜扩散和孔道扩散）中的一种所控制。若离子的膜扩散速度大于孔道扩散速度，则后者控制着离子交换的速度。反之，若离子的膜扩散速度小于孔道扩散速度，则前者控制着离子交换的速度。离子交换反应式由膜扩散过程控制还是由孔道扩散过程控制，要视溶液浓度、流速、树脂粒径、交联度等因素。

（1）溶液浓度。浓度梯度是扩散的推动力，溶液浓度的大小是影响扩散过程的重要因素。当水中离子浓度在0.1mol/L以上时，离子的膜扩散速度很快，此时，孔道扩散过程称为控制步骤，通常树脂再生过程即属于这种情况；当水中离子浓度在0.003mol/以下时，离子的膜扩散速度变得很慢，在此情况下，离子交换速度受膜扩散过程所控制，水的离子交换软化过程即属于这种情况。

（2）流速或搅拌速率。膜扩散过程与流速或搅拌速率有关，这是由于边界水膜的厚度反比于流速或搅拌速率的缘故，而孔道扩散过程基本上不受流速或搅拌速率变化的影响。

（3）树脂粒径。对于膜扩散过程，离子交换速度与颗粒粒径成反比，而对于孔道扩散过程，离子交换速度则与颗粒粒径的二次方成反比。

（4）交联度。对于孔道扩散而言交联度对离子交换速度的影响比膜扩散更为显著。

7.1.3.3 离子交换过程

现以离子交换柱中装填钠型树脂为例，从上而下通以含有一定浓度钙离子的硬水，交换反应进行一段时间后，停止运行，逐层取出树脂样品并测定其吸着的钙离子含量以及饱和程度。图7-3（a）中，黑点表示钙型树脂，白点表示钠型树脂，1段表示树脂已全部被钙离子所饱和，2段表示正在进行离子交换反应的部分，其饱和程度顺着流向逐渐减小（每层白点与黑点的比例只是形象地表示该薄层中树脂的饱和程度），3段表示树脂尚未进行交换的区段。如把整个树脂层各点饱和程度连成曲线，即得图7-3（b）所示的饱和程度曲线。

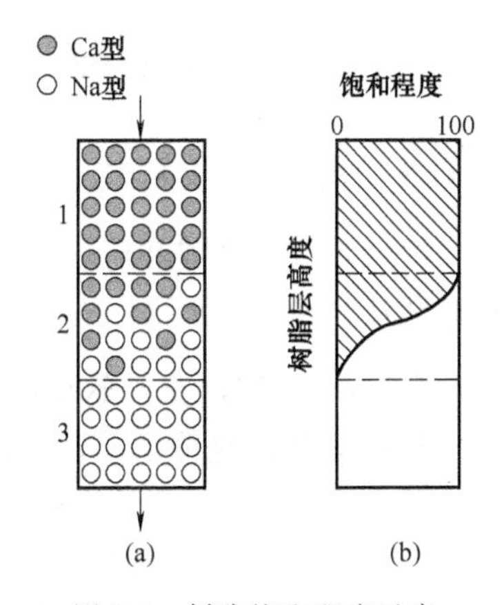

图7-3 树脂饱和程度示意

试验证明，树脂层离子交换过程可分为两个阶段（图7-4）。第一阶段即刚开始交换反应的一段不长时间内，树脂饱和程度曲线形状不断变化，随即形成一定形式的曲线，称之为交换带形成阶段。第二阶段是已定型的交换带沿着水流方向以一定速度向前推移的过程。此时，每股进水的钙、镁离子与某一定厚度的交换带进行交换反应，因此，所谓交换带也就是指在那一时刻正在进行交换反应的软化工作层，这个软化工作层并非在一段时间内固定不动，而是随着时间的推移而缓慢地向下推移，交换带厚度可理解为处于动态的软化工作层的厚度。

当交换带下端到达树脂层底部，硬度也就开始泄漏。此时，整个树脂层可分成两部分：

树脂交换容量得到充分利用的部分称为饱和层，树脂交换容量只是部分利用的部分称为保护层。可见，交换带厚度相当于此时的保护层厚度。在水的离子交换软化的情况下，交换带厚度主要与进水流速及进水总硬度有关。

图 7-5 为一组软化实验所得出的树脂层内饱和程度曲线的推移过程。交换柱按逆流再生固定床方式进行操作，即再生方向与软化方向相反。交换柱装填强酸树脂，用食盐溶液再生。树脂层高度为 123cm，原水硬度 $c(1/2Ca^{2+})=6.15mmol/L$，流速为 43.5m/h，运行时间为 7.5h，曲线上数字表示取样时间，以 min 计。曲线①表示再生、清洗后，整个树脂层剩余硬度的情况。曲线②、③、④、⑥分别表示软化过程开始后 155min、245min、310min、395min，树脂层内树脂饱和程度的变化情况，亦即交换带不断推移的过程。曲线⑥表示运行历时 445min，硬度开始泄漏时，树脂层里树脂饱和程度的全貌。经测定，交换带厚度等于 20cm。

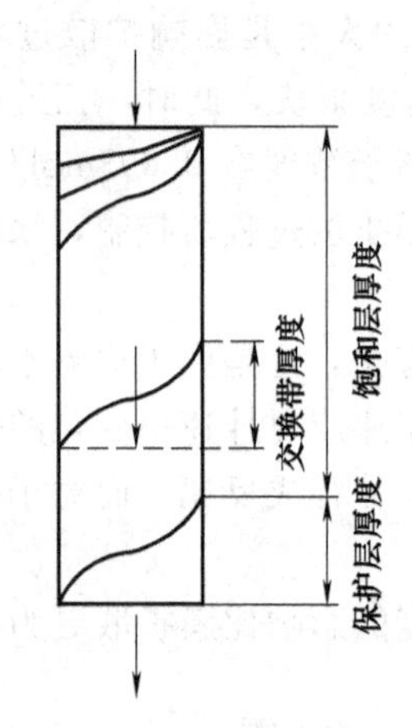

图 7-4　树脂层离子交换过程示意

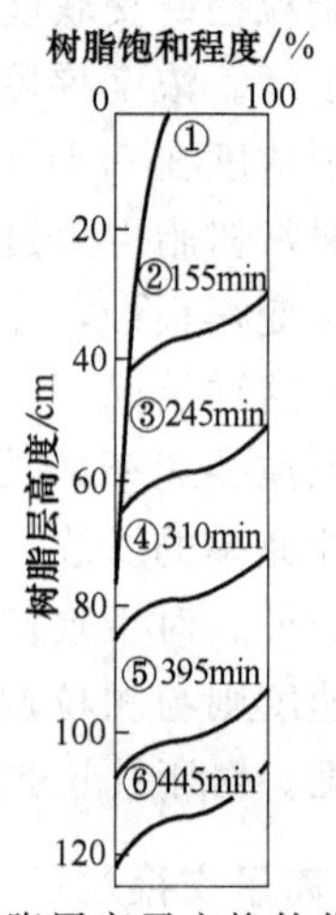

图 7-5　树脂层离子交换软化过程示意

7.1.4　离子交换软化方法与系统

按原水水质特点和对软化水质的不同要求，可采用不同的软化方法，常用的有 RNa 交换软化法、RH 交换软化法和 RH-RNa 交换软化法等。

7.1.4.1　RNa 交换软化法

RNa 软化法是最简单、最常用的软化方法，反应如下：

$$2RNa+\left.\begin{matrix}Ca\\Mg\end{matrix}\right\}(HCO_3)_2 \rightleftharpoons R_2\left\{\begin{matrix}Ca\\Mg\end{matrix}\right.+2NaHCO_3$$

$$2RNa+\left.\begin{matrix}Ca\\Mg\end{matrix}\right\}SO_4Cl_2 \rightleftharpoons R_2\left\{\begin{matrix}Ca+2NaCl\\Mg+Na_2SO_4\end{matrix}\right.$$

该方法把水中的 Ca^{2+}、Mg^{2+} 盐转化为 Na^+ 盐（Na^+ 盐的溶解度很大），随温度升高溶解度增大，无沉积，达到软化目的。RNa 软化的特点如下。

① 水中每一个 Ca^{2+} 或 Mg^{2+} 都换成两个 Na^+，即 40mg 的 Ca^{2+} 或 24.3mg 的 Mg^{2+} 换成 46mg 的 Na^+。软化水中除了残余的 Ca^{2+} 和 Mg^{2+} 外，均为 Na^+，阳离子的总质量发生了变化，残渣质量增大，出水含盐量升高。

② 由于阴离子成分未变化，软化后水的碱度不变。RNa 经软化后变成 R_2Ca、R_2Mg 型，需用 8%～10% 的 NaCl 水溶液将其再生为 RNa。

$$R_2\left\{\begin{matrix}Ca\\Mg\end{matrix}\right. + 2NaCl \longrightarrow 2RNa + \left.\begin{matrix}Ca\\Mg\end{matrix}\right\}Cl_2$$

在锅炉给水中，有时不仅要求软化，还要求降低碱度，否则 $NaHCO_3$ 在加热时会发生如下反应：

$$2NaHCO_3 \xrightarrow{\triangle} Na_2CO_3 + H_2O + CO_2$$

$$Na_2CO_3 + H_2O \xrightarrow{\triangle} 2NaOH + CO_2$$

其中，CO_2 会引起金属腐蚀，NaOH 会引起金属的苛性脆化，危害锅炉。所以如果既要除去硬度，又要降低碱度，应采用 RH 树脂。

7.1.4.2 RH 交换软化法

RH 树脂的软化反应如下：

$$2RH + \left.\begin{matrix}Ca\\Mg\end{matrix}\right\}(HCO_3)_2 \rightleftharpoons R_2\left\{\begin{matrix}Ca + 2H_2CO_3 \longrightarrow H_2O + CO_2\\Mg\end{matrix}\right.$$

$$RH + NaHCO_3 \rightleftharpoons RNa + H_2CO_3 \longrightarrow CO_2 + H_2O$$

$$2RH + \left.\begin{matrix}Ca\\Mg\end{matrix}\right\}SO_4(Cl_2) \rightleftharpoons R_2\left\{\begin{matrix}Ca\\Mg\end{matrix}\right. + \left\{\begin{matrix}H_2SO_4\\2HCl\end{matrix}\right.$$

$$RH + NaCl \rightleftharpoons RNa + HCl$$

从上述反应可看出，树脂 RH 经交换后变成 R_2Ca、R_2Mg 或 RNa。树脂可用 HCl 再生，也可用 H_2SO_4 再生，$CaCl_2$、$MgCl_2$ 溶解度较大，可随水流排出。

$$\left.\begin{matrix}R_2Ca\\R_2Mg\\RNa\end{matrix}\right\} + HCl \rightleftharpoons RH + \left\{\begin{matrix}CaCl_2\\MgCl_2\\NaCl\end{matrix}\right.$$

$$R_2\left\{\begin{matrix}Ca\\Mg\end{matrix}\right. + H_2SO_4 \rightleftharpoons RH + \left\{\begin{matrix}CaSO_4\\MgSO_4\end{matrix}\right.$$

用 HCl 再生时，$CaCl_2$、$MgCl_2$ 溶解度大，可随水流排出。而用 H_2SO_4 再生时，则会产生溶解度较低的 $CaSO_4$ 堵塞树脂的交联孔隙，使再生不安全，工作交换容量降低。但 SO_4^{2-} 不会钻入树脂孔内，交联网孔内并无 $CaSO_4$。为防止 $CaSO_4$ 堵塞孔道，应控制再生液的浓度和流速，采用分步再生法。先用1%的 H_2SO_4 快速流过树脂柱，使树脂孔隙内具有一定的酸性，同时再生出少量 $CaSO_4$、$MgSO_4$ 随水流快速流出；再用5%的 H_2SO_4 按正常流速进行再生，可减少堵塞。欧美国家的 H_2SO_4 便宜，故常用其作再生剂。在我国 HCl 便宜，用 HCl 再生基本可避免堵塞。

RH 交换的特点是：水中的每一个 Ca^{2+}、Mg^{2+} 交换两个 H^+；Na^+ 也参与交换，一个 Na^+ 交换一个 H^+，交换后 H^+ 与水中原有的阴离子结合形成酸。

当 Hc（原水的碳酸盐硬度）产生的 H_2CO_3 被分解去除后，相当于去除了水中的 Hc 硬度，所以经 RH 软化后的水实际上是稀酸溶液，其酸度与原水中 SO_4^{2-}、Cl^- 浓度之和相当。

图 7-6 反映了 RH 交换出水水质变化的过程。RH 对离子的选择顺序为 $Ca^{2+} > Mg^{2+} > Na^+ > H^+$，因此出水中离子泄漏的顺序应为 H^+、Na^+、Mg^{2+}、Ca^{2+}。曲线共分为四段：

第一段（0a 段）Na^+ 泄漏之前，出水阳离子只有 H^+，强酸酸度保持定值，并与水中（$1/2SO_4^{2-} + Cl^-$）的浓度相等。

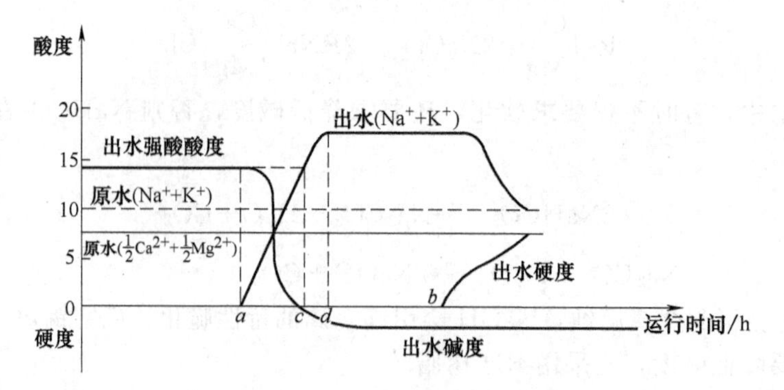

图 7-6　氢离子交换出水水质变化的全过程

$$c(H^+)=c(HCO_3^- + 1/2SO_4^{2-} + Cl^-)$$

$$H^+ + HCO_3^- \longrightarrow H_2CO_3 \longrightarrow H_2O + CO_2$$

$$H^+ + Cl^-(SO_4^{2-}) \longrightarrow HCl(H_2SO_4)$$

第二段（*ad* 段），从 Na^+ 泄漏到 Na^+ 浓度达到最高值。从 *a* 点开始，Na^+ 泄漏，出水中阳离子为 Na^+ 与 H^+。$c(H^+ + Na^+) = c(HCO_3^- + 1/2SO_4^{2-} + Cl^-)$ 且不变，随着出水中 Na^+ 含量的上升，H^+ 含量下降，即酸度下降。到达 *c* 点时，$c(Na^+)$ 泄漏量与原水中 $c(1/2SO_4^{2-} + Cl^-)$ 相等，出水中 H^+ 只能满足 $H^+ + HCO_3^- \longrightarrow H_2O + CO_2$ 的反应，无 HCl、H_2SO_4，只有 NaCl、Na_2SO_4，此时酸度为 0。随着交换继续进行，其出水呈碱性，Na^+ 越来越多。在 *d* 点时，出水 Na^+ 含量达到最高，出水中 $c(Na^+) = c(HCO_3^- + 1/2SO_4^{2-} + Cl^-)$，树脂已全部转为 RNa。

第三段（*db* 段），在该段时间内，出水碱度与 Na^+ 含量保持不变。

第四段（*b* 点后段）*b* 点，Ca^{2+}、Mg^{2+} 开始泄漏，随着出水 Ca^{2+}、Mg^{2+} 含量增加，Na^+（K^+）减少，直到树脂全部失效。

综合 RH 交换的全过程，得到如下规律：当同时存在几种离子的原水进行 RH 交换时，所交换吸附的阳离子可互相反复地进行交换，且选择性差别越大，交换中的互相排斥和交替越充分；交换过程中，最先出现在出水中的离子是交换能力最小的离子，即从树脂中被排出的阳离子的顺序与交换时的顺序相反；交换能力相近的离子（Ca^{2+}、Mg^{2+}），其泄漏的时间相同或相近，但在出水中浓度的比例不一定和原水相同，且选择性小的离子所占比例较大。

7.1.4.3　RH-RNa 并联离子交换系统

把原水分成两部分，分别用 RH、RNa 交换柱进行软化，出水进行瞬间混合。利用 RNa 软化水中的 HCO_3^- 碱度中和 RH 产生的酸，并使出水保留一定的碱性，产生的 H_2CO_3 的量相当于 RNa 软化水量中的碱度总量。设 RNa 的软化水量为 Q_{Na}，RH 的软化水量为 Q_H，则有总水量 Q（m^3/h）为

$$Q = Q_{Na} + Q_H \tag{7-19}$$

其流量分配与原水水质及处理要求有关。通常 RH 运行到以 Na^+ 泄漏为准，其出水呈酸性。则流量分配为

$$Q_H c(1/2SO_4^{2-} + Cl^-) = (Q - Q_H)c(HCO_3^-) - QA_r \tag{7-20}$$

式中，$c(1/2SO_4^{2-} + Cl^-)$ 为原水酸度，mmol/L；$c(HCO_3^-)$ 为原水碱度，mmol/L；A_r 为混合后软化水剩余碱度，$A_r \approx 0.5$mmol/L。

由此得

$$Q_H=\frac{c(HCO_3^-)-A_r}{c\left(\frac{1}{2}SO_4^{2-}\right)+Cl^-+c(HCO_3^-)}Q=\frac{c(HCO_3^-)-A_r}{c(\sum A)}Q$$

$$Q_{Na}=\frac{c\left(\frac{1}{2}SO_4^{2-}+Cl^-\right)+A_r}{c(\sum A)}Q$$

式中，$c(\sum A)$为原水总阴离子浓度，mmol/L。

若 RH 运行到 Ca^{2+}、Mg^{2+} 泄漏，从运行曲线可知，运行前期所交换的 Na^+ 到后期几乎全部被置换出来。从整个运行过程看，周期出水平均 Na^+ 含量等于原水的 Na^+ 含量。可知，在原水总硬度（H_t）$>H_c$ 的情况下，RH 交换柱后期出水平均酸度在数值上与原水非碳酸盐硬度（H_n）相当。据此，可算出当 RH 运行以 Ca^{2+}、Mg^{2+} 泄漏为准时，RH-RNa 并联的流量分配为

$$Q'_H=\frac{c(HCO_3^-)-A_r}{H_n+c(HCO_3^-)}Q\rightarrow\supset Q_H \tag{7-21}$$

但是 RH-RNa 出水一般采用瞬间混合方式，混合水立即进入脱气塔。要使任一时刻不出现酸性水，RH 应以 Na^+ 泄漏为宜；若以 Ca^{2+}、Mg^{2+} 泄漏，则混合水初期仍为酸性，后期为碱性，这不仅需要设计较大的调节池，且酸性水对管道、水泵和水池等都有腐蚀作用，不能保证安全。

7.1.4.4 RH-RNa 串联离子交换系统

RH-RNa 串联离子交换系统适用于原水硬度较高的场合。部分原水 Q_H 流经 RH 交换器，出水与另一部分原水混合，进入脱气塔，再由泵抽入 RNa 交换器进一步软化。RH 软化的出水呈酸性，与原水混合产生下列反应：

$$2HCl(H_2SO_4)+Ca(HCO_3)_2\longrightarrow CaCl_2(CaSO_4)+H_2CO_3$$

使原水中 H_c 转化成 H_n。RNa 主要去除 H_n：

$$2RNa+CaCl_2(CaSO_4)\longrightarrow R_2Ca+2NaCl(Na_2SO_4)$$

脱气塔中残留的 HCO_3^- 与 Na^+ 结合生成 $NaHCO_3$，其出水呈微碱性。流量分配 Q_H、$Q_{原}$ 与 RH-RNa 并联是一样的，取决于原水水质及处理要求，只是此时 RNa 处理的是全部的水量。

因为部分原水与 RH 出水混合后，硬度有所降低（$H_t\times Q_{原}/Q_{总}$），再经过 RNa 交换，这样既可减轻 RNa 的负荷，且能提高软化水的质量。

比较 RH-RNa 的串联与并联系统，前者只是部分水量经过 RNa 交换柱，设备系统紧凑，投资省；而后者全部水量经过 RNa 交换柱，系统运行安全可靠，出水水质得到保证，特别是高硬度原水。但是，脱气塔一定要在 RNa 之前，否则会重新产生碱度。

$$RNa+H_2CO_3\longrightarrow RH^+NaHCO_3$$

经过 RH、RNa 交换处理，蒸发残渣可降低 1/3～1/2，能满足低压锅炉对水质的要求。

离子交换软化水中这个法残渣的变化情况。在蒸发过程中，HCO_3^- 进行下列反应：

$$2HCO_3^-\longrightarrow CO_3^{2-}+CO_2+H_2O$$

CO_2逸出，残渣中只剩 CO_3^{2-}，即 2mol HCO_3^- 只生成 1mol CO_3^{2-}，其质量比为 60/(2×61)=0.49。在计算时，应将 HCO_3^- 的质量数乘以 0.49 换算成 CO_3^{2-} 的质量数。

7.1.4.5 RCl-RNa 交换软化

此系统先用 RCl 去除水中 HCO_3^-，再用 RNa 去除水中硬度，RCl 反应如下：

$$2RCl + \left.\begin{matrix}Ca\\Mg\\Na_2\end{matrix}\right\}(HCO_3)_2 \rightleftharpoons 2RHCO_3 + \left.\begin{matrix}Ca\\Mg\\Na_2\end{matrix}\right\}Cl_2$$

$$2RCl + \left.\begin{matrix}Ca\\Mg\\Na_2\end{matrix}\right\}SO_4 \rightleftharpoons R_2SO_4 + \left.\begin{matrix}Ca\\Mg\\Na_2\end{matrix}\right\}Cl_2$$

几乎水中全部阴离子都变成 Cl^-，故去除了 HCO_3^-，再用 RNa 去除水中的硬度。RNa、RCl 失效后，都用 NaCl 再生。RCl 再生反应如下：

$$R_2\left\{\begin{matrix}(HCO_3)_2\\SO_4\end{matrix}\right. + 2NaCl \rightleftharpoons 2RCl + \left\{\begin{matrix}2NaHCO_3\\Na_2SO_4\end{matrix}\right.$$

RCl-RNa 脱碱软化系统的特点是：没有除盐作用，软化水中 Cl^- 含量增加，其增值为原水中 SO_4^{2-} 与 HCO_3^- 量之和；脱碱过程中不产生 CO_2，系统不需脱气塔；再生剂仅为食盐。

RCl-RNa 系统适用于 HCO_3^- 含量高、总含盐量低的原水，原水 HCO_3^- 以占阴离子总量一半以上为宜。该系统可两台交换器串联运行，也可在一台交换器内用 RCl-RNa 组成双层床来体现，其中 $V_{RCl}/V_{RNa} \approx 3:1$。

7.2 水的除盐与咸水淡化

7.2.1 概述

7.2.1.1 水的纯度概念

在工业上，水的纯度常以水中含盐量或水的电阻率来衡量。水的含盐量越高，导电性能越强，电阻率越小。当水温为25℃时，断面面积为 $1cm^2$、长 1cm 的水，所测得的电阻称为水的电阻率，单位为 Ω·cm。理论上，25℃时纯水的电阻率为 18.3×10^6 Ω·cm。电导率即为电阻率的倒数。纯水的电导率数值很小，其常用单位为 μS/cm（微西门子/厘米）。

根据各工业部门对水质的不同要求，水的纯度可分为下列四种。

① 淡化水。一般指将含盐量超过 1000mg/L 的海水、苦咸水经过局部除盐处理后，变成为生活及生产用的淡水，即含盐量小于 500mg/L 的淡水。

② 脱盐水及普通蒸馏水。水中的强电解质（Ca^{2+}、Mg^{2+}、SO_4^{2-}、Cl^-、Na^+ 等）基本去除，得到剩余含盐量为 1～5mg/L。25℃时，脱盐水的电阻率为 0.1～1.0MΩ·cm。

③ 纯水也称去离子水。水中强电解质基本去除，弱电解质（HCO_3^-/$HSiO_3^-$）也大部分被去除，剩余含盐量为 1.0～0.1mg/L。25℃时，纯水的电阻率为 1.0～10MΩ·cm。

④ 高纯水（超纯水）。水中导电介质几乎全部去除，同时水中胶体微粒、微生物、水中溶解气体及有机物等都去除到最低程度。在使用前还需进行终端处理以确保水的高纯度。剩余含盐量小于 0.1mg/L。25℃时，超纯水的电阻率大于 10MΩ·cm。

7.2.1.2 海水（苦咸水）淡化与水的除盐方法

海水（苦咸水）淡化的主要方法有蒸馏法、反渗透法、电渗析法等。根据有关资料统计，到 1984 年底，世界各地各种脱盐装置的淡化水量（不包括 $100m^3/d$ 以下的装置）见表 7-6。各种淡化海水方法所耗的能量见表 7-7。

表 7-6 和表 7-7 表明，多级闪蒸仍是当前海水淡化的主要方法，其次是反渗透和电渗析，后两种方法属于膜分离技术。由于反渗透法在分离过程中，没有相态的变化，无需加热，能量消耗

少，设备比较简单，在苦咸水淡化中已逐渐占据优势，并在各个领域中得到广泛应用。

离子交换法主要用于淡水除盐，该法可与电渗析或反渗透法联合使用，这种联合系统可用于水的深度除盐处理。离子交换法制取纯水的纯度见表 7-8。

表 7-6 世界各地各种脱盐装置的淡化水量 单位：m^3/d

国家或地区	脱盐方法				共计	所占比例%
	多级闪蒸	其他蒸馏法	电渗析	反渗透		
中东	5236065	134436	156674	674232	6201407	60.69
非洲	490109	58726	84952	154502	788289	7.72
欧洲	364881	129405	60028	116092	670406	6.56
前苏联	49671	190558	0	12680	252909	2.48
埃及	247619	23758	28642	81658	381677	3.74
美国	53062	142748	49143	884654	1129607	11.05
北美(除美国)	34475	2286	0	28094	64855	0.63
中美及加勒比海域	209441	60184	981	14978	285584	2.79
南美	15913	13760	2443	15632	47748	0.47
澳洲及太平洋海域	4653	9288	1625	0	15566	0.15
伊朗	236912	18873	0	29077	284862	2.79
日本	0	5302	28642	61345	95289	0.93
共计	6942801	789324	413130	2072944	10218199	100
所占比例%	67.95	7.72	4.04	20.29	100	

表 7-7 海水淡化诸方法所需能量

淡化方法	所需能量/($kW \cdot h/m^3$)
理论耗能量	0.7
反渗透法	3.5～4.7
冷 冻 法	9.3
电渗析法	18～22
多级闪蒸法	62.8

表 7-8 离子交换法制取纯水的纯度（25℃）

除盐方法	水的电阻率/MΩ·cm	除盐方法	水的电阻率/MΩ·cm
纯水理论值	18.3	离子交换复床-混合床	10 以上
离子交换复床	0.1～1.0	普通蒸馏器	0.1
离子交换混合床	5.0		

7.2.1.3 进水水质预处理

进水水质预处理是水的淡化与除盐系统的一个重要组成部分，是保证处理装置安全运行的必要条件。预处理包括去除悬浮物、有机物、胶体物质、微生物、细菌以及某些有害物质(如铁、锰等)。有关膜分离装置和离子交换器对进水水质指标的要求见表 7-9。

表中污染指数 FI 值表示在规定压力和时间的条件下，滤膜通过一定水量的阻塞率。例如，用有效直径为 42.7mm 的微孔滤膜，在 0.2MPa 下测定最初滤过 500mL 水所需时间 t_1，然后历时 15min 通水后，再测定滤过 500mL 水所需时间 t_2，按下式计算其 FI 值：

$$FI=\left(1-\frac{t_1}{t_2}\right)\times\frac{100}{15} \tag{7-22}$$

表 7-9 离子交换装置对进水水质指标的要求

项目	电渗析	离子交换	反渗透	
			卷式膜	中空纤维膜
浊度/度	1～3	逆流再生<2	<0.5	<0.3
色度/度	—	<5	清	清
污染指数 FI 值	—	—	3～5	<3

续表

项目	电渗析	离子交换	反渗透	
			卷式膜	中空纤维膜
pH 值	—	—	4～7	4～11
水温/℃	5～40	<40	15～35	15～35
化学耗氧量/(mgO_2/L)	<3	<2～3	<1.5	<1.5
游离氯/(mg/L)	<0.1	<0.1	0.2～1.0	0
总铁/(mg/L)	<0.3	<0.3	<0.05	<0.05
锰/(mg/L)	<0.1	—	—	—

水中杂质对膜和树脂的危害表现在以下方面。

① 悬浮物和胶体物质容易黏附在膜面上或堵塞树脂微孔道，使脱盐效率降低。

② 微生物、细菌容易在膜和树脂表面生长繁殖，降低设备性能。

③ 水中无机离子主要是高价离子（如铁、锰等），能与膜和树脂牢固结合，并使之中毒，从而降低其工作性能；钙、镁离子在某些情况下能在膜面上结垢沉淀，在反渗透法中应采取 pH 值控制措施。

④ 水中游离氯能对膜进行氧化，使树脂降解，因而对其含量有严格要求。

预处理系统的选择应根据原水水质以及脱盐装置所要求的进水水质指标而定。最简单的预处理系统由机械过滤和微孔过滤组成。对于地面水源，一般应采取混凝、沉淀、过滤、消毒等措施，若原水中有机物含量较高，还需增加活性炭吸附。膜分离装置前均应有微孔过滤作为保护性措施。

7.2.2 离子交换除盐方法与系统

7.2.2.1 阴离子交换树脂的特性

（1）阴离子交换树脂的结构。阴离子交换树脂分强碱型（包括Ⅰ型、Ⅱ型）和弱碱型。可通过对聚苯乙烯母体树脂进行氯甲基化处理，构成阴离子树脂中间体，再进行胺化反应，制得相应的强、弱碱阴离子交换树脂。碱性强弱与所用胺化剂有关。交换基团分别为$—CH_2N(CH_3)_3^+Cl^-$和$—CH_2—NH(CH_3)_2^+Cl^-$，交换离子均为Cl^-，表示为RCl，转换成OH型，交换基团变成$—CH_2N(CH_3)_3^+OH^-$和$—CH_2NH(CH_3)_2^+OH^-$，表示为ROH。

弱碱阴离子交换树脂按其碱性从小到大的顺序分为伯胺、仲胺和叔胺。强碱则为季铵型，这是比照NH_4OH的结构得出的。NH_4OH的一个H被树脂骨架R所置换，其余三个H依次被CH_3—类基团所置换，则得伯胺、仲胺、叔胺和季铵型阴离子交换树脂，碱性递增。此外，用二甲基乙醇基胺$[(CH_3)_2NC_2H_4OH]$胺化形成的为强碱Ⅱ型。

（2）阴离子交换树脂的特性

① 强碱树脂。Ⅰ型强碱树脂的碱性最强，与水中一切阴离子的亲和力、效率最高，且耐热性好（50～60℃），氧化稳定性好，除硅能力强。但由于选择性高，再生困难，再生剂用量高。Ⅱ型强碱树脂的碱性比Ⅰ型稍弱，耐热性较低（<40℃），不能在氧化条件下使用，除硅能力较弱，当进水中SiO_2量大于25%总阴离子时，或出水对硅有严格要求时不能使用。但其交换容量比Ⅰ型高30%～50%，水中Cl^-含量对树脂工作交换容量q_{op}无影响。强碱树脂的选择性顺序一般为

$$SO_4^{2-}>NO_3^->Cl^->F^->HCO_3^->HSiO_3^-$$

可以看出，SO_4^{2-}的选择性比Cl^-大得多，故SO_4^{2-}能置换已被吸附的Cl^-，Cl^-又能置换被吸附的弱酸阴离子。

② 弱碱树脂。与强碱树脂相比，弱碱树脂有如下特性。

a. 弱碱树脂只能与水中的强酸阴离子（SO_4^{2-}、Cl^-）起交换作用，不能吸收弱酸阴离子，且因 OH^- 离解能力弱，交换速度慢，在碱性介质中，R≡NHOH 几乎不离解，故对 OH^- 选择性最高，易于再生；同时，若 pH 升高，OH^- 离解受到抑制，故要求 pH 为0～9。

b. 弱碱树脂（特别是大孔型）能吸收水中的高分子有机酸（腐殖酸和富里酸等），故除有机物能力强，可保护强碱树脂。

c. 提高弱碱树脂的 q_{op}（1000～1500mmol/L），再生度增大，再生剂比耗降低（$n=1.1$），可用 NaOH、Na_2CO_3、NH_4OH 甚至强碱的再生废液进行再生。

d. 弱碱树脂再生效率高，但与弱酸树脂不同，必须彻底再生，否则在交换过程中，强酸离子会释放出来，恶化水质，最好在未完全失效前进行再生。

③ 影响阴离子交换树脂 q_{op} 的因素。ROH 的 q_{op} 和再生剂用量、工作周期、原水中 SO_4^{2-}/Cl^- 比值、SiO_2/总阴离子比值、允许阴离子泄漏浓度、原水总含盐量都有关。原水中 SO_4^{2-}/Cl^- 比值增大、再生剂用量增多或再生剂温度升高，都会提高阴离子交换树脂的 q_{op}。

（3）强碱 ROH 的工艺特性。ROH 和强酸 RH 组合，去除水中盐类。原水经 RH 交换，变成 HCl、H_2SO_4、H_2CO_3、H_2SiO_3，再经过 ROH 交换。

$$ROH + HCl = RCl + H_2O \tag{7-23}$$

$$ROH + H_2SO_4 = RHSO_4 + H_2O \tag{7-24}$$

$$2ROH + H_2SO_4 = R_2SO_4 + 2H_2O \tag{7-25}$$

$$2ROH + H_2CO_3 = R_2CO_3 + 2H_2O \tag{7-26}$$

$$ROH + H_2CO_3 = RHCO_3 + H_2O \tag{7-27}$$

$$ROH + H_2SiO_3 = RHSiO_3 + H_2O \tag{7-28}$$

① 式（7-24）和式（7-25）反应同时进行。当树脂主要是 ROH 时，式（7-26）占优势；当水中 H_2SO_4 浓度大于 ROH 中的 OH^- 浓度，式（7-25）占优势；当树脂全部转为 R_2SO_4 时，再进入交换其中的 H_2SO_4 又将树脂重新转为 $RHSO_4$ 型。

$$R_2SO_4 + H_2SO_4 = 2RHSO_4$$

② 式（7-27）和式（7-28）代表 ROH 吸收 CO_2 的反应，ROH 先转化成 R_2CO_3，再生成 $RHCO_3$，在一般中性及微碱性的水中最后几乎都是 $RHCO_3$。因此，当 RH 有 Na^+ 泄漏时，ROH 出水中存在微量 NaOH，为微碱性。

③ 原水中最难去除的是硅酸，硅酸常和 SO_4^{2-}、Cl^-、CO_3^{2-} 混合在一起，当 ROH 开始交换时，都可被去除。但因 ROH 对 H_2SiO_3 选择性最小，随着交换的进行，出水中的 H_2SiO_3 含量渐增，已被吸附的 H_2SiO_3 也因交替被置换出来。此外，阳床漏 Na^+ 也影响除硅。因此，要求尽可能减少 RH 的 Na^+ 泄漏量。

④ 再生条件要求高。ROH 失效后，只能用 NaOH 再生，其剂量为理论量的 350%，即比耗 $n=3.5$，用量为 64～96kgNaOH/m^3R。用前要预热到 49℃（防止胶体硅的产生）。再生液流速应缓慢，约为 2 个床体积/h（时间>1h）。

⑤ 清洗。图 7-7 所示为 ROH 再生完毕，从正洗开始的整个运行过程中出水水质变化情况。正洗水用 RH 出水，先正洗到出水的总溶解固体 TDS 等于进水 TDS 为止，水排放；再将正洗水回收送到 RH 内，至 ROH 正洗出水合格投入运行为止。

⑥ ROH 失效终点控制。因原水经 RH、ROH 处理后，水中离子很少，故可用电导仪、SiO_2 测定仪或 pH 值控制。当 ROH 先失效时，在运行阶段，出水电导率及 SiO_2 含量稳定，

到达运行终点时，在电导率上升前，H_2SiO_3已开始泄漏，此时，电导率瞬间下降。因为原出水中存在微量的NaOH，H_2SiO_3泄漏中和了NaOH生成$NaHSiO_3$、Na_2SiO_3，其电导率小于NaOH，电导率下降，而后离子数增多，电导率上升。若ROH运行以H_2SiO_3泄露为失效控制点，则电导率瞬时下降可作为周期终点的信号。正常运行时，微量NaOH泄漏，出水呈酸性。因此，pH值也可判断失效终点。当RH先失效时，阴床出水由于RH泄露Na^+增多，pH值升高，电导率升高，硅酸泄漏增大。

(4) 弱碱阴树脂的交换特性

① 弱碱阴树脂只能与强酸起交换反应，反应形式也有所不同：

$$RNH_3OH+HCl \longrightarrow R-NH_3Cl+H_2O \tag{7-29}$$

$$2RNH_3OH+H_2SO_4 \longrightarrow (RNH_3)_2SO_4+2H_2O \tag{7-30}$$

弱碱树脂与弱酸和中性盐不反应，故常放在强酸RH之后。

② 任何一种比弱碱树脂碱性强的碱都可对树脂再生，交换、再生都不可逆，是酸碱反应，再生剂利用率高。如

$$RNH_3Cl[(RNH_3)SO_4]+NaOH \longrightarrow ROH+NaCl(Na_2SO_4)+NH_3 \tag{7-31}$$

$$RNH_3Cl+NH_4OH \longrightarrow ROH+NH_4Cl+NH_3 \tag{7-32}$$

③ 放置在RH后的弱碱树脂出水曲线如图7-8所示。出水中含H_2SiO_3、Na^+（RH泄漏）、少量CO_2，三者构成水的电导率。正常出水呈弱碱性（$NaHSiO_3$、$NaHCO_3$）。当Cl^-开始泄漏时，出水呈酸性。因酸的导电性比碱强，故电导率升高，达到周期终点。

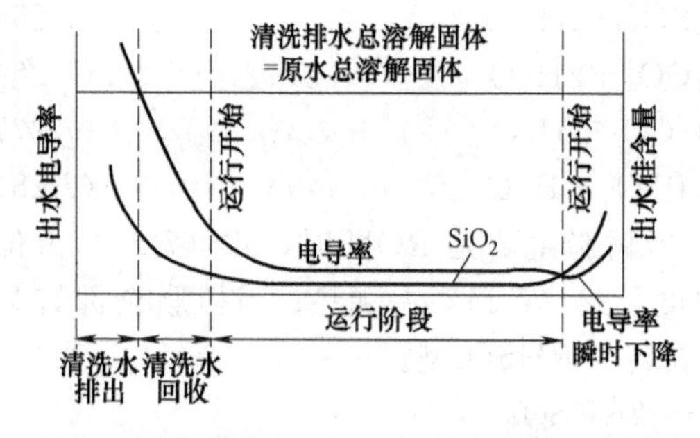

图7-7 强碱阴离子交换器的运行过程曲线

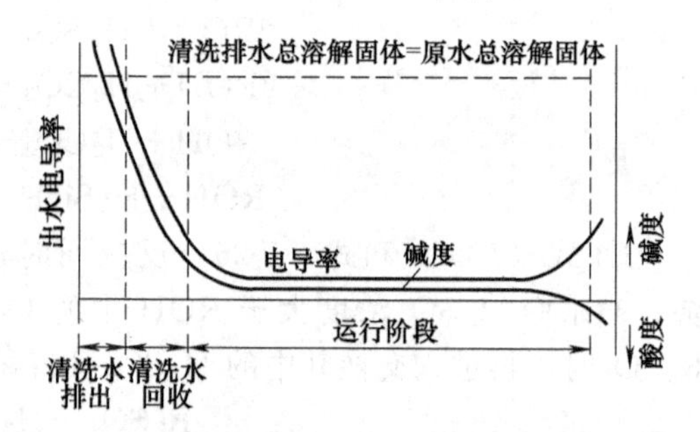

图7-8 弱碱阴离子交换器的运行过程曲线

④ 清洗。清洗过程同强碱，分两步进行。弱碱树脂再生程度越高，出水水质越好。若再生不完全，留在树脂中的HCl在下一个交换过程中会慢慢水解而流出，但只要RH出水泄漏少，弱碱出水水质仍可达到要求。

⑤ 转型体积变化较大，从ROH转化成RCl体积约膨胀30%。

7.2.2.2 离子交换除盐方法与系统

(1) 复床式离子交换除盐系统。利用阴、阳树脂的交换特性，可组成下列最基本的系统。

① 强酸-脱气-强碱系统。可去除阴、阳离子。当原水含盐量小于500mg/L时，出水电阻率在0.1MΩ·cm以上，SiO_2浓度小于0.1mg/L，pH=8～9.5。

② 强酸-脱气-弱碱系统。可去除阳离子、强酸离子，出水电阻率为$5\times10^4\Omega\cdot cm$。当再生剂为碳酸钠时，可做适当调整，将除碳器置于弱碱阴床之后，充分除去CO_2。该系统适用于对出水SiO_2含量无要求的场所。

③ 强酸-脱气-弱碱-强碱系统。出水水质同①，运行费用低，适用于SO_4^{2-}、Cl^-含量

高、有机物多、要求除硅的场合。再生时采用串联方式，可节省再生剂用量，强碱再生效果好，废液碱度低。

上述三个系统的共同点是阴床都设在阳床后，其原因如下。

① 阴床在酸性介质中易于交换，反离子少，对除硅尤其如此。若进水先进阴床，SiO_3^{2-}以盐的形式存在，ROH 对 Na_2SiO_3的吸附力比对 H_2SiO_3差得多。

② 原水先经 ROH，Ca^{2+}、Mg^{2+}会在阴树脂颗粒间形成 $CaCO_3$、$Mg(OH)_2$等难溶盐类沉淀物，使 ROH 的 q_{op}降低。

$$2ROH+\begin{cases}Ca(HCO_3)_2\\Mg(HCO_3)_2\end{cases}\longrightarrow R_2CO_3+CaCO_3(MgCO_3)+2H_2O \tag{7-33}$$

$$2ROH+MgCl_2\longrightarrow 2RCl+Mg(OH)_2 \tag{7-34}$$

③ 原水先经 ROH，本应由脱气塔去除的 H_2CO_3将由 ROH 承担，影响 ROH 交换容量的利用率，增大了阴树脂再生剂耗量。

④ 强酸 RH 的抗有机污染能力比强碱 ROH 强。RH 在前面起过滤作用，可保护 ROH 不受有机污染。

（2）混合床离子交换器

① 混合床净水原理及其特点。将阴阳树脂按一定比例混合组成交换器的树脂层，即成为混合床离子交换器，简称混合床或混床。由于阴、阳树脂紧密接触，混床可看成是无数微型的复床除盐系统串联而成。原水通过混床交换时，水中阳离子和阳树脂、阴离子和阴树脂可以相应地同时进行离子交换反应。以强酸、强碱组成的混床为例

$$RH+ROH+NaCl\longrightarrow RNa+RCl+H_2O \tag{7-35}$$

可以看出，影响 RH 交换反应的 H^+和影响 ROH 交换的 OH^-结合生成水，有利于离子交换反应向右进行。据测定，8%交联度的 RSO_3H 对 Na^+的 $K_阳=1.5\sim2.5$，8%交联度的 ROH 对 Cl^-的 $K_阴=1.5\sim2.5$；22℃时，水的电离常数 $K_{H_2O}=1\times10^{-14}$。分别取 $K_阳$、$K_阳$为 2，则反应平衡常数为

$$\begin{aligned}K&=\frac{[RNa][RCl][H_2O]}{[RH][ROH][Na^+][Cl^-]}\frac{[H^+][OH^-]}{[H^+][OH^-]}\\&=\frac{[RNa][H^+]}{[RH][Na^+]}\frac{[RCl][OH^-]}{[ROH][Cl^-]}\frac{[H_2O]}{[H^+][OH^-]}\\&=K_阳\ K_阴\frac{1}{K_{H_2O}}=2\times2\times\frac{1}{10^{-14}}\end{aligned}$$

混床与复床比较，由 RH、ROH 组成的混床具有出水纯度高、水质稳定、间断运行影响小和失效终点明显等优点。

a. 出水水质纯度高。混床中，水中例子几乎全部被去除，出水含盐量小于 0.1mg/t，是生产纯水的标准方法，见表 7-10。

表 7-10　混床与复床的出水水质比较

比较项目	混合床	复床
出水电导率/(μS/cm)	0.20～0.05	10～1
电阻率/MΩ·cm	>5	0.1～0.5
剩余硅酸(SiO_2)/(mg/L)	0.02～0.10	0.1～0.5(<0.1)
pH 值(25℃)	7.0±0.2	8～9.5

b. 水质稳定，工作周期较长。开始运行时有 2～3min 出水的电导率较高，然后急剧降到<0.5μS/cm。因床内残留的微量酸、碱和盐很快被 RH、ROH 吸收，快速正洗是混床的

特点，总再生时间少，工作周期长，原水水质变化和再生剂比耗对出水纯度影响小。

c. 间断运行对出水水质影响小。当混床或复床再投入运行时，由于交换的逆反应，空气、交换器气体及管道对水质的污染，出水水质都会下降。混床容易恢复到原有状态，只需将其中的水量换出即可，而复床需要的时间常常大于 10min，出水水质才能达到要求。

d. 交换终点明显。混床在 RH、ROH 中任何一种容量耗尽前，其出水电导率都稳定在低值。任何一种树脂失效，电导率很快上升，pH 值发生变化，这有利于控制失效终止，实现自动化。

混床的缺点如下。

a. 由于再生的原因，树脂层工作交换容量的利用率低，再生剂利用率低。

b. 再生时 RH、ROH 很难彻底分层，特别是当 RH 混杂在 ROH 层内时，RH 在 NaOH 再生 ROH 时，转为 RNa，造成运行后 Na^+ 泄漏，形成交叉污染。

c. 混床对有机物污染很敏感，使出水水质变差，正洗时间延长，q_{op}降低。

为克服交叉污染所引起的 Na^+ 泄漏，近几年开发了三层混床新技术。在普通混床中另装填一种厚度为 10～15cm 的惰性树脂，其密度介于阴、阳树脂之间；其颗粒大小也能保证在反洗时将阴阳树脂分开，故它的出水水质比普通混床好，出水 Na^+ 浓度小于 0.1μg/L。

② 混床的装置及再生方式。混床内上部进水，中间排水，底部配水；树脂层上接碱管，下接酸管与压缩空气管。混床中阴树脂的体积为阳树脂的 2 倍。再生中主要利用 RH、ROH 湿真密度的差异。混床的再生方式有体内再生（含酸碱分别与酸碱同时再生）和体外再生。下面以体内分别再生为例说明混床再生操作步骤，见图 7-9。

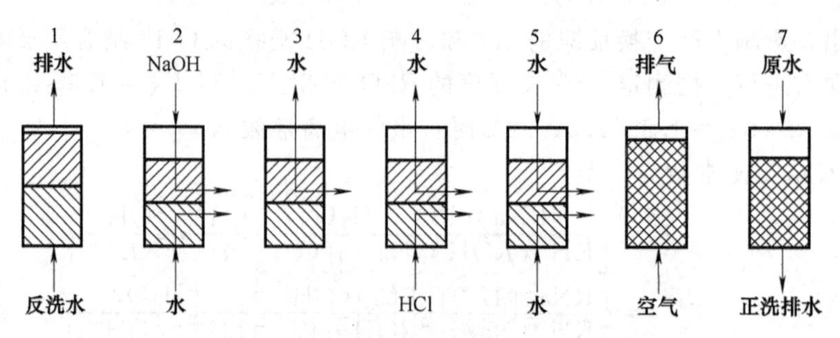

图 7-9　混合床体内酸、碱分别再生示意

a. 反洗分层。反洗流速约 10m/h，洗到阴、阳树脂明显分层，阴树脂在上（密度 1.06～1.11g/mL），膨胀 73%；阳树脂在下（密度 1.23～1.27g/mL），膨胀约 32%；惰性树脂在中间。15～30min 后，反洗结束放水，使树脂落下来。

b. ROH 再生。4%NaOH 以 5m/h 的流速从上部经过 ROH 层，废液由中间排出。再生时，应从下部进少量的水，防止 NaOH 下渗。

c. 洗 ROH。用一级除盐水以 12～15m/h 的流速从上部进入正洗到出水碱度小于 0.5mmol/L，正洗水量 10L/s（R）。混床前的复床出水，碱度＝0.1mmol/L，硬度＝0.01～0.15mmol/L。

d. RH 再生。用 3%～4%HCl（或 1.5%H_2SO_4）由下向上流过 RH，由中间排出，同时 ROH 仍进少量的水正洗，防止 HCl 进入 ROH 层区。

e. 洗 RH。进酸完毕后，用脱盐水以 12～15m/h 的流速上、下同时中正洗，到出水酸度为 0.5mmol/L 左右，正洗水量约 15L/s（R）。继续上下同时进水正洗树脂，至出水碱度小于 0.1mmol/L，硬度小于 0.01mmol/L。

f. 混合。排水到树脂层上 10～20cm 处，通入压缩空气均匀搅拌 2～3min，使整个树脂层迅速稳定下沉，防止重新分层。

g. 最后正洗。以 15～20m/h 的流速，正洗到出水电阻率大于 0.5MΩ·cm，即可投入运行。体内再生还可采用同步再生法，即以相同的流速从上、下同时进酸、碱，废液由中间排出，然后上、下同时清洗。

③ 影响混床运行的因素

a. 再生剂用量增多，q_{op}升高，但对出水水质无明显提高。

b. RH、ROH 体积比按等量浓度原则来选，它们恰好同时失效。

$$q_{阳op}V_{阳}=q_{阴op}V_{阴}$$

理论上，$q_{阳op}\approx(2.5\sim3.5)q_{阴op}$，即 $V_{阴}=(2.5\sim3.5)V_{阴}$。实际上，$V_{阴}=2V_{阳}$，保证 Na^+ 泄漏量小。

c. 强碱树脂的有机污染。在离子交换中，树脂的沾污现象比较广泛，沾污均指污物很难从树脂上再生或清除下来，表现为树脂的 q_{op}下降，清洗水量增加。大致有三种：(a) 树脂表面被水中的悬浮固体或交换过程中的产物（如 $CaSO_4$）所覆盖；(b) 同树脂亲和力很强的离子交换后不能再生恢复树脂原型（Fe^{2+} 与 RNa 交换）；(c) 有机物进入阴树脂内，因机械作用卡在树脂内。

混床中强碱阴树脂的有机污染最能反映其复杂性。ROH 受有机污染后出现正洗水量增加、q_{op}降低、出水水质变差等情况。如图 7-10 中 A、B、C 曲线代表了三种水质的交换结果。曲线 A，原水中不含有机物时，其出水电导率<0.1μS/cm；曲线 B，树脂受到一定程度污染；曲线 C 为已受到沾污的旧混合床出水情况。容易看出，当电导率要求小于 1μS/cm 时，cc'长度代表混床在水质 C 情况下的 q_{op}，与全交换容量相比减少了 21%。当要求出水电导率小于 0.5μS/cm 时，水质 C 的情况下，树脂将完全丧失 q_{op}，这样的混床将无法生产合格水。对于水质 B，在出水电导率只要求<0.5μS/cm，水质 B 即无法使用。从图 7-10 还可看出，污染越严重，正洗水量也越大。

生产树脂的反应过程是很复杂的，树脂内部的交联程度不均匀，就存在缠结得很密的部位。当那些大分子腐殖酸或富里酸等有机阴离子计入树脂，通过这些缠结得很密的部位时，必然会被卡住。随着时间的延长，所累积的有机物越来越多，缠在一起。这些部位的交换性能发生变化，有机物把原有的阴离子交换基因遮住，这些部位的 OH^- 已不能进行阴离子交换反应；此外，当树脂内部卡住了有机酸时，相当于在树脂骨架上引入了—COOH，使这些卡住了有机弱酸的部位在交换过程当中，实际起了阳离子交换树脂的作用。用 NaOH 再生时，发生交换反应

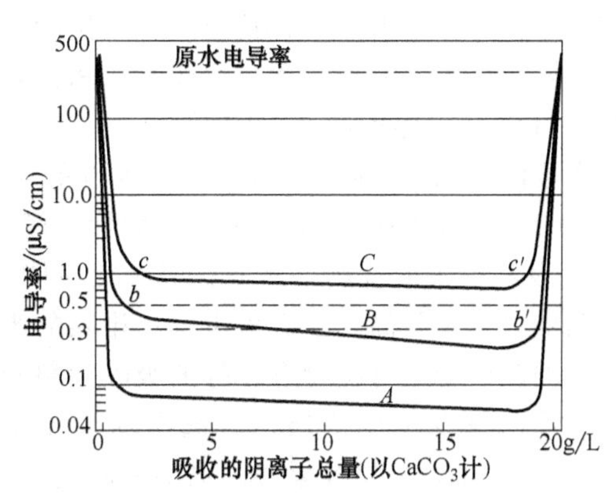

图 7-10 混床中强碱阴树脂的有机污染

$$RCOOH+NaOH = RCOONa+H_2O \tag{7-36}$$

在正洗及除盐过程中，发生水解反应：

$$RCOONa+H_2O = RCOOH+NaOH \tag{7-37}$$

加入 NaOH，增加了出水的电导率，必须先洗去 Na^+ 后，水质才能合格，这就是正洗水量大大增加的原因。由于正洗水量增加，正洗水中的阴离子与阴树脂又进行了交换，必然降低阴树脂的 q_{op}。严重时，q_{op} 丧失 50%～60%以上，或使出水水质不合格。

防止树脂有机污染的最好办法是减少水中的污染物，去除水中的有机物的方法各异，一般原则如下。

a. 水中主要为悬浮、胶体有机物时，经混凝、澄清、过滤、消毒处理可除去 60%～80%腐殖酸类物质。剩下 20%～40%胶态或溶解状态的有机物对纯水系统仍有害，需进一步净化。

b. 对剩下 20%～40%有机物，尤其是粒度为 1～2nm 的有机物需采用精密过滤、吸附或氯型有机物清除器予以去除。

c. 残留的溶解性有机物和极少量胶体有机物，可在除盐系统中超滤、反渗透或抗污染树脂予以去除。

树脂污染后可进行复苏处理。可先用 NaOH 再生[24～32kg/m^3 (R)]，再用 NaCl 溶液清洗树脂层[105～128kg/m^3 (R)]，NaCl 溶液流出时变为棕黑色，直到溶液颜色变淡为止。或用 10%NaCl+1%NaOH 混合液，加热并保持水温为 40℃，用 1.5 倍树脂层的体积，把阴树脂浸泡 24h。污染严重时还可用氧化剂处理，如用 10%NaCl 和 0.5%NaClO 混合液浸泡 12～24h。

④ 高纯水的制备与终端处理。复床与混合床串联和二级混合床串联是目前制取纯水或者高纯水的有效方法。如强酸-脱气-强碱-混床系统，出水电阻率达 10MΩ·cm，硅含量 0.02mg/L；强酸-弱碱-混床-混床系统的出水水质电阻率可达 10MΩ·cm 以上，硅含量 0.005mg/L。但电子工业对高纯水的要求越来越高，要求去除全部电解质、微粒及有机物。用于生产半导体、集成电路的高纯水，在使用之前，必须进行终端处理（如紫外线杀菌、精制混床和超滤等），处理完后立即使用，不经输送与储存。

(3) 双层床离子交换器。在逆流再生床内，按一定的比例装填强、弱两种同性离子交换树脂所构成的交换器为双层床离子交换器。强弱树脂密度、粒径不同，密度小颗粒细的弱型树脂在上部，密度大而颗粒粗的强型树脂在下部，交换柱内形成上下两层。

阳双层床、阴双层床组合成复床除盐系统。运行时，水自上而下，先经弱型树脂，再经强型树脂；逆流再生，再生液从下而上，先经强型、后经弱型，充分利用再生剂，强型树脂再生废液对弱型树脂仍有 80%～100%的再生效率。

① 双层床特点。减少交换器数量，简化了系统，降低设备投资与占地面积；利用弱型 q_{op} 高及易再生的特点，提高双层床交换能力，特别是强碱树脂增强了硅的交换容量；强型树脂的再生水平高，节省再生剂；排除的废酸碱液浓度降低，减轻了环境污染；保护强碱树脂，弱碱树脂对有机物有良好的吸收和解析能力。

② 阳离子交换双层床。选用弱酸 111＃，配强酸 001×11 树脂，两种树脂的密度差 ≥0.09g/mL，分层效果好。弱酸树脂主要用于去除 H_c，强酸去除其余阳离子。按照物料平衡关系，得出强、弱树脂的体积比

$$V_W q_{WOP} = H_c - 0.3 \qquad V_S q_{SOP} = c_{(\sum K)} - H_c + 0.3$$

$$\frac{V_W}{V_S} = \frac{q_{SOP}(H_c - 0.3)}{q_{WOP}[c_{(\sum K)} - H_c + 0.3]} \tag{7-38}$$

式中，0.3 为弱酸树脂泄漏 H_c 平均值，mol/L；$\sum K$ 为原水阳离子含量总和，mol/L；V_S、V_W为强、弱型树脂体积，m^3；q_{SOP}、q_{WOP}为强、弱型树脂工作交换容量，mol/L；H_c

为原水的碳酸盐硬度，mol/L。

阳双层床适用于硬度/碱度接近或略大于1而Na^+含量不高的水质的处理。两种树脂的体积比一般应通过试验求定，上式只作估算参考，一般为1.5。阳双层床再生剂均用HCl，用量为

$$G_{HCl}=\frac{36.5(V_S q_{SOP}\times 1.0+V_W q_{WOP}\times 1.1)}{(V_S+V_W)\times 1000} \quad (7\text{-}39)$$

式中，G_{HCl}为阳双层床再生剂用量，kg/m^3；1.0为强型再生剂比耗；1.1为弱型再生剂比耗。

③ 阴离子交换双层床。阴离子交换床由弱碱301和强碱201×7组成。再生时的湿真密度分别是1.04g/mL和1.09g/mL。在较高的反洗流速下，树脂层的膨胀率达80%，然后稳定一段时间即可分层。弱碱树脂主要去除水中强酸阴离子（SO_4^{2-}、Cl^-），强碱树脂主要去除弱酸阴离子（SiO_3^{2-}、CO_3^{2-}）。两种树脂的体积比为

$$\frac{V'_W}{V'_S}=\frac{q'_{SOP}(SO_4^{2-}+Cl^-)}{q'_{WOP}(SiO_3^{2-}+CO_3^{2})} \quad (7\text{-}40)$$

式中，V'_S、V'_W分别为强、弱阴树脂体积，m^3；q'_{SOP}、q'_{WOP}为强、弱阴树脂，mol/L。

取$q_{WOP}:q_{SOP}=2:1$，则

$$\frac{V'_W}{V'_S}=\frac{SO_4^{2-}+Cl^-}{2(SiO_3^{2-}+CO_3^{2-})} \quad (7\text{-}41)$$

算出体积比后应进行校核：强碱树脂层高≥80cm；当总高>1.6m时，据原水水质，弱碱树脂层高可超过总高的50%，但不少于30%。

阴双层床再生剂NaOH用量（kg/m^3）为

$$G_{NaOH}=\frac{40(V_S q_{SOP}\times 1.0+V_W q_{WOP}\times 1.1)}{(V_S+V'_W)\times 1000} \quad (7\text{-}42)$$

阴双层床运行时，下层强碱树脂吸着了大量硅酸和碳酸，逆流再生时，会集中地把它们置换出来，这些废碱液中含有大量中性盐（Na_2SiO_3、Na_2CO_3），进入上层弱碱树脂时，中性盐将发生水解，使再生液pH值降低

$$R—NH_3Cl+NaOH \longrightarrow R—NH_3OH+NaCl \quad (7\text{-}43)$$

$$2R—NH_3Cl+Na_2SiO_3+2H_2O \longrightarrow 2R—NH_3OH+2NaCl+H_2SiO_3 \quad (7\text{-}44)$$

$$2R—NH_3Cl+Na_2CO_3+2H_2O \longrightarrow 2R—NH_3OH+2NaCl+H_2CO_3 \quad (7\text{-}45)$$

废液中的NaOH与吸附在树脂上的强酸阴离子起交换反应，形成中性盐。废液中的Na_2SiO_3、Na_2CO_3因水解产生的NaOH也参加交换，产生等量的胶体氧化硅和碳酸。当pH=5.5时，SiO_2从溶液中析出，积聚在弱碱树脂中，并使硅酸的聚合作用加强。进水的SiO_3^{2-}/(碱度+CO_2）比值愈高，愈易生成胶体硅，恶化水质，增大了清洗水耗，增大了再生难度。为此，阴双层床再生时可采取下列措施。

① 失效后应立即再生。长时间放置，强碱树脂上的硅酸发生聚合，对再生带来困难，并影响下一周期的出水水质。

② 再生过程中，不仅对碱液加热，还应该使交换器内保持温度约40℃，对避免产生胶体硅以及降低出水硅含量很重要。

③ 分步再生。先用含量1%的碱液以较快的流速逆流通过树脂层，再生出较少量的硅酸使弱碱树脂得到初步再生并使弱碱树脂呈碱性；然后用3%～4%的NaOH溶液以较慢的流速再生，避免再生液pH值降低而引起胶体SiO_2析出。或采用含量为2%的NaOH以先快后慢的流速进行再生。碱液与树脂的接触时间约1h。

7.2.3 电渗析法

电渗析是在直流电场作用下，以电位差为推动力，利用离子交换膜的选择透过性（即理论上，阳膜只允许阳离子通过，阴膜只允许阴离子通过），使水中阴阳离子做定向迁移，从而实现溶液的浓缩、淡化、精制和提纯。它具有耗能少、寿命长、装置设计与系统应用灵活、经济性、操作维修方便等特点，因而应用广泛。

（1）电渗析原理。如图7-11所示，电渗析过程是使用带可电离的活性基团膜从水溶液中去除离子的过程。在阴极和阳极之间交替安置一系列阳离子交换膜（阳膜）和阴离子交换膜（阴膜），并用特制的隔板将这两种膜隔开，隔板内有水流通道。当离子原料液（如氯化钠溶液）通过两张膜之间的腔室时，如果不施加直流电，则溶液不会发生任何变化；但当施加直流电时，带正电的Na^+会向阴极迁移，带负电的Cl^-会向阳极迁移。阴离子不能通过带负电的膜，阳离子不能通过带正电的膜，这意味着，在每隔一个腔室中离子浓度会提高而在与之相邻的腔室中离子浓度会下降，从而形成交替排列的稀溶液（淡化水）和浓溶液（浓盐水），与此同时，在电极和溶液的界面上，通过氧化还原反应，发生电子与离子之间的转换，即电极反应。

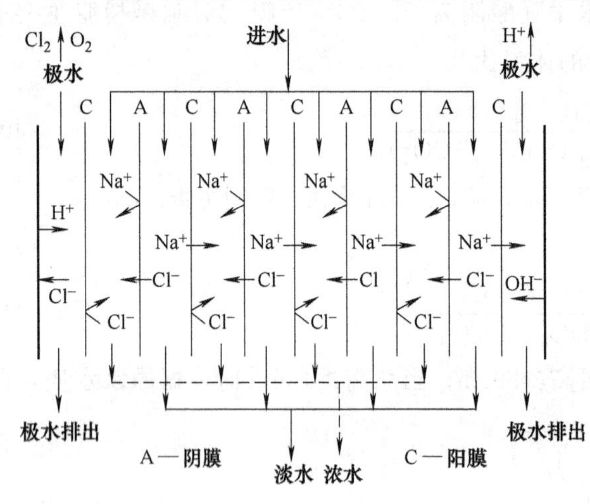

图7-11 电渗析原理示意

$$阴极：2H_2O+2e^- \longrightarrow H_2+2OH^-$$

$$阳极：2Cl^- \longrightarrow Cl_2+2e^-$$

$$H_2O \longrightarrow \frac{1}{2}O_2+2H^++2e^-$$

所以在阴极不断排出氢气，在阳极则不断有氧气或氯气放出。此时，阴极室溶液呈碱性，当水中有Ca^{2+}、Mg^{2+}、HCO_3^-等离子时，会生成$CaCO_3$和$Mg(OH)_2$水垢，集结在阴极上，阳极室则成酸性，对电极造成强烈的腐蚀。在电渗析过程中，电能的消耗主要用来克服电流通过溶液、膜时所受到的阻力以及进行电极反应。

（2）电渗析设备

① 电渗析器。电渗析器主要由电渗析器本体和辅助设备两部分组成，如图7-12所示。

本体可分为膜堆、极区、紧固装置三部分，包括压板、电极托板、电极、板框、阴膜、阳膜、浓水隔板、淡水隔板等部件；辅助设备指整流器、水泵、转子流量计等。

a. 膜堆。一对阴、阳极膜和一对浓、淡水隔板交替排列，组成最基本的脱盐单元，称为膜对。电极（包括共电极）之间由若干组膜对堆叠在一起即为膜堆。

隔板放在阴阳膜之间，起着分隔和支撑阴阳膜的作用，并形成水流通道，构成浓、淡

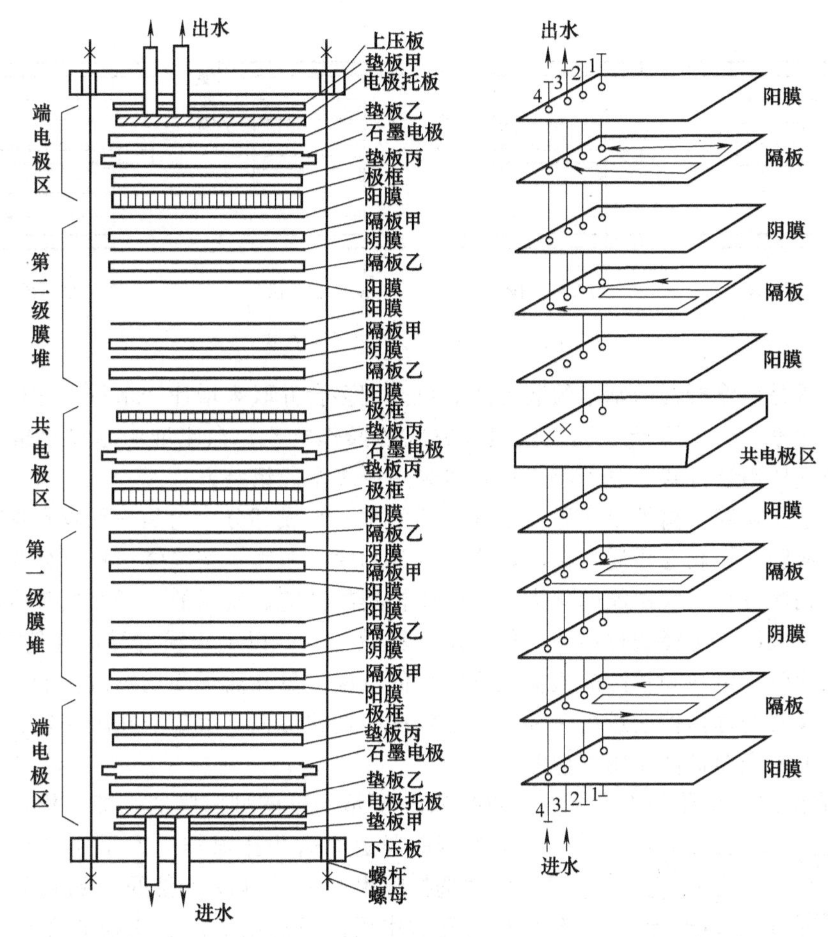

图 7-12 电渗析器的组成示意

室。隔板上有进出水孔、配水槽和集水槽、流水道及过水道。隔板常和隔网配合黏结在一起使用，隔板材料常用聚氯乙烯、聚丙烯、合成橡胶等。常用隔网有鱼鳞网、编织网、冲膜式网等。隔网起着搅拌作用，以提高液流的湍流程度。

隔板流水道分为回路式和无回路式两种。回路式隔板流程长、流速高、电流效率高、一次除盐效果好，适用于流量较小而除盐率要求较高的场合。无回路式隔板流程短、流速低，要求隔网搅动作用强，水流分布均匀，适用于流量较大的除盐系统。

b. 极区。电渗析器两端的电极区直接直流电源，还设有原水进口，淡水、浓水出口以及极室水的通道。电极区由电极、极框、电极托板、橡胶垫板等组成。极框较浓、淡水隔板厚，内通极水，放置在电极与阳膜之间，以防止膜贴到电极上，保证极室水流通畅，及时排除电极反应产物。电极应具有良好的化学与电化学稳定性、导电性、力学性能等。常用电极材料有石墨、铅、不锈钢等。

c. 紧固装置。用来把整个极区与膜堆均匀夹紧，使电渗析器在压力下运行时不至漏水。压板由槽钢加强的钢板制成，紧固时四周用螺杆锁紧或用压机锁紧。

② 电渗析器的组装。电渗析器的组装有串联、并联和串联-并联相结合几种方式，常用“级”和“段”来说明。一对电极之间的膜堆称为一级，具有同向水流的并联膜堆称为一段。增加段数据等于增加脱盐流程，亦即提高脱盐效率。增加膜对数，则可提高水处理量。一台电渗析器的组装方式有一级一段、多级一段、一级多段和多级多段等，如图 7-13 所示。

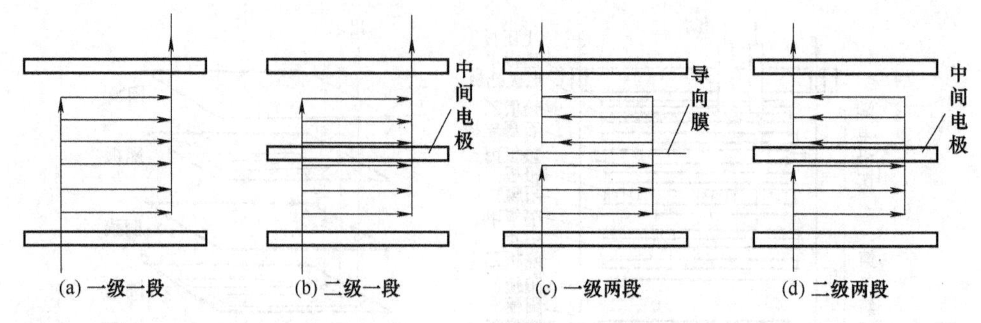

图 7-13　电渗析器的组装方式

一级一段是电渗析器的基本组装方式。可采用多台并联来增加产水量，亦可采用多台并联以提高除盐率。为了降低一级一段组装方式的操作电压，在膜堆中增设电极（共电极），即成为二级一段组装方式。对于小水量，可采用一级多段组装方式。

（3）离子交换膜。离子交换膜是电渗析器的重要组成部分，它是一种具有选择透过性的高分子片状薄膜。按其选择透过性能，主要分为阳膜与阴膜；按膜体结构可分为异相膜、均相膜和半均相膜三种。膜性能的优劣决定电渗析器的性能。实用的离子交换膜应满足以下的要求。膜具有较高的选择透过性，一般要求迁移数在 0.9 以上；膜的导电性能好，电阻低；具有较好的化学稳定性和较高的机械强度；水的电渗透量和离子的反扩散要低。

离子交换膜的选择性透过机理和离子在膜中的迁移历程可由膜的孔隙作用、静电作用和在外力作用下的定向扩散作用等说明。

① 孔隙作用。膜具有孔隙结构。如图 7-14 所示为磺酸型阳膜的孔隙结构，它是贯穿膜体内部的弯曲通道。这些孔隙作为离子通过膜的门户和通道，使被选择吸附的离子得以从膜的一侧到另一侧，这种作用称为孔隙作用。脱盐用的离子交换膜孔径多在几个 Å 至 20Å。像作为固体吸附剂的分子筛那样，因其本身具有均一的微孔结构，能将大小不同的分子加以分离。所以，膜的孔隙作用又称“分筛效应”。孔隙作用的强弱主要取决于孔隙度的大小和均匀程度。

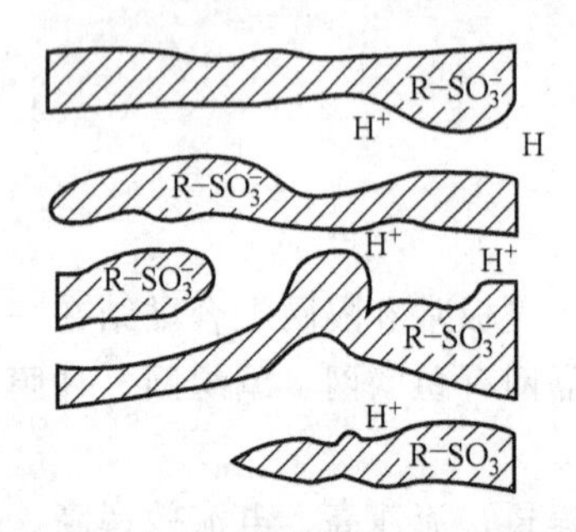

图 7-14　磺酸型阳膜的孔隙结构

② 静电作用。在膜的化学结构中，膜体内分布着带电荷的固定离子交换基，如图 7-14 所示。因此，膜内构成强烈的电场，阳膜产生负电场，阴膜产生正电场。根据静电效应原理，膜与带电离子将发生静电作用。作用的结果，阳膜只能选择吸附阳离子，阴膜只能选择吸附阴离子，它们分别排斥与各自电场性质相同的同名离子。对于双性膜，它们同时存在正、负电场，对阴、阳离子的选择透过能力取决于正负电场之间强度的大小。

③ 扩散作用。膜对溶液中离子具有的传质迁移能力，通常称之为扩散作用，或称溶解扩散作用。扩散作用依赖于膜内活性离子交换基和孔隙的存在，而离子的定向迁移是外加电场推动的结果。孔穴形成无数迂回曲折的通道，在通道口和内壁上分布有活性离子交换基，对进入膜相的溶液离子继续进行鉴别选择。这种吸附-解吸-迁移的方式，类似接力赛，交替地一个传一个，直至把离子从膜的一端输送到另一端，这就是膜对溶解离子定向扩散作用的过程。

（4）极化

① 极化现象。在利用离子交换膜进行电渗析的过程中，电流的传导是靠水中的阴阳离子的迁移来完成的，当电流增大到一定数值时，若再提高电流，由于离子扩散不及时，在膜

界面处将引起水的离解，H^+ 和 OH^- 分别透过阳膜和阴膜来传递电流，这种膜界面现象称为极化。此时的电流密度称为极限电流密度。极化发生后阳膜淡室的一侧富集着过量的 OH^-，阳膜浓室的一侧富集着过量的 H^+；而在阴膜淡室的一侧富集着过量的 H^+，阴膜浓室的一侧富集着过量的 OH^-。

② 极化现象的危害性

a. 引起膜的结垢。极化的结果会使淡水室中的水电离成 H^+ 和 OH^-，OH^- 穿过阴膜进入浓室，使阴膜表层带碱性，pH 值上升。由于阳离子在阴膜浓室一侧膜面上富集的结果，在阴膜面上易产生 $Mg(OH)_2$ 和 $CaCO_3$ 等沉淀物，结垢后会减小渗透面积，增加水流阻力，增加电阻与电耗，影响正常运行。如

$$Mg^{2+} + 2OH^- \longrightarrow Mg(OH)_2$$

$$Ca^{2+} + OH^- + HCO_3^- \longrightarrow CaCO_3 + H_2O$$

b. 极化。极化时，部分电能消耗在水的电离与 H^+ 和 OH^- 的迁移上，使电流效率下降。极化和沉淀又使膜堆电阻增加。

c. 沉淀、结垢的影响。使膜的交换容量和选择透过性下降，也改变了膜的物理结构，使膜发脆易裂，机械强度下降，膜电阻增加，缩短膜的使用寿命。

③ 防止极化和结垢的措施

a. 极限电流法。将电渗析器的操作电流控制在极限电流以下，以避免极化现象产生，抑制沉淀生成，但不能消除阴极沉淀。

b. 倒换电极法。如图 7-15 所示，定时倒换电极，使浓、淡室，阴、阳极室随之相应倒换。倒换电极后，阴极室变为阳极室，水就呈酸性，可溶解原有沉淀，部分沉淀刚从电极表面脱落，随极水排出。原浓水室表面上的离子，当倒电极后就反向迁移，可使沉淀部分消解。阴膜表面两侧的水垢，溶解与沉淀相互交替，处于不稳定状态，有利于减缓水垢的生成。但频繁倒换，会影响淡水产量。

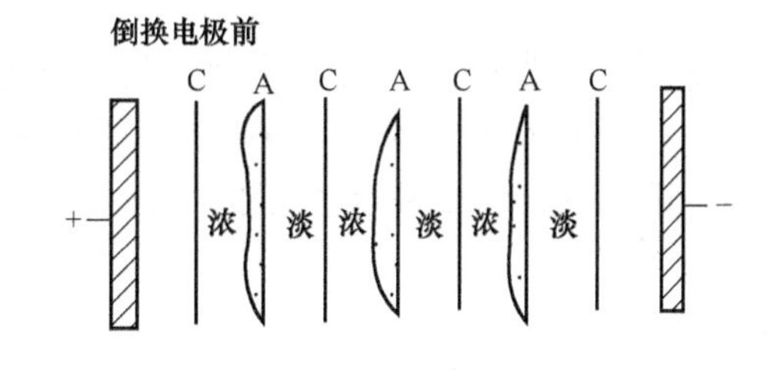

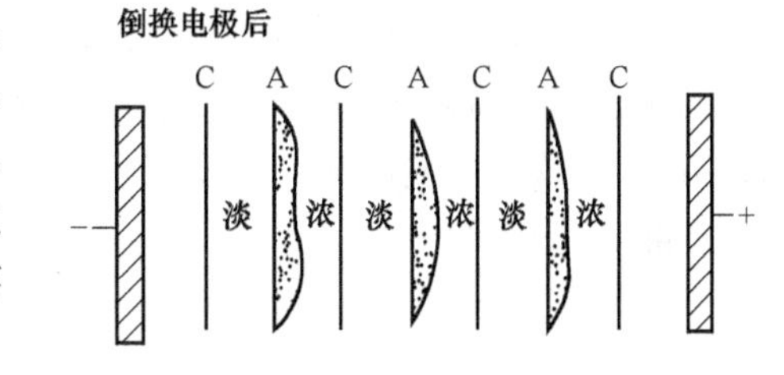

图 7-15　倒换电极前后结垢情况示意
C—阳膜；A—阴膜

c. 定期酸性法。电渗析在运行一段时间后，总会有少量的沉淀物生成，积累到一定程度时，用倒换电极法也不能有效地去除，但可用酸洗。一般采用浓度为 1.0%～1.5% 的盐酸溶液在电渗析器内循环清洗以消除水垢，酸洗周期视实际情况从每周一次到每月一次。

(5) 电流效率及极限电流密度

① 电流效率。电渗析器用于水的淡化时，一个淡室（相当于一对膜）实际去除的盐量 m_1 (g) 为

$$m_1 = q(c_1 - c_2)tM_B/1000 \tag{7-46}$$

式中，q 为一个淡室的出水量，L/s；m_1 为实际去除的盐量，g；c_1、c_2 分别为进出水含盐量，mmol/L，计算时均以当量作为基本单元；t 为通电时间，s；M_B 为物质的摩尔质量，以当量粒子作为基本单元，g/mol。

依据法拉第定律，应析出的盐量 m(g) 为

$$m = \frac{ItM_B}{F} \tag{7-47}$$

式中，I 为电流，A；F 为法拉第常数，$F=96500\text{C/mol}$。

电渗析器电流效率等于一个淡室实际去除的盐量与应析出的盐量之比。即

$$\eta=\frac{m_1}{m}=\frac{q(c_1-c_2)F}{1000I}\times100\% \tag{7-48}$$

电流效率与膜对数无关，电压随膜对增加而增大，电流则保持不变。

② 极限电流密度。电流密度（i）为每单位面积膜通过的电流。在电渗析运行时，膜界面现象的产生，使工作电流密度受到一定的限制。

a. 极限电流密度公式。如图 7-16 所示，以阳膜淡水一侧为例，膜表面存在一层界面层（滞流层），其厚度为 δ，当电流密度为 i，阳离子在阳膜内的迁移数为 $\bar{t}_+$，则其迁移量为 $\frac{i}{F}\bar{t}_+$，即单位时间单位面积所迁移的物质的量。阳离子在溶液中的迁移数为 t_+，其迁移量为 $\frac{i}{F}t_+$。由于 $\frac{i}{F}\bar{t}_+>\frac{i}{F}t_+$，造成膜表面处阳离子亏空。使界面两侧出现浓度差，产生离子扩散的推动力。此时，离子迁移的亏空量由离子扩散的补充量来补偿。根据菲克定律，扩散物的通量可表示为

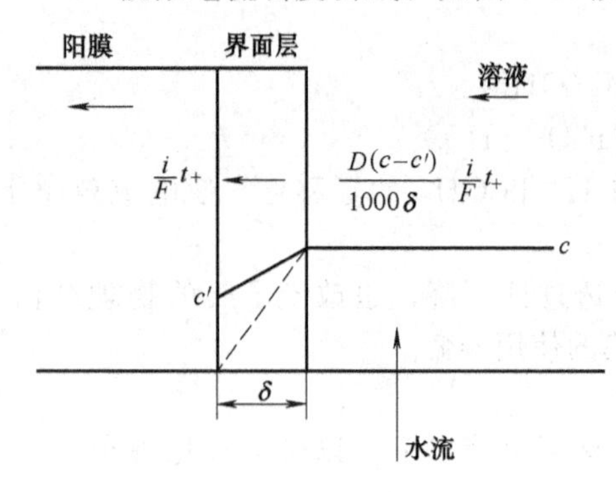

图 7-16 浓差极化示意

$$\varphi=D(c-c')/(1000\delta) \tag{7-49}$$

式中，φ 为单位时间单位面积所通过的物质的量，$\text{mol/(cm}^2\cdot\text{s)}$；$D$ 为膜扩散系数，cm^2/s；c、c' 分别为界面层两侧溶液的物质的量浓度，mol/L；δ 为界面厚度，cm。

当处于稳定状态时，离子的迁移与扩散之间存在着如下的平衡关系：

$$\frac{i}{F}(\bar{t}_+-t_+)=D\frac{c-c'}{1000\delta} \tag{7-50}$$

式中，i 为电流密度，mA/cm^2。

若逐渐增大电流密度 i，则膜表面的离子浓度 c' 必将逐渐降低，当 i 达到某一数值时，$c'\rightarrow0$。如若再稍稍提高 i 值，由于离子扩散不及时，在膜界面处引起水的电离，H^+ 和 OH^- 分别透过阳膜和阴膜来传递电流，产生极化现象。此时的电流密度称为极限电流密度 $i_{\lim}$。从式(7-50) 得出 $c'=0$ 及

$$i_{\lim}=\frac{FD}{\bar{t}_+-t_+}\times\frac{c}{1000\delta} \tag{7-51}$$

试验表明，δ 值主要与水流速度或雷诺数有关，可用下式表示：

$$\delta=k/v^n \tag{7-52}$$

式中，$n=0.3\sim0.9$。n 越接近 1，则说明隔网造成水流紊乱的效果较好。系数 k 与隔板厚度等因素有关，将 δ 代入式 (7-51) 得

$$i_{\lim}=\frac{FD}{1000(\bar{t}_+-t_+)k}\times cv^n \tag{7-53}$$

在水沿隔板水道流动过程中，水的含盐浓度逐渐降低。其变化规律系沿流向呈指数关系，所以式中 c 应采用对数平均值，即

$$c=\frac{c_1-c_2}{2.3\lg(c_1/c_2)} \tag{7-54}$$

这样，极限电流密度与流速、浓度之间的关系最后可写成

$$i_{\lim}=kcv^{n} \tag{7-55}$$

式中，$i_{\lim}$为极限电流密度，mA/cm^2；v为淡水隔板流水道中的水流速度，cm/s；c为淡室中水的对数平均浓度，mmol/L；$k=FD/[1000(\bar{t}_{+}-t_{+})k]$，称为水力特性系数，主要与膜的性能、隔板厚度、隔网形式、水的离子组成、水温等因素有关。式（7-55）称为极限电流密度公式，在给定条件下，式中k值和n值可通过试验确定。

从极限电流密度公式可以看出：在同一电渗析器中，当水质一定时，极限电流密度与v^n成正比；当速度一定时，极限电流密度随进水含盐量的变化而变化；当电渗析器为多段串联而各段膜对数相同时，各段出水的对数平均浓度逐段减少，极限电流密度亦依次相应降低。

b. 极限电流密度的测定。极限电流密度的测定，通常采用电压-电流法，其测定步骤如下。

(a) 当进水浓度稳定时，固定浓、淡水和极水的流量与进口压力。

(b) 逐次提高操作电压（每次提高10V左右），待工作稳定后，测定与其相应的电流值。

(c) 以电压对电流作图，并从两端绘出一条斜率不同的直线，如图7-17所示，其交点的电流密度即为极限电流密度。从图中看出，当电压-电流关系以较大的斜率直线上升，这是由于极化、沉淀的产生，引起膜堆电阻增加所致。这样，对每一流速v值，可得出相应的$i_{\lim}$值以及淡室中水的对数平均浓度c值。再利用图解法即可确定K值和n值，即

$$\lg\frac{i_{\lim}}{c}=\lg K+n\lg v$$

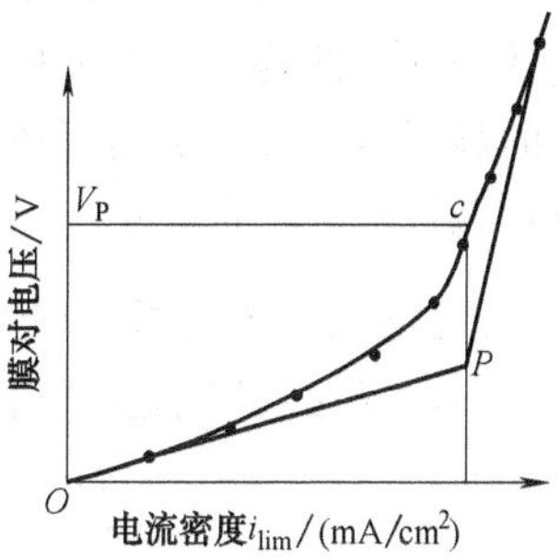

图7-17　极限电流密度的确定

7.2.4　反渗透

7.2.4.1　渗透与反渗透

能够让溶液中一种或几种组分通过而其他组分不能通过的选择性膜称为半透膜。可用选择性透过溶剂水的半透膜将纯水和咸水隔开，开始时两边液面等高，即两边等压、等温，水分子将从纯水一侧通过膜向咸水一侧自发流动，结果使咸水一侧的液面上升，直至达到某一高度，这一现象叫渗透，如图7-18（a）所示。

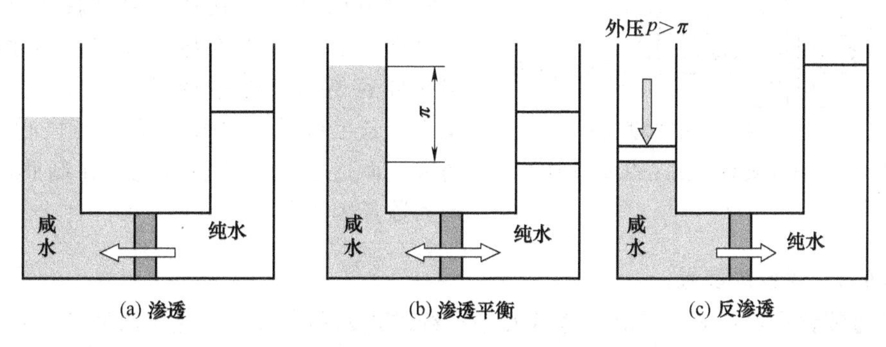

图7-18　渗透与反渗透现象

渗透的自发过程可由热力学原理解释，即

$$\mu=\mu^0+RT\ln x \tag{7-56}$$

式中，μ 为在指定的温度、压力下咸水的化学位；μ^0 为在指定的温度、压力下纯水的化学位；x 为咸水的摩尔分数；R 为摩尔气体常数，$R=8.314\text{J/(mol}\cdot\text{K)}$；$T$ 为热力学温度，K。

由于 $x<1$，$\ln x$ 为负值，故 $\mu^0>\mu$，即纯水的化学位高于咸水中水的化学位，所以水分子便向化学位低的一侧渗透。可见，水的化学位的大小决定了质量的传递方向。

当两边的化学位相等时，渗透即达到动态平衡状态，水不再流入咸水一侧，这时半透膜两侧存在着一定的水位差或压力差，此即为在指定温度下的溶液（咸水）渗透压 π。渗透压是溶液的一个性质，与膜无关。渗透压可由修正的范托夫方程式进行计算：

$$\pi=icRT \tag{7-57}$$

式中，π 为溶液渗透压，Pa；c 为溶液浓度，mol/m^3；i 为校正系数，对于海水，i 约等于 1.8。

如图 7-18（c）所示，当在咸水一侧施加的压力 p 大于该溶液的自然渗透压 π 时，可迫使水反向渗透，此时，在高于渗透压的压力作用下，咸水中水的化学位升高并超过纯水的化学位，水分子从咸水一侧反向地通过膜到纯水一侧，称为反渗透。可见，发生反渗透的必要条件是选择性透过溶剂的膜，膜两边的静压差必须大于其渗透压差。在实际的反渗透中膜两边的静压差还要克服透过膜的阻力，因此，在实际应用中需要的压力比理论值大得多。海水淡化就是基于半透膜反渗透原理。

7.2.4.2 反渗透原理

目前反渗透膜的透过机理尚未有公认的解释，主要有溶解-扩散模型和优先吸附-毛细孔流动模型，其中以优先吸附-毛细孔流动模型多见，如图 7-19 所示。该理论以吉布斯吸附式为依据，认为膜表面优先吸附水分子而排斥盐分，因而在固-液界面上形成厚度为 $5\times10^{-10}\sim10\times10^{-10}\text{m}$（1～2 个水分子）的纯水层。在压力作用下，纯水层中的水分子便不断通过毛细管流过反渗透膜，形成脱盐过程。当毛细管孔径为纯水层的两倍时，可达到最大的纯水通过量，此时对应的毛细管孔径，称为膜的临界孔径。当毛细管孔径大于临界孔径时，透水性增大，但盐分容易从孔隙中透过，导致脱盐率下降。反之，若毛细管孔径小于临界孔径时，脱盐率增大，而透水性下降。因此，在制膜时应获得最大数量的临界孔。

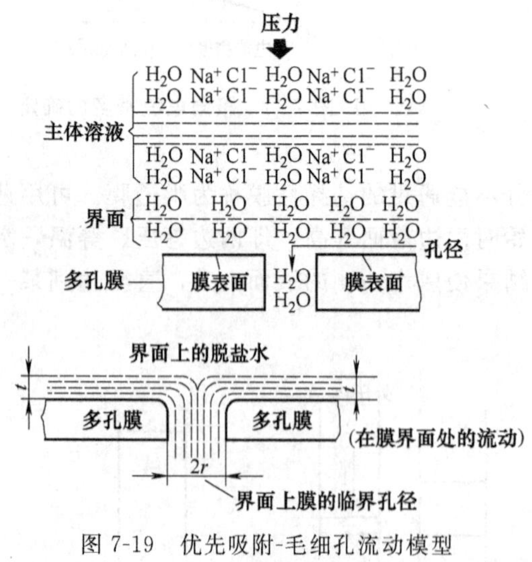

图 7-19 优先吸附-毛细孔流动模型

7.2.4.3 反渗透装置

反渗透装置有板框式、管式、卷式和中空纤维式四种类型。广泛应用的是卷式和中空纤维反渗透器。表 7-11 列出了各种形式反渗透器的性能。

表 7-11　各种形式反渗透器的性能

类　　型	膜装填密度/(m^2/m^3)	操作压力/MPa	透水率/[$m^3/(m^2 \cdot d)$]	单位体积透水量/[$m^3/(m^3 \cdot d)$]
板框式	492	5.5	1.02	501
管式(外径 1.27cm)	328	5.5	1.02	334
卷式	656	5.5	1.02	668
中空纤维式	9180	2.8	0.073	668

注：原水含（NaCl）5000mg/L，脱盐率 92%～96%。

7.2.4.4　反渗透工艺流程

反渗透的工艺流程一般由预处理、膜分离和后处理三部分组成。预处理是保证反渗透膜长期工作的关键。预处理旨在防止进料水对膜的破坏，除去水中的悬浮物及胶体，阻止水中过量溶解盐沉淀结垢，防止微生物滋长。预处理通常有混凝沉淀、过滤、吸附、氧化、消毒等。对于不同的水源、不同的膜组件应根据具体情况采用合适的预处理方法。

预处理的方法确定以后，反渗透系统布置是工艺设计的关键，在规定的设计参数条件下，必须满足设计流量和水质要求。布置不合理，有可能造成某一组件的水通量很大，而另一组件的水通量很小，水通量大的膜污染速度加快，清洗频繁，造成损失，影响膜的寿命。如图 7-20 所示，反渗透布置系统有单程式、循环式、多段式等。在单程式系统中，原水一次经过反渗透器处理，水的回收率（淡化水流量与进水流量的比值）不高，工业上应用较少。循环式系统则是让一部分浓水回流重新处理，因此产水量增大，但淡水水质有所降低。多段式系统是将第一级浓缩液作为第二级的原料液，第二级的浓缩液再作为下一级的原料液，浓缩液逐渐减少，这样可充分提高水的回收率，增大脱盐率，它用于产水量大的场合。另外，为了保证液体的一定流速，控制浓差极化，膜组件数目应逐渐减少。

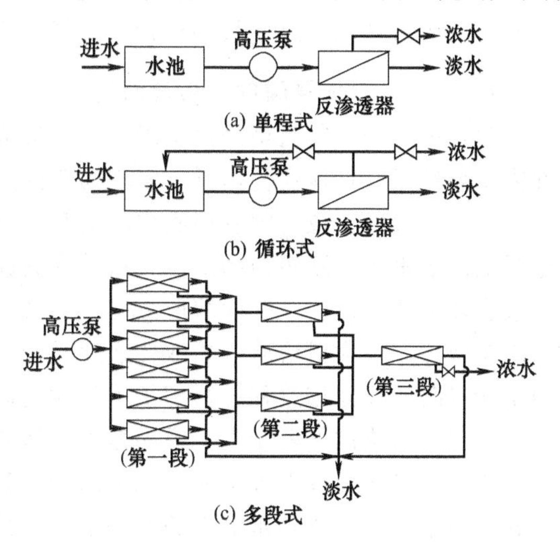

图 7-20　反渗透布置系统

根据生产的需要，后处理一般包括离子交换除盐树脂和紫外线消毒。在城市给水工程中应用还需要附加调节 pH 值、脱气与消毒。

7.2.4.5　反渗透膜的分类及制造方法

(1) 反渗透膜的分类。反渗透膜分类有许多方法，根据膜的材料，反渗透膜主要分为醋酸纤维类（CA）膜和芳香族聚酰胺膜两大类，主要用于水的淡化除盐。CA 膜具有良好的成膜性能、价廉、耐游离氯、不易污染和不结垢等优点，但是适用 pH 值范围窄（4.0～6.5），不抗压，易水解，性能衰减快。芳香族聚酰胺膜具有脱盐率高、通量大、适用 pH 值范围广（4～11）与耐生物降解等优点，但易受氯氧化，抗结垢和抗污染等性能差。按膜的结构特点又可分为不对称膜和复合反渗透膜等。不对称膜的表皮层致密，皮下层呈梯度疏松；通用的复合膜大多是用聚砜多孔支撑膜制成，表层为致密的芳香族聚酰胺薄层。按膜的使用和用途又分为低压膜、超低压膜、苦咸水淡化用膜、海水淡化用膜等多种。表7-12所列为CA膜与聚酰胺复合膜的比较。

表7-12 CA膜与聚酰胺复合膜的比较

比较项目	CA膜	聚酰胺复合膜
化学稳定性	不可避免地会发生水解，脱盐率会下降	化学稳定性好，不会发生水解，脱盐率基本不变
脱盐率	脱盐率95%，逐年递减	脱盐率高，>98%
生物稳定性	易受微生物侵袭	生物稳定性好，不受微生物侵袭
pH值范围	只能在pH值4～7范围内运行	可在pH值3～11范围内运行
产水量	在运行中膜会被压紧，因而产水量会不断下降	膜不会被压紧，因而产水量不变
能耗	膜透水速度较小，要求工作压力高，耗电量也较高	膜透水速度高，故工作压力低，耗电量也较低
膜使用寿命	膜使用寿命一般为3年	一般使用5年以上性能基本不变
价格	价格较便宜	抗氯性较差，价格较高

(2) 反渗透膜的制造方法。不对称膜片的制备过程主要包括以下四个步骤：配制含有聚合物、溶剂、添加剂的三组分制膜液；将此制膜液展成一薄的液层，让其中的溶剂挥发一段时间；将挥发后的液层侵入非溶剂的凝胶浴中，使凝胶成聚合物的固态膜；将凝胶的膜进行热处理或压力处理，改变膜的孔径，使膜具有所需的性能。

7.2.4.6 反渗透膜的污染与清洗

(1) 膜污染。膜污染是由于膜表面上形成了滤饼，凝胶及结垢等附着层或膜孔堵塞等外部因素导致了膜性能变化，具体表现为膜的产水量明显减少。

由于膜表面形成了附着层而引起的膜污染被称为浓差极化。液体膜分离过程中，随着透过膜的溶剂水到达膜表面的溶质，由于受到膜的截留而积累，使得膜表面溶质浓度逐步高于料液主体溶质浓度。膜表面溶质浓度与料液主体溶质浓度之差形成了从膜表面向料液主体的溶质扩散传递。大概溶质的扩散传递通量与透过膜的溶剂（水）到达膜表面的溶质主体流动通量相等时，反渗透过程进行到了不随时间而变化的定常状态。

造成膜污染的另一个重要原因是膜孔堵塞。悬浮物或水溶性大分子在膜孔中受到空间位阻，蛋白质等水溶性大分子在膜孔中的表面吸附，以及难溶性物质在膜孔中的析出等都可能使膜孔堵塞。当溶质是水溶性的大分子时，其扩散系数很小，造成从膜表面向料液主体的扩散通量很小，因此膜表面的溶质浓度显著增高形成不可流动的凝胶层。当溶质是难溶性物质时，膜表面的溶质浓度迅速增高并超过其溶解度从而在膜表面上结垢。此外，膜表面的附着层可能是水溶性高分子的吸附层和料液中悬浮物在膜表面上堆积起来的滤饼层。

此外，原水中盐在水透过膜后变成过饱和状态，在膜上析出，也可能造成膜污染。膜污染的一般特征见表7-13。

表7-13 膜污染的一般特征

污染原因	一般特征		
	盐透过率	组件的压损	产水量
钙沉淀物	增加速度快≥2倍	增加速度快≥2倍	急速降低20%～25%
胶体物质	增加10%～25%	增加10%～25%	稍微减少<10%
混合胶体	缓慢增加≥2倍	缓慢增加≥2倍	缓慢减少≥50%
细菌	增加速度快2～4倍	缓慢增加≥2倍	缓慢减少≥50%
金属氧化物	增加速度快≥2倍	增加速度快≥2倍	减少≥50%

(2) 膜清洗。在膜分离技术应用中，尽管选择了较合适的膜和适宜的操作条件，但在长期运行中，膜的透水量随运行时间增长而下降是必然的，即产生膜污染。因此，必须采取一

定的清洗方法，去除膜面或膜孔内污染物，恢复透水量，延长膜的寿命。

对原水进行有效的预处理，满足膜组件进水的水质要求，可以减小膜表面的污染。预处理越完善，清洗间隔越长；预处理越简单，清洗频率越高。预处理是指在原水膜滤前向其中加入一种或几种药剂，去除一些与膜相互作用的物质，从而提高过滤通量。如进行预絮凝、预过滤或改变溶液 pH 值等。恰当的预处理有助于降低膜污染，提高渗透通量和膜的截留性能。在废水处理中，往往先在原水中加入氢氧化钙、明矾或高分子电解质以改变悬浮颗粒的特性来改变渗透通量，其原理是产生蓬松的无黏聚性的絮状物来显著降低膜的污染；在处理含重金属离子废水时，可预先加入碱性物质调节溶液的 pH 值或加入硫化物等，使重金属离子形成氢氧化物沉淀或难溶性的硫化物等除去。

① 膜清洗的要素

a. 膜的物化特性。系指耐酸性、耐碱性、耐温性、耐氧化性和耐化学试剂特性。它们对选择化学清洗剂类型、浓度、清洗液温度等极为重要。一般来讲，各生产厂家对其产品的化学特性均给出了简单说明，当要使用超出说明书中规定的化学清洗剂时，一定要慎重，先做小实验检测，看是否可能给膜带来危害。

b. 污染物特性。系指在不同 pH 值、不同种类盐及浓度溶液中，不同温度下污染物的溶解性、荷电性、可氧化性及可酶解性等。应有的放矢地选择合适的化学清洗剂，以获得最佳清洗效果。

② 清洗方法。膜清洗方法通常可分为物理方法与化学方法。物理方法一般是指用高速水流冲洗、海绵球机械擦洗和反洗等，简单易行。对于中孔纤维膜，可以采用反洗方法，效果很好。抽吸清洗方法与反洗方法有一定的相似性，但在某些情况下，抽吸清洗效果更好一点。另外，电场过滤、脉冲电泳清洗、脉冲电解清洗及电渗析反洗、超声波清洗研究也十分活跃，效果很好。

化学清洗通常是用化学清洗剂，如稀碱、稀酸、酶、表面活性剂、络合剂和氧化剂等。对于不同种类膜，选择化学清洗剂时要慎重，以防止化学清洗剂对膜的损害。选用酸类清洗剂，可以溶解除去矿物质及 DNA，而采用 NaOH 水溶液可有效地脱除蛋白质污染；对于蛋白质污染严重的膜，用含 0.5% 胃蛋白酶的 NaOH 溶液清洗 30min 可有效地恢复透水量。对于糖等，温水浸泡清洗即可基本恢复初始透水率。

③ 膜清洗效果的表征。通常用纯水透水量恢复系数 r 来表达，可按下式计算：

$$r=J_Q/J_0\times100 \tag{7-58}$$

式中，J_Q为清洗后膜的纯水透过通量；J_0为清洗前膜的纯水透过通量。

7.2.5 超滤

超滤用于截留水中胶体大小的颗粒，而水和低分子量溶质则允许透过膜。超滤膜的平均孔径介于反渗透膜与微孔滤膜之间，截留相对分子量为 $10^3\sim10^6$。超滤与反渗透的工作方式属于同一形式，即在进水流动过程中，部分水透过膜，而大部分水沿膜面平行流动的同时，将膜面上的截留物质带走。而微孔过滤是将全部进水挤压滤过，因而膜微孔容易堵塞。超滤虽无脱盐性能，但对于去除水中的细菌、病毒、胶体、大分子等微粒相当有效，而且与反渗透相比，操作压力低，设备简单，因此超滤技术用于纯水终端处理是较为理想的处理方法。此外，超滤亦广泛应用于医药工业、食品工业及工业废水等各个领域。

7.2.5.1 超滤膜的结构及操作方式

超滤膜多为不对称结构，由一层极薄（常小于 1μm)、具有一定尺寸孔径的表皮层和一层较厚（常为125μm左右）、具有海绵状或指状结构的多孔层组成，前者起分离作用，后者起支撑作用。超滤膜的截留性能主要与膜的孔径结构及分布有关，也与膜材料及其表面性质相关。有磺化聚砜、聚砜、聚偏氟乙烯、纤维素类、聚丙烯腈、聚酰胺、聚醚砜等有机材质的超滤膜，也有用氧化铝、氧化锆制得的陶瓷超滤膜。超滤膜有以下三种基本操作方式。

(1) 重过滤操作。重过滤主要用于大分子和小分子的分离。图7-21所示为连续式重过滤操作示意。料液中含有不同相对分子质量的溶质，通过不断地加入纯水以补充滤出液的体积，小分子组分逐渐地被滤出液带走，从而达到提纯大分子组分的目的。重过滤操作设备简单、能耗低，可克服高浓度料液渗透速率低的缺点，去除渗透组分，但浓差极化和膜污染严重。

(2) 间歇操作。超滤膜的间歇错流操作主要是用泵将料液从储罐送入超滤膜装置，通过它后再回到储罐中。随着溶剂不断滤出，储罐中料液液面下降，溶液浓度升高。间歇错流具有操作简单、浓缩速度快、所需膜面积小等优点，但截留液循环时耗能较大。在实验室或小型处理工程中常用。

(3) 连续式操作。连续式操作多采用单级或多级错流过滤方式（图7-22），常用于大规模生产。这种形式有利于提高效率，除最后一级在高浓度下操作渗透速率较低处，其他级操作的浓度不高，渗透速率较高。

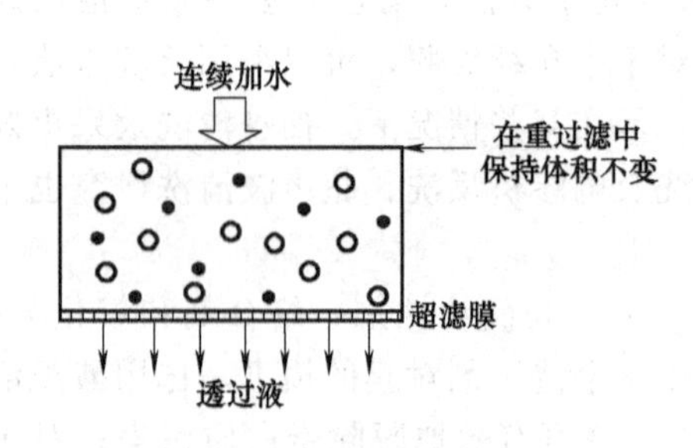

图7-21 连续式重过滤操作示意

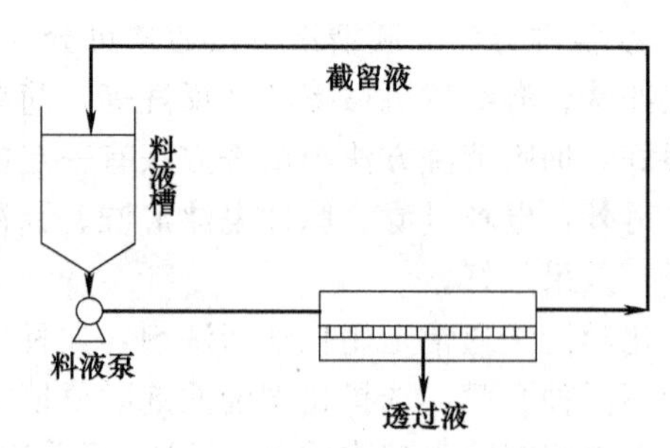

图7-22 多级错流过滤方式

7.2.5.2 浓差极化与膜污染

对于压力推动的膜过滤，无论是超滤、微滤，还是反渗透，操作中都存在浓差极化现象。在操作过程中，由于膜的选择透过性，被截留组分在膜料液侧表面都会积累形成浓度边界层，其浓度大大高于料液的主体浓度，在膜表面与主体料液之间浓度差的作用下，将导致溶质从膜表面向主体料液的反向扩散，这种现象称为浓差极化，如图7-23所示。浓差极化使得膜面处浓度 c_i 增加，加大了渗透压，在一定压差 Δp 下使溶剂的透过速率下降，同时 c_i 的增加又使溶质的透过率提高，使截留率下降。由于进行超滤的溶液主要含有大分子，其在水中的扩散系数极小，导致超滤的浓差极化现象较为严重。

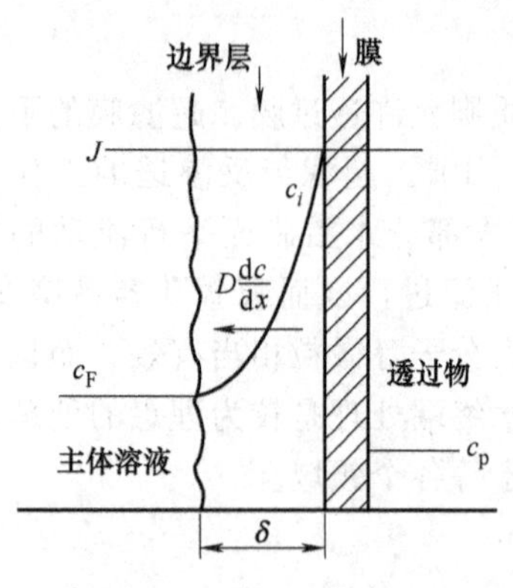

图7-23 浓差极化模型

膜污染是指料液中的某些组分在膜表面或膜孔中沉积导致膜透过速率下降的现象。膜污染主要发生在超滤与微滤过程中。组分在膜表面沉积形成的污染层将产生额外的阻力，该阻力可能远大于膜本身的阻力而成为过滤的主要阻力；组分在膜孔中的沉积，将造成膜孔减小甚至堵塞，实际上减小了膜的有效面积。

图 7-24 反映了超滤过程中压力差 Δp 与超滤通量 J 之间的关系。

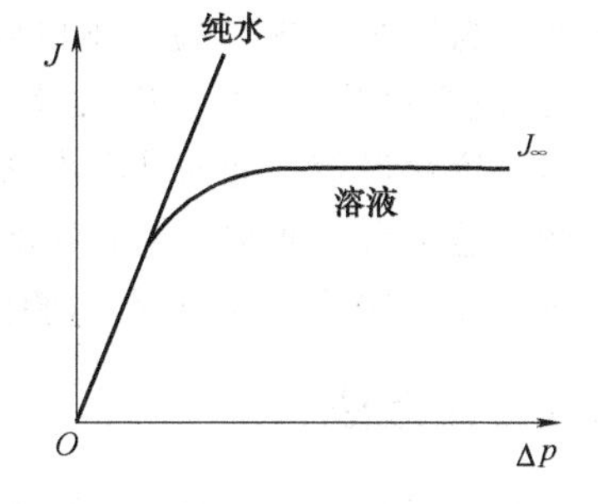

图 7-24 超滤通量与操作压力差的关系

对于纯水的超滤，其水通量与压力差成正比；而对于溶液的超滤，由于受浓差极化与膜污染的影响，超滤通量随压差的变化关系为一曲线，当压差为一定值时，提高压力只能增大边界层阻力，不能增大通量，从而存在极限通量 J_∞。

由此可见，浓差极化与膜污染均使膜透过速率下降，影响操作过程，应设法减轻浓差极化与膜污染。主要途径有：对原料液进行预处理，除去料液中的大颗粒；提高料液的流速或在组件中加内插件以提高湍动程度，减薄边界层厚度；选择适当的操作压力；对膜的表面进行改进；定期对膜进行反冲和清洗。

7.2.5.3 超滤的操作参数

正确地掌握和执行操作参数对超滤系统的长期、安全和稳定运行极为重要。一般操作参数包括流速、压力、压力降、浓水排放量、回收比和温度等。

(1) 流速。流速是指供给水在膜表面上流动的线速度，是超滤系统中一项重要的操作参数。流速太快，不但产生过大的压力降，造成水的浪费，还加速了超滤膜分离性能的衰退。反之，如果流速过慢，容易产生浓差极化现象，影响透水性能，使透水质量下降。通常依据试验来确定最佳流速。不同构型的超滤组件要求流速不一样，即便是相同构型的组件，处理不同的料液，要求的流速也可能相差甚远。例如浓缩电泳漆的流速约等于处理水的 8～10 倍。供给水量的多少决定了流速的快慢，实际运行中可按产品说明书标定的数值操作。

(2) 操作压力及压力降

① 操作压力。处理工作压力是泛指在超滤处理溶液通常所使用的工作压力，为 0.1～0.7MPa。分离不同分子量的物质，要选用相应截留分子量的超滤膜，操作压力也有所不同。需要截留物质的分子量越小，选择膜的截留分子量也小，所需要的工作压力就比较高。在允许工作压力范围内，压力越高，膜的透水量就越大。但压力又不能过高，以防产生膜被压密的现象。

② 压力降。组件进出口间的压力差称为压力降，也称为压力损失。它与供水量、流速及浓缩水排放量密切相关。供水量与浓缩水排放量大，流速快，则压力降也就越大。压力降大，说明处于下游的膜未达到所需要的工作压力，直接影响到组件的透水能力。因此，实际应用中，尽量控制过大的压力降。随着运转时间的延长，污垢的积累增加了水流的阻力，使得压力降增大，当压力降值高出初始值 0.05MPa 时，应当进行清洗，疏通水路。

(3) 回收比和浓缩水排放量。回收比是指透过水量与供给水量之比率，浓缩水排放量是指未透过膜而排出的水量。在超滤系统中，回收比与浓缩水排放量是一对相互制约的因素。因为供给水量等于浓缩水与透过水量之和，如果浓缩水排放量大，回收比就小。反之，如果回收比大，浓缩水排放量就小。在使用过程中，根据超滤组件的构型和进料液的组成及状态(主要指浑浊度)，通过调节组件进口阀及浓缩液出口阀门，选择适当的透过液量与浓缩水量比例。

(4) 工作温度。生产厂家所给出组件的性能数据绝大多数是在 25℃条件下测定的。超滤膜的透水能力随着温度的升高而增大，在工程设计中应考虑供给水的实际温度，实际温度低于或者高于25℃时，应当乘以温度系数。在允许操作温度范围内，温度系数约为0.0215/1℃，即温度每升高1℃，透水量相应地增加2.15%。

虽然透水量随温度的升高而增加，但操作温度不能过高。温度太高将会导致膜被压密，反而影响透水量。通常应控制超滤装置工作温度（25±9)℃为宜。无调温条件时，一般也不应超过（25±10)℃，特殊用途膜除外。

7.2.6 蒸馏法

至今海水与苦咸水淡化方法已经出现了数十种，主要包括蒸馏法，还有上述提到的离子交换法、反渗透与超滤、电渗析法等。目前工业上采用的主要有以下几种，即多级闪蒸（MSF)、多效蒸发（ME或MED)、压汽蒸馏（VC）和反渗透（RO)。适于水电联产的大型蒸馏装置，可供选择的技术主要是多级闪蒸、低温多效闪蒸（LT-MED)。

7.2.6.1 多级闪蒸

多级闪蒸是针对多效蒸发结垢较严重的缺点而发展起来的，具有设备简单可靠、防垢性能好、易于大型化、操作弹性大以及可利用低位热能和废热等优点，因此一经问世就很快得到实用和发展。多级闪蒸法不仅用于海水淡化，而且已广泛用于火力发电厂、石油化工厂的锅炉供水，工业废水和矿井苦咸水的处理与回收，以及印染工业、造纸工业废碱液的回收等。

（1）多级闪蒸原理

① 多级闪蒸过程。多级闪蒸是多级闪急蒸馏法的简称，又称多级闪发，或多级闪急蒸发（馏)。多级闪蒸过程原理如下：将原料海水加热到一定温度后引入闪蒸室，由于该闪蒸室中的压力控制在低于热盐水温度所对应的饱和蒸气压的条件下，故热盐水进入闪蒸室后即成为过热水而急速地部分汽化，从而使热盐水自身的温度降低，所产生的蒸汽冷凝后即为所需的淡水。多级闪蒸就是以此原理为基础，使热盐水依次流经若干个压力逐渐降低的闪蒸室，逐级蒸发降温，同时盐水也逐级增浓，直到其温度接近（但高于）天然海水温度。

在以下叙述中，当海水处于天然状态，或未经工艺处理时，称为“海水”，而一旦进入工艺流程或经过工艺处理则被称为“盐水”。

多级闪蒸装置及其流程如图7-25所示。主要设备有盐水加热器、多级闪蒸装置热回收段、排热段、海水前处理装置、排不凝气装置真空系统、盐水循环泵和进出水泵等。

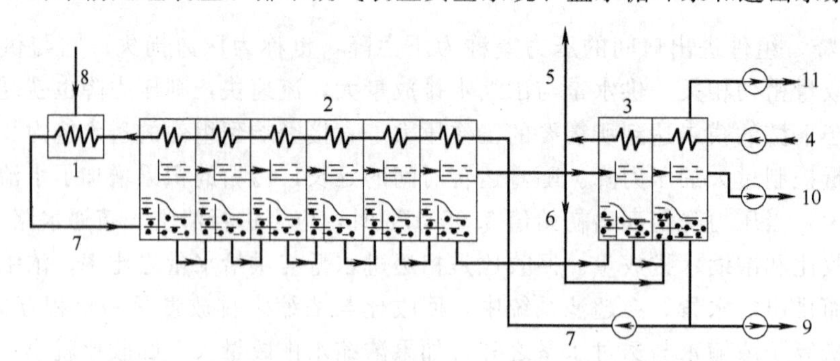

图7-25 多级闪蒸装置及其流程示意

1—加热器；2—热回收段；3—排热段；4—海水；5—排冷却水；6—进料水；7—循环盐水；8—加热蒸汽；9—排浓盐水；10—蒸馏水；11—抽真空

经过混凝澄清预处理和液氯处理的海水，首先选入排热段作为冷却水。离开排热段后的大部分冷却海水又排回海中。按工艺要求从冷却海水中分出的一部分作为原料海水（补给海水），经前处理后，从排热段末级蒸发室或于盐水循环泵前进入闪蒸系统。

为了有效地利用热量，节省经过预处理的原料海水，提高闪蒸室中的盐水流量，故在实际生产中都是根据物料平衡将末级的浓盐水一部分排放，另一部分与补给海水混合后作为循环盐水打回热回收段。循环盐水回收闪蒸淡水蒸汽的热量后，再经过加热器加热，在这里盐水达到工艺要求的最高温度。加热后的循环盐水进入热回收段第一级蒸发室，然后通过各级级间节流孔依次流过各个闪蒸室完成多级闪蒸，浓缩后的末级盐水再次循环。

从各级蒸发室中闪蒸出的蒸汽，分别通过各级汽水分离器，进入冷凝室的管间凝结成淡水。各级淡水分别从受液盘，经淡水通路，随着压力降低的方向流到末级抽出。海水前处理包括海水清洁处理和防垢、防腐措施等。

② 过程参数及其相互关系

a. 蒸发系数和浓缩比。多级闪蒸过程参数说明和温度变化如图 7-26 所示。

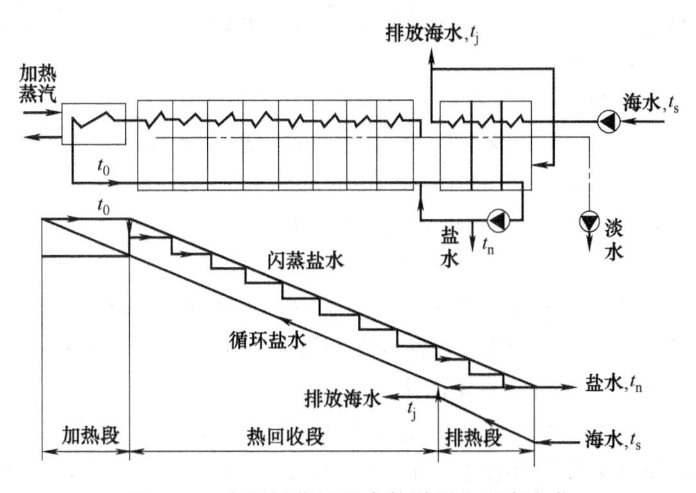

图 7-26　多级闪蒸过程参数说明和温度变化

盐水在较小的温差范围内闪蒸时，可将其比热容、潜热和盐水量视为常数。按照图7-26所示的参数关系，可知

$$D=\frac{S}{L}R\,(t_i-t_{i+1})\tag{7-59}$$

式中，D 为闪蒸所得淡水量，kg/h；S 为盐水比热容，kcal/(kg·℃)；L 为水的汽化潜热，kcal/kg；R 为盐水流量（盐水循环量），kg/h；t_i 为第 i 级闪蒸前盐水温度,℃；t_{i+1} 为第 i 级闪蒸后盐水温度,℃。

由于 L 和 S 都是常数，因而淡水蒸出量取决于盐水量 R 和温度差 t_i-t_{i+1}。实际生产中，为了提高淡水产量，都尽可能地加大总的蒸发温差，不提高一定设备条件下的盐水流量。

将式（7-59）加以改写，便得

$$Z=\frac{D}{R}=\frac{S\,(t_i-t_{i+1})}{L}\tag{7-60}$$

式中，Z 为淡水产量与盐水流量之比，定义为蒸发系数或蒸发分数。

这个概念是根据温差值很小的假定得出的。对于一个实际装置，虽然说的蒸发温度达到50～90℃，但因盐水循环量比淡水产量大得多，且盐水增浓倍数不大，故式（7-60）所定义的蒸发系数仍然适用。

浓缩比是闪蒸装置末级盐水浓度与补给海水浓度之比。当原料水为海水时，由于结垢因素的限制，末级盐水的浓缩比一般都不超过2.0。需要说明的是，浓缩比不超过2.0是对标准海水浓度而言，而标准海水浓度定为3.4483%（质量分数），即排盐浓度接近70000mg/LTDS。对于某些河口海湾，海水浓度常年低于标准海水值，如以该处海水浓度为基准设计浓缩比，自然可以适当提高，但要小心；反之，对于某些内陆海湾，海水浓度可能高于标准值，以该海域浓度为基准计算时，末级盐水的浓缩比常需低于2.0。

如原料水为不同盐度的河水或苦咸水，则浓缩比自然还可以提高，但都要根据具体的水质条件以防垢安全为限，一般都不能接近上述70000mg/L的排盐浓度。

b. 热量平衡。全装置的热量平衡方程如下。

(a) 输入热量：ⅰ. 加热器净输入的热量（即加热蒸汽总的潜热值），H；ⅱ. 冷却海水带入的热量，$CS_c t_c$（不计补给海水的补充加热，视 $t_j \approx t_f$）。

(b) 输出热量：ⅰ. 冷却海水排出的热量，$(C-F)S_c t_f$；ⅱ. 淡水带出的热量，$DS_d t_d$；ⅲ. 浓盐水带出的热量，$BS_b t_n$。

略去散热损失，则得

$$H+CS_c t_c=(C-F)S_c t_f+DS_d t_d+BS_b t_n$$

$$H=(C-F)S_c t_f++DS_d t_d+BS_b t_n-CS_c t_c \tag{7-61}$$

另一方面，热量 H 是从加热器输入的，因而有

$$H=RS_r(t_0-t_r) \tag{7-62}$$

以上各物理量，B 表示浓盐水流量；C 表示冷却水流量；F 表示补充水流量；R 表示循环盐水流量；下脚 r 表示循环盐水；c 表示冷却海水；d 表示产品淡水；f 表示补给水；j 表示排热级排出的冷却水。其他符号见图7-26。

在实际计算中，t_0 为盐水的最高温度（又称“顶温”），这是设计时预先给定的，而循环盐水经预热以后的温度 t_r 和循环盐水流量 R 在以下推导中将会给出，盐水比热容 S_r 可从手册中查到。故通过式（7-62）即可求得全装置的耗热量。

c. 级间温差和蒸发量。假设共有 n 级，各级盐水的级间温差相等，则从加热器出口温度 t_0 到末级盐水温度 t_n 之间，存在着如下关系。

$$t_0-t_1=t_1-t_2=\cdots=t_{n-1}-t_n=\frac{t_0-t_n}{n} \tag{7-63}$$

对气相来说，显然亦有

$$t_1-t_2=t_2-t_3=\cdots=t_{n-1}-t_n=\frac{t_0-t_n}{n} \tag{7-64}$$

式中，t 为蒸汽温度。

由此可推得从第一级到第 n 级的总蒸发量为

$$D=R[1-(1-Z)^n] \tag{7-65}$$

$$Z=\frac{S_r(t_0-t_n)}{nL}$$

式中，Z 为第一级的蒸发系数。

改写式（7-65）得 $$\frac{D}{R}=1-(1-Z)^n$$

总蒸发系数为 $$\beta=1-\left[1-\frac{S_r(t_0-t_n)}{nL}\right]^n \tag{7-66}$$

因而 $$D=R[1-(1-Z)^n]=R\beta \tag{7-67}$$

式（7-67）以简洁的形式表示了多级闪蒸装置产量与循环量和级数等之间的关系，这一关系对于设计和估算都是很有用处的。当产量要求的 D 已知，级数 n 选定后，则可通过式（7-63）、式（7-66）和式（7-67）等关系求出盐水循环量 R，或者反过来求算产量 D。

d. 蒸发比（造水比）。习惯上所说蒸发比（造水比）是指蒸发装置总蒸发量（淡水总产量）与加热器所消耗的饱和水蒸气量之比，但这在技术上不方便，技术上是用热量表示，蒸发比 r 为

$$r=\frac{DL}{H} \tag{7-68}$$

如果不计散热损失，在热回收段中，冷凝器管中循环盐水每级所升高的温度应等于该级蒸发室盐水所降低的温度。即与盐水级间温差相等，在数值上同样等于 $(t_0-t_n)/n$，于是便有

$$t_r=t_n+(n-j)\times\frac{t_0-t_n}{n} \tag{7-69}$$

将式（7-69）代入式（7-62）便得

$$H=RS_r(t_0-t_n)\times\frac{j}{n} \tag{7-70}$$

从式（7-70）可以看出：当级数和盐水循环量已定时，排热级数目将直接关系到多级闪蒸装置的热利用率。排热级多，消耗的热量多，热利用率低。另外可以证明当级间温差相等时有

$$r=\frac{n}{j} \tag{7-71}$$

式（7-71）的结果表明：在多级闪蒸中，如果不计热损失，且当级间温差相等时，蒸发比 r 约等于总级数与排热段级数之比，而不像多效蒸发那样蒸发比只依赖于总的级数。这对设计时初定级数和造水比很有用处。

e. 传热面积。传热面积的计算主要包括三个部分——加热器、热回收段和排热段。具体计算过程可参见有关文献。

（2）多级闪蒸器。多级闪蒸器是全套装置的核心设备。从图 7-25 的原理可知，闪蒸器的基本结构分为上、下两部分。下部为闪蒸室，上部为冷凝室。循环盐水通过节流孔闪蒸出的蒸汽，经除沫器后进入上部冷凝室的管间凝结为淡水。图 7-27 为多级闪蒸器示意，其上部冷凝管束为 14 个，即 14 级。

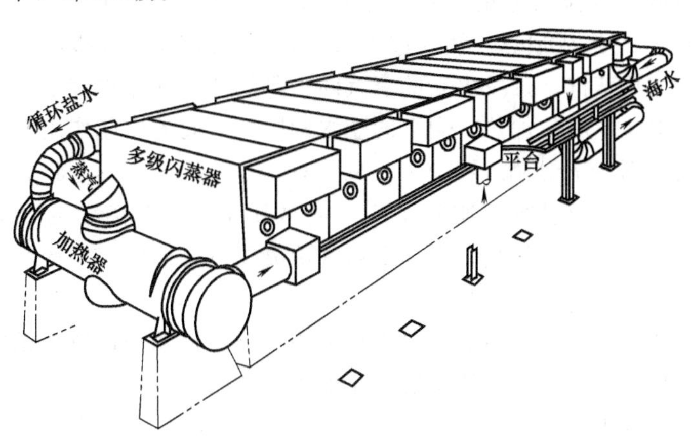

图 7-27　多级闪蒸装置示意

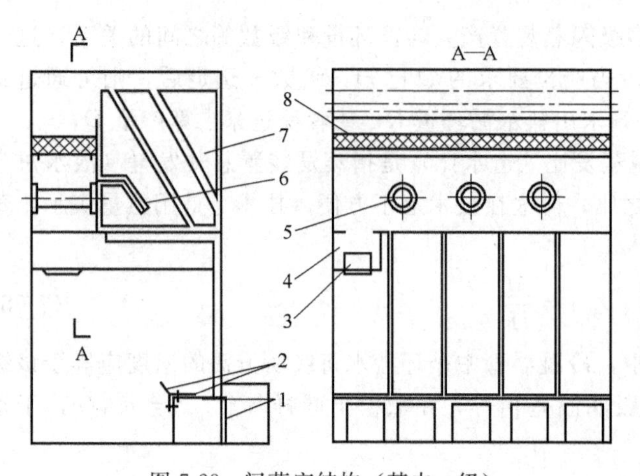

图 7-28　闪蒸室结构（其中一级）

1—盐水节流孔；2—调节板；3—淡水节流孔；4—淡水箱；5—抽汽内管；6—挡汽板；7—冷凝器管束；8—汽水分离器

图 7-28 所示为闪蒸室结构（其中一级），可以看出级与级之间有几个连接通道。

循环盐水通过节流孔 1 和调节板 2 所设置的阻力从高温级向低温级流动。节流孔的阻力是通过计算而设立的，但实际运行之初往往需要人工调整孔的开度，使级间阻力正好足以形成级间的液封，同时又能使盐水正常流过。

淡水也是通过淡水节流孔 3 按盐水节流孔的工作方式进行级间连接的。

冷凝器管束 7，其壳程发生蒸汽冷凝，而管程为循环盐水回收冷凝潜热，级间以 S 形流动。通常在一级中循环盐水只为一程，但有时也设计成多程。程数增加流速增加，传热系数增大，但循环泵的动力消耗大，这是需要做优化选择的。

惰性气体是通过抽汽内管 5 连接的。上升的闪蒸蒸汽穿过汽水分离器 8 进入冷凝器管束 7，大部分蒸汽冷凝。惰性气体携带的少量蒸汽经过挡汽板 6 之后，进一步凝结。而惰性气体则经抽汽内管进入下一级，并依次往下传递。

7.2.6.2　多效蒸发淡化

（1）多效蒸发淡化原理。多效蒸发系由单效蒸发组成的系统，即将前一个蒸发器蒸发出来的二次蒸汽引入下一蒸发器作为加热蒸汽并在下一蒸发器中冷凝为蒸馏水，如此依次进行。每一个蒸发器及其过程称为一效，这样就可形成双效、三效和多效等。至于原料水则可以有多种方式进入系统，有逆流、平流（分别进入各效）、并流（从第一效进入）和逆流预热并流进料等。在大型脱盐装置中多用后一种进料方式，其他进料方式多在化工蒸发中采用。多效蒸发过程在海水淡化和大中型热电厂锅炉供水方面都有采用。

图 7-29 为现代用以进行海水脱盐的竖管降膜多效蒸发流程。各效的压力温度从左到右依次降低。从冷凝器后分流出来的原料海水经过预处理后，由泵 G_1 依次送入预热器 E_n、E_{n-1}、…、E_3、E_2、E_1 进行预热，然后进入第一效蒸发器 D_1 的顶部，并按要求分配到传热管的内壁，管外为加热蒸汽。蒸发出来的蒸汽同下降的盐水在分离室中实现汽液分离，二次蒸汽经过除沫器后引至下一效加热。剩下的盐水则因两效间的压差作用而流入下一效蒸发器 D_2。从第二效起各效都有盐水循环泵 G_7、G_8、…、G_{n+4}、G_{n+5}，将盐水分别打到蒸发器顶部进行分布和蒸发，如此进行直到末效 D_n。各效所生成的蒸馏水也沿压力温度降低的方向流经各效管间，同时回收其热量，直到最后的冷凝器 K，形成产品淡水抽出。最后的浓盐水从末端 D_n 的底部排出。

多效蒸发与单效蒸发相比，热能得以重复利用，造水比几乎按效数成倍增加，但单产设备费亦随效数的增加而逐渐升高，故不能一味地增加效数。

（2）多效蒸发的分类

① 多效蒸发流程的分类。多效蒸发的工艺流程主要有三种，即顺流、逆流和平流。

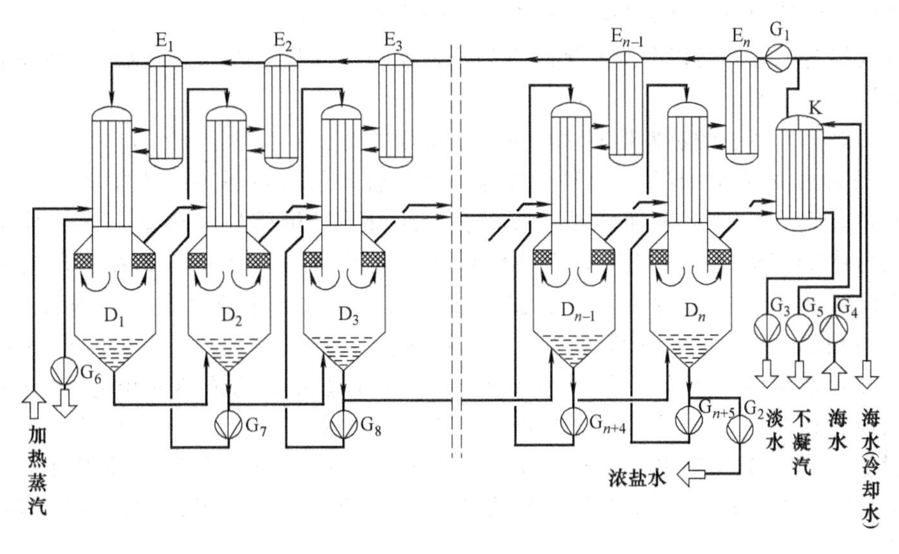

图 7-29　竖管降膜多效蒸发流程

D—蒸发器；E—预热器；G—泵；K—冷凝器

a. 顺流。顺流是指料液和加热蒸汽都是按第一效到第二效到第三效的次序前进。其特点是：由于多效的真空度依次增大，也即绝对压力依次降低，故料液在各效之间的输送不必用泵，而是靠两邻效之间的压差自然流动到后面各效；由于温度也是依次降低，故料液从前一效通往后一效时就有过热现象，也就是发生闪蒸，这样也可以产生一些蒸汽，即产生一些淡水；对于浓度大、黏度也大的物料而言，后几效的传热系数就比较低，而且由于浓度大，沸点就高，各效不容易维持较大的温度差，不利于传热。但对海水淡化而言，问题不大，因为前后浓度都不高。

b. 逆流。逆流是指进料流动的路线和加热蒸汽的流向相反。原料从真空度最高的末一效进入系统，逐步向前面各效流动，浓度也来越高。由于前面各效的压力比较高，所以两邻效之间要用泵输送。又因为前面各效的温度越来越高，所以料液往前面一效送入时，不仅设有闪蒸，而且要经过一段预热过程，才能达到沸腾。可见和顺流的优缺点恰好相反，对于浓度高时黏度大的物料用逆流比较合适，因为最后的一次蒸发是在温度最高的第一效，所以虽然浓度大，黏度还是可以降低一些，可以维持比较高的传热系数，这在化工生产上采用较多。

c. 平流。平流是指各效都单独平行加料，不过加热蒸汽除第一效外，其余各效皆用的是二次蒸汽。适用于容易结晶的物料，如制盐，一经加热蒸发，很快达到过饱和状态，结晶析出，所以没有必要从一效将母液再转移到另一效。

在水处理过程中主要是要获取淡水，不需用逆流和平流，而且逆流和平流没有顺流的热效率高。

② 多效蒸发设备的分类。多效蒸发设备的种类繁多，不同的物料，不同的浓度，可选用不同的蒸发器。

按蒸发管的排列方向可以分为竖管蒸发器（VTE）和水平管蒸发器（HTE）。

按蒸发物料流动的类型可以分为强制对流蒸发器和膜式蒸发器，在膜式蒸发器中当液体经过分布装置之后就变成了自由流动。

在膜式蒸发器中按流动方向又可分为升膜式和降膜式蒸发器。

在降膜蒸发器中可以分为竖管降膜和水平管降膜蒸发器。

按各效组合的方向可以分为水平组合的蒸发器和塔式蒸发器。竖管和水平管蒸发器都可以组合成塔式蒸发器。

组成多效蒸发系统的蒸发器有多种形式，常用的有以下三种。

a. 浸没管式蒸发器（ST）。该种蒸发器是加热管被盐水浸没的一大类蒸发设备。广义的浸没管以及蒸发器又有多种样式，有直管、蛇管、U形管以及竖管、横管等结构。盐水在蒸发器中的流动方式有自然对流循环和强制循环两类。这种蒸发器出现较早、操作方便，但结垢严重、盐水静液柱高、温差损失大，故效数不宜太多，一般在6效以下。近年来将强制循环蒸发器用于海水淡化，效数达到10效。图7-30为一个10效系统强制循环蒸发器，系统的产水能力达到15000m^3/d，每个蒸发器的传热面积为1600m^2，前后各效分离器直径达到5～8m，其他形式的浸没管蒸发器广泛用于化工蒸发，一些电厂和舰船的脱盐与淡化亦有采用。但总的来说，这种类型的淡化装置目前采用得不多，原因之一是防垢除垢难度较大，就会使系统和操作复杂化；另一原因是传热系数不高，设备显得庞大。

b. 竖管蒸发器（VTE）。这里是指管内降膜蒸发器。其原理示于图7-31。这种蒸发器具有两个基本优点。一是因管内为膜状汽化，传热壁两侧都有相变，故传热系数高；且消除了盐水的静液柱所造成的温差损失，系统的造水比较高，目前一般设计的效数为11～13效，造水比可达9～10。优点之二是盐水一次流过系统，原料水用量少，处理费用低，输水动力省，因而操作费用较低。但此种蒸发器的结垢问题仍然不可忽视，特别是当液体分配不均或者水量不足时，在管的内壁可能形成干区，结垢的危险性增大。因此在防垢和清垢方面有较高的要求。一般来说，在这类蒸发系统中晶种法不宜采用，主要靠化学法防垢加上温度、浓度的合理设计。

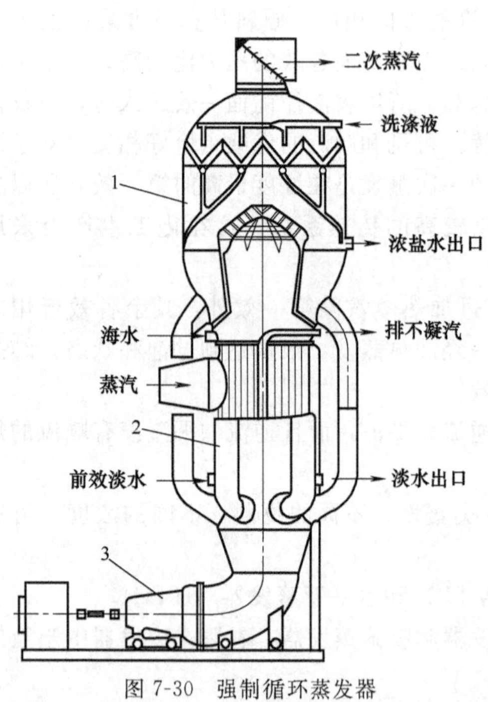

图7-30　强制循环蒸发器

1—雾沫分离器；2—加热室；3—循环泵

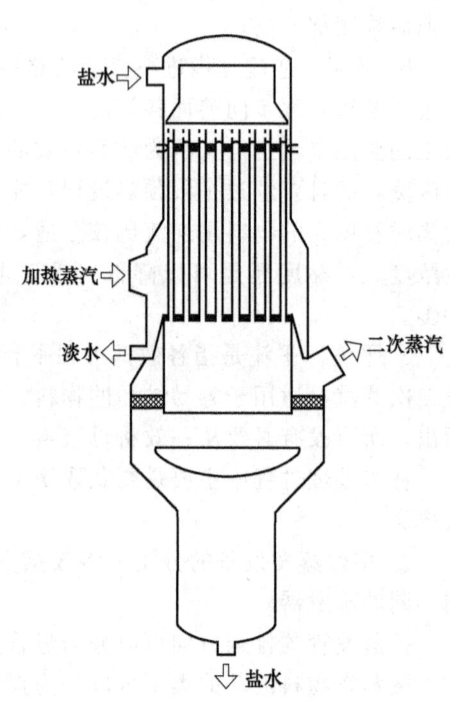

图7-31　竖管降膜蒸发器

图 7-31 为竖管降膜蒸发器。蒸发器的顶部为盐水分布器，即将底部送上来的盐水均匀地分配到每根管内，并形成液膜沿各管的内壁流下而实现薄膜蒸发。蒸发器的下部则是气水分离室。

c. 水平管蒸发器（HTE)。该种蒸发器是循环盐水通过喷淋装置在横管束的管外形成液膜，加热蒸汽（或前效二次蒸汽）在管内凝结。它具有与竖管降膜式相同的优缺点，但设备高度远比竖管降膜式的小，装置紧凑，所有各效的管束、喷淋管和汽水分离器都装在一个筒体中，因而热损失小，能耗低。近年来发展起来的铝合金管水平管蒸发器在许多国家引起重视。由于温度低，结垢和腐蚀都大大减轻，保证了较高的热传系数；此外汽相阻力小，又消除了静液水头损失，传热温差可以很小，尤其适于使用低位热能。有的设计中，第一效的蒸发温度仅为 55～75℃，因此与电厂低压透平的抽汽连接是十分有利的，目前的单机装置规模达到 20000m^3/d。每立方米淡水的总耗能量可与反渗透竞争，而水质优于反渗透。近年来，在海水淡化方面，横管降膜式或低温多效式的发展形势比竖管式更好。水平管蒸发器的原理示于图 7-32。

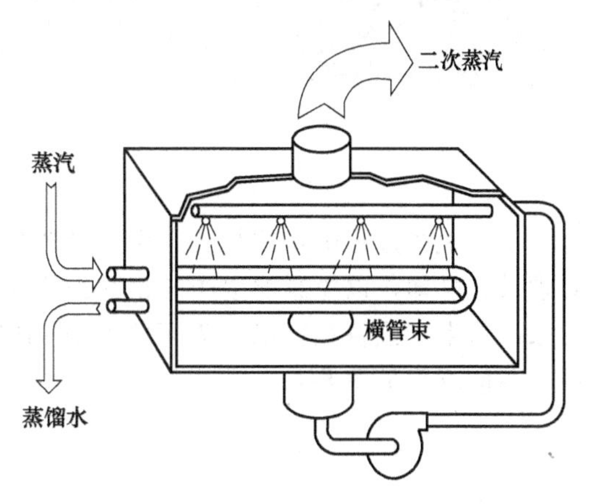

图 7-32　水平管蒸发器的原理

图 7-33 示出一种水平管降膜式低温多效蒸发装置多效闪蒸，是由美国和以色列共同开发的。图示装置为七效，分两组循环。前六效为热回收效，最后一效为排热效。从排热效出来的冷却海水大部分排走，小部分作为进料回到第四、五、六效在管外进行降膜蒸发，经过这三效浓缩过的盐水再打入第一、二、三效继续蒸发，最后的浓盐水经浓盐水泵排出。蒸馏水则是从第一效开始依次流经各效由淡水泵送出。电厂汽轮机抽出的 70℃左右的低压蒸汽进入第一效管程作为热源，并在管内冷凝后送回电厂的热力系统，这是当前蒸馏法中最节能的一种，尤其适用于中、小规模的蒸馏淡化工程。

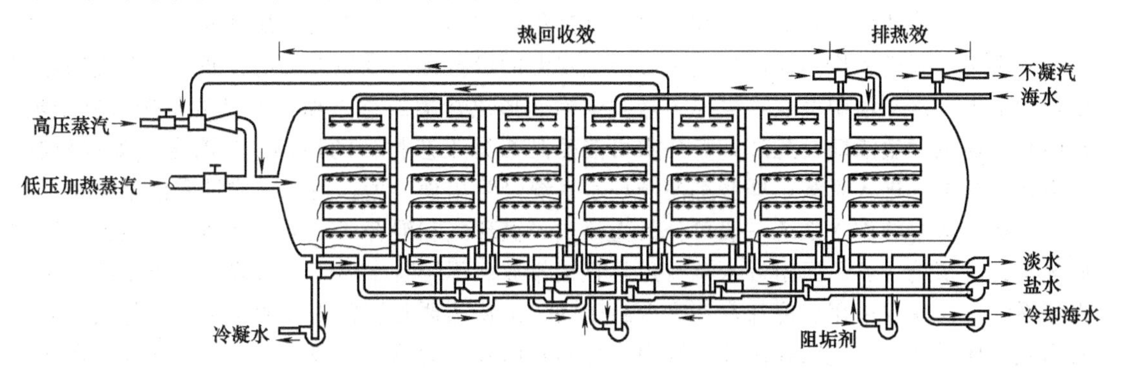

图 7-33　水平管降膜式低温多效蒸发装置的流程和结构管理

参 考 文 献

[1]　谢水波，姜应和．水质工程学（上册）[M]．北京：机械工业出版社，2010.
[2]　陆柱，等．水处理技术 [M]．第 2 版．上海：华东理工大学出版社，2006.
[3]　李圭白，张杰．水质工程学 [M]．北京：中国建筑工业出版社，2005.

第8章 水的冷却及循环冷却水处理

工业生产过程中，往往会产生大量热量，使生产设备或产品（气体或液体）温度升高，必须及时冷却，以免影响生产的正常进行和产品质量。水是吸收和传递热量的良好介质，常用来冷却生产设备和产品。为了重复利用吸热后的水以节约水资源，常采用循环冷却水系统，一般流程见图 8-1。

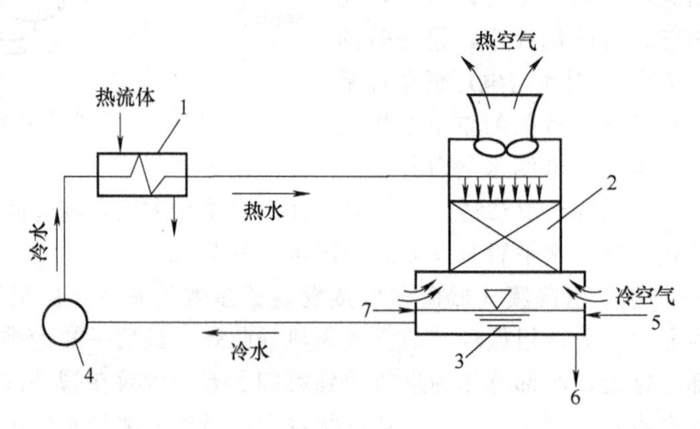

图 8-1 循环冷却水系统

1—换热器；2—冷却塔；3—集水池；4—循环水；
5—补充水；6—排污水；7—投加处理药剂

冷水流入换热器将热流体冷却，水温升高后，利用其余压流入冷却塔内进行冷却。冷却后的水再用水泵送入换热器循环使用。降低水温的设备称为冷却构筑物。循环水在使用过程中，少量水在冷却塔中蒸发损失掉，盐类浓缩而形成盐垢或称结垢，常见的是碳酸钙结垢。水中悬浮物也发生浓缩，此外，循环水可能受到渗漏工艺物料的污染，还有杂质如有机物、微生物、藻类等进入系统，这些都使循环水系统经常出现结垢、污垢、腐蚀和淤塞问题。

工业冷却水的供水系统一般可分为直流式、循环式和混合式三种。水通过换热器后即排放的称直流系统。若厂区附近水源充足且直接排放而不影响水体时，可采用直流系统，不过直流系统目前较少采用。冷却水在完全封闭的、由换热器和管路构成的系统中进行循环时称密闭式循环系统。在密闭式循环系统中，冷却水所吸收的热量一般借空气进行冷却，在水的循环过程中除渗漏外并无其他水量损失，也无排污所引起的环境污染问题，系统中含盐量及所加药剂几乎保持不变，故水质处理较单纯。但密闭式循环冷却水存在严重的腐蚀及腐蚀产物问题。密封式循环系统一般只用于小水量或缺水地区，敞开式循环冷却水系统是应用最广泛的系统，也是水质处理技术最复杂的系统。

为了保证循环冷却水系统的可靠运行，必须同时采用下列技术措施：①采用冷却构筑物以降低水温；②进行水质处理以控制结垢、污垢、腐蚀和淤塞。

8.1　循环冷却水水质特点和处理要求

本章所讨论的水质处理内容属于敞开式循环冷却水系统，但有关水处理的理论及处理药剂的基本概念仍适用于其他冷却系统。

8.1.1　循环冷却水的水质特点

敞开式循环冷却水的水质特点和冷却水的浓缩作用、水中 CO_2 的散失、O_2 的增加、水温的变化及水质的恶化等方面关系密切，下面分别进行阐述。

8.1.1.1　循环冷却水的浓缩作用

循环冷却水在循环过程中会产生 4 种水量损失，即蒸发损失、风吹损失、渗漏损失和排污损失，可用下式表示：

$$P=P_1+P_2+P_3+P_4 \tag{8-1}$$

式中，P_1、P_2、P_3、P_4 及 P 分别为蒸发损失、风吹损失、渗漏损失、排污损失及总损失，均以循环水流量的百分数计。

循环冷却水在蒸发时，水分损失了，但盐分仍留在水中。

风吹、渗漏与排污所带走的盐量为：

$$SP=S(P_2+P_3+P_4) \tag{8-2}$$

补充水带进系统盐量为：

$$S_BP=S_B(P_1+P_2+P_3+P_4) \tag{8-3}$$

式中，S 为循环水含盐量；S_B 为补充水含盐量。

当系统刚投入运行时，系统中的水质为新鲜补充水水质，即 $S=S_1=S_B$ 因此可写成：

$$S_B(P_1+P_2+P_3+P_4)>S_1(P_2+P_3+P_4) \tag{8-4}$$

式中，S_1 为刚投入运行时，循环冷却水中的含盐量。

初期进入系统的盐量大于从系统排出的盐量。随着系统的运行，循环冷却水中盐量逐渐提高，引起浓缩作用。当 S 由初期的 S_1 增加到某一数值 S_2 时，从系统排出的盐量即接近于进入系统的盐量，此时达到浓缩平衡，即：

$$S_B(P_1+P_2+P_3+P_4)\approx S_2(P_2+P_3+P_4) \tag{8-5}$$

这时由于进、出盐量基本达到平衡，可以保持循环水中含盐量为某一稳定值，如以 S_P 表示，则 $S=S_2=S_P$，继续运行其值不再升高。

$$S_B(P_1+P_2+P_3+P_4)=S_P(P_2+P_3+P_4) \tag{8-6}$$

令 S_P 与补充水 S_B 之比为 K，则

$$K=\frac{S_P}{S_B}=\frac{P_1+P_2+P_3+P_4}{P_2+P_3+P_4}=\frac{P}{P-P_1} \tag{8-7}$$

或

$$K=1+\frac{P_1}{P_2+P_3+P_4}=1+\frac{P_1}{P-P_1} \tag{8-8}$$

由式 (8-8) 可见，由于蒸发水量损失 P_1 的存在，K 值永远大于 1，即循环冷却水中含盐量 S 总是大于补充新鲜水的含盐量 S_B。比值 K 称为浓缩倍数。达到平衡时系统含盐量为

$$S=S_P=KS_B=\left(1+\frac{P_1}{P_2+P_3+P_4}\right)S_B \tag{8-9}$$

由于水的蒸发浓缩，水中含盐浓度增加，从而增加了水的导电性使循环冷却系统腐蚀过程加快，另一方面使某些盐类由于超过饱和浓度而沉积出来，使循环冷却系统产生结垢。

8.1.1.2 循环冷却水的化学作用

天然水中均含有一定数量的重碳酸盐和游离 CO_2，水垢的主要成分是碳酸钙（及氢氧化镁）。碳酸钙、重碳酸钙、游离 CO_2 在水中存在下列平衡关系：

$$Ca^{2+} + 2HCO_3^- \rightleftharpoons CaCO_3 \downarrow + CO_2 \uparrow + H_2O$$

当它们的浓度符合此平衡条件时，水质呈稳定状态；否则，将产生化学结垢或化学腐蚀。

① 化学结垢。造成碳酸钙沉积而产生水垢的原因有：水在冷却塔中与空气接触时，水中原有 CO_2 逸入大气，破坏了上述平衡，使平衡向右移动；重碳酸盐受热分解；水的蒸发，使循环水中溶解性碳酸盐浓缩；在换热器热水出口端，由于水温升高，提高了平衡 CO_2 需要量，造成 CO_2 含量不足。

② 化学腐蚀。当水量降低时，水中平衡 CO_2 需要量也降低，使水中的 CO_2 超过平衡浓度，$CaCO_3$ 溶解，水失去稳定性而具有腐蚀性。此外，无机酸的存在，亦产生腐蚀性。

8.1.1.3 循环冷却水的水质污染

循环冷却水中的污染物来源是多方面的，具体包括以下几个方面。

① 大气中的多种杂质（如尘埃、悬浮固体及溶解气体 SO_2、H_2S 和 NH_3 等）会通过冷却塔敞开部分不断进入冷却系统中。

② 冷却塔风机漏油，塔体、填料、水池及其他结构材料的腐蚀、剥落物会进入冷却水中。

③ 在冷却水处理过程中加入药剂后所产生的沉淀物。

④ 系统内微生物繁殖及其分泌物形成的黏性污垢等。

以上各种杂质中，由微生物繁殖所形成的黏性污物称为黏垢；由无机盐因其浓度超过饱和浓度而沉积出来的称为结垢；由悬浮物、腐蚀剥落物及其他各种杂质所形成的称为污垢。黏垢、污垢和结垢统称沉积物。实际的垢往往是以其中一种或两种垢为主的混合垢。这几个名词的划分目的是为了便于讨论，特别是便于将沉积物与产生 $CaCO_3$ 等结垢区别开来。

循环冷却水对金属设备（主要是换热器）的腐蚀主要是电化学腐蚀。沉积物和微生物会引起金属电化学腐蚀，腐蚀又会产生沉积物并助长微生物繁殖。因此，沉积物、微生物和腐蚀三者是相互影响、相互转化的。此外，水中溶解气体 O_2 及 H_2S、SO_2 等会助长水的腐蚀性。

8.1.1.4 循环冷却水的水温变化

循环冷却水在换热设备中是升温过程。水温升高时，除了降低钙、镁盐类的溶解度及部分 CO_2 逸出外，还提高了平衡 CO_2 的需要量。即使原水中的 CO_2 没有损失，但当水温升高后，由于平衡 CO_2 需要量升高，也会使水失去稳定性而产生结垢。反之，循环水在冷却构筑物中是降温过程。当水温降低时，水中平衡 CO_2 需要量也降低，如果低于水中的 CO_2 含量，则此时水中 CO_2 具有腐蚀性。

因此在冷却水流程中所产生的温度差比较大的循环冷却水系统中，有可能同时产生腐蚀和结垢，即在换热设备的冷水进口端（低水温区）产生腐蚀，而在热水出口端（高水温区）则产生结垢。

总之，循环冷却水的特点归纳起来就是：具有腐蚀性；产生沉积物（结垢、污垢和黏垢）；微生物繁殖。这也就是循环冷却水处理所要解决的三个问题，即腐蚀控制、沉积物控制、微生物控制。

8.1.2 循环冷却水的基本水质要求

像其他水处理一样，进行循环冷却水处理同样也需要有一个水质标准。但由于影响因素复杂，要制定通用水质标准是相当困难的。通常将循环冷却水水质按腐蚀和沉积物控制要求作为基本水质指标，实际上这是一种反映循环冷却水水质要求的间接指标，表8-1为敞开式冷却系统冷却水的主要水质指标，表中腐蚀率和年污垢热阻分别表达了对水的腐蚀性和沉积物的控制要求。

表8-1 敞开式循环冷却系统冷却水主要水质指标

项目		要求条件	允许值
浊度(度)	Ⅰ	(1)年污垢热阻<$9.5\times10^{-5}m^2\cdot h\cdot ℃/kJ$ (2)有油类黏性污染物时,年污垢热阻<$1.4\times10^{-4}m^2\cdot h\cdot ℃/kJ$ (3)腐蚀率<0.125mm/a	<20
	Ⅱ	(1)年污垢热阻<$1.4\times10^{-4}m^2\cdot h\cdot ℃/kJ$ (2)腐蚀率<0.2mm/a	<50
	Ⅲ	(1)年污垢热阻≤$1.4\times10^{-4}m^2\cdot h\cdot ℃/kJ$ (2)腐蚀率≤0.2mm/a	<100
电导率/(μS/cm)		采用缓蚀剂处理	<3000
总碱度/(mmol/L)		采用阻垢剂处理	<7
pH值			6.5～9.0

注：表中的总碱度指标相当于碳酸盐硬度控制指标，即极限碳酸盐硬度，$c\left(\frac{1}{2}Ca^{2+}\right)$计。

微生物繁殖所造成的影响，间接反映在腐蚀率和污垢热阻中。

(1) 腐蚀率。腐蚀率一般以金属每年的平均腐蚀深度表示，单位为mm/a。腐蚀率一般可用失重法测定，即将金属材料试件挂于热交换器冷却水中一定部位，经过一定时间，由试验前、后试片重量差计算出年平均腐蚀深度，即腐蚀率C_L。

$$C_L=8.76\frac{P_0-P}{\rho Ft} \tag{8-10}$$

式中，C_L为腐蚀率，mm/a；P_0为腐蚀前金属质量，g；P为腐蚀后金属质量，g；ρ为金属密度，g/cm^3；F为金属与水接触面积，m^2；t为腐蚀作用时间，h。

对于局部腐蚀，如点蚀（或坑蚀），通常以点蚀系数反映点蚀的危害程度。点蚀系数是金属最大腐蚀深度与平均腐蚀深度之比，点蚀系数愈大，对金属危害愈大。

经水质处理后使腐蚀率降低的效果称缓蚀率，以η表示。

$$\eta=\frac{C_0-C_L}{C_0}\times100\% \tag{8-11}$$

式中，C_0为循环冷却水未处理时腐蚀率；C_L为循环冷却水经处理后的腐蚀率。

(2) 污垢热阻。热阻为传热系数的倒数。热交换器传热面由于沉积物沉积使传热系数下降，从而使热阻增加的量称为污垢热阻。故此处“污垢”热阻并非单指污垢一项，这只是一个习惯用语。

热交换器的热阻在不同时刻由于垢层不同而有不同的污垢热阻值。一般在某一时刻测得的称为即时污垢热阻，此值为经t小时后的传热系数的倒数和开始时（热交换器表面未沉积垢物时）的传热系数的倒数之差。

$$R_t=\frac{1}{K_t}-\frac{1}{K_0}=\frac{1}{\psi_t K_0}-\frac{1}{K_0}=\frac{1}{K_0}\left(\frac{1}{\psi_t-1}\right) \quad (8\text{-}12)$$

式中，R_t为即时污垢热阻，$m^2 \cdot h \cdot ℃/kJ$；K_0为开始时，传热表面清洁所测得的总传热系数，$kJ/(m^2 \cdot h \cdot ℃)$；K_t为循环水在传热面经 t 时间后所测得的总传热系数，$kJ/(m^2 \cdot h \cdot ℃)$；ψ_t为积垢后传热效率降低的百分数。

以上污垢热阻R_t是在积垢 t 时间后的污垢热阻，不同时间 t 有不同的R_t值，应作出R_t对时间 t 的变化曲线，推算出年污垢热阻作为控制指标。

8.1.3 循环冷却水结垢控制指标

在一般的给水系统中，水的腐蚀性和结垢性一般都是按水的碳酸盐系统平衡决定的。当水中碳酸钙浓度超过其饱和浓度时，则会出现碳酸钙沉淀，形成结垢；反之，当水中碳酸钙含量低于其饱和浓度时，则水对碳酸钙具有溶解能力，可使已沉积的碳酸钙溶于水中。前者称结垢性水，后者称腐蚀性水，两者均称为不稳定的水。腐蚀性水不仅可腐蚀混凝土管道，也可使金属管道内原先沉积在管道内壁上的碳酸钙溶解，使金属表面裸露在水中，产生腐蚀。对于一般给水系统而言，基于水中碳酸盐平衡原理，控制水的腐蚀和结垢，称为水质稳定处理。饮用水的水质稳定处理往往是控制腐蚀，主要是防止水中出现黄色 $Fe(OH)_3$ 沉淀物而不是防止金属管道锈穿。

如上所述，循环冷却水的结垢和腐蚀涉及因素较多。在循环冷却水中，结垢成分除了 $CaCO_3$ 外，由于盐分浓缩，还会引起 $CaSO_4$ 及 $MgSiO_2$ 结垢。此外，还有以下影响因素：① 循环冷却水中悬浮固体及有机物浓度高，对结垢有影响。② 换热器提高了水温的影响。③ 水处理药剂（特别是控制结垢药剂）的影响，例如，采用磷酸盐处理时，会产生 $Ca_3(PO_4)_2$ 结垢。

由于这些复杂因素的存在，就不可能仅按水质稳定概念来解决循环冷却水的结垢和腐蚀问题，也不能仅按溶度积理论得出接近循环冷却水实际的通用的结垢控制指标值。但为了对循环冷却水结垢趋势有一个初步估计或对结垢情况进行分析，上述理论仍可运用。参照循环冷却水一般运行经验，得出相应的结垢控制指标，见表 8-2。

表 8-2 循环水结垢控制指标

结垢	控制参数	控制指标	结垢	控制参数	控制指标
$CaCO_3$	pH_s	$pH_0<pH_s+(0.5\sim2.5)$	$Ca_3(PO_4)_2$	pH_p	$pH_0<pH_p+1.5$
$CaSO_4$	溶解度	$[Ca^{2+}]\times[SO_4^{2-}]<500000$	$MgSiO_2$	溶解度	$[Mg^{2+}]\times[SiO_2^{2-}]<3500$

表 8-2 中，pH_0 和 pH_s 分别为循环水的实际 pH 值和循环水为 $CaCO_3$ 所平衡时的 pH 值；pH_p 为 $Ca_3(PO_4)_2$ 溶解饱和时的 pH 值。按平衡理论，$pH_0>pH_s$ 时即有结垢倾向。实际上，这是一般给水处理中水质稳定控制指标之一——饱和指数 LSI（Langelier Saturation Index）的一种修正。饱和指数用公式表示为：

$$LSI=pH_0-pH_s \quad (8\text{-}13)$$

当 LSI>0 时，$CaCO_3$ 处于过饱和状态，有结垢倾向；

当 LSI<0 时，$CaCO_3$ 未饱和，CO_2 过量，水有腐蚀倾向；

当 LSI=0 时，水质稳定。

判别水的稳定性，还有其他多种水质稳定指数，在此不一一介绍。对循环冷却水而言，按 $pH_0>pH_s+(0.5\sim2.5)$ 才定为有结垢倾向，其中（0.5～2.5）即考虑到上述各种影响因素对结垢影响而做的修正。在理论上，$pH_0>pH_p$ 即有结垢倾向，同上理由，指标定为

$pH_0 > pH_p + 1.5$ 才有结垢倾向。参照溶度积定的 $CaSO_4$ 和 $MgSiO_2$ 指数也是按上述原因制定的。

8.2 循环冷却水的预处理

循环冷却系统虽然包括许多组成部分，但循环冷却水处理的目的则主要是为了保护换热器免遭损害。

为了达到循环冷却水所要求的水质指标，必须对腐蚀、沉积物和微生物三者的危害进行控制。由于腐蚀、沉积物和微生物三者相互影响，故必须采取综合处理方法。为便于分析问题，先分别进行讨论。实际上，采用药剂处理时，某些药剂往往同时兼具防腐蚀和防垢的双重作用。

8.2.1 腐蚀控制

防止循环冷却水系统腐蚀的方法主要是投加某些药剂——缓蚀剂，使在金属表面形成一层薄膜将金属表面覆盖起来，从而与腐蚀介质隔绝，防止金属腐蚀。缓蚀剂所形成的膜有氧化物膜、沉淀物膜和吸附膜三种类型。在阳极形成保护膜的缓蚀剂称阳极缓蚀剂；在阴极形成保护膜的称阴极缓蚀剂。下面介绍几种主要的缓蚀剂。

(1) 氧化膜型缓蚀剂。这类缓蚀剂直接或间接产生金属的氧化物或氢氧化物，在金属表面形成保护膜，如铬酸盐等即属此类缓蚀剂。它们所形成的防蚀膜薄而致密，与基体金属的黏附性强，结合紧密，能阻碍溶解氧扩散，使腐蚀反应速度降低。当保护膜到达一定厚度而能起到充分的扩散障壁之后，膜的增长就几乎自动停止，不再加厚。因此氧化膜型缓蚀剂的防腐效果良好，而且有过剩的缓蚀剂也不致产生结垢。

但是多数氧化膜型缓蚀剂都是重金属含氧酸盐，因污染环境，不会有太大发展。目前一般不单独采用铬酸盐，而是与其他缓蚀剂混合使用，以降低铬酸盐的用量。

亚硝酸盐借助于水中溶解氧在金属表面形成氧化膜而成为阳极型缓蚀剂，具有代表性的是亚硝酸钠和亚硝酸铵。这种缓蚀剂在含有氧化剂的水中使用时，防腐效果会减弱，因此不能与氧化性杀菌剂如氯等同时使用。

亚硝酸盐缓蚀剂的主要缺点是在长期使用后，系统内硝化细菌繁殖，亚硝酸盐被氧化变为硝酸盐，防腐效果降低。

(2) 水中离子沉淀膜型缓蚀剂。这种缓蚀剂与溶解于水中的离子生成难溶盐或络合物，在金属表面上析出沉淀，形成防蚀薄膜。所形成的膜多孔、较厚、比较松散，多与基体金属的密合性较差，因此，防止氧扩散不完全。而且当药剂过量时，薄膜不断增长，引起垢层加厚而影响传热。这种缓蚀剂有聚磷酸盐和锌盐。聚磷酸盐的缓蚀作用与它的螯合作用是有关的，即聚磷酸盐和水中 Ca^{2+}、Mg^{2+}、Zn^{2+} 等离子形成的络合盐在金属表面构成保护膜。

正磷酸盐是阳极缓蚀剂，因为它主要形成以 Fe_2O_3 和 $FePO_4$ 为主的保护膜，抑制了阳极反应。

当有 Ca^{2+}、Mg^{2+} 存在时，聚磷酸盐主要起阴极缓蚀的作用。形成的保护膜主要是聚磷酸钙等，能在阴极表面形成沉淀型保护膜。因此在采用聚磷酸钠为缓蚀剂时，水中应该有一定浓度的 Ca^{2+} 或 Mg^{2+}。

使用聚磷酸盐作缓蚀剂的水中要有一定量的溶解氧，在现有冷却塔的循环水系统中容易满足此要求。

聚磷酸盐是微生物的营养成分，所以会促进微生物的繁殖，必须采取措施控制微生物。

锌盐是一种阴极型缓蚀剂，锌离子在阴极部位产生 $Zn(OH)_2$ 沉淀，起保护膜的作用。锌盐的阴离子一般不影响它的缓蚀性能，氧化锌、硫酸锌以及硝酸锌等都可选用，锌盐往往和其他缓蚀剂联合使用，可有明显的增效作用。

锌盐在循环水中溶解度很低，容易沉淀而消耗掉，另外对环境的污染也很严重，这就限制了锌盐的使用。

(3) 金属离子沉淀膜型缓蚀剂。这种缓蚀剂使金属活化溶解，并在金属离子浓度高的部位与缓蚀剂形成沉积，产生致密的薄膜，缓蚀效果良好。在防蚀膜形成之后，即使在缓蚀剂过剩时，薄膜也停止增厚。这种缓蚀剂如巯基苯并噻唑（简称 MBT），是铜的很好的阳极缓蚀剂，剂量仅为 1～2mg/L，因为它在铜的表面进行螯合反应，形成一层沉淀薄膜，抑制腐蚀。巯基苯并噻唑与聚磷酸盐共同使用时，对防止金属的点蚀有良好的效果。这类缓蚀剂还有其他杂环硫醇。

(4) 吸附膜型缓蚀剂。这种有机缓蚀剂的分子具有亲水性基和疏水性基。亲水基即极性基，能有效地吸附在洁净的金属表面上，而将疏水基团朝向水侧，阻碍水和溶解氧向金属扩散，以抑制腐蚀。防蚀效果与金属表面的洁净程度有关，这种缓蚀剂主要有胺类化合物及其他表面活性剂类有机化合物。

这种缓蚀剂的缺点在于分析方法比较复杂，因而难以控制浓度；价格较贵，在大量用水的冷却系统中使用还有困难，但有发展前途。

综上所述，氧化膜型缓蚀剂如铬酸盐系虽然效果和经济上占有优势，但从环境保护角度考虑，今后不会有大的发展前途；金属离子沉淀膜型缓蚀剂发展前景也不大；到目前为止，主要采用的还是水中离子沉淀膜型缓蚀剂，即聚磷酸盐和锌盐；近年来国外大量发展吸附膜型有机缓蚀剂，国内也在开展这方面的试验和研究。

8.2.2 沉积物控制

沉积物控制包括结垢控制和污垢控制，而黏垢控制往往与微生物控制分不开。结垢控制和污垢控制所采用的方法和药剂往往是不同的。

(1) 结垢控制。控制结垢的方法有以下几种。

① 去除水中产生结垢的成分。此类方法包括水的软化和除盐等，只有在补充水水质很差或必须提高浓缩倍数情况下采用。

② 采用酸化法将碳酸盐硬度转变成溶解度较高的非碳酸盐硬度也是控制结垢的方法之一。化学反应如下：

$$Ca(HCO_3)_2 + H_2SO_4 \longrightarrow CaSO_4 + 2CO_2\uparrow + 2H_2O \tag{8-14}$$

$$Mg(HCO_3)_2 + 2HCl \longrightarrow MgCl_2 + 2CO_2\uparrow + 2H_2O \tag{8-15}$$

加酸以后，碳酸盐硬度降至 H'_B，非碳酸盐硬度升高。要求经加酸处理后满足下列条件：

$$KH'_B \leqslant H' \tag{8-16}$$

式中，H'_B为酸化后的补充水碳酸盐硬度；H'为循环水碳酸盐硬度。

酸化法适用于补充水的碳酸盐硬度较大时。如果用硫酸时，要使加酸后生成的硫酸钙浓度小于相应水温时的溶解度。运行时应控制 pH 值大于 7.0，一般为 7.2～7.8。

加酸后，SO_4^{2-} 浓度如过大，例如达 400～2000mg/L 时，沟道、水池应注意防腐。

如用盐酸时，应注意氯离子对设备的腐蚀性。为了保证处理效果，投酸量应严格控制，并经常监测碳酸盐硬度、pH 值、水温、酸浓度等。

③ 向水中投加阻垢剂。循环冷却水水质处理的主要方法之一，是向循环冷却水中加入阻垢剂。

以往阻垢剂多半是天然成分的物质，如单宁、木质素等经过适当加工后的产品。后来曾广泛采用聚磷酸盐。近年来采用人工合成的多种阻垢剂，如膦酸盐、聚丙烯酸盐等。

a. 聚磷酸盐。在循环冷却水中所采用的聚磷酸盐有六偏磷酸钠和三聚磷酸钠，它们既有阻垢作用，又有缓蚀作用，在此只讨论阻垢作用。

聚磷酸盐能与水中的金属离子起络合反应。由于聚磷酸盐捕捉溶解于水中的金属离子，产生可溶性络合盐，使金属离子的结垢作用受到抑制，不易结成坚硬的结垢，从而提高了水中允许的极限碳酸盐硬度。

聚磷酸盐产生络盐的能力与其中所具有的磷原子总数成正比。磷原子数目愈多，捕捉金属离子的能力愈大，而与其链长无关，所生成的络盐的离解度也与链长无关。

聚合磷酸盐对碱土金属离子 Ca^{2+}、Mg^{2+} 等的螯合能力比对碱金属 Na^{+}、K^{+} 等强得多，从而在水质稳定处理中有实用意义。

聚磷酸钠和高分子量的阳离子结合，往往产生沉淀物。在循环冷却水中，当用季铵盐作杀菌剂时，由于在水中产生了高分子量的阳离子，会与聚磷酸钠反应产生沉淀而使之失效。

聚磷酸盐还是一种分散剂，具有表面活性，可以吸附在碳酸钙微小晶坯的表面上，使碳酸盐以微小的晶坯形式存在于水中，从而防止产生结垢。

聚磷酸盐还可以和已沉淀在管壁上的胶体结合，或者和附在管壁上的 Ca^{2+} 和 Fe^{2+} 等形成络合或螯合离子，然后借助布朗运动或紊流的作用，把管壁上的水垢物质分散到水中。

正磷酸钠也有在固体表面上的强吸附作用，可以作为分散剂来使用，但必须控制产生磷酸钙沉淀。

聚磷酸盐在水溶液中会由于水解作用而产生正磷酸盐，这样，不仅降低了聚磷酸盐的效果，而且加剧了正磷酸盐的结垢。聚磷酸盐的水解速度受很多因素影响，主要表现有：在工艺冷却设备中的升温过程中得到了聚磷酸盐水解所需的热能；氢离子对水解起催化作用，pH 高则水解慢，在 pH＝9～10 时基本稳定；水中有铁及铝的氢氧化物溶胶时，水解加快；有微生物存在时也大大加速水解的速度；如水中有可被络合的阳离子，大多数情况下可加快水解速度；最后，聚磷酸盐本身的浓度越高，水解速度也越大。

从这些影响因素可以看出，在一般水质及水温不高的情况下，水解速度很慢，但在水温超过 30～40℃以后，特别是在一些催化因素的作用下，聚磷酸钠会在数小时，甚至在几分钟内发生很显著的水解变化。

在实际应用中，往往考虑聚磷酸盐投量的一半可水解为正磷酸盐，以此控制磷酸钙的沉淀和聚磷酸盐的投量。

b. 有机磷酸盐。有机磷酸盐阻垢剂主要有膦酸盐和二膦酸盐。它们的阻垢作用在于其吸附作用和分散作用。有的提高了结垢物质微粒表面的电荷密度，使这些微粒的排斥力增大，降低微粒的结晶速度，使结晶体结构畸变而失去形成桥键的作用，从而不会形成硬实的结垢。

膦酸盐与聚磷酸盐有许多相同的性质，如能与钙及许多金属阳离子形成螯合物，能使含铁和锰的水稳定；它是一种很好的分散剂和胶溶剂，所以能使含钙离子的过饱和溶液稳定，不致结垢；它能在金属表面形成保护膜，起控制腐蚀的作用。

这种膦酸盐化合物中，目前使用比较广泛的是乙二胺四亚甲基膦酸盐，简称 EDTMP。

二膦酸盐中最具有代表性的为羟基亚乙基二膦酸盐，简称 HEDP。与膦酸盐的特性很相似，同样能起螯合剂、分散剂以及缓蚀剂作用。

上述有机磷化合物在水处理中的用量都属于低限处理范围，且都较聚磷酸盐稳定。即使在高温条件下，也不易水解为正磷酸盐，这就大大减少了磷酸钙的沉淀数量。

有机磷酸盐不但有显著的阻垢作用，而且有一定的缓蚀效果，故可用作复合抑制剂的重要成分。

当循环水中有强氧化剂如氯时，膦酸盐多少会受到影响而转化为正磷酸盐和某些胺化合物。

c. 聚羧酸类阻垢剂。目前采用较广泛的是聚丙烯酸钠。它是一种比较有效的阴离子型分散剂，可增大 $Ca_3(PO_4)_2$ 的溶解度和防止铁的氧化物结疤等。另一方面，聚丙烯酸钠能使组成硬度的盐类形成絮状物而被冷却水带走。

这一类阻垢剂还有聚丙烯酸的衍生物如聚甲基丙烯酸和聚丙烯酰胺等，均可阻碍沉积物形成。这种聚合物中的羟基或酰胺基具有分散能力。

以上三类阻垢剂在实用中常组成复合剂。

近年来，国内曾研究含磺酸基团的多元共聚物作阻垢剂控制铁垢效果良好。

(2) 污垢控制。污垢成分比较复杂。油类污染物可采用表面活性剂控制；悬浮物（包括有机和无机物）可用絮凝沉淀或过滤方法去除。设旁滤池是防止悬浮物在循环冷却水中积累的有效方法。循环冷却水的一部分连续经过旁滤池过滤后返回循环系统。旁滤池的设置方式一是与工艺冷却装置并联，另一种是和工艺冷却装置串联。

旁滤池的流量，可按循环冷却水系统中悬浮物量的动平衡关系决定，或按循环系统中总水量经过规定时间全部过滤一次来计算。一般情况下，旁滤池过滤流量占循环冷却水流量的1%～5%，即可保持水中悬浮物在最低限度，并可控制污物的沉积。

旁滤池的构造与常用的滤池相同，为了简化流程，可采用压力滤池。

8.2.3 微生物控制

微生物可引起黏垢，黏垢又会引起循环水系统中微生物的大量繁殖。黏垢会使换热器传热效率降低并增加水头损失，而且微生物又与腐蚀有关，故控制微生物的意义更加深远。这里主要介绍杀灭微生物及抑制微生物繁殖的化学药剂处理法。

化学处理所用的药剂，可以分为氧化型杀菌剂、非氧化型杀菌剂及表面活性剂杀菌剂等，分述如下。

(1) 氧化型杀菌剂。目前循环冷却水中采用的氧化型杀菌剂，主要为液氯、二氧化氯及次氯酸钙、次氯酸钠等。但是氯在冷却塔中易于损失，不能起持续的杀菌作用，故可用氯与非氧化型杀菌剂联合使用。另外，有机及其他还原性水处理剂与氧化型杀菌剂不能同时使用。

(2) 非氧化型杀菌剂。硫酸铜广泛用作控制藻类的药剂。但一般不单独使用硫酸铜，主要原因有两个方面：一方面为了防止铜离子沉淀在铁质表面，形成以铁为阳极的腐蚀电池，所以往往同时投加铜的螯合剂如 EDTA 等；另一方面为了使铜离子能渗进附着在塔体上的藻类内部，往往同时投加表面活性剂，如含 12～16 个碳原子的脂肪胺即为常用的表面活性剂。

氯酚杀菌剂，特别是五氯酚钠（C_6Cl_5ONa）被广泛地应用于工业冷却水处理中。此外三氯酚钠等也有使用。氯酚杀菌剂的使用量一般都比较高，约为几十毫克每升。利用不同药剂对不同菌种杀菌效率不同的特点，可以把数种氯酚化合物组成复方杀菌剂，发挥增效作用，从而可降低杀菌剂的用量。常用氯酚和铜盐混合控制藻类，间歇投药，可以得到满意的效果。

(3) 表面活性剂杀菌剂。表面活性剂杀菌剂主要以季铵盐类化合物为代表。常用的是烷基三甲基氯化铵（简称 ATM）、二甲基苯甲基烷基氯化铵（简称 DBA）及十二烷基二甲基苯甲基氯化铵（简称 DBL）。

季铵盐带正电荷，而构成生物性黏泥的细菌、真菌及藻类带负电荷，因此可被微生物选择性吸附，并聚积在微生物的体表上，改变原形质膜的物理化学性质，使细胞活动异常；它的油基（疏水基）能溶解微生物体表的脂肪壁，从而杀死微生物；一部分季铵化合物透过细胞壁进入菌体内，与构成菌体的蛋白质或蛋白胨反应，使微生物代谢异常，从而杀死微生物。

作为表面活性剂的季铵盐，由于具有渗透性质，所以往往和其他杀菌剂同时使用，以加强效果。

使用季铵盐类的缺点是剂量比较高，常引起发泡现象，但发泡能使被吸着在构件表面的生物性黏泥剥离下来，随水流经旁滤池除去。季铵盐的杀菌能力不及氯系杀菌剂。

杀菌剂可以连续、间歇或瞬时投加。连续加药是按循环冷却水流量或循环冷却水系统中保持一定浓度的要求，连续投加药剂，但不一定每日 24h 加药。瞬时投药即在尽可能短的时间里，将需要的药剂量一次投入水中，产生很高的药剂浓度，往往得到良好的杀菌效果。介于瞬时投药和连续投药之间的是间歇投药，由于连续投药的耗药量大，而且运行操作的工作量大，在实际生产中采用较少。

在可能条件下，用两种或两种以上药剂配合使用，可达到药剂间相互增效的作用。此外，为了防止微生物逐渐适应杀菌剂而产生抗药性，应该选用几种药剂轮换使用。

8.2.4 复方缓蚀、阻垢剂

现在在循环冷却水处理中，很少单用一种药剂来控制腐蚀或阻垢，一般总是用两种以上药剂配合使用，即所谓复方缓蚀、阻垢剂。采用复方药剂的优点是：一方面可发挥不同药剂的增效作用，提高处理效果，减少药剂用量；另一方面在配方时可综合考虑腐蚀、结垢和微生物的控制。例如：锌/聚磷酸盐的复方缓蚀剂与磷酸盐缓蚀性质相似，但加速了阴极保护膜的形成，两者起增效作用。又如：聚磷酸盐/HEDP、六偏磷酸钠/硫酸锌/苯并噻唑、锌/AMP 等，均具有缓蚀增效作用。AMP/HEDP 是一种有效的复方缓蚀阻垢剂（APM 是氨基亚甲基膦酸盐；HEDP 是羟基亚乙基二膦酸盐）。目前，我国在缓蚀、阻垢剂的配方方面也进行了许多研究。例如，磺酸盐/聚丙烯酸复合配方已在生产中代替有机磷应用，其优点是不存在有机和无机磷对环境的污染。

8.2.5 预膜

为防止换热器受循环水损害，应在换热器管壁上预先形成完整的保护膜的基础上，再进行运行过程中的腐蚀、沉积物和微生物控制。预处理就是要形成保护膜，简称预膜。预膜形成后，在运行过程中，只要维持或修补已形成的保护膜即可。

为了有效地预膜，必须先对金属表面进行清洁处理。使用化学清洗剂是一种常用的处理方法。用化学清洗剂清洗后，要用清水冲洗，将化学清洗剂和杂质全部冲洗干净，即可进行预膜。在现代循环冷却水处理中，循环冷却系统的预处理包括：a. 化学清洗剂清洗；b. 冲洗干净；c. 预膜。然后才转入正式运行。

在循环冷却水系统第一次投产运行之前；在每次大修、小修之后；在系统发生特低pH值之后；在新换热器或管束投入运行之前；在任何机械清洗或酸洗之后；以及在运行过程中某种意外原因有可能引起保护膜损坏等情况下，都必须进行循环系统的预处理。

循环冷却系统清洗中所使用的化学清洗剂有很多种，需要结合所清除的污垢成分来选用。大体说来，以黏垢为主的污垢应选以杀菌剂为主的清垢剂；以泥垢为主的污垢应选以混凝剂或分散剂为主的清垢剂；以结垢为主的垢物应选以螯合剂、渗透剂、分散剂为主的清垢剂等；以腐蚀产物为主的垢物，也是采用渗透剂、分散剂等类表面活性剂。

预膜的好坏往往决定缓蚀效果的好坏。预膜一般要在尽可能短的时间（如几小时之内）完成。预膜剂可以采用循环冷却水正常运行下的缓蚀剂配方，但以远大于正常运行时的浓度来进行，也可以用专门的预膜剂配方。

8.3 循环冷却水的设备

8.3.1 冷却构筑物类型

冷却构筑物形式很多，大体分以下三大类：水面冷却池；喷水冷却池；冷却塔。在这三类冷却构筑物中，冷却塔形式最多，构造也最复杂。

8.3.1.1 水面冷却

水面冷却是利用水体的自然水面，向大气中传质、传热进行冷却的一种方式。水体水面一般分为以下两种。

① 水面面积有限的水体，包括水深小于3m的浅水冷却池（池塘、浅水库、浅湖泊等）和水深大于4m的深水冷却池（深水库、湖泊等）。浅水冷却池内，水流以平面流为主，仅在局部地区产生微弱的温差异重流或完全不产生异重流。深水冷却池内有明显和稳定的温差异重流。

② 水面面积很大的水体或水面面积相对于冷却水量是很大的水体，包括河道、大型湖泊、海湾等。

在冷却池中（图8-2），高温水（水温t_2）由排水口排入湖内，在缓慢流向下游取水口（水温t_2）的过程中，由于水面和空气接触，借自然对流蒸发作用使水冷却。湖中水流可分为三个区：a. 由排水口径直流向取水口的水流区称为主流区；b. 在一定范围内作回旋运动的水流区称为回流区；c. 不流动的部分称为死水区。冷却效果以主流区最佳，死水区最差。因此，扩大主流区，减小回流区，消灭死水区可以提高冷却效果。

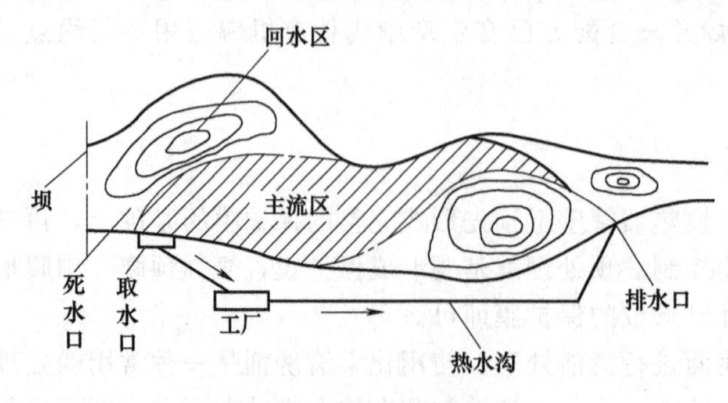

图8-2 冷却池水流分布

在深水冷却池中，由于热水与湖水的温度差，在湖内主流区形成良好的温差异重流，使热水上浮湖面形成高温区，冷水则沉于湖的底部，形成低温区。两层之间的相对流动，有利于热水的表面散热冷却。一般湖水越深、水流速度越小，则冷、热水分层越好，越有利于热水在水面上充分扩散，取、排水口在平面、断面的布置及其形式和尺寸对降低取水温度至关重要。排水口出流高程与湖内自由水面越接近，越有利于散热。一般应尽量减小排出的热水与冷水产生强烈的掺混并延长热水由排水口流入取水口的行程历时，应根据原池实测地形进行模型试验，以决定是否设置导流构筑物（导流堤、挡热墙、潜水堰等）或疏浚设施。

在冷却池中，水面的综合散热系数是蒸发、对流和水面辐射三种水面散热系数的综合，是计算水面冷却能力的基本参数，具体是指在单位时间内、水面温度变化1℃时，水体通过单位表面散失的热量变化量，以 W/(m^2·℃）表示。此值应通过试验确定，在近似估算冷却池表面积时可参考水力负荷为 0.01～0.1m^3/(m^2·h)，求所需表面积。

8.3.1.2 喷水池

喷水冷却池是利用喷嘴喷水进行冷却的敞开式水池（图 8-3），在池上布置配水管系统，管上装有喷嘴。压力水经喷嘴（喷嘴前压力 49～69kPa）向上喷出，喷散成均匀散开的小水滴，使水和空气的接触面积增大；同时使小水滴在以高速（流速 6～12m/s）向上喷射而后又降落的过程中，有足够的时间与周围空气接触，改善了蒸发与传导的散热条件。影响喷水池冷却效果的因素有喷嘴形式和布置方式、水压、风速、风向、气象条件等。

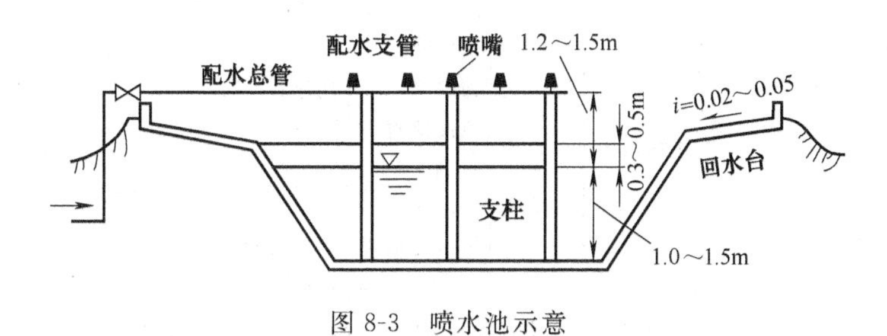

图 8-3　喷水池示意

图 8-3 所示喷水池由两部分组成：一部分是配水管及喷水嘴，配水管间距为 3～3.5m，同一支管上喷嘴间距为 1.5～2.2m；另一部分是集水池和溢流井，池中水深 1～1.5m，保护高度 0.3～1.5m。估算面积时水力负荷为 0.7～1.2m^3/(m^2·h)。

8.3.1.3 冷却塔

按循环供水系统中的循环水与空气是否直接接触，冷却塔分湿式（敞开式）、干式（密闭式）和干湿式（混合式）3 种。其中形式最多的是湿式冷却塔。

湿式冷却塔是指热水和空气直接接触、传热和传质同时进行的敞开式循环冷却系统，其冷却极限为空气的湿球温度。干式冷却塔［图 8-4（a)］是指水和空气不直接接触，冷却介质为空气，空气冷却是在空气冷却器中实现的，以空气的对流方式带走热量，故只单纯传热，其冷却极限为空气的干球温度。干湿式冷却塔是热水和空气进行干式冷却后再进行湿式冷却的构筑物［图 8-4（b)］。

湿式冷却塔的工作原理是：在冷却塔内，热水从上向下喷散成水滴或水膜，空气由下而上或水平方向在塔内流动，在流动过程中，水与空气间进行传热和传质，水温随之下降。湿式冷却塔分类见表 8-3，湿式冷却塔类型见图 8-5。其中喷流式（9）是热水在文丘里管的一端通过喷嘴喷入冷却塔内时，便把大量冷空气吸入塔内得到很好的混合，就能直接进行蒸发散热，这一设计体现了应用冷却原理的新深度，无风机噪声，处理量每小时几吨到几百吨。

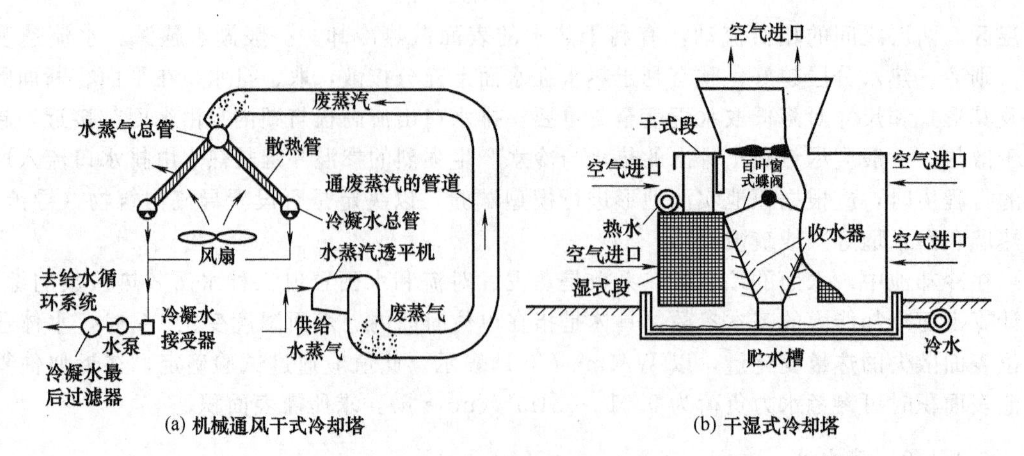

图 8-4　干式和干湿式冷却塔

表 8-3　湿式冷却塔分类

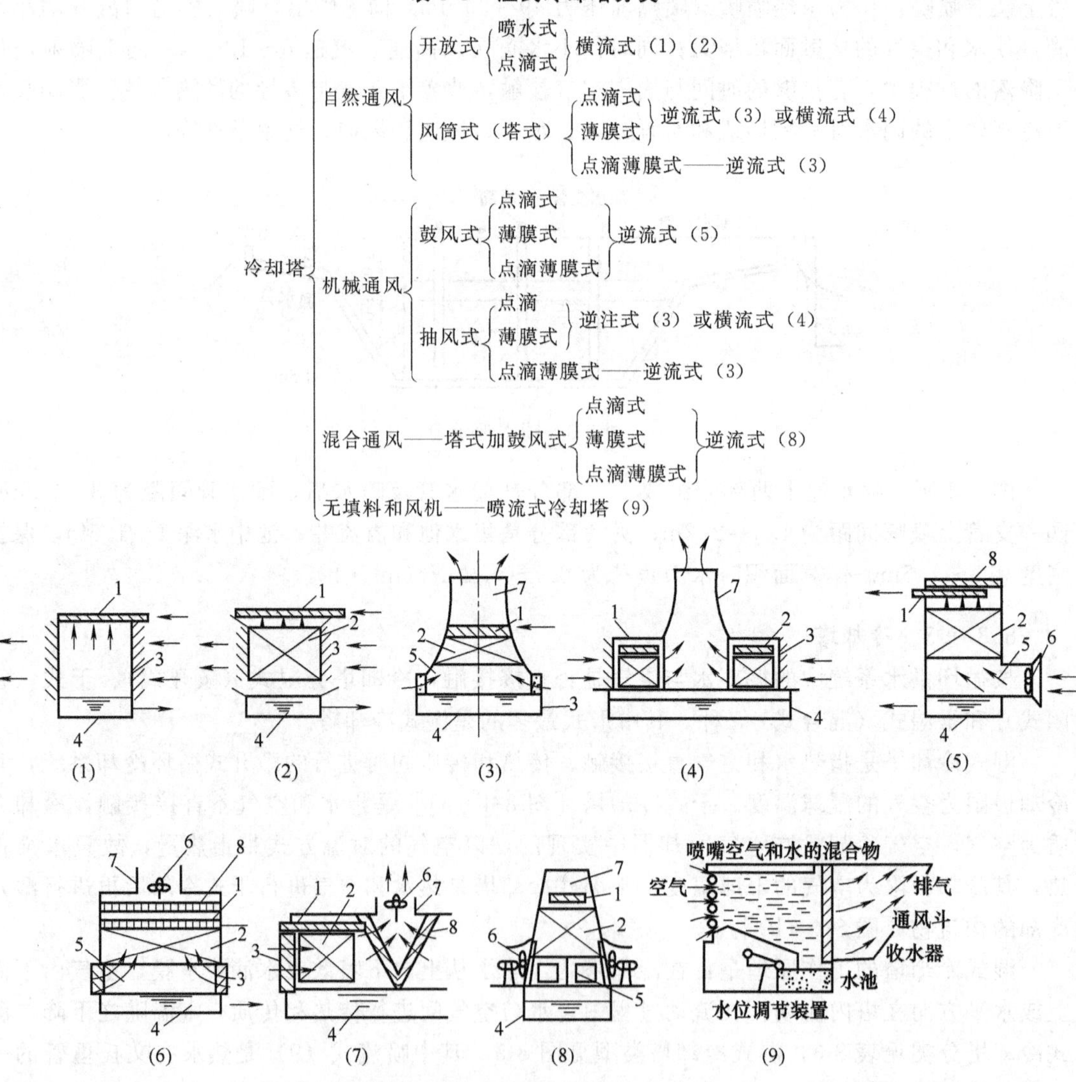

冷却塔
- 自然通风
  - 开放式
    - 喷水式、点滴式——横流式（1）（2）
  - 风筒式（塔式）
    - 点滴式、薄膜式——逆流式（3）或横流式（4）
    - 点滴薄膜式——逆流式（3）
- 机械通风
  - 鼓风式
    - 点滴式、薄膜式、点滴薄膜式——逆流式（5）
  - 抽风式
    - 点滴、薄膜式——逆注式（3）或横流式（4）
    - 点滴薄膜式——逆流式（3）
- 混合通风——塔式加鼓风式
  - 点滴式、薄膜式、点滴薄膜式——逆流式（8）
- 无填料和风机——喷流式冷却塔（9）

图 8-5　各种类型湿式冷却塔示意

1—配水系统；2—淋水填料；3—百叶窗；4—集水池；5—空气分配区；6—风机；7—风筒；8—除水器

8.3.2 冷却塔的工艺构造

8.3.2.1 冷却塔的组成部分及其作用

抽风式逆流冷却塔的工艺构造见图 8-6。热水经进水管 10 流入塔内，先流进配水管系 1，再经支管上的喷嘴均匀地喷洒到下部的淋水填料 2 上，水在这里以水滴或水膜的形式向下运动。冷空气从下部经进风口 5 进入塔内，热水与冷空气在淋水填料中逆流条件下进行传热和传质过程以降低水温，吸收了热量的湿热空气则由风机 6 经风筒 7 抽出塔外，随气流挟带的一些小水滴经除水器 8 分离后回流到塔内，冷水便流入下部集水池 4 中。所以，塔的主要装置有热水分配装置（配水系统、淋水填料）、通风及空气分配装置（风机、风筒、进风口）和其他装置（集水池、除水器、塔体等）。

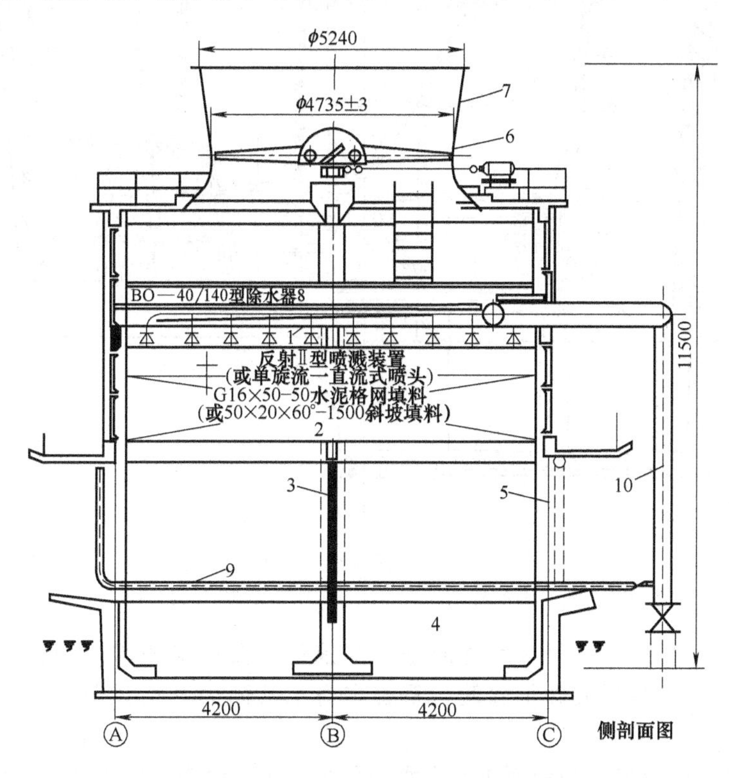

图 8-6 抽风式逆流冷却塔工艺构造

1—配水管系；2—淋水填料；3—挡风墙；4—集水池；5—进风口；6—风机；7—风筒；8—除水器；9—化冰管；10—进水管

抽风式横流冷却塔见图 8-7。热水从上部经配水系统洒下，冷空气由侧面经进风百叶窗水平流入塔内，水和空气的流动方向互相垂直，在淋水填料中进行传热和传质过程，冷水则流到下部集水池中，而湿热空气经除水器流到中部空间，再由顶部风机抽出塔外。

8.3.2.2 配水系统

配水系统的作用是将热水均匀地分配到冷却塔的整个淋水面积上。如分配不均，会使淋水装置内部水流分布不均，从而在水流密集部分通风阻力增大，空气流量减少，热负荷集中，冷效则降低；而在水量过少的部位，大量空气未充分利用而逸出塔外，降低了

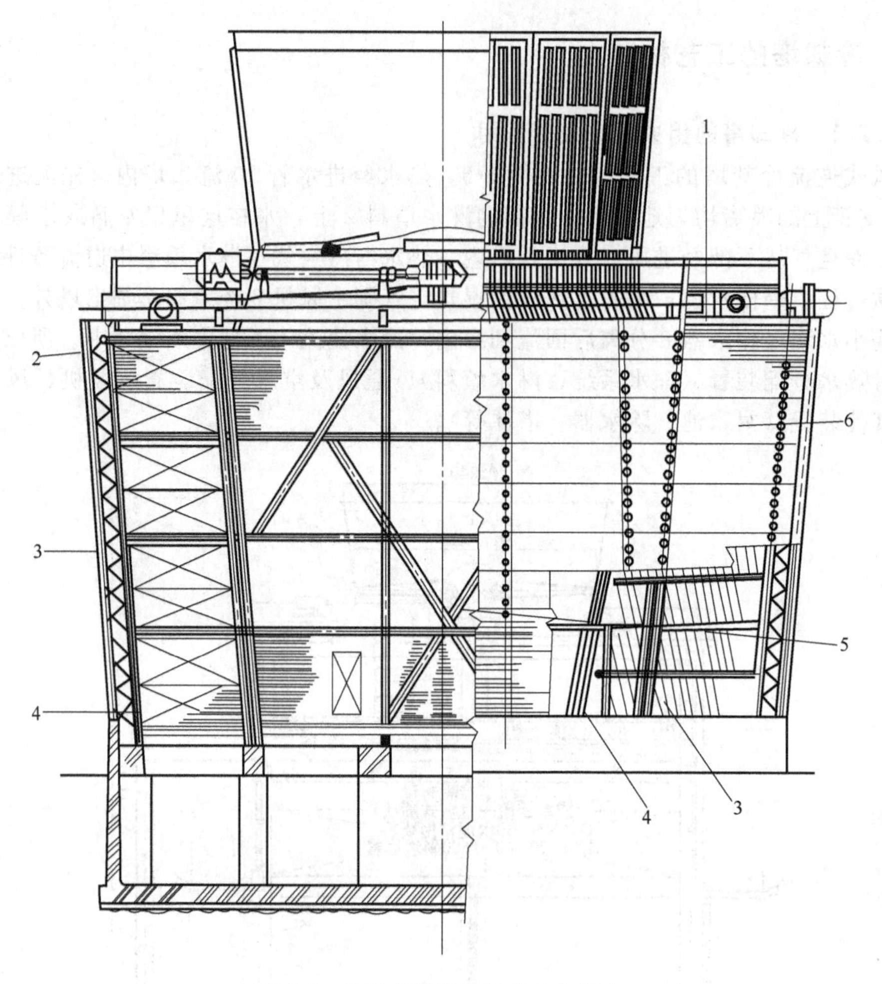

图 8-7　抽风式横流冷却塔工艺构造

1—配水系统；2—进风百叶窗；3—淋水填料；4—除水器；5—支架；6—围护结构

冷却塔的运行经济指标。对配水系统的基本要求是：在一定的水量变化范围内（80%～110%）保证配水均匀且形成微细水滴，系统本身水流阻力和通风阻力较小，并便于维修管理。

在循环水系统中应尽量利用换热器出水的剩余水压，以满足配水系统的压力要求。配水系统可分为管式、槽式和池（盘）式三种。

（1）管式配水系统

① 固定管式配水系统。该系统由配水干管、支管及支管上接出短管安装喷嘴组成。配水均匀的关键是喷嘴的形式和布置。喷嘴应具有喷水角度大、水滴细小、布水面均匀、供水压力低、不易堵塞等要求。

常用喷嘴分为两类。一类是离心式，是在水压的作用下，使水流在喷嘴内形成强烈的旋转而后喷出水花。图 8-8（a）为冷却塔常用的单（或双）旋流直流式喷嘴结构示意。另一类是冲击式喷嘴，是利用水头的作用冲击溅水盘，将水溅散成细小水滴，反射Ⅲ型［图 8-8（b)］即属此类。喷嘴形式较多，且不断有新的形式出现，这里不一一介绍。

管式配水系统可布置成环状或树枝状（图 8-9）。该系统施工安装简便，在大、中型冷却塔中广泛采用。配水干管流速 1～1.5m/s，喷头间距 0.65～1.1m。

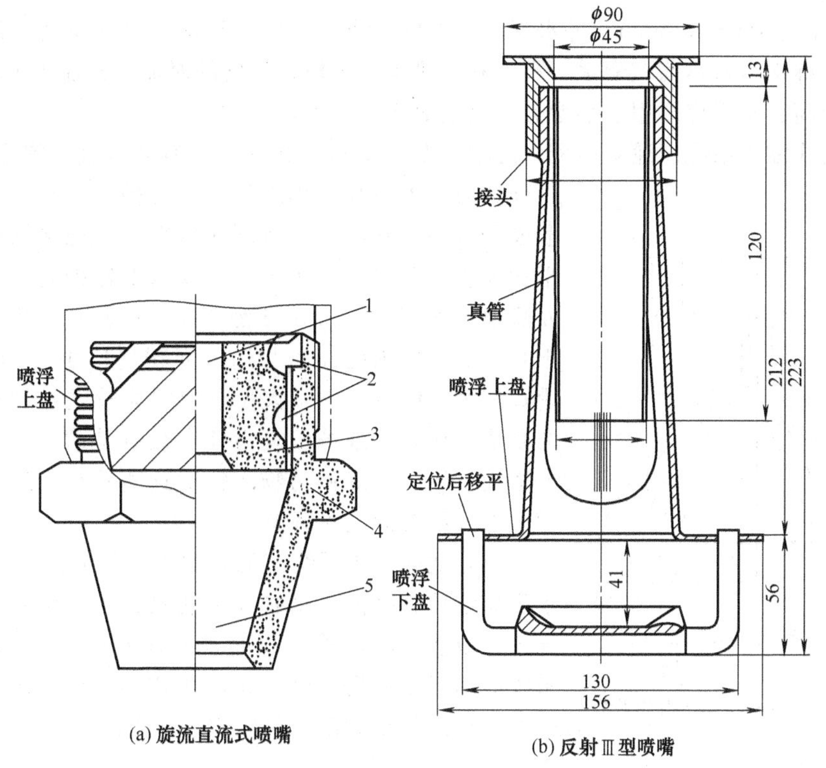

图 8-8　喷嘴结构型式示意图

1—中心孔；2—螺旋槽；3—芯子；4—壳体；5—导锥

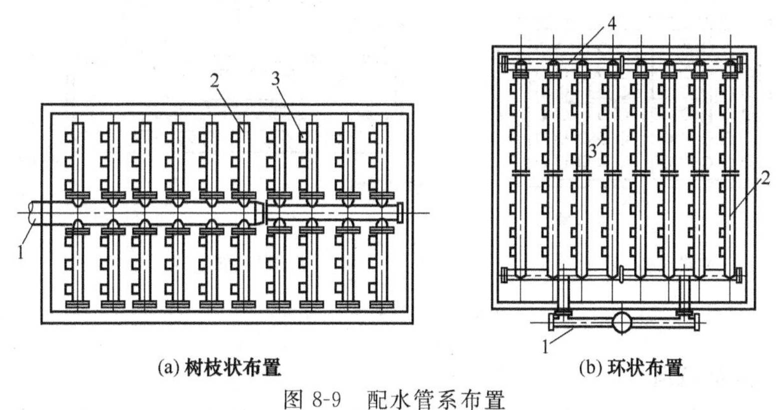

图 8-9　配水管系布置

1—配水干管；2—配水支管；3—喷嘴；4—环形管

② 旋转管式配水系统。该系统由旋转布水器组成（图 8-10）。它由给水管、旋转体和配水管组成。给水管用法兰固定相接，并通过轴承与旋转体相连，有密封止水设施。旋转体用以承受布水器的全部重量，并使布水器转动。在旋转体四周沿辐射方向等距离接出若干根配水管，水流通过配水管上的小孔（圆孔、条缝、扁形喷嘴等）喷出，推动配水管在与出水相反的方向旋转，从而将热水均匀洒在淋水填料上。配水管转速一般为 10～25r/min，开孔总面积为配水管截面的 0.5～0.6 倍，管嘴孔径为 15～25mm，管嘴长

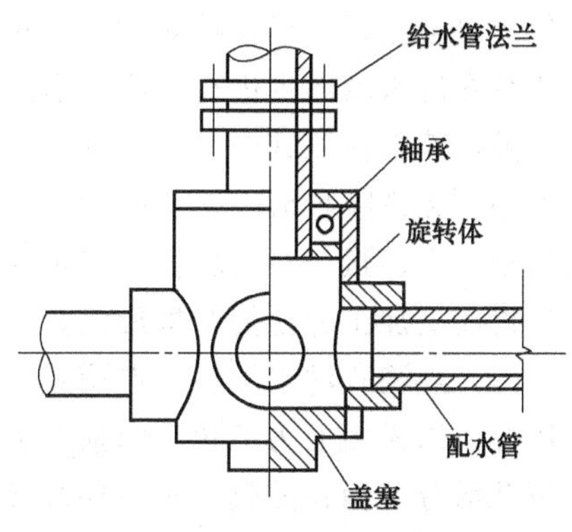

图 8-10　旋转布水器结构示意图

20mm，间距为150～500mm。进水管水压20～50kPa。该系统由于是转动的，所以对于每单位面积的淋水填料是间歇配水，更有利于热量的交换、空气的对流、气流阻力的减小及配水效果的提高。本系统多用于小型玻璃钢逆流冷却塔中。

(2) 槽式配水系统。通常由配水总槽、配水支槽1和溅水喷嘴2组成（图8-11）。它是一种重力配水系统，热水经总、支槽，再经反射型喷嘴溅散成分散小水滴，均匀地洒在填料上。配水槽内水深不小于管嘴直径的6倍，并有0.1m以上保护高。主槽起始断面流速0.8～1.2m/s，支槽0.5～0.8m/s，槽断面净宽大于0.12m。配水槽面积与通风面积之比小于25%～30%。槽式配水系统主要用于大型塔或水质较差或供水余压较低的系统。该系统维护管理方便，缺点是槽断面大，通风阻力增大，槽内易沉积污物。针对这些不足，近年来出现了槽、管式结合的配水系统。

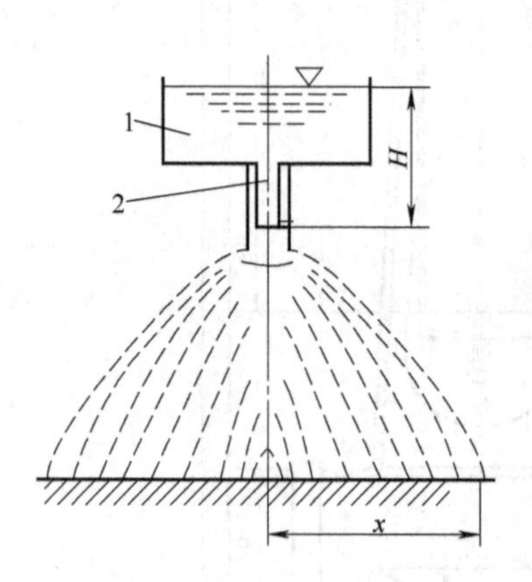

图8-11 槽式配水系统组成

1—配水支槽；2—喷嘴；H—配水压力水头；x—配水作用半径

(3) 池式配水系统。池式配水系统如图8-12所示，热水经流量控制阀由进水管经消能箱分布于配水池中，池底开小孔或装管嘴，管嘴顶部以上宜大于100～150mm。该系统适用于横流塔。优点是配水均匀、供水压力低、维护方便，缺点是受太阳辐射影响，易生藻类。

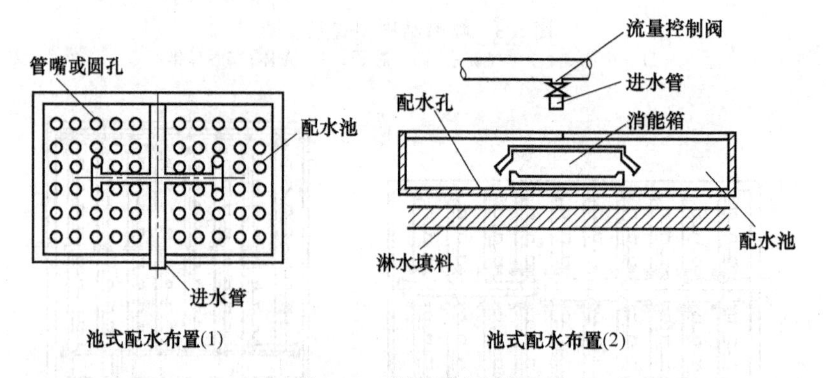

图8-12 池式配水系统

8.3.2.3 淋水填料

淋水填料的作用是将配水系统溅落的水滴，经多次溅散成微细小水滴或水膜，增大水和空气的接触面积，延长接触时间，从而保证空气和水的良好热、质交换作用。水的冷却过程主要是在淋水填料中进行，所以是冷却塔的关键部位。

淋水填料按照其中水被淋洒成的冷却表面形式，可分为点滴式、薄膜式、点滴薄膜式三种类型。无论哪种形式，都应满足下列基本要求：具有较高的冷却能力，即水和空气的接触表面积较大、接触时间较长；亲水性强，容易被水湿润和附着；通风阻力小以节省动力；材料易得而又加工方便的结构形式；价廉、施工维修方便；质轻、耐久。

(1) 点滴式淋水填料。点滴式淋水填料主要依靠水在填料上溅落过程中形成的小水滴进行散热。以横断面为三角形的板条为例［图8-13 (a)］，热水在这种淋水填料中，主要依靠以下几部分表面积散热：水在环绕板条流动时，在板条周围形成的水膜表面散热；在每层板条下部形成的大水滴表面散热；在大水滴掉到下层板条上被溅散成许多细小水滴的表面散

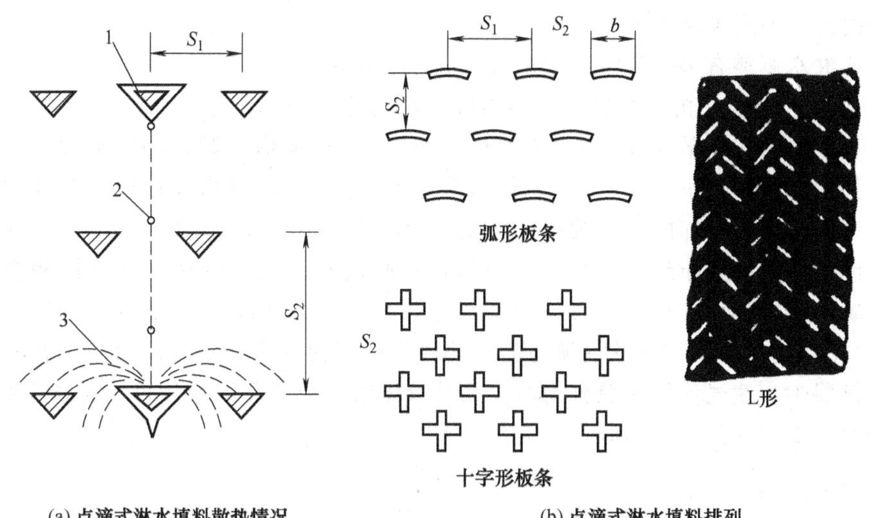

图 8-13 点滴式淋水填料

S_1—填料中心水平距离；S_2—填料中心垂直距离

热。以上三种散热方式中，以水滴散热为主，占总散热量的 65%～70%（其中大水滴散热只占 10%左右），水膜散热占 25%～30%，故称为点滴式。因此，设法增多小水滴以扩大散热面积，是提高点滴式淋水装置冷效的主要途径。常见的点滴式淋水填料有横剖面形式按一定间距倾斜排列的矩形铅丝网水泥板条、塑料十字形、塑料 M 型/T 型/L 型、石棉水泥角型、水泥弧型板等。

(2) 薄膜式淋水填料。薄膜式淋水填料的特点是：利用间隔很小的格网，或凹凸倾斜交错板，或弯曲波纹板所组成的多层空心体，使水沿着其表面自上而下形成薄膜状的缓慢水流，有些沿水流方向还刻有阶梯型横向微细印痕，从而具有较大的接触面积和较长的接触时间。冷空气经多层空心体间的空隙自下向上（或从侧面）流动与水膜接触，吸收水所散发的热量。

薄膜式淋水填料中，水的散热主要依靠：①表面水膜（厚 0.25～0.5mm，流速 0.15～0.3m/s）散热，约占 70%；②板隙中的水滴表面散热，占 20%；③水从上层流到下层溅散而成的水滴散热，占 10%，如图 8-14 所示。因此，增加水膜表面积是提高这种填料冷效的主要途径，所以提高填料的比表面积是关键。

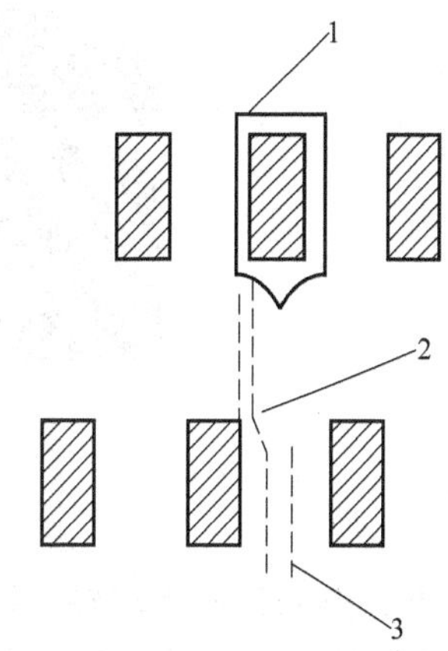

图 8-14 薄膜式淋水填料散热情况

1—水膜；2—上层落到下层水滴；3—板隙水滴

影响薄膜式淋水填料散热效果的主要因素是膜板规格和布置方式。减小膜板厚度可相对增加单位体积的水膜面积，同时减轻结构重量，降低造价，但往往受加工条件和材料强度的限制。同时，如水质处理不好，在填料片上会大量结垢，从而堵塞填料孔隙，恶化了冷却效果，严重时可能造成填料塌落。格网孔径越小，则单位面积淋水填料的表面积越大，散热效果越好，但往往引起填料阻力增大，阻碍了气、水的进入与热量交换。因此，理想的填料应该是厚度薄、材质轻且能满足结构强度要求；孔隙较小，比表面大，但阻力又不大。

薄膜式淋水填料有多种类型，这里仅介绍以下几种。

① 斜交错（斜波）淋水填料。一般由硬聚氯乙烯（PVC）薄片（0.2～0.5mm）压制成一定波高和波距的与水平线成30°（横流塔）或60°（逆流塔）倾角的斜波纹片组成，安装时，将相邻斜波片倾角正反叠置，见图8-15（b）。这样在填料内部形成许多互相交叉对称的倾斜通道。水流在相邻两片的棱背接触点上均匀地向两边分散。自上而下经过多次这样的接触点，使水流均匀分布到填料表面，并延长水膜流动行程。单片之间直接相叠［图8-15（a）］，组成单元体盘状，单元高度40mm，总高800～1200mm，在塔内安装时，上、下单元水平转90°，这样流出端面的气流与其相邻通道的气流混合，混合后沿着上盘波纹通道方向流入填料层中，使气流径向混合均匀。而且液体通过每盘都重新分布，提高了填料的表面有效利用率。由图8-14（a）知

填料比表面积 a（m^2/m^3） $$a=\frac{2S}{hB} \tag{8-17}$$

填料空隙率 ε $$\varepsilon=1-\frac{a\delta}{2} \tag{8-18}$$

填料密度 ρ_p（kg/m^3） $$\rho_p=(1-\varepsilon)\rho_M \tag{8-19}$$

式中，ρ_M为填料的材质密度，kg/m^3；h、B、δ、S 的单位均为 m。

常用的“波距×波高-倾角”有两种：中波为35×15-60°；大波为50×20-60°（尺寸均以mm计）。

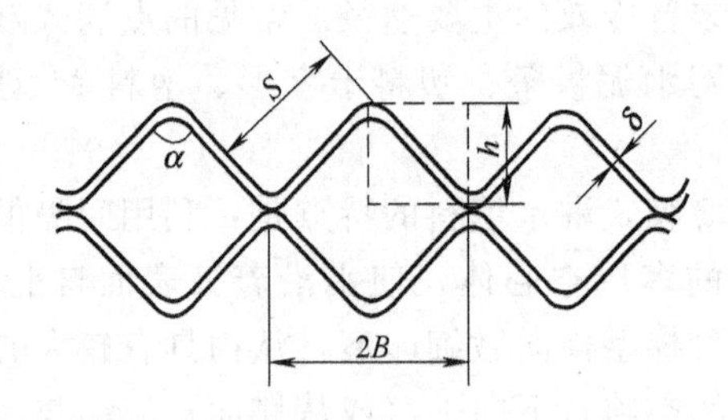

(a) 波纹片几何尺寸

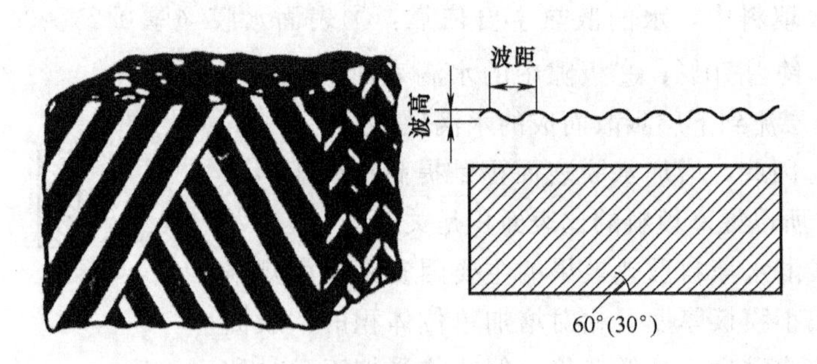

(b) 斜波交错填料

图8-15　斜交错（斜波）淋水填料

② 梯形斜波淋水填料。梯形斜波填料是在斜波填料之后发展起来的。它是以梯形断面代替波浪形断面，板面上布满螺纹形花纹。图8-16为波距50mm、波高25mm，波纹与水平面夹角60°的梯形填料。填料通孔成梯形，表示为T25-60°。片厚0.45mm，单元高300mm及400mm，分4层或5层组装，总高1200～2000mm。

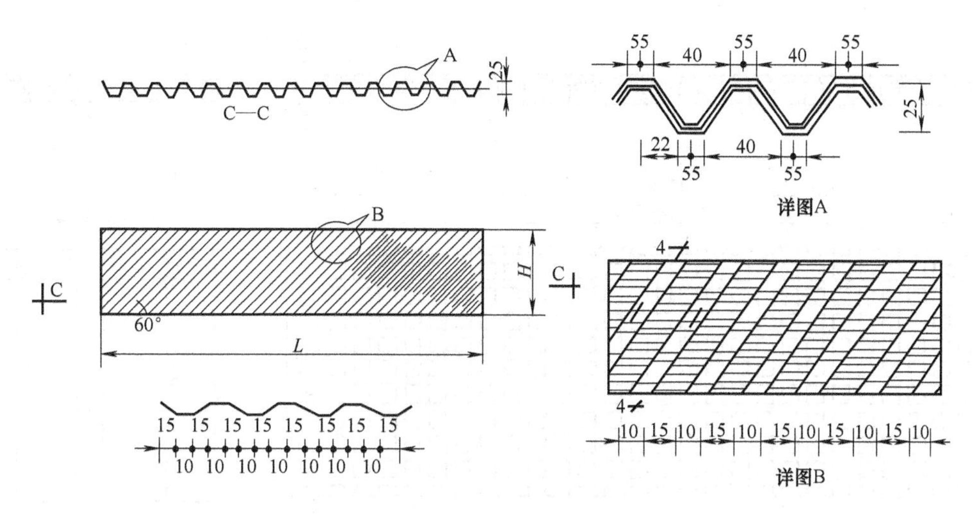

图 8-16　梯形斜波淋水填料

③ 塑料折波及斜梯波淋水填料。图 8-17 为折波形淋水填料。其板面为突出折波和圆锥体突头（高 25mm）。折波间距 12mm，锥体间距 75mm，片厚 0.35～0.4mm。每米厚度上约有 33 片，单元高度 40mm。分 3 层或 4 层组装，总高 1200～1600mm。利用板面上的圆锥体来保持片与片的距离，折板拼装时用黏结剂连接。各层间可布置成顺排或错排，错排的热力和阻力性能较好，填料整体刚性也较好。折波型的板面加强了水和空气的扰流，其散热面积较大。板面上的圆锥形突头能使两片之间落下的水流层层溅散，增加了散热面积，适用于逆流或横流塔。济南黄台电厂自然通风冷却塔即采用此种淋水填料。

斜梯波填料是在折波基础上改进的。它的折波呈阶梯形布置，并在折波上开有一定数量的斜通道，使水流在板面上分配更均匀。锥体断面为椭圆形，见图 8-18。

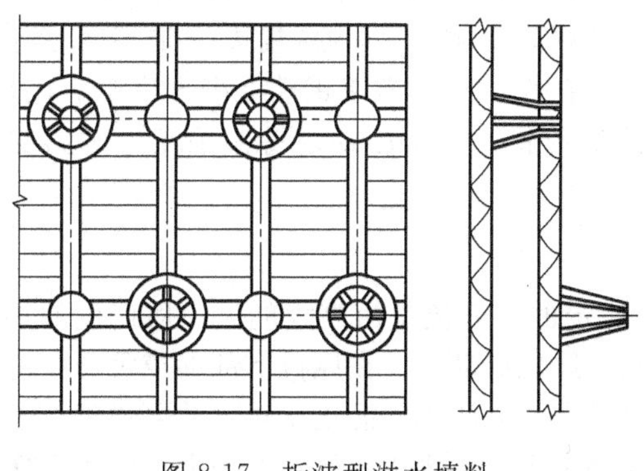

图 8-17　折波型淋水填料

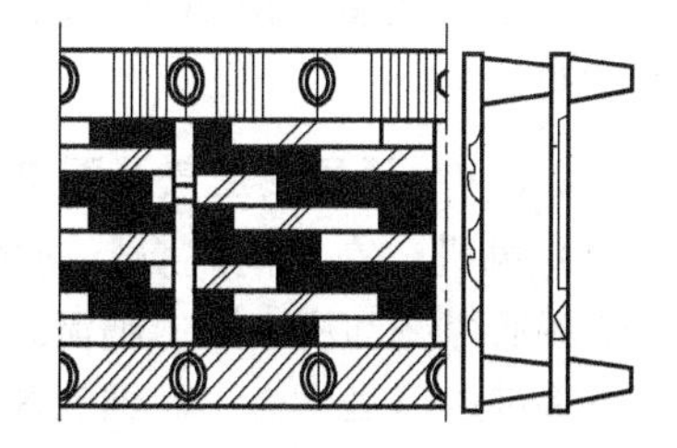

图 8-18　斜梯波淋水填料

（3）点滴薄膜式淋水填料

① 水泥格网淋水填料。它是 16# ～18# 铅丝作筋，用水泥砂浆浇灌成为 50mm×50mm 方格肋板组成的高 50mm、厚 5mm 的矩形板块（图 8-19），每块网板的长宽尺寸根据需要而定，如 1280mm×490mm 或 1560mm×560mm。不连续叠放，上下两块间距 50mm，16 层，层间搭接，交错排列，代号为 G16×50-50，这种填料适用于逆流塔。

② 蜂窝淋水填料。蜂窝淋水填料有纸质蜂窝、塑料和玻璃钢蜂窝三种。纸质蜂窝是用浸渍绝缘纸制成的六角形管状蜂窝体（图 8-20）。蜂窝孔眼大小以正六边形内切圆直径 d 表示，d=20mm，比表面 220m^2/m^3，每层高 100mm，多层连续叠放于支架上，交错排列。该填料呈管状，适用于逆流塔。

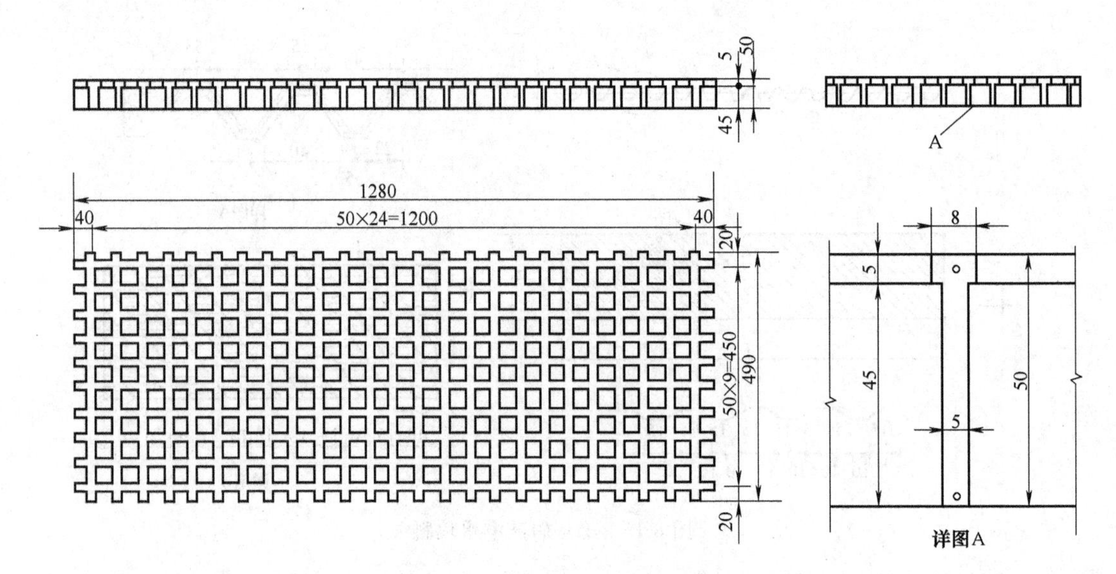

图 8-19　水泥格网淋水填料

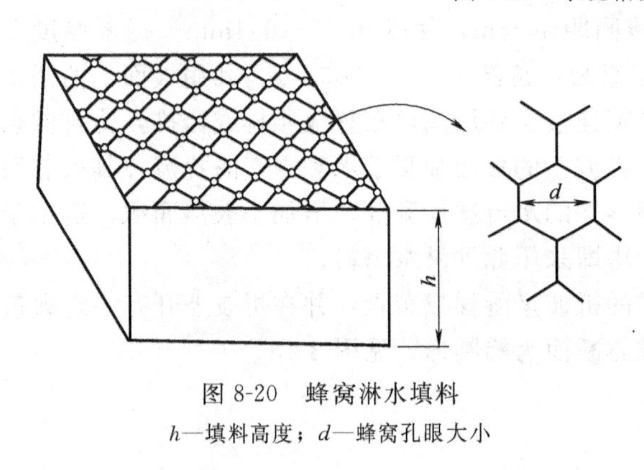

图 8-20　蜂窝淋水填料

h—填料高度；d—蜂窝孔眼大小

（4）各种淋水填料的比较。淋水填料是冷却塔的核心，应根据热力、阻力特性、塔型、负荷、材料性能、水质、造价、施工检修等因素综合评价，正确选择。60°大、中斜波、折波、梯型波填料在大、中型逆流式自然或机械通风塔中应用较广，但要防止堵塞和结垢。水泥格网填料自重大，施工较复杂，但优点是造价便宜、强度高、耐久、不易堵塞，适应较差水质，在大、中型逆流钢筋混凝土塔中应用较多。大、中型横流塔多采用30°斜波、弧形波或折波等填料。小型冷却塔普遍采用中波斜交错或折波填料。

8.3.2.4　通风及空气分配装置

（1）风机。在风筒式自然通风冷却塔中，稳定的空气流量由高大的风筒所产生的抽力形成。机械通风冷却塔中则由轴流式风机供给空气。风机启动后，在风机下部形成负压，冷空气便从下部进风口进入塔内。轴流风机的特点是风量大、风压小、能正反转，并可通过调整叶片数或叶片角改变风量或风压，提高片数或角度可增加风量、风压，但功率增大，效率下降。

风机（图 8-21）一般由叶轮、传动装置和电机三部分组成。叶轮由叶片和轮毂组成。轮毂的作用是固定叶片和传递动力，轮毂直径一般为叶片直径的30%～40%，由钢板制成。叶片可由高强度环氧玻璃钢模压而成，也可用铝合金或其他轻质金属制成。叶片应具有强度高、重量轻、耐腐蚀、装卸方便等优点。叶片数4～8片，安装角度2°～22°，叶轮转速127～240r/min。叶片顶端和风筒壁之间的间隙应小于叶片长的1%。

（2）通风筒。通风筒包括进风收缩段、进风口和上部扩散筒（图 8-21）。为了保证进风平缓和消除风筒出口的涡流区，风筒进风口宜做成流线形的喇叭口；逆流塔填料顶面（D）至风机（D_f）风筒进口之间的收缩段的顶角α=90°～110，其高度为：$H_{收}=\dfrac{D-D_f}{2\tan\dfrac{\alpha}{2}}$（m），一般不小于风机半径。为了减少塔出口动能损失（回收型）和减轻出塔湿空气回流，风筒出口扩散筒的圆锥角 $\beta=14^\circ\sim18^\circ$。扩散筒高度为：

$$H_{扩}=\frac{D_{出}-D_1}{2\tan\frac{\beta}{2}} \tag{8-20}$$

式中，$D_{出}$ 为扩散筒出口直径，风筒出口面积与塔的淋水面积之比为 0.3～0.6；D_1 为风筒直径，m。

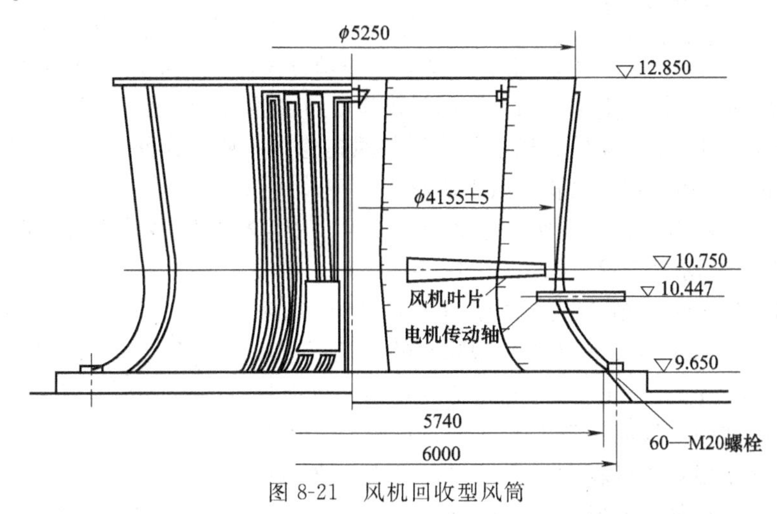

图 8-21　风机回收型风筒

扩散筒高度不宜小于风机半径，风筒下口直径大于上口直径，用不饱和聚酯玻璃钢制作的风筒，分八瓣用螺栓连接而成，轻便、抗震性能好、拆装方便。

（3）空气分配装置。在逆流塔中，空气分配装置包括进风口和导风装置；在横流塔中仅指进风口，需确定其形式、尺寸和进风方式。

逆流塔的进风口指填料以下到集水池水面以上的空间。如进风口面积较大，则进口空气的流速小，不仅塔内空气分布均匀，而且气流阻力也小，但增加了塔体高度，提高了造价。反之，如进风口面积较小，则风速分布不均，进风口涡流区大，影响冷却效果。抽风逆流塔的进风口面积与淋水面积之比不小于 0.5，当小于 0.5 时宜设导风装置（图 8-22）以减少进口涡流，当塔的平面为矩形时，进风口宜设在矩形的长边。风筒式塔的比值不小于 0.4。横流式冷却塔的进风口高度等于整个淋水装置的高度。淋水填料高度和径深比，机力塔宜为2～2.5；自然塔，当淋水面积大于 1000m^2 时宜为 1～1.5，淋水面积小于 1000m^2 时宜为 1.5～2.0。

单个机力塔采用四面进风的进风口；多塔单排并列布置时，采用两面进风，进风口应与夏季主导风向平行；多塔双排布置时，每排的长与宽之比不宜大于 5∶1，宜采用单面进风，

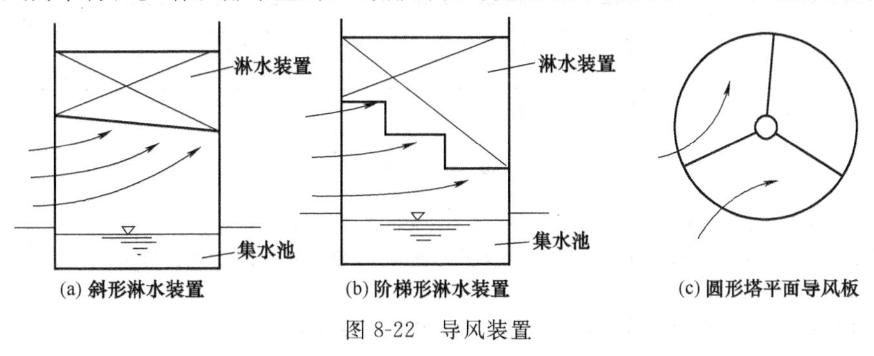

图 8-22　导风装置

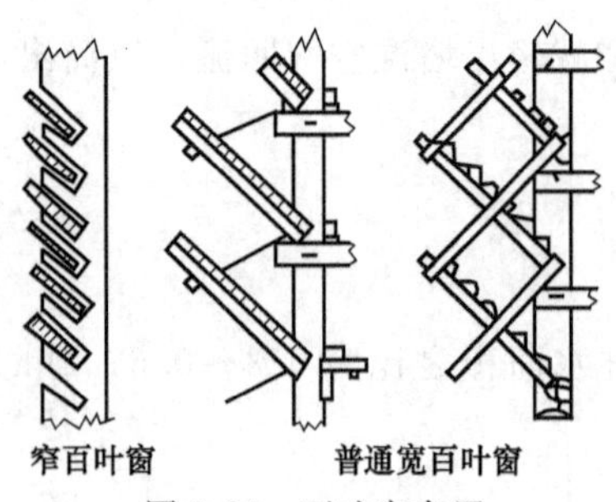

图 8-23　百叶窗布置

中间隔墙起挡风墙作用，进风口应面向夏季主导风向。为了防止水滴溅出，改善气流条件，在横流塔、小型逆流塔进风口四周往往设置向塔内倾斜与水平成45°的百叶窗（图 8-23）。

8.3.2.5　**其他装置**

（1）除水器。从冷却塔排出的湿热空气中，带有一些水分，其中一部分是混合于空气中的水蒸气，不能用机械方法分离；另一部分是随气流带出的雾状小水滴，通常可用除水器来分离回收，以减少水量损失，同时改善塔周围环境。除水器应做到除水效率高、通风阻力小、经济耐用、便于安装。通过除水器的风速应当小些，为此，应尽量选用薄壁材料，如塑料或玻璃钢，以增大通风面积，减小风速。

小型冷却塔多采用塑料斜波作为除水器，而大、中型冷却塔多采用弧形除水片组成单元块除水器。逆流塔用 BO-42/145 型、BO-50/160 型和波 160-45 型、波 170-50；横流塔常用 HC50/150 型和 HC50/130 型。图 8-24 为 BO-42/145 型除水器的弧形片尺寸，间距 42mm，高 145mm。弧形除水器利用惯性分离原理，当细小水滴被塔内气流挟带上升遇到弧形片时，因接近饱和状态的气流相对质量较大，运动惯性较大，在惯性作用下，撞击到除水器的弧形片上，被分离和回收。

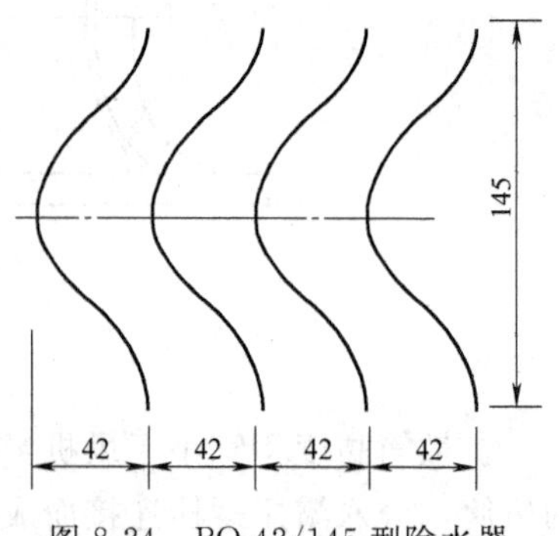

图 8-24　BO-42/145 型除水器弧形片尺寸

（2）集水池。集水池起储存和调节水量作用，有时还可作为循环水泵的吸水井。集水池的容积应当满足循环水处理药剂在循环水系统内的停留时间的要求。循环水系统的容积约为循环水小时流量值的 1/5～1/3。集水池的深度不宜大于 2m。小型冷却塔往往采用集水盘，水深不小于 0.1m。池底设（深 0.3～0.5m）集水坑，并有大于 0.5%的坡度坡向集水坑，坑内设排空管和排泥管，集水池设溢流管。为了拦阻杂物，在出水管前设置格栅，池中还设补充水管。池壁的保护高宜为 0.2～0.3m。集水池周围应设回水台，宽度 1.5～2.0m，坡高 3%～5%。

（3）塔体。塔体主要起封闭和围护作用。主体结构和淋水填料的支架（柱、梁、框架）在大、中型塔中用钢筋混凝土或防腐钢结构，塔体外围用混凝土大型砌块或玻璃钢轻型装配结构。小塔全用玻璃钢。塔体形状在平面上有方形、矩形、圆形、双曲线形等。冷却塔的大、中、小型界限划分可参照表 8-4。

表 8-4　大、中、小型冷却塔的划分界限

塔型	大	中	小
风塔式	$F_m \geqslant 3500m^2$	$3500m^2 > F_m > 500m^2$	$F_m \leqslant 500m^2$
机械通风式	$D > \varphi 8.0m$	$\varphi 8.0m \geqslant D \geqslant \varphi 4.7m$	$D < \varphi 4.7m$

注：表中 F_m 为淋水面积（m^2）；D 为风机直径（m）。

参考文献

[1]　严熙世，范瑾初主编．给水工程［M］．第 4 版．北京：中国建筑工业出版社，1999.
[2]　冯旭东著，华东建筑设计研究院有限公司编．给水排水设计手册第 4 册．北京：中国建筑工业出版社，2002.
[3]　邵青主编．水处理及循环再利用技术．北京：化学工业出版社，2004.
[4]　彭党聪主编．水污染控制工程．第 3 版．北京：冶金工业出版社，2010.

第9章 水的其他处理方法

9.1 地下水除铁除锰

含铁和含锰的地下水在我国分布很广。铁和锰可共存于地下水中，但含铁量往往高于含锰量。我国地下水的含铁量一般小于5～10mg/L，含锰量在0.5～2.0mg/L。

水中的铁以+2价或+3价氧化态存在；锰以+2、+3、+4、+6或+7价氧化态存在，其中+2和+4价锰较不稳定，但+4价锰的溶解度更低，所以以溶解度高的+2价锰为处理对象。地表水中含有溶解氧，铁锰主要以不溶解的$Fe(OH)_3$和MnO_2状态存在，所以铁锰含量不高。地下水或湖泊和蓄水库的深层水中，由于缺少溶解氧，以致+3价铁和+4价锰还原成为溶解的+2价铁和+2价锰，因而铁锰含量较高，需加以处理。

水中含铁量高时，水有铁腥味，影响水的口味；作为造纸、纺织、印染、化工和皮革精制等生产用水，会降低产品质量；含铁水可使家庭用具如瓷盆和浴缸发生锈斑，洗涤衣物会出现黄色或棕黄色斑渍；铁质沉淀物Fe_2O_3会滋长铁细菌，阻塞管道，有时自来水会出现红水。

含锰量高的水所发生的问题与含铁量高的情况相类似，例如使水有色、臭、味，损害纺织、造纸、酿造、食品等工业产品的质量，家用器具会污染成棕色或黑色，洗涤衣物会有微黑色或浅灰色斑渍等。

9.1.1 地下水除铁

本部分所要讨论的除铁对象是溶解状态的铁，主要包括以下几种。

① 以Fe^{2+}或水合离子形式$FeOH^+$～$Fe(OH)_3^-$存在的二价铁。由于三价铁在pH＞5的水中溶解度极小，况且地层又有过滤作用，所以中性含铁地下水主要含二价铁，并且Fe^{2+}主要以重碳酸盐的形式存在。重碳酸亚铁是较强的电解质，它在水中能够离解：

$$Fe(HCO_3)_2 \longrightarrow Fe^{2+} + 2HCO_3^- \quad (9\text{-}1)$$

所以二价铁在地下水中主要是以二价铁离子（Fe^{2+}）形态存在。我国地下水的含铁量多在5～10mg/L之间，超过30mg/L的较为少见。在酸性的矿井水中，二价铁则常以硫酸亚铁（$FeSO_4$）形式存在，且含铁量很高。

当水中有溶解氧时，水中的二价铁易于氧化为三价铁：

$$4Fe^{2+} + O_2 + 2H_2O \longrightarrow 4Fe^{3+} + 4OH^- \quad (9\text{-}2)$$

氧化生成的三价铁由于溶解度极小，因而以氢氧化铁［$Fe(OH)_3$］形式析出。所以，含铁地下水中不含溶解氧是二价铁离子能稳定存在的必要条件。

② Fe^{2+}或Fe^{3+}形成的络合物。铁可以和硅酸盐、硫酸盐、腐殖酸、富里酸等相络合而成无机或有机络合铁。

在设计除铁工艺之前，除了总铁含量需测定外，还需知道铁的存在形式，因此须在现场采取代表性水样进行详细的分析。地下水中如有铁的络合物会增加除铁的困难。一般当水中的含铁总量超过按 pH 值和碱度的理论溶解度值时，可认为有铁的络合物存在。

去除地下水中的铁质有多种方法，一般常用氧化的方法，即将水中的二价铁氧化成三价铁。由于三价铁在水中的溶解度极小，故能从水中析出，再用固液分离的方法将之去除，从而达到地下水除铁的目的。

水中铁的氧化速率受到多种因素如氧化还原电位 E_H、pH 值、重碳酸盐、硫酸盐和溶解硅酸等的影响，导致铁的化学反应比较复杂。例如，一般假定铁氧化后成为氢氧化铁沉淀，但如水的碳酸盐碱度大于 250mg/L（$CaCO_3$ 计）时，可能生成碳酸亚铁（$FeCO_3$）沉淀而不是 $Fe(OH)_3$ 沉淀。此外，有机络合剂可使铁的反应更为复杂，各种腐殖质可以和铁络合成为有机铁，使氧化过程非常缓慢。此时如用曝气氧化法，由于氧化时间太短，不能将络合物破坏，因此几乎很少有除铁效果。这种情况下，为使铁从溶解状态转变为沉淀物，必须设法升高氧化还原电位 E_H 和 pH 值。

地下水除铁时，反应动力学的研究很重要，动力学主要研究二价铁浓度随时间的衰减率，即铁的氧化速率。均相反应时，在 pH 值大于 5.5 条件下，二价铁的氧化速率可用下式表示，负号表示水中铁的浓度随时间而减少：

$$\frac{d[Fe^{2+}]}{dt}=-k[Fe^{2+}][OH^-]^2 p_{O_2}[mol/(L\cdot min)] \quad (9\text{-}3)$$

式中，k 为 20.5℃时的反应速率常数，$8\times10^{11}L^2/(mol^2\cdot kPa\cdot min)$；$p_{O_2}$ 为气相中氧的分压，kPa；$[OH^-]$为氢氧根离子浓度，mol/L；$[Fe^{2+}]$为时间 t 时的二价铁浓度，mol/L。

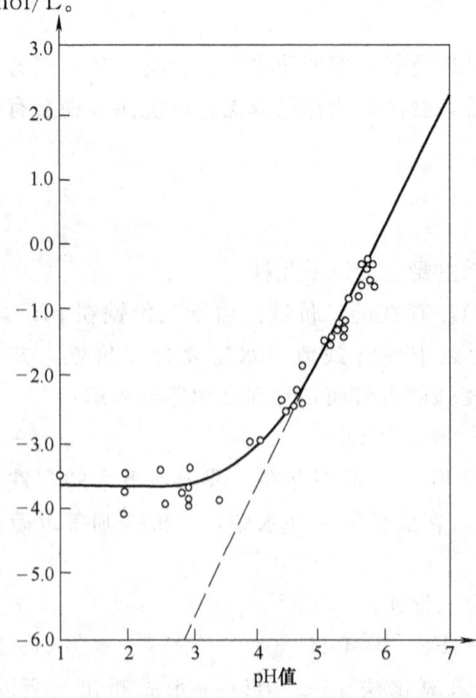

图 9-1　铁的氧化速率实验和理论曲线

一般地下水中二价铁的氧化速度比较缓慢，所以地下水与空气接触（称为水的曝气过程）后，应有一段反应时间，这样才能保证水中二价铁的浓度降至要求的数值。另外，从式（9-3）可见，由于氧化速率和 $[OH^-]^2$ 成正比，也就是说和 $[H^+]^2$ 成反比，可见除铁过程受 pH 值的影响很大。

因 $[OH^-]=\frac{k_w}{[OH^-]}$，水的电离常数$k_w=10^{-14}$，代入上式并两边取对数，得：

$$\lg\left(-\frac{d\ln[Fe^{2+}]}{dt}\right)=\lg k'+2pH \quad (9\text{-}4)$$

式中 $k'=kp_{O_2}k_w^2$，此时 p_{O_2} 恒定，一般为 23.1kPa。

式（9-4）左侧对 pH 值的关系作图，可得斜率为 2 的直线，见图 9-1。可以看出，当 pH>5.5 时，该式与试验数据相符合，pH<5.5 时，氧化速率是非常缓慢的。

可用于地下水除铁的氧化剂有氧、氯和高锰酸钾等，其中以利用空气中的氧最为经济，在生产中广泛采用。用空气中的氧为氧化剂的除铁方法，习惯上称为曝气自然氧化法除铁。由式（9-2）可知，每氧化 1mg/L 的二价铁，理论上需氧$\frac{2\times16}{4\times55.8}$=0.14mg/L，同时产生$\frac{8\times1}{4\times55.8}$=0.036mg/L 的 H^+。但是每产生 1mol/L 的 H^+ 会减小 1mol/L 的碱度，所以每氧化 1mg/L 的二价铁会降低 1.8mg/L 以 $CaCO_3$ 计的碱度。如水的碱度不足，则在氧化反应过程中，H^+ 浓度增加，pH 值降低，以致氧化速率受到影响而变慢。图 9-2 表示二价铁氧化速率和 pH 值的关系在半对数坐标纸上为直线，当 pH 值在 7.0 以上时，氧化速率较快。

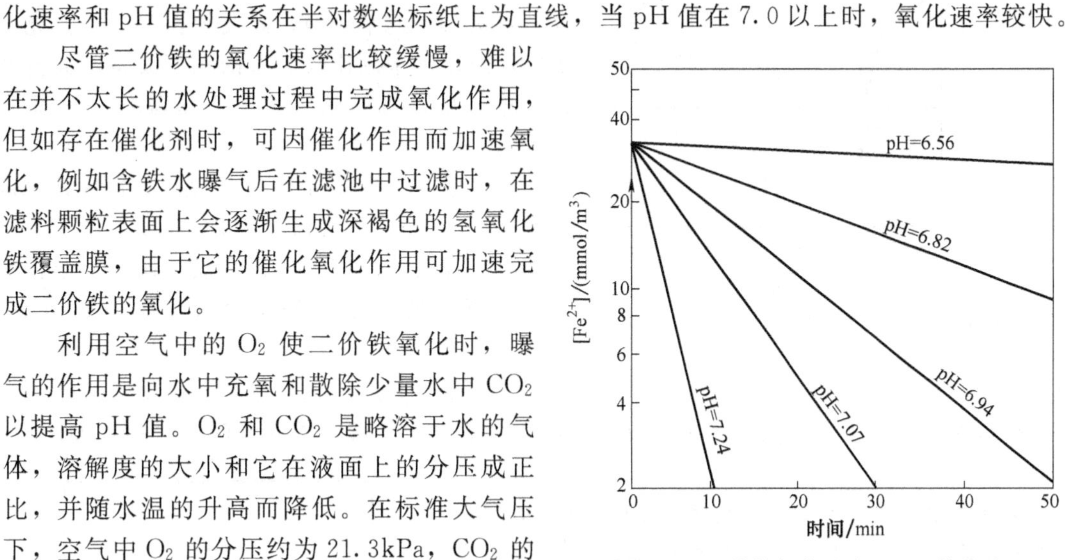

图 9-2　二价铁氧化速率和 pH 值关系

尽管二价铁的氧化速率比较缓慢，难以在并不太长的水处理过程中完成氧化作用，但如存在催化剂时，可因催化作用而加速氧化，例如含铁水曝气后在滤池中过滤时，在滤料颗粒表面上会逐渐生成深褐色的氢氧化铁覆盖膜，由于它的催化氧化作用可加速完成二价铁的氧化。

利用空气中的 O_2 使二价铁氧化时，曝气的作用是向水中充氧和散除少量水中 CO_2 以提高 pH 值。O_2 和 CO_2 是略溶于水的气体，溶解度的大小和它在液面上的分压成正比，并随水温的升高而降低。在标准大气压下，空气中 O_2 的分压约为 21.3kPa，CO_2 的分压为 0.03～0.1kPa，其在水中的溶解度见表 9-1。

表 9-1　O_2 和 CO_2 在水中的溶解度（0.1MPa）　　单位：L/L

水温/℃	0	5	10	15	20	25	30
O_2	0.049	0.043	0.038	0.034	0.031	0.028	0.026
CO_2	1.713	1.424	1.194	1.019	0.878	0.759	0.665

空气中，O_2 的体积约占 20.93%，CO_2 占 0.03%，而地下水中则不含溶解氧，可是 CO_2 浓度却比空气中高。因此，当含铁地下水曝气时，空气中的 O_2 必然溶解到水中，水中的 CO_2 则逸出到大气中，以保持平衡状态。

为提高曝气效果，可将空气以气泡形式分散于水中，或将水流分散成球滴或水膜状于空气中，以增加水和空气的接触面积和延长曝气时间，提高传质效果。

前面讲过，在曝气溶氧过程中，所需的溶解氧量，理论上可按 1mg/L Fe^{2+} 需 0.14mg/L O_2 计算，但是增加氧的浓度可以加快二价铁的氧化，再加以水中的其他杂质也会消耗氧，所以实际所需的溶解氧量应比理论值为高，因此除铁所需溶解氧的浓度需按下式计算：

$$[O_2]=0.14\alpha[Fe^{2+}] \tag{9-5}$$

式中，α 为过剩溶氧系数，指水中实际所需溶解氧的浓度与理论值的比值，一般取 α=2～5。

氧化生成的三价铁，经水解后，先产生氢氧化铁胶体，然后逐渐凝聚成絮状沉淀物，可用普通砂滤池除去。

曝气自然氧化除铁的工艺系统流程一般为：

$$\begin{array}{c} O_2 \quad CO_2 \\ \downarrow \quad \uparrow \end{array}$$

含铁地下水→曝气装置→氧化反应池→快滤池→除铁水

对含铁地下水曝气的要求，因除铁工艺不同而异，有的只要求向水中溶氧，由于溶氧过程比较迅速，所以可采用比较简易和尺寸较小的曝气装置，如跌水、压缩空气曝气器、射流泵等。有的除向水中溶氧外，还要求去除一部分CO_2以提高水的pH值，由于散除CO_2的量较大，且进行得速率较慢，需要较长时间进行充分曝气，所以常采用比较大型的曝气设备，如自然通风曝气塔、机械曝气塔、喷淋曝气、表面曝气等。

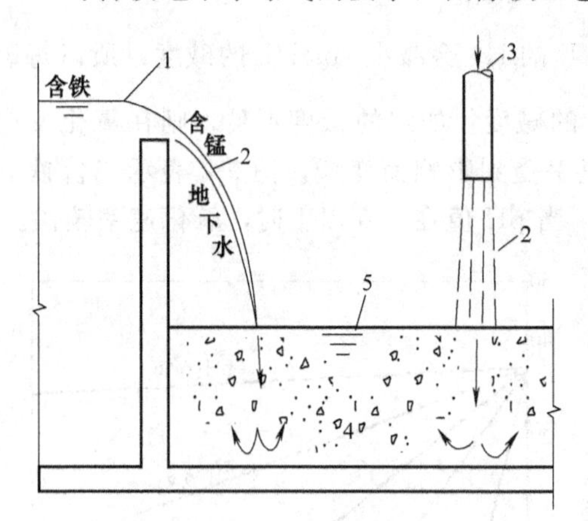

图 9-3　跌水曝气装置

1—溢流堰；2—下落水舌；3—原水管；4—气泡；5—受水池水面

跌水曝气一般采用1～3级跌水，每次跌水高度为0.5～1.0m，堰口流量为20～50$m^3/(h \cdot m^2)$。其特点是曝气效果好、运行可靠、构造简单，适用于对曝气要求不高的重力式滤池，如图 9-3 所示。

射流曝气是应用水射器利用高压水流吸入空气，高压水一般为压力滤池的出水回流，经过水射器将空气带入深井泵吸水管中，如图 9-4 所示。

曝气塔是一种重力式曝气装置，见图 9-5，适用于含铁量不高于10mg/L时。曝气塔中填以多层板条或者是1～3层厚度为0.3～0.4m的焦炭或矿渣填料层，填料层的上下净距在0.6m以上，以便空气流通。含铁锰的水从位于塔顶部的穿孔管喷淋而下，成为水滴或水膜通过填料层，由于空气和水的接触时间长，所以效果好。焦炭或矿渣填料常因铁质沉淀堵塞而须更换，因此在含铁量较高时，以采用板条式较佳。曝气塔的水力负荷为5～15$m^3/(h \cdot m^2)$。

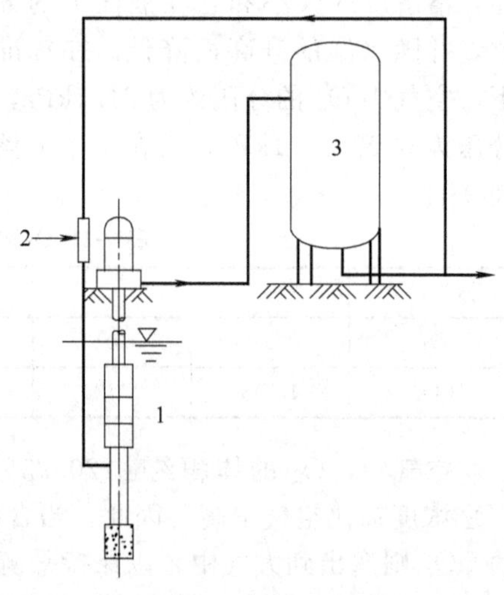

图 9-4　射流曝气除铁

1—深井泵；2—水射器；3—除铁滤池

曝气后的水在氧化反应池中一般停留1h左右。在氧化反应池中，水中二价铁除了被充分氧化成三价铁外，三价铁的水解产物$Fe(OH)_3$还能部分地沉淀下来，从而减轻后续滤池的负荷。氧化除铁的快滤池，对截留三价铁絮凝体的要求是很严格的。如果按照滤后水含铁浓度不超过0.3mg/L来要求，这相当于水中氢氧化铁胶体的浓度不超过0.6mg/L，所以除铁用的砂滤池，滤料粒度虽然和澄清滤池一样，但采用较厚的滤层以获得合格的过滤水质。曝气自然氧化法除铁一般能将水中的含铁量降至0.3mg/L以下。

20世纪60年代，在我国试验成功天然锰砂接触氧化除铁工艺，这是将催化技术用于地下水除铁的一种新工艺。试验表明，用天然锰砂作滤料除铁时，对水中二价铁的氧化反应有很强的接触催化作用，它能大大加快二价铁的氧化反应速度。将曝气后的含铁地下水经过天然锰砂滤层过滤，水中二价铁的氧化反应能迅速地在滤层中完成，并同时将铁质截留于滤层中，从而一次完成了全部除铁过程。所以，天然锰砂接触氧化除铁不要求水中二价铁在过滤除铁以前进行氧化反应，因此不需要设置反应沉淀构筑物，这就使处理系统大为简化。天然锰砂接触氧化除铁工艺一般由曝气溶氧和锰砂过滤组成。因为天然锰砂能在水的 pH 值不低于 6.0 的条件下顺利地进行除铁，而我国绝大多数含铁地下水的 pH 值都大于 6.0，所以曝气的目的主要是为了向水中溶氧，而不要求散除水中的 CO_2 以提高水的 pH 值，这可使曝气装置大大简化。曝气后的含铁地下水，经天然锰砂滤池过滤除铁，从而完成除铁过程。在天然锰砂除铁系统中，水的总停留时间只有 5～30min，处理设备投资大为降低。

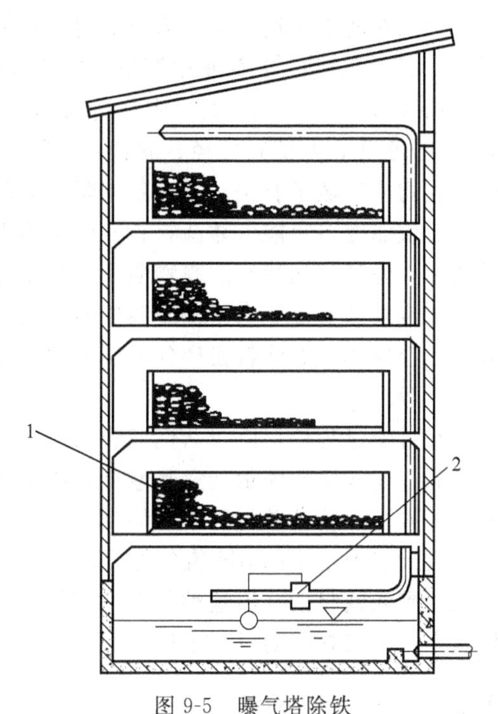

图 9-5 曝气塔除铁
1—焦炭层 30～40cm；2—浮球阀

试验发现，旧天然锰砂的接触氧化活性比新天然锰砂强；旧天然锰砂若反冲洗过度，催化活性会大大降低，它表明锰砂表面覆盖的铁质滤膜具有催化作用，称为铁质活性滤膜。过去人们一直认为二氧化锰（MnO_2）是催化剂。铁质活性滤膜催化作用的发现，表明催化剂是铁质化合物，而不是锰质化合物，天然锰砂对铁质活性滤膜只起载体作用，这是对经典理论的修正。所以，在滤池中就可以用石英砂、无烟煤等廉价材料代替天然锰砂做接触氧化滤料。但是，新滤料对水中二价铁离子具有吸附去除能力，吸附容量因滤料品种不同而异，天然锰砂的吸附容量较大，石英砂、无烟煤吸附容量很小。天然锰砂的吸附容量大，投产初期的除铁水水质较好，是其优点。

铁质活性滤膜的化学组成，经测定为 $Fe(OH)_3 \cdot 2H_2O$。铁质活性滤膜接触氧化除铁的过程目前已经基本明了。铁质活性滤膜首先以离子交换方式吸附水中的二价铁离子：

$$Fe(OH)_3 \cdot 2H_2O + Fe^{2+} = Fe(OH)_2(OFe) \cdot 2H_2O^+ + H^+ \tag{9-6}$$

当水中有溶解氧时，被吸附的二价铁离子在活性滤膜的催化下迅速地氧化并水解，从而使催化剂得到再生：

$$Fe(OH)_2(OFe) \cdot 2H_2O^+ + \frac{1}{4}O_2 + \frac{5}{2}H_2O = 2Fe(OH)_3 \cdot 2H_2O + H^+ \tag{9-7}$$

反应生成物又作为催化剂参与反应，因此，铁质活性滤膜接触氧化除铁是一个自催化过程。

曝气接触氧化法除铁工艺系统流程如下：

$$\begin{array}{c} O_2 \\ \downarrow \end{array}$$
含铁地下水→曝气装置→接触氧化滤池→除铁水

在曝气接触氧化除铁工艺中，曝气的目的主要是向水中充氧，但为保证除铁过程的顺利进行，过剩溶氧系数 α 应不小于 2。

曝气后地下水中二价铁浓度在接触氧化滤层中的变化速率为：

$$\frac{d[Fe^{2+}]}{dx} = \frac{\beta[O_2]T^n}{dv^P}Fe^{2+} \tag{9-8}$$

式中，$[Fe^{2+}]$为滤层深度 x 处的二价铁浓度；d 为滤料粒径；v 为过滤的滤速；P 为指数，当水在滤层中过滤流态为层流时，$P=1$；当流态为紊流时，$P=0$；当流态处于过渡区时，$0<P<1$；$[O_2]$ 为水中溶解氧的浓度；T 为过滤时间；β 为滤层的接触氧化活性系数。

由式（9-8）可知，滤层中二价铁的减小速率与该处二价铁浓度、溶解氧浓度、过滤时间 T^n 成正比，与滤料粒径、滤速 v^P 成反比。滤层的接触氧化活性系数 β，与滤料积累的活性滤膜物质的数量有关。对于新滤料，滤料表面尚无活性滤膜物质，所以新滤料也没有接触氧化除铁能力，只能依靠滤料自身的吸附能力去除少量铁质，出水水质较差。滤池工作一段时间后，滤料表面活性滤膜物质积累数量逐渐增多，滤层的接触氧化除铁能力逐渐增强，出水水质也逐渐变好。当活性滤膜物质数量积累到足够，出水含铁量降低到要求值以下，表明滤层已经成熟。新滤料投产到滤层成熟，称为滤层的成熟期。一般滤层的成熟期为数日至十数日不等。

在过滤过程中，由于活性滤膜物质在滤料表面不断积累，使滤层的接触氧化除铁能力不断提高，过滤水含铁量会愈来愈低，出水水质愈来愈好。所以，接触氧化除铁滤池的水质周期会无限长，滤池总是因压力周期而进行反冲洗，这与一般澄清滤池不同。

在天然地下水的 pH 值条件下，氯和高锰酸钾都能迅速地将水中二价铁氧化为三价铁，从而达到除铁目的。但这种用氧化药剂除铁的方法，药剂费用较高，且投药设备运行管理也较复杂，故只在必要时才采用。

9.1.2 地下水除锰

锰和铁的化学性质相近，所以在含锰地下水中常含有铁。铁的氧化还原电位比锰要低，二价铁便成为还原剂，因此二价铁能大大阻碍二价锰的氧化。所以，只有在水中基本上不存在二价铁的情况下，二价锰才能被氧化。在地下水中铁、锰共存时，除锰比除铁困难。

地下水除锰也可以有多种方法，但仍以氧化法为主，即将水中的二价锰氧化成四价锰，四价锰能从水中析出，再用固液分离的方法将之去除，从而达到除锰的目的。可用于地下水除锰的氧化剂有氧、氯和高锰酸钾等。用空气中的氧为氧化剂最经济，在生产中被广泛采用。

地下水中 Mn^{2+} 被 O_2 氧化时的动力学和铁的氧化不同，$[Mn^{2+}]$ 随时间 t 的变化不再是线性关系，而且在 pH<9.5 时，Mn^{2+} 的氧化速率很慢。试验结果认为，Mn^{2+} 的氧化和去除是自动催化氧化过程，反应如下：

$$\lg\left\{A\left[\frac{[Mn^{2+}]_0}{[Mn^{2+}]}\right]-1\right\}=Kt \tag{9-9}$$

式中，$[Mn^{2+}]_0$ 为开始时的二价锰浓度，mol/L；$[Mn^{2+}]$ 为时间 t 时的二价锰浓度，mol/L；K 为自动催化反应速率常数；A 为常数。

锰的氧化速率也和 $[OH^-]^2$ 以及 P_{O_2} 成正比，但是在更高 pH 值时才可以使氧化较快，也就是 pH 值高时除锰较易。一般认为水中的二价锰被溶解氧氧化为四价锰，只在水的 pH>9.0 时氧化速度才比较快，这比国家《生活饮用水卫生标准》要求的 pH=8.5 要高，所以自然氧化法除锰难以在主产中应用。

20 世纪 50 年代，在哈尔滨建成一座地下水除铁除锰水厂，处理效果良好。这是我国最早具有除锰效果的水厂。这座水厂采用曝气塔曝气、反应沉淀、石英砂过滤处理流程。滤池经长期运行后，在石英砂滤料表面自然形成了锰质滤膜，具有催化作用，水中的二价锰在锰质滤膜催化作用下，能迅速被溶解氧氧化而从水中除去，称为曝气接触氧化法除锰。这种除锰方法，由于锰质滤膜的强烈接触催化作用，使二价锰被溶解氧氧化的反应，能在 pH = 7.5 左右顺利进行。

作为催化剂的锰质活性滤膜的化学组成，经分析除主要含有锰以外，尚含有铁、硅、钙、镁等元素。过去人们认为，起催化作用的是二氧化锰。二氧化锰沉淀物的催化过程，首先是吸附水中的二价锰离子：

$$Mn^{2+} + MnO_2 \cdot xH_2O \longrightarrow MnO_2 \cdot MnO \cdot (x-1)H_2O + 2H^+ \tag{9-10}$$

被吸附的二价锰在二氧化锰沉淀物表面被溶解氧氧化：

$$MnO_2 \cdot MnO \cdot (x-1)H_2O + \frac{1}{2}O_2 + H_2O \longrightarrow 2MnO_2 \cdot xH_2O \tag{9-11}$$

按上述计算，每氧化 1mg/L Mn^{2+}，需溶解氧 0.29mg/L。由于地下水中的含锰量一般较低，地下水只要略经曝气，就能满足氧化二价锰所需溶解氧的要求。由于二氧化锰沉淀物的表面催化作用，使二价锰的氧化速度较无催化剂时的自然氧化显著加快。由于反应生成物是催化剂，所以二价锰的氧化是自催化反应过程。

近来有人认为催化剂不是二氧化锰，而是浅褐色的 α 型 Mn_3O_4（可写成 MnO_x，$x=1.33$），并发现它并非是一种单一物质，而可能是黑锰矿（$x=1.33\sim1.42$）和水黑锰矿（$x=1.15\sim1.45$）的混合物。水中二价锰在接触催化作用下的总反应式为：

$$2Mn^{2+} + (x-1)O_2 + 4OH^- \longrightarrow 2MnO_x \cdot ZH_2O + 2(1-Z)H_2O \tag{9-12}$$

用石英砂做滤料，滤层的成熟期很长，有的长达数月。采用我国产的马山锰砂、乐平锰砂和湘潭锰砂，其主要成分为 Mn_3O_4，可使滤层的成熟期显著缩短。

除锰时采用的工艺流程为：

原水⟶曝气⟶催化氧化过滤

除锰曝气装置和除铁时相同，过滤可以采用各种形式滤池。在同一滤层中，铁主要截留在上层滤料内。当地下水中铁锰含量不高时，可上层除铁下层除锰而在同一滤层中去除，不致因锰的泄漏而影响水质。但如含铁、锰量大，则除铁层的范围增大，剩余的滤层不能截留水中的锰，因而部分泄漏，滤后水不符合水质标准。显然，原水含铁量越高，锰的泄漏时间将越早，因此缩短了过滤周期，所以铁对除锰的干扰是除铁除锰时必须注意的问题。这时为了防止锰的泄漏，可在流程中建造两个滤池，前面是除铁滤池，后面是除锰滤池。在压力滤池中也有将滤层做成两层，上层用以除铁，下层用以除锰，如图 9-6 所示。

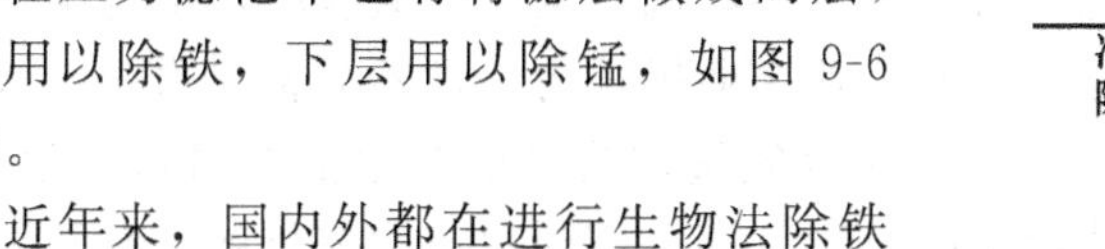

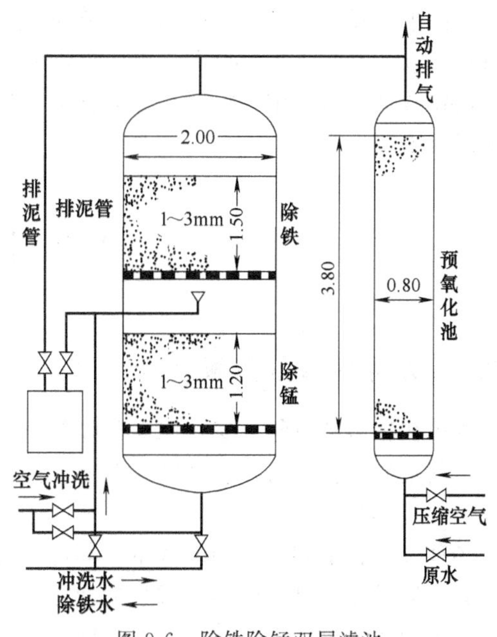

图 9-6　除铁除锰双层滤池

近年来，国内外都在进行生物法除铁除锰的研究。在自然曝气地下水除铁除锰生产滤池中，能够检测出多种铁细菌。实际上，在土壤中就存在大量能够氧化二价铁和二价锰的微生物。铁细菌具有特殊的酶，能加速水中溶解氧对二价铁和二价锰的氧化。由于自然曝气接触氧化法除铁（化学法除铁）已经具有很高的除铁效率，所以生物法除铁暂时尚未受到人们的重视。而自然曝气接触氧化法除锰（化学法除锰）比除铁要困难得多，并且要求比较高的 pH 值，生物法则能在较低 pH 值条件下

(pH 值为 7.0 左右) 除锰，是一个重要优点。

含铁含锰地下水经曝气后送入滤池后，滤层中的铁细菌氧化水中的二价铁和二价锰，并进行繁殖。滤池除铁除锰的效率，随着滤层中铁细菌的增多而提高，一般当滤层中铁细菌数达到约 10^6 个/mL 时，滤层便具有了良好的除铁除锰能力，即滤层已经成熟。滤层的成熟期一般为数十日。用成熟的滤池中的铁泥对新滤池接种，可以加快滤层的成熟速度。

我国研究者推荐的生物法除铁除锰工艺如下所示。

O_2
↓
含铁含锰地下水→弱曝气→生物除铁除锰滤池→除铁锰水

该工艺系统适用于地下水同时含有二价铁和二价锰的情况，因为水中的二价铁对于除锰细菌的代谢是不可缺少的。对地下水进行弱曝气，可控制水中溶解氧不过高，一般为理论值的 1.5 倍。此外，弱曝气可控制曝气后水的 pH 值不过高，以免二价铁氧化为三价铁，对生物除锰不利。

根据国内文献资料，目前采用上述生物除铁除锰工艺的规模不大，水质含铁量最高为 8mg/L，含锰量最高为 2～3mg/L，pH 值为 6.9，水温为 8℃。该工艺适用的含铁量、含锰量或铁、锰含量比的限值，以及 pH 值和水温低至多少，有待积累更多的工程实践经验。

用氯来氧化水中二价锰，氧化速度只在 pH 值高于 9.5 时才足够快，所以实际上难以应用。当向水中投氯并经长时间过滤，在滤料上能生成具有催化作用的 $MnO_2 \cdot H_2O$ 膜，这时氯可在 pH 值低至 8.5 时将二价锰氧化为四价锰，从而达到除锰目的。

高锰酸钾能将水中二价锰迅速氧化为四价锰，除锰十分有效，但药剂费用较大，故只在必要时才采用。

9.2 除　　氧

9.2.1 水中气体的溶解特性

水中往往溶解有氧、氨、二氧化碳等气体，其中二氧化碳及氧的存在，使锅炉易发生腐蚀。尤其是有氧存在时，腐蚀特别严重，因此有必要研究气体，特别是氧在水中溶解的特性及除氧的根本途径。

各种气体在不同压力和温度下，其饱和含量也都不相同。空气中氧较多，水与空气接触后，其含氧量很容易达到饱和或接近饱和，因此工业企业锅炉房一般不分析生水、软水或除氧前给水的含氧量，而按该压力及温度下水的饱和含氧量作为除氧前水的含氧量。很显然，以饱和含氧量来代替水的含氧量，其数值比实际情况偏高，因为水与空气接触，其含氧量不一定就真正达到饱和，尤其是混有大量回水的给水，由于回水中含氧量较低，故这种给水的含氧量都未达到饱和。

根据亨利定律，气体在液体中的溶解度，取决于液体温度及液面上这种气体的分压力。这是反映客观规律的一条物理定律。所谓分压力，就是在液面上的空间中，如果没有其他气体或蒸气，仅有这一种气体单独存在时的压力。液体温度越高，其中气体的溶解度就越小；液面上空间中某种气体的分压力越小，这种气体在液体中的溶解度也就越小。

氧气是很活泼的气体，它能跟很多非金属和绝大多数金属（金、银、铂等少数金属除外）直接化合。当其与非金属或金属化合以后，往往形成稳定的氧化物或生成沉淀。这些氧化物中的氧就不再与金属化合，故实际上起腐蚀作用的，都是水中的溶解氧。

9.2.2 除氧的方法

由氧在水中溶解的特性，我们可以知道，水中除氧可以从以下几个方面考虑：①将水加热，减小其中氧的溶解度，水中氧气就可以逸出；②将水面上空间的氧气分子都排除，或将其转变成其他气体（如 CO_2），既然水面上没有氧的分子存在，氧的分压力就为零，水中氧的溶解度也为零，水中的氧气就不断逸出；③使水中的溶解氧在进入锅炉前就转变为与金属或其他药剂的稳定化合物而消耗干净。这种使氧与金属或其他药剂化合的方法，可采用纯化学的氧化方法、电化学的方法，也可采用树脂除氧的方法。

工业锅炉常用除氧方法见表 9-2。

表 9-2 工业锅炉常用除氧方法

- 除氧方法
  - 热力除氧
    - 压力式
    - 大气式
    - 真空式
  - 解吸除氧
  - 化学除氧
    - 钢屑除氧
    - 活化钢粒除氧
    - 还原铁粉过滤除氧
    - 加除氧反应剂
    - 除氧树脂除氧
      - 氧化还原树脂
      - 载体型树脂
      - 触媒型树脂
  - 电化学除氧

9.2.2.1 热力除氧

热力除氧就是将水加热至沸点，水中氧气因溶解度减小而逸出，再将水面上产生的氧气排除。如此使水中氧气不断逸出，从而保证给水含氧量达到给水质量标准的要求。

工业企业锅炉房常采用大气式热力除氧，除氧器内保持比大气压力稍高的压力（一般为 0.02～0.025MPa 表压力，此压力下饱和温度为 104～105℃。其之所以采取 0.02MPa 表压力，而不采用大气压力，就是为了便于逸出的气体能够向除氧器外排出）。除大气式外还有真空式（除氧器内保持 0.0075～0.05MPa 绝对压力）及压力式（除氧器内保持 0.5～1.5MPa 绝对压力）热力除氧方式。

热力除氧较其他除氧方法效果稳定可靠，不仅能除 O_2，而且能除 CO_2、N_2、H_2S 等。除氧后的水中不增加含盐量，也不增加其他气体的溶解量，操作控制相对容易，而且运行稳定可靠，是目前应用最多的一种方法。

为了保证良好的除氧效果，热力除氧器在构造上应符合下列基本要求。

① 水应能加热至相应于除氧器内压力沸点。如不能加热至沸点，则气体不能充分逸出，而达不到良好的除氧效果。当加热不足度为 1℃时，大气式热力除氧器除氧后的水，其残留氧已超过 0.1mg/L 的水质标准。

② 水要成水膜或喷散至足够细度，并在整个除氧头截面上均匀分布，使汽水分界面积达到最大。因为虽然从理论上说，只要水达到沸点，气体的溶解度就为零，但是，实际上在加热至沸点的水中，气泡停止放出后，仍遗留有一些溶解气体，这些气体要完全除去，就需要很长的时间。汽水分界面越大，这些遗留的气体放出就越快；水在除氧头截面上分布均匀，就可以防止局部除氧效果不良。除氧器不同，其扩大汽水分界面、提高除氧的措施与构造也不相同。这部分构造的设计是关系除氧效果的关键。

③ 除氧头应有足够的截面积，使蒸汽有自由通路，以避免头部发生水击。

④ 应使不凝结的气体可以由除氧头充分排出，否则，增加蒸汽中氧气的分压力，则水中残留氧气浓度增加，影响除氧效果。除氧头向外排汽的量，一般取为蒸汽流量的5%～10%。

热力除氧技术是一种普遍采用的成熟技术，但在实际应用中还存在着一些问题：首先经热力除氧以后的软水水温较高，容易达到锅炉给水泵的汽化温度，致使给水在输送过程中容易被汽化；而且当热负荷变动频繁，管理跟不上，除氧水温 <104℃时，使除氧效果不好。其次，这种除氧方法要求设备高位布置，增加了基建投资，设计、安装、操作都不方便。为了达到给水泵中软化水汽化的目的，这种除氧方法一般要求除氧器高位配置，在使用过程中会产生很大的噪声和震动，带来不便。第三，使得锅炉房自耗汽量增大，减少了有效外供汽。第四，对小型快装锅炉和要求低温除氧的场合，热力除氧有一定的局限性，对于纯热水锅炉房也不能采用。

对于采取热力除氧的锅炉，在装新锅炉时，将大气热力除氧器装在地面，而除氧后的高温软化水输送管道经过软水箱，使其与软水箱中的水进行热交换，而后流至锅炉给水泵，经省煤器进入锅炉。这样改进首先可以减少锅炉房的振动和噪声，改善了锅炉房的工作环境，还降低了锅炉房的工程造价。其次，通过在软水箱中的热交换，软水箱中的水温提高了，热量没有浪费，同时也相当于除氧器进水温度，除氧器将进水加热到饱和温度的时间也缩短了，有利于达到预期的除氧效果。

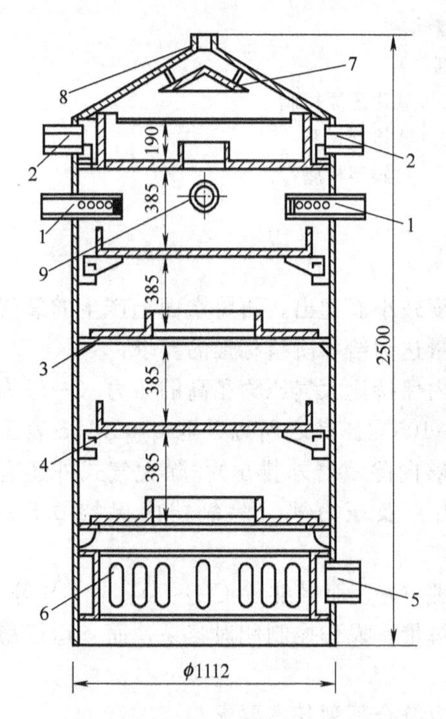

图 9-7　淋水盘式热力除氧器

1—凝结水入口；2—软水入口；3—溢水槽；4—溢水盘；5—蒸汽入口；6—蒸汽分配器；7—圆锥挡板；8—排气管；9—连水封接口

下面介绍几种常见的热力除氧器，在工业锅炉房过去以淋水盘式最为常见，见图 9-7。该图为某厂25t/h容量的除氧器，工作绝对压力为 0.12MPa，出水温度为 105℃。除氧头外壳直径为 ϕ1112mm，总高为 2500mm，其底部与除氧水箱相连。回水及软水从除氧头顶部两侧管引入，经一内径为 ϕ80mm 的圆管与外壳的夹层而溢入第一个环形槽。水从第一个环形槽溅至第一个带孔圆盘内，经过圆盘的小孔形成细薄的很多小水流向下流动，如此继续流过以下几层环形槽及带孔圆盘。此除氧器内共有三个环形槽及两个圆盘，每层槽与盘间距离为 385mm。两圆盘尺寸相同，内径均为 ϕ700mm。第一环形槽中心通路为 ϕ200mm，第二、三环形槽中心通路均为 ϕ490mm。水最后落至除氧水箱。蒸汽由除氧头下部进入，经过内径为 ϕ900mm 的蒸汽分配器而向上流动，穿过纤细的水流，将水加热同时形成较大的汽水分界面。水中逸出气体及部分蒸汽经顶部锥形挡板折流，分离一些水分以后由排气气管排出。除氧头外壳的外面有水封安全装置。

热力喷雾除氧器较新，其除氧效果也较好，图 9-8 为无锡锅炉厂生产的 10t/h 热力喷雾式除氧器。除氧头分为上、下两个本体。下本体与直径 ϕ1200mm 的除氧水箱相连，上下本体由法兰连接。要除氧的水，由上本体上部的进水管进入。进水管为 ϕ76mm×4mm 的无缝钢管，以此管为主管，在它两边连接有互相平行的支管，而形成喷水管网，支管为 ϕ44.5mm×3.5mm 的无缝钢管。在喷水管网上装有 21 个喷嘴，喷嘴为顺排，节距纵横方向均为 120mm。水经喷水管网流入喷嘴，通过喷嘴被喷成雾状。下本体中有两层孔板，孔板之间约有 0.143m^3 的容积，盛有 26.4kg 左右的铝制填料（也称为 Ω 原件）。雾状水滴经填料，然后落至除氧水箱。

蒸汽由下本体下部的进汽管（ϕ159mm×4.5mm）进入，通过蒸汽分配器（由 ϕ300mm 圆管制成）向上流动，原先溶解于水中的气体包括氧气以及部分蒸汽，最后经上本体顶部的圆锥挡板 10 折流，由排气管排出。此种除氧器根据在上海及其他各地运行情况来看，效果良好，但铝制 Ω 原件腐蚀较严重。某厂锅炉房，运行三个月后铝制 Ω 原件由原来的 2mm 厚变成 0.5mm 厚，有的甚至成碎片而掉入除氧水箱或进入管道，所以有些厂将 Ω 原件改成不锈钢材质。

因为热力喷雾式是两级除氧，不仅喷散得细而分布均匀，同时汽水界面也较大。目前北京锅炉厂及哈尔滨锅炉厂生产的除氧器也都制成两级除氧。其第一级为喷嘴喷淋，或用淋水盘，而第二级用填料。铝制 Ω 原件腐蚀严重，制造也很费工，故北京锅炉厂已将填料设计为数层波浪形淋水盘，而哈尔滨锅炉厂则将填料设计为多层交错叠放的篦状盘。

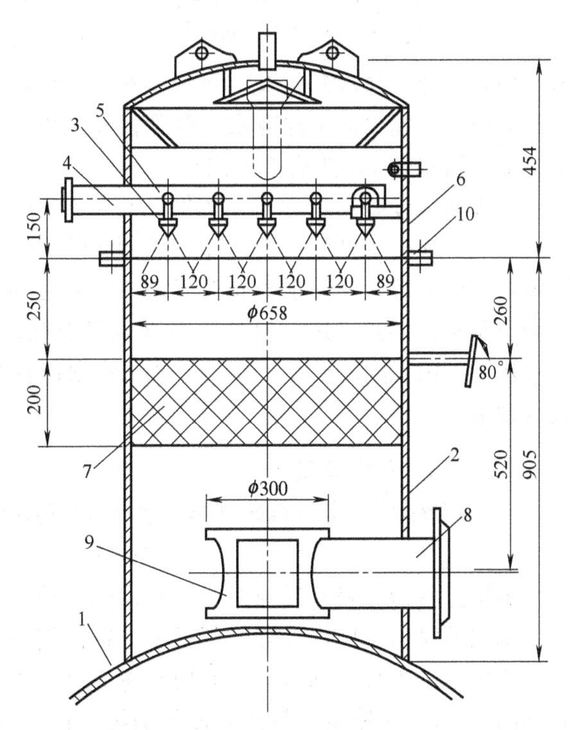

图 9-8 热力喷雾式除氧器

1—除氧水箱；2—除氧头下本体；3—喷嘴；4—进水管；5—支管；6—除氧头上本体；7—填料；8—进汽管；9—蒸汽分配器；10—温度计支撑

真空热力除氧的原理和大气式热力除氧相同，也是利用水在沸腾状态时，气体的溶解度接近于零的原理，除去水中所溶解的 O_2、CO_2 等气体。不过除氧器不是保持略高于大气的压力，而是抽成真空。由于压力低，其相应的饱和温度也很低。由于给水（或补给水）要求温度低，可以不用蒸汽加热或用热水加热，因此节约能源，并且热水锅炉房无蒸汽源时也可采用。

真空除氧器的构造与大气式热力除氧器相同，采用热力喷雾式（喷雾填料式）者较多，在系统上只是多一套喷射器抽真空的设备。但整个系统的严密性要求较高。

在大气式热力除氧中，待除氧水是在除氧头内由蒸汽加热，水温不会高于除氧器内压力下的饱和温度，而真空除氧是在除氧器体外经热交换器加热，其水温的控制不受除氧器内真空度的影响。真空除氧一般要求进水温度比除氧器内真空对应的饱和温度高 3～5℃，除氧水箱中不需设再沸腾管，水储存在水箱仍有继续除氧的作用，因此，常称为三级除氧的除氧器。

9.2.2.2 解吸除氧

将不含氧的气体与要除氧的给水强烈混合接触时，根据液面上氧气分压力为零（或近于零）时液体中氧气的溶解度降低的原理，给水中氧大量扩散到无氧的气体中，从而使给水中含氧量降低。从给水中扩散出来的氧气又随着原来无氧的气体流至反应器，在反应器中与炽热的木炭作用，使氧变成 CO_2，残存极微量的 O_2。然后再将此气体与要除氧的给水强烈混合接触，如此循环工作，以达到其除氧的目的。

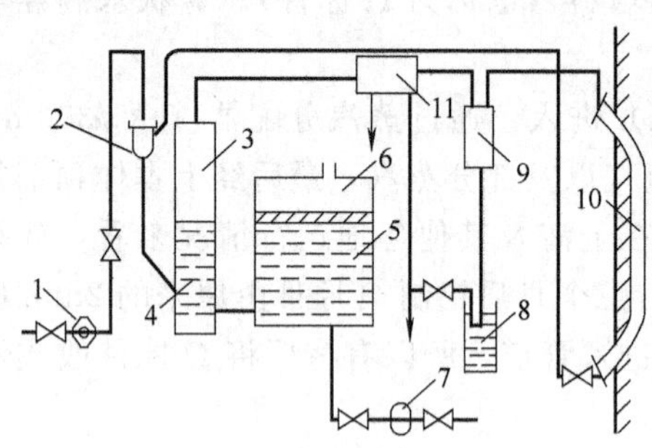

图 9-9　解吸除氧系统

1—除氧水泵；2—喷射器；3—解吸器；4—挡板；5—水箱；6—水、气隔板；7—给水泵；8—水封；9—汽水分离器；10—反应器；11—气体冷却器

如图 9-9 所示即为解吸除氧系统。要除氧的水，经除氧水泵 1 流过喷射器 2 而流入解吸器 3，解吸器内有挡板 4。

反应器 10 装于炉内 500～600℃部位，反应器内装有木炭。靠喷射器的作用，将解吸器水面上的气体经气体冷却器 11 及汽水分离器 9 而流入反应器。汽水分离器下面有水封 8。流入反应器的气体中含有从水中逸出的氧，气体流过反应器中的热木炭以后，氧就与炭化合成 CO_2，故反应器出口的气体中，就没有 O_2。

喷射器将反应器出口的无氧气体抽至喷射器内，与要除氧的水混合流入解吸器，然后气体逸出水面，再经气体冷却器及汽水分离器流至反应器。除氧后的水流入给水箱 5，为了与外界空气隔绝，水箱水面上浮有水、气隔板 6。水、气隔板常用木板制成。除氧后的给水，由给水箱流入给水泵 7，然后打入锅炉。

解吸除氧设备制造方便，初投资低；运行时只需木炭，不需其他化学药品，运行费用比热力除氧、亚硫酸钠除氧及氧化还原树脂除氧等都低得多；待除氧水不需加热，可在常温下除氧，节约能源；除喷射器布置要求一定高度外，均为低位布置。解吸除氧法适宜于热水锅炉和小型蒸汽锅炉采用。但是解吸除氧只能除氧，而不能除其他气体，且除氧后水中 CO_2 含量增加，pH 值降低 0.2～0.3；若水箱水面密封不好，常使除氧后的水与空气接触，发生吸氧现象。

9.2.2.3 化学除氧

(1) 钢屑除氧。钢屑除氧就是使水经过钢屑过滤器，钢屑被氧化，而将水中的溶解氧除去：

$$3Fe + 2O_2 \longrightarrow Fe_3O_4 \tag{9-13}$$

钢屑除氧器一般采用独立式和附设式两种。

钢屑的材料可以用 0 号至 6 号碳素钢，钢屑厚度一般用 0.5～1mm，长度为 8～12mm。要采用切削下不久的钢屑，不能用放在潮湿空气中很久的钢屑。在装入之前，应先用 3%～5%的碱溶液洗去附着在钢屑表面的油污，再用热水冲去碱溶液，然后用 2%～3%的硫酸溶液处理 20～30min，再用热水冲洗，使钢屑表面容易与氧起作用。钢屑装入除氧器后要压紧。

钢屑除氧的影响因素主要有水温、接触时间、钢屑的压紧程度等。钢屑除氧的反应速率，当水温为 80～90℃时，比 20～30℃时大 15～20 倍。一般希望水温高于 70℃。水温越高，反应所需的接触时间越短；钢屑压得越紧，与氧接触越好，除氧效果也越好，但水流阻力就越大，阻力一般为2～20kPa。

钢屑除氧在实用中存在以下问题：①钢屑压得很紧，当全部氧化后需要更换时，压紧而已锈蚀的钢屑很难拉出，劳动量很大；②要求水温高于70℃，待除氧的水要加温，造成工艺的复杂化；③钢屑表面氧化后要用酸清洗，压实的钢屑很难清洗完全，造成运行后期除氧效果下降。

（2）活化钢粒除氧。针对以上钢屑除氧在实用中存在问题，研制并已生产YTL-1型除氧器及TL-A型除氧剂，是一种活化钢粒除氧。除氧器与顺流工作的钠离子交换器相仿，罐体内涂搪瓷防酸。除氧剂是将废钢屑或钢料按配方要求炼成钢水，浇成ϕ3～5mm不规则近似球状的钢粒。钢粒装入前用3%～5%氢氧化钠溶液（或2%～3%的磷酸钠溶液）加热至70～80℃，清洗钢粒表面的油污，然后将除氧剂放入除氧器中，再用混有0.1%活化剂的稀盐酸（10%）浸泡20～30min，将废酸放掉后用热水冲洗至中性，即完成活化处理。

经活化处理后的钢粒，与水温＞40℃的待处理水接触2min，出水溶解氧即可达标。当出水的溶解氧超标时，进行反洗或用2%～3%的稀硫酸清洗。运行3～4个月补填一次除氧剂。这种方法，避免了更换除氧剂时繁重的体力劳动；除氧水温要求降低；除氧剂为不规则球形粒状，床层的流动特性也得到改善，但仍要常用酸清洗。

（3）还原铁粉过滤除氧。还原铁粉过滤除氧工艺是由原武汉水利电力学院研究成功的新工艺，并已获得实用。其试验装置流程如图9-10所示，有甲、乙两交换柱。软化水先流经甲柱除氧，然后流经乙柱除去水中Fe^{2+}。

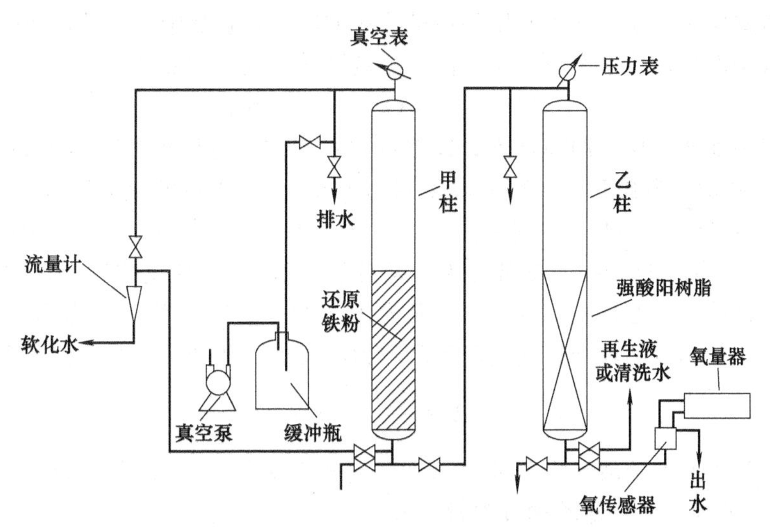

图9-10　组合式过滤除氧试验装置流程

甲柱内所装是还原铁粉，当含氧软化水或脱盐水流过滤层时发生如下反应：

阳极反应
$$Fe \longrightarrow Fe^{2+} + 2e^- \tag{9-14}$$

可能的阴极反应
$$2H^+ + 2e^- \longrightarrow H_2 \tag{9-15}$$

$$O_2 + 4H^+ + 4e^- \longrightarrow 2H_2O \tag{9-16}$$

$$O_2 + 2H_2O + 4e^- \longrightarrow 4OH^- \tag{9-17}$$

如果水中O_2充足，又是在中性或碱性介质中，总反应为：

$$2Fe + H_2O + O_2 \longrightarrow 2Fe(OH)_2 \tag{9-18}$$

由于$Fe(OH)_2$在含氧水中是不稳定的，它将继续氧化成溶解度非常小的三价铁的氢氧化物：

$$2Fe(OH)_2+H_2O+\frac{1}{2}O_2 \longrightarrow 2Fe(OH)_3 \qquad (9\text{-}19)$$

但是在滤层深处溶解氧浓度很低，不可能使 $Fe(OH)_2$ 都氧化成 $Fe(OH)_3$。据计算，当水温为 20℃，碱度为 2mmol/L，含盐量为 200mg/L，pH 值在从 6.0～8.0 变化时，随着 pH 值的提高，二价铁在水中的溶解度减小。在满足水中溶解氧要求的前提下，希望水中二价铁溶解的量越低越好，这样可以减轻乙柱的负担。

由上述反应原理可知，在常温条件下除掉水中溶解氧的同时，不可避免地会将二价铁溶入水中，其溶入量受许多因素（如含盐量、碱度等）的影响。为了防止二价铁进入锅炉生成水垢和水渣，应将其除去。由于锅炉给水要求 pH 值大于等于 7，二价铁在水中的含量并不高，以钠离子交换的方式很容易除去。

乙柱内装入的是 Na 型强酸阳离子交换树脂。甲柱出水流入乙柱时，其交换反应为：

$$Fe^{2+}+2NaR \longrightarrow FeR_2+2Na^+ \qquad (9\text{-}20)$$

树脂失效后用 NaCl 稀溶液被再生，其反应为：

$$FeR_2+2Na^+ \longrightarrow Fe^{2+}+2NaR \qquad (9\text{-}21)$$

在制水和再生过程中要注意防止树脂与空气接触，否则会造成树脂被 Fe^{3+} 或其氢氧化物污染。

（4）除氧反应剂除氧。常用的除氧反应剂有亚硫酸钠、联氨和单宁系物质。此外，亚硫酸氢钠、气体 SO_2、亚硫酸、氢氧化亚铁等也可以用于除氧。

投加亚硫酸钠是中小型锅炉常用的一种除氧方法。亚硫酸钠是一种较强的还原剂，与水中氧反应生成硫酸钠，使水中氧消失，但含盐量增加，反应式如下：

$$2Na_2SO_3+O_2 \longrightarrow 2Na_2SO_4 \qquad (9\text{-}22)$$

与其他锅内加药一样，加药剂量必须略有过量。按理论计算，除去 1mg/L 的氧，需要 8mg/L 的亚硫酸钠，考虑药剂纯度一般使用约 10mg/L。工业亚硫酸钠含 7 个分子结晶水，其分子式为 $Na_2SO_3 \cdot 7H_2O$，也就是去除 1mg/L 的氧理论上需要 16mg/L 的工业亚硫酸钠，一般使用约 20mg/L，这种投药量常称为“基础投药量”。为使反应完全，必须使用过量的药剂，使锅水保持一定浓度的 SO_3^{2-}（一般为 10～20mg/L），为此而需多加的药剂量称为“补充投药量”。基础投药量与补充投药量之和为应投加的药剂量。若以公式表示，为：

$$A=\frac{16[O_2]}{\alpha}+K \qquad (9\text{-}23)$$

式中，A 为工业亚硫酸钠投药量，mg/L；$[O_2]$ 为给水含氧量，mg/L；α 为工业亚硫酸钠纯度，%；K 为工业亚硫酸钠过剩量，mg/L。

若采用不带结晶水的亚硫酸钠，则上式第一项系数 16 改为 8。

除氧剂除氧效果影响因素包括加药量、温度、pH 值及催化剂加入量等。试验结果表明，亚硫酸钠加入量越多，过剩量越多，除氧的效率越高；当加入量达到一定值后，再增加亚硫酸钠加入量，则除氧效率变化很小。此外，在相同的亚硫酸钠加药量下，水温越高，除氧效果越好；在相同除氧效果下，水温越高，加药量可以越小。水温增至 40℃以上，出水含氧量都可以达到水质标准，甚至为零。pH 值对除氧效率的影响相对复杂，总的说来是 pH 值越大，除氧效率越低，但在酸性水（pH<7）及碱性水（pH>7）的范围内，各出现一个除氧效率的最大值。亚硫酸钠与水中氧的化学反应速度很快，只要反应时间达到 3min，再延长反应时间对除氧效率几乎没有影响。常温下若不加催化剂，仅加亚硫酸钠，残留含氧量较高，达不到水质标准。若加入少量催化剂后即可使除氧水的含氧量达到水质标准。

应注意亚硫酸钠用于蒸汽锅炉除氧时，只能用于压力低于 6MPa 的锅炉，因为亚硫酸钠在 6.2～7MPa 或以上压力时，就要分解成为 SO_2 及 H_2S，它们的存在对回水系统会产生严重的腐蚀，工业锅炉因压力低不存在这一问题。

投加反应剂法除氧设备简单，操作方便，除氧效果良好。但药剂费用比较高，同时又增加了给水的干燥余量。因此，很少单纯用加反应剂法除氧，而往往是与钢屑除氧联合使用。高压电站则用投加反应剂除氧作为热力除氧的补充除氧方法。

(5) 除氧树脂除氧。化学除氧是利用不同的化学反应将水中的溶解氧除去。若在水处理系统中应用除氧树脂，也能很方便地除去水中的溶解氧。广义而言，用除氧树脂除氧也可列为化学除氧范畴内的一种除氧方法。自 20 世纪 60 年代以来，许多国家的学者都在致力于这一领域的研究开发工作。除氧树脂按其原理的不同，可分为氧化还原型除氧树脂、载体型除氧树脂、触媒型除氧树脂三类。

氧化还原型树脂也称电子交换树脂。是指带有能与周围活性物质进行电子交换，发生氧化还原反应的一类树脂。按其化学结构分属于氢醌系、巯基系、吡啶系、稠环系等，其特点是以其价键的方式，把具有氧化还原性的基团牢固地连接在大分子键上，进行氧化还原反应时释放出氢，与水中溶解氧结合成水，反应过程中不加入任何杂质。目前这类树脂的制备方法尚不完善，未能得到应用。

载体型除氧树脂是利用一般离子交换树脂作载体，通过离子交换或者络合的方式吸附上具有氧化还原能力的基团。20 世纪 80 年代初，由电子工业部第十二研究所研制的 Y-12 型除氧树脂，是把苯酚磺化后与甲醛缩聚得到的强酸性阳离子交换树脂用硫酸铜处理后，再结合上肼，使之具有脱氧能力。实质上是把化学除氧剂 N_2H_4 借助于 Cu^+ 附在树脂上，避免了使用水合肼进行药剂除氧时水中存在过量的游离肼。

Y-12-06 型树脂是经 Cu^+ 的催化作用，使除氧树脂上结合的肼与水中溶解氧在室温下发生反应：

$$R\begin{cases}SO_3-Cu\leftarrow NH_2-NH_2\rightarrow Cu-SO_3\\ \quad\;\; Cu\leftarrow NH_2-NH_2\rightarrow Cu\end{cases} + 2O_2 \longrightarrow R\begin{cases}SO_3^-Cu^+\\SO_3^-Cu^+\end{cases} + 4H_2O+2N_2\uparrow$$

失去 N_2H_4 的树脂还可与氧反应，使水中溶解氧还原成负二价而形成 CuO 沉淀：

$$2R\begin{cases}SO_3^-Cu^+\\SO_3^-Cu^+\end{cases} + O_2 \longrightarrow 2R\begin{cases}SO_3^-\\SO_3^-\end{cases}Cu^{2+} + 2CuO\uparrow$$

树脂失效后可以用肼还原：

$$4R\begin{cases}SO_3^-\\SO_3^-\end{cases}Cu^{2+} + N_2H_4 \longrightarrow 4R\begin{cases}SO_3^-H\\SO_3^-Cu^+\end{cases} + N_2\uparrow$$

还原时还以低流速流过稀硫酸铜溶液：

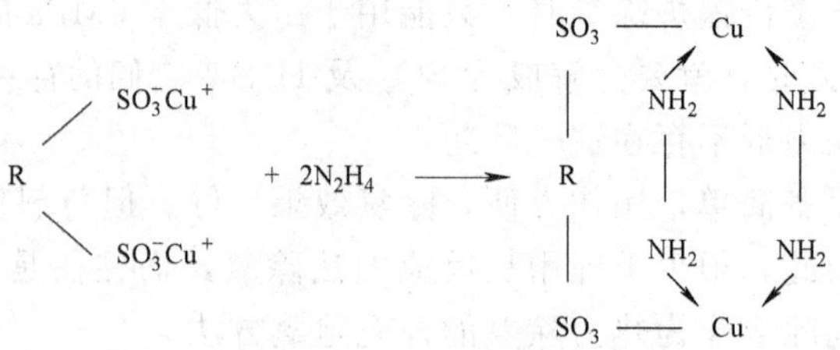

$$
R\begin{cases}SO_3^-Cu^+\\ \\ SO_3^-Cu^+\end{cases}+2N_2H_4\longrightarrow
\begin{array}{l}
\quad SO_3 — Cu \\
\quad | \qquad \nearrow \quad \nwarrow \\
\quad | \quad NH_2 \qquad NH_2 \\
R \qquad | \qquad\quad\ \ | \\
\quad | \quad NH_2 \qquad NH_2 \\
\quad | \qquad \searrow \quad \swarrow \\
\quad SO_3 — Cu
\end{array}
$$

Cu^{2+}带两个电荷，水合离子半径又小，故即使软化水中存在Na^+和少量Ca^{2+}、Mg^{2+}，也是Cu^{2+}优先被树脂上的交换基团吸着。Y-12-06型树脂具有羟基，而羟基基团能与Cu^{2+}以配位键生成一价铜络合物，但Ca^{2+}、Mg^{2+}却不生成络合物，Cu^{2+}的选择性优于Ca^{2+}、Mg^{2+}，因此Y-12-06型树脂用于软化水除氧能取得良好的效果。

触媒型除氧树脂是以有坚实骨架结构的树脂或其他物质为载体，再将贵金属粒子牢固地吸附在其表面，最后进行催化活性的活化处理。向待除氧的水中通入氧气，水中的溶解氧与通入的氢气经触媒型除氧树脂的催化作用化合成水，这种除氧方法称为“催化加氢除氧技术”，这种除氧树脂也称催化除氧树脂。除氧过程中树脂只起催化作用，本身并不变形，不需要进行还原。

催化加氢除氧工艺的关键是加氢方法及其控制，目前向水中通氢的方法有三个方案：第一个方案是直接通入氢气；第二个方案是采用氢气发生器；第三个方案是通入低浓度的肼。维持溶氢量与含氧量的当量比（两种物质相互作用的质量之比）在1～1.2。氢量不足，除氧效果不好，氧量多余，使出水带氢。加氢及控制方法的改善是当前研究的课题。

(6) 电化学除氧。电化学除氧就是利用电化学保护的原理，人为地在除氧器中使一种金属（常用铝）发生电化学腐蚀。电化学除氧器与外界电源相连接，其中电源的阴极与设备相连接，阳极与发生腐蚀的金属（如铝）相连。水流过除氧器时，水中溶解氧在除氧器中人为造成的阳极上发生腐蚀并被消耗，而达到除氧的效果，同时除氧器也得到保护。

当电流接通后，阴极（钢板）发生如下变化：

$$O_2+2H_2O+4e^-\longrightarrow 4OH^- \tag{9-24}$$

阳极（铝板或铝带）变化如下：

$$Al-3e^-\longrightarrow Al^{3+} \tag{9-25}$$

在溶液中则起如下化学反应：

$$Al^{3+}+3OH^-\longrightarrow Al(OH)_3\downarrow \tag{9-26}$$

在上述反应过程中，在阴极还常发生氢的去极化作用而产生氢气，即：

$$2H^++2e^-\longrightarrow H_2\uparrow \tag{9-27}$$

除氧器的阳极金属不一定要选用比铁化学活性强的，可选任何金属，如废旧钢材。但现用的电化学除氧器都用铝为阳极，这是因为铝板较为便宜，又是两性金属，在pH＝10～11和pH＝3～4的范围内，电位和腐蚀速度均较稳定，生成的$Al(OH)_3$可以网捕不稳定的胶体，易生成沉淀而除去，且对人体无害。由于铝的化学活性比铁强，所以电化学除氧器当不通直流电时，仍可能有一定的除氧作用。

电化学除氧设备简单，操作方便，运行费用低。正常运行时含氧量可降至0.1mg/L，适宜于低压锅炉中运行。

电化学除氧效率影响因素很多。由于除氧水含氧量随温度的升高而降低，所以除氧效率随水温升高而提高，温度越高作用就越有效，与氧的化合也越快。一般，水温最好在70℃左右，不得低于40℃。除氧器内水流速的变化，对除氧效率影响很大，流速小时，除氧效率较高。水的流速一般推荐采用12～13m/h。此外，随着电源电流的增大，除氧效率会有所提高，但电流增大到一定值后，除氧效率的提高就不显著。

电化学除氧目前尚无成熟经验。当电化学除氧器运行一段时间后，会在阳极铝板表面附着一层较厚的、松软多孔的白色 $Al(OH)_3$ 沉淀物，并堵塞阳极铝板上的多数孔眼。因此，运行一段时间后，就需消除沉淀物，否则会堵塞水流通道，使水流通不畅。此外，会在锅炉中形成片状沉淀物，除氧器外壳也易于变形。

9.3 阻垢缓蚀

9.3.1 沉积物及其控制

9.3.1.1 水垢

天然水中溶解有各种盐类，如重碳酸盐、碳酸盐、硫酸盐、氯化物、硅酸盐等，其中以溶解的重碳酸盐，如 $Ca(HCO_3)_2$、$Mg(HCO_3)_2$ 最多，也最不稳定，容易分解生成碳酸盐。因此，如果使用重碳酸盐含量较多的水作为冷却水，当它通过换热器传热表面时，会受热分解：

$$Ca(HCO_3)_2 \longrightarrow CaCO_3 + H_2O + CO_2 \tag{9-28}$$

冷却水通过冷却塔相当于一个曝气过程，溶解在水中的 CO_2 会逸出，因此，水的 pH 值会升高。此时，重碳酸盐在碱性条件下也会发生如下反应：

$$Ca(HCO_3)_2 + 2OH^- \longrightarrow CaCO_3 + H_2O + CO_3^{2-} \tag{9-29}$$

当水中溶有大量的氯化钙时，还会发生下列置换反应：

$$CaCl_2 + CO_3^{2-} \longrightarrow CaCO_3 + 2Cl^- \tag{9-30}$$

如水中溶有适量的磷酸盐时，磷酸根将与钙离子生成磷酸钙，其反应为：

$$2PO_4^{3-} + 3Ca^{2+} \longrightarrow Ca_3(PO_4)_2 \tag{9-31}$$

上述一系列反应中生成的碳酸钙和磷酸钙均属微溶性盐，它们的溶解度比氯化钙和重碳酸钙要小得多。在20℃时，氯化钙的溶解度是37700mg/L；在0℃时，重碳酸钙的溶解度是2630mg/L，而碳酸钙的溶解度只有20mg/L，磷酸钙的溶解度就更小，是0.1mg/L。此外，它们的溶解度与一般的盐类不同，不是随着温度的升高而升高，而是随着温度的升高而降低。因此，在换热器的传热表面上，这些微溶性盐很容易达到过饱和状态，而从水中结晶析出。当水流速度比较小或传热面比较粗糙时，这些结晶沉淀物就容易沉积在传热表面上。

此外，水中溶解的硫酸钙、硅酸钙、硅酸镁等，当其阴、阳离子浓度的乘积超过其本身溶度积时，也会生成沉淀，沉积在传热表面上。这类沉积物通常称为水垢，因为这些水垢由无机盐组成，故又称为无机垢；又因为这些水垢结晶致密，比较坚硬，故又称为硬垢。其通常牢固附着在换热器传热表面上，不易被水冲洗掉。

大多数情况下，换热器传热表面上形成的水垢是以碳酸钙为主的，这是因为硫酸钙的溶解度远大于碳酸钙。例如，在0℃时硫酸钙的溶解度是1800mg/L，比碳酸钙约大90倍，所以碳酸钙比硫酸钙容易析出，同时一般天然水中溶解的磷酸盐较少，因此，除非在水中投加过量的磷酸盐，否则磷酸钙水垢很少出现。

9.3.1.2 污垢

污垢一般是由颗粒细小的泥砂、尘土，不溶性盐类的泥状物、胶状氢氧化物、杂物碎屑、腐蚀产物、油污，特别是菌藻的尸体及其黏性分泌物等组成。水处理控制不当，补充水浊度过高，细微泥砂、胶状物质等被带入冷却水系统，或者菌藻杀灭不及时，或腐蚀严重、腐蚀产物多，以及操作不慎，油污、工艺产物等泄漏入冷却水中，都会加剧污垢的形成。当这样的水质流经换热器表面时，容易形成污垢沉积物，特别是当水走壳程时，流速较慢的部位污垢沉积更多。由于这种污垢体积较大、质地疏松稀软，故又称为软垢。它们是引起垢下腐蚀的主要原因，也是某些细菌如厌氧菌生存和繁殖的温床。

由于污垢的质地松散稀软，所以它们在传热表面上黏附不紧，容易清洗，有时只需用水冲洗即可除去。但在运行中，污垢和水垢一样，也会影响换热器的传热效率。当防腐措施不当时，换热器的换热管表面经常会有锈瘤附着，其外壳坚硬，但内部疏松多孔，而且分布不均，它们常与水垢、微生物黏泥等一起沉积在换热器的传热表面。这类锈瘤状腐蚀产物形成的沉积物，除了影响传热外，更严重的是将助长某些细菌如铁细菌的繁殖，最终导致管壁腐蚀穿孔而泄漏。

9.3.1.3 控制方法

结垢的控制主要从以下几个方面来考虑。

(1) 补充水水质的控制。补充水中的浊度是系统中污垢的主要来源，用于循环冷却水的补充水一定要经过净化预处理，各地市政供水都能满足循环冷水补充水水质的浊度指标值。用水单位自制的工业清水要求出水悬浮物含量小于 5mg/L 时才能用作补充水，为了保证补充水的质量，可对工业清水实行过滤，一般都能取得很好的效果。有的地方水源水质的硬度和碱度非常高，进行适度的软化后用作补充水是一项很实用的方法，凡用于锅炉给水的软化方法都适用于该补充水的预处理。经验表明，把部分除盐水或软化水或锅炉凝结水作补充水能降低和减轻循环冷却水的结垢运行障碍。旁流除盐和软化也曾用于循环冷却水的结垢控制，实践证明比对补充水进行除盐或软化更经济和有效一些。

(2) 排污量的控制。冷却水在冷却塔中会被脱出 CO_2，引起碳酸盐含量增加，理论上各种水质都有其极限碳酸盐硬度，超过这个值碳酸钙就会从水中析出，因此，防垢的一种方法就是控制排污量使得循环水中碳酸盐硬度始终小于此极限值。下面介绍排污量的估算方法。

为了使循环水中碳酸盐硬度始终小于此极限值，它的浓缩倍数的极限为

$$K=\frac{H'_{T}}{H_{T\cdot BU}} \tag{9-32}$$

式中，H'_{T}为循环水的碳酸盐硬度；$H_{T\cdot BU}$为补充水的碳酸盐硬度。

由式 (9-32)，最小排污率可按下式计算

$$P_4=\frac{P_1}{K-1}-(P_2-P_3) \tag{9-33}$$

用排污法解决结垢问题，无疑是一种最简单的措施。如果排污量不大，水源水量足以补充此损失量，而且在经济上也是合适的，则此法是可取的，否则应采用其他措施。

(3) 在冷却水中去除成垢的钙、镁等离子。从冷却水中去除钙离子的主要方法主要有以下两种。

① 离子交换法。采用的树脂多为钠型阳离子树脂。硬水通过交换树脂，去除 Ca^{2+}、Mg^{2+} 等，使水软化。

当原水浊度较高时，在离子交换前需经混凝、过滤等预处理，这就增加了其复杂性，要对其经济性进行分析。

② 石灰软化。补充水进入冷却水系统前，在预处理时投加石灰，能去除水中的碳酸氢钙，反应式为

$$CO_2 + Ca(OH)_2 \rightleftharpoons CaCO_3 + H_2O \tag{9-34}$$

$$Ca(HCO_3)_2 + Ca(OH)_2 \rightleftharpoons 2CaCO_3 + 2H_2O \tag{9-35}$$

经石灰处理的水，由于碳酸盐硬度降低，可以减轻它在循环水系统中的结垢倾向。但经石灰处理的水，有时是碳酸钙的过饱和溶液，因此它在循环水系统中受热、蒸发和逗留的过程中，仍有可能出现碳酸钙沉淀。

为了消除石灰处理水的不稳定性，可以采用添加少量酸液的办法，以保持水中 Ca^{2+} 和 CO_3^{2-} 呈现不饱和的状态，这称为水质再稳定处理。投加石灰所耗成本低，但灰尘大、劳动条件差。

③ 零排污。零排污指排污水经软化处理去除硬度和二氧化硅后再回到循环系统中，只需排除软化沉渣。零排污有两个办法：一个是把排污点设在来自换热器的管线上，热的排污水有利于软化过程；另一个是排污水与旁流水混合进行软化处理。旁流水指从循环流量中分出一部分流量来进行处理，该部分流量一般为总流量的 1%～5%，处理的目的主要是去除悬浮固体。

由于零排污的实施，现在国外的一些循环系统的浓缩倍数已达 25～50，某些甚至达到 100 以上。

（4）循环水水质调整

① 酸化处理。常用的酸是硫酸，盐酸会带入 Cl^-，增加水的腐蚀性，硝酸则会带入 NO_3^-，促进硝化细菌的繁殖。其他酸如柠檬酸和氨基磺酸也可应用，但不普及。

酸化处理只适用于补充水中碳酸盐硬度较高的系统，加酸操作时要注意整个系统中 pH 值的一致，加酸的量应使系统在设计浓缩倍数下冷却水中的碳酸盐浓度小于极限碳酸盐浓度。为不致加酸过多，最好采用自动控制装置。

② 碳化处理。有些工厂在生产过程中会产生多余的 CO_2 气体，有的烟道气中也含有相当多的 CO_2 气体，如果将 CO_2 气或烟道气通入冷却水中，则可使下列平衡向左进行，从而稳定了重碳酸盐，反应式如下：

$$Ca(HCO_3)_2 \rightleftharpoons CaCO_3 + CO_2 + H_2O \tag{9-36}$$

使用烟道气作为 CO_2 的来源时，由于有时烟道气的净化很困难，所以此时要防止 SO_2 等腐蚀性气体进入水体。

（5）投加阻垢剂、分散剂。通过投加少量的药剂就能控制垢在金属壁面上沉积析出，这类药剂不仅有阻止垢在金属表面形成和长厚的阻垢作用，而且还有保持水中固体颗粒处于微小粒径状态的分散作用，所以称为阻垢剂和分散剂，有时也统称分散阻垢剂。常用的阻垢分散剂有以下几种。

① 含有羧基和羟基的天然高分子物质。这些物质主要是单宁酸、淀粉和木质素经过改性加工后的混合物，它们的阻垢效果不如有机磷酸盐和聚合电解质，但如果在加工过程中把它们提纯或进行合理复配后，阻垢效果可大幅度提高。这些物质往往含有其他一些官能团，因此还能起到一定的分散、缓蚀和抑制微生物生长的作用。

a. 单宁酸。单宁酸是一种浅黄色或浅棕色有光泽的无定形粉末，有刺激性气味，见光或暴露于空气中颜色变深，溶于水、醇和丙酮，难溶于苯、醚和氯仿。单宁是从落叶松、栗树、含羞草等植物中提取的，其中相对分子质量在2000以上的有较好的阻垢作用。单宁酸在20世纪50～60年代得到过一些应用，后来由于有机磷酸盐和聚合电解质的广泛应用，它逐渐被人们忽视，近年来由于环境保护的重视，又重新对单宁酸进行改性研究，通过氧化或磺化处理和聚合体现了可作絮凝剂、缓蚀剂、锈层转化剂、阻垢剂、分散剂、除氧剂和杀菌剂等多重功能的作用。

b. 淀粉。淀粉富含于植物的果实，它有很高的分子量。淀粉水解后不但能得到多羟基的高分子化合物，而且极大地改善了溶解于水的性能。由于分子中存在着大量的羟基，能与水中的钙镁高价金属离子或由它们组成的盐或氧化物粒子发生作用，阻碍了它们向金属表面的沉积或把这些粒子稳定悬浮在水中，起到阻垢和分散作用。淀粉作为水处理剂的应用关键在于氧化水解的转化程度，否则残剩的淀粉不但可成为循环冷却水系统中污泥的来源，还有可能促进微生物的繁衍。淀粉与一定的试剂反应后可得到季铵盐结构的阳离子絮凝剂，它除了有良好的絮凝作用外还能用作杀菌剂。氧化淀粉（oxidized starch，OS）的工业产品的外观为黄棕色透明液体，活性组分≥30%，密度为（1.10±0.02）g/cm^3（20℃）。药剂溶液的pH值为6.5～7.5。氧化淀粉无毒、无害，排放到大环境里能自动降解，对环境无污染。氧化淀粉是阴离子的高分子聚电解质，它的分子链上带有羧基、羟基、酚基等多种活性基团，能与水中的钙、铁等离子发生螯合、絮凝、分散作用。在水垢的生成过程中，被吸附在结晶表面，使水垢不能正常生长而发生晶格畸变，从向有效阻止无机盐类在换热器金属表面上沉积，并能分散氧化铁垢和污泥，防止不溶性物质在金属表面的沉积。动态阻垢试验表明它的阻垢性能优于常用的阻垢剂。

c. 木质素。木质素是存在于植物组织中的一种无定形的芳香族高分子化合物，有很强的活性，它能水解苯环上带有的羟基、羧基、醛和酯等。经磺化后得到的木质素磺酸盐在水中溶解度大、分散性能好，是水处理剂配方中的重要组分，能螯合金属氧化物和无机盐颗粒，分散的稳定高价金属离子，本身也具有一定的缓蚀性能。

② 无机阻垢剂。无机阻垢剂以直链状的聚合磷酸盐为代表，它们在水中离解成的阴离子能与钙、镁离子或其盐的粒子形成螯合环，或它们能吸附在微小的碳酸钙晶体颗粒上，阻止难溶盐晶体的长大。三聚磷酸钠、六偏磷酸钠等只有在1～2mg/L低剂量投加时才较好地显示出它们的阻垢性能。当水中有较高浓度的硬度和碱度时，磷酸盐的阻垢效果有限，一般不单独使用。

③ 有机高分子阻垢分散剂。这类阻垢分散剂有葡萄糖酸盐、芳香族羧酸、多环芳香羧酸、烷基磺基琥珀酸盐等。它们分子上带有的羟基和羧基能体现出很好的阻垢效果，还能起到很理想的分散作用，同时还能增强水中缓蚀剂的缓蚀能力。

④ 有机膦酸盐阻垢剂。有机膦酸盐不仅有很好的缓蚀性能，而且还显示出优异的阻垢效果，有机膦酸盐有亚甲基含氮类型、含氨基类型、不含氮的类型等，常用的有机膦酸盐有氨基三亚甲基膦酸盐（ATMP）、乙二胺四亚甲基膦酸盐（EDTMP）、二乙烯三胺五亚甲基膦酸盐（DEPTMP）、羟基亚乙基二膦酸盐（HEDP），还有含硫、硅、羧基等其他原子用作水处理剂的有机膦酸盐。它们能与高价金属离子形成立体的多元环等形式产生络合增溶效应、溶限效应和协同效应。在每升水中投加几毫克有机膦酸盐，可以使水中保持有很高的极限碳酸硬度。有机膦酸盐比聚合磷酸盐有高得多的热稳定性和化学稳定性，但是有氮碳结构的有机膦酸盐在水中遇到氧化性较强的物质时也会容易发生水解，降低或丧失其缓蚀阻垢性

能。有机多元膦酸酯虽然以磷氧键形式存在，化学稳定性比磷碳键差，但在阻硫酸钙垢和对含油冷却水的水质控制方面有独特的效果。

⑤ 聚合羧酸类阻垢剂。羧酸或带有其他支链、基团的这类物质单体一般在低分子量聚合时有较好的水溶性和极佳的阻垢分散性能，它们在水中投加量很低时就有极佳的阻垢性能，随系统排污水进入环境水体时浓度很低，加上它们具有较好的生物降解性，因此使用这类药剂对环境质量的影响很小。这类阻垢剂按它们分子结构中的基团特性可以分成含游离羧酸基的阴离子聚合物、含酰胺基的非离子型聚合物和含季铵盐结构的阳离子聚合物，使用最广泛的是阴离子型的聚羧酸类化合物，常用的有聚丙烯酸盐、聚甲基丙烯酸盐、水解聚马来酸酐等。这类阻垢剂的聚合度或分子量与它们在循环冷却水中的溶解性、阻垢效果以及与其他药剂的配伍性能都有着密切的关系。

⑥ 共聚物类阻垢剂。随着循环冷却水系统在碱性 pH 值范围内运行，除了要阻止像碳酸钙这样的难溶解无机盐沉积以外，还要有效地分散磷酸盐垢、锌盐垢、金属氧化物、泥沙微粒等水系统存在的固态物质，因此目前使用的共聚物阻垢分散剂品种繁多，不但能满足特定水质和特殊工艺的需要，还能稳定锌盐、铝酸盐、钨酸盐等无机水处理剂，由此推动了复配系列水处理剂的面市。各种复合水处理剂的配制几乎不可缺少共聚物分散剂。阻垢分散共聚物一般是由含羧酸类单体与含有磺酸、酰胺、羟基、醚等不同单体共聚得到的水溶性共聚物或其盐类物质。常用的有丙烯酸/丙烯酸羟乙（丙）酯共聚物（AA/HPA）、丙烯酸/磺酸共聚物（AA/SA）、丙烯酸/丙烯酰胺共聚物（AA/NA），还有 *N*-羟烷基不饱和酰胺/不饱和酰基化合物、甲基丙烯酸/丙烯醚共聚物、马来酸/烯丙醇共聚物、马来酸酐/醋酸烯丙酯共聚物。近年来三元及三元以上的共聚物也正在不断投入实际使用，其中有马来酸/*N*-乙烯基吡咯烷酮/甲基丙烯酰胺共聚物、丙烯酸/丙烯酸羟丙酯/丙烯酸多烷氧酯共聚物等，它们有极强的阻垢分散力或对某种污垢有特殊的分散性能，例如有专门分散硅垢的分散剂等。

这些药剂是分子或离子状态的药剂与水中固体颗粒之间发生作用，它们在水中的阻垢分散作用不以化学反应来计量，往往投加几毫克的药剂可以阻止或分散几毫摩尔污垢。选择阻垢分散剂时应该考虑到水质条件的适应性，水中存在多种成垢组分或某种成垢组分有特别高的含量时，都具有很好的阻垢效果；化学稳定性好，当水温或金属壁温较高，水中存在着氧化性或还原性很强的物质时，阻垢效果和分散作用仍不会有明显的变化；与水中同时存在的缓蚀剂、杀菌剂有很优良的配伍性能，即作为一个水处理配方使用时不但自身的功效不降低，而且也不影响其他药剂的作用功效，能产生药剂间的协同效应则是最好的选择；药剂能为环境所接受，不仅要求药剂本身无毒或低毒，使用时水中浓度在环境排放标准范围内，而且认可可持续发展的目标，要求药剂能容易被生物降解，药剂在使用时操作简易、价格低廉、运输无危险、储存安全和有较长的有效期等。

（6）涂料表面处理。金属表面经涂料表面处理后与水接触的界面很光滑，与水垢的结合力很弱，催生水垢晶核的可能性也大大下降。有的涂料中还可以加入结合阻垢基团的添加剂，这样促使水垢无法在金属传热表面生成。不少运行经验证实，实施涂料表面处理后阻垢效果很明显。

（7）物理处理技术。物理阻垢技术一般适用于产生碳酸盐垢为主的水质，当水中污垢成分主要是硅酸盐时不宜使用。物理阻垢技术最大的特点是不会产生像化学品那样的环境污染问题。

① 电子除垢仪。电子除垢仪是利用电子线路产生的高频电磁振荡，在固定的两极之间形成一定强度的高频电磁场，冷却水在吸收高频电磁场能后，水分子作为偶极子被不断反复

极化而产生扭曲、变形、反转、振动，形成活性很高的单分子状态的水，从而增强水分子之间的偶极矩，促进了水对成垢物质及其组分的作用，改变了冷却水中沉积物质的存在形态和相关离子的物理性能及水分子与其他离子的结合状态，使 $CaCO_3$ 晶体等沉积物析出的时间延长，并以细小的无定形的颗粒析出，最终达到阻止水垢生成的目的。电子除垢仪在含有中等强度的硬度和碱度的水中使用较合适，对于硬度和碱度很高的水，有试验表明其效果有所下降，要控制系统的热流密度不要很高，同时要避免阳极发射极表面的保护膜遭受磨损和黏附污物。电子除垢仪已经有了不少的使用实例，它的运行费用很低，操作使用管理方便，最大的优点在于不对环境造成污染，尤其适合中小规模的冷却水系统。有资料表明，与某些水处理剂结合使用，既极大地提高了使用的效果，又可以大幅度地降低水处理剂的投加量。

② 磁化处理技术。磁化处理技术是指用锶铁氧体和钕铁硼等组成的强磁材料制作成的内磁、外磁和可调节的磁处理器，串接在进水管上，保持水流以 1.5m/s 以上的流速通过磁处理器 N、S 之间的空隙，让水在垂直方向上切割磁力线，促使水分子活化。因此不要两台或三台水泵合用一台磁化器，以防止单台水泵使用时水流速度达不到 1.5m/s 而影响处理效果。使用的磁化器磁通量密度应大于 100MT，而且阻垢效果随磁通量密度的增大而提高，可将两台磁化器串接起来使用。有报道说，磁化效果随水流通过磁场次数的增加而增加，在采用低磁场强度的磁化器时可适当降低水的流速，采用高磁场强度的磁化器时可适当提高水的流速。磁化水的阻垢机理之一是经过磁化后的水可改变 $CaCO_3$ 的晶体形态，$CaCO_3$ 在未经磁化的水中易生成方解石，而在经过磁化的水中易生成文石，文石晶体可在冷却水的主体中析出成为污泥，不在金属壁面上生成水垢。

污垢与黏垢的控制，上面提到的排污、旁路处理等方法同样适用，同时污垢的控制应该从源头着手，如冷却塔周围要有洁净的空气，不能存在燃料煤等固体粉尘露天堆场、荒芜的大片宅地、车间尾气废料残液排放口、三废处置处理场等，杜绝工艺介质向冷却水系统的泄漏。由于这类污染物中的淤泥等与微生物、金属腐蚀等有关，所以，控制金属腐蚀和微生物生长也是其控制的主要内容。

9.3.2 金属腐蚀控制

在冷却水系统中防止热交换器金属腐蚀的方法有电化学保护法、涂层覆盖和缓蚀剂处理等办法，其中以缓蚀剂处理法最为常见并且效果显著。缓蚀的机理是在腐蚀电池的阳极或阴极部位覆盖一层保护膜，从而抑制了腐蚀过程。

缓蚀剂的分类方法有多种（表 9-3），按成分可分为有机缓蚀剂和无机缓蚀剂两大类，无机缓蚀剂包括铬酸盐、亚硝酸盐、磷酸盐、钼酸盐、硅酸盐和锌盐等，有机缓蚀剂包括胺化合物、膦酸盐、膦羧酸化合物、醛化物、咪唑、噻唑等杂环化合物。按所形成的膜不同有氧化物膜、沉淀膜和吸附膜三种类型。铬酸盐所形成的膜属于氧化物膜，磷酸盐、铝酸盐与锌酸盐等形成沉淀膜，有机胺类缓蚀剂则形成吸附膜。按缓蚀剂抑制腐蚀的反应是阴极反应还是阳极反应可以分为阴极、阳极及两者兼有型缓蚀剂，在阳极形成保护膜的缓蚀剂称为阳极缓蚀剂，在阴极形成膜的则称阴极缓蚀剂。因为阳极是受腐蚀的极，如果缓蚀剂的剂量不够而没有在系统中全部阳极部位形成膜的话，则无膜的阳极部位将由于受到全部腐蚀过程的集中侵蚀作用而迅速穿孔，情况甚至比不投加缓蚀剂还坏，在使用阳极缓蚀剂时必须特别注意。缓蚀剂实际使用时有一个最佳剂量，使用前要经过严格的设计和科学试验。

表 9-3　常用缓蚀剂的种类

无机缓蚀剂		有机缓蚀剂
阳极缓蚀剂	阴极缓蚀剂	
铬酸盐	磷酸盐	有机胺、醛类
亚硝酸盐	锌盐	膦酸盐
钼酸盐	亚硫酸盐	杂环化合物
亚铁氰化物	重碳酸盐	有机硫化合物
硅酸盐	三氧化二砷	咪唑啉类
正磷酸盐		脂肪族羧基酸盐
碳酸盐		可溶性油
		带有烷基的邻苯二酚

① 铬酸盐。常用的铬酸盐指铬酸钠（Na_2CrO_4）、铬酸钾（K_2CrO_4）、重铬酸钠（$Na_2Cr_2O_7$）及重铬酸钾（$K_2Cr_2O_7$）起缓蚀作用的是阴离子。铬酸盐具有阳极缓蚀剂及阴极缓蚀剂的双重性能。在相当高的剂量时，是一种很有效的钝化缓蚀剂，但在低剂量时，则起阴极缓蚀剂的作用。钝化剂的起始用量达 500～1000mg/L，并逐渐减到 20～250mg/L 的正常运行浓度。铬酸盐使用的 pH 值范围较广，在 6～11 内都适应，正常运行 pH 值范围为 7.5～9.5。钝化剂有一个临界值用量，低于这个用量时，则有引起坑蚀的危险。低剂量的铬酸盐虽然起阴极缓蚀剂的作用，但往往是和其他缓蚀剂配合使用，而不单独使用，单独使用时剂量会过高。

铬酸盐起钝化作用的原理是由于在阳极部位形成一层掺有氧化铬的三氧化二铁保护膜，从而抑制了腐蚀过程。铬酸盐的阴极缓蚀作用则解释为吸附一层铬酸盐保护膜的作用，作为钝化剂使用时，铬酸盐对于铁、铜及铜合金、铝等金属都能起缓蚀作用。

② 磷酸盐。指具有如下一类结构的化合物：

$$MO-\left[O-\overset{\displaystyle O}{\underset{\displaystyle OM}{\overset{|}{\underset{|}{P}}}}\right]_n-OM$$

n 平均值为 14～16。M 为 Na 或 K。

作为阻垢剂的聚磷酸盐，有很强的螯合能力，能与钙、镁、锌等二价离子形成稳定的螯合物。聚磷酸盐有阈限效应，缓蚀用量为 10～15mg/L（按 PO_4^{3-} 计算）。pH 值应该控制在 5～7 以内。当循环水系统中有铜或者铜合金设备时，pH 值应该取 6.7～7。聚磷酸钠是一种阴极缓蚀剂。缓蚀的机理目前认为是，聚磷酸根与水中钙离子缔合成一种带正电的胶体粒子，因而向腐蚀的阴极部位运动，并沉淀在阴极部位，起了阴极极化的作用。当这层沉积膜逐渐加厚时，腐蚀电流也就逐渐减弱，沉积也就缓慢下来，因而沉淀的厚度也就自动地控制住了。因此，在采用聚磷酸钠作为缓蚀剂时，水中应该有一定浓度的 Ca^{2+} 或 Mg^{2+}，而少量的铁离子也起了促进缓蚀作用。水中 Ca^{2+} 浓度与聚磷酸钠浓度之比至少应为 0.2，最好能达 0.5。

聚磷酸盐是一种应用广、使用经验丰富的缓蚀剂，但值得注意的是聚磷酸盐会水解为正磷酸盐，从而使其浓度降低，尤其在高温条件下会加速，另外聚磷酸盐及其水解产物正磷酸盐都是微生物的营养成分，会引起微生物的生长，须注意控制微生物的生长。

③ 有机胺类。用于冷却水系统中的有机胺类分子中一般含有一个憎水性的碳链（C_8～C_{20}）烷基和一个亲水性的氨基，亲水性的氨基易被吸附在金属表面形成单分子薄层吸附膜

而起缓蚀作用。胺的使用浓度为20～100mg/L。由于是靠吸附层来进行缓蚀，而吸附层在温度升高时容易被破坏，所以这类缓蚀剂应用时受温度的限制，一般不能超过50℃，另外表面有油或污泥也会影响缓蚀层的形成，这是其应用的局限性。

④ 复合缓蚀药剂。在现代的循环冷却水处理中，很少单用一种药剂来控制腐蚀过程，对循环水处理药剂的配方必须综合考虑腐蚀、结垢和微生物的控制，单一药剂是不能同时解决这些问题的，同时，利用两种以上药剂间的协同作用可以减少剂量，不仅取得了经济效益，还可以提高处理效果，因此目前出现了许多复合缓蚀剂，主要有锌/铬酸盐、锌/聚磷酸盐、聚磷酸盐/PO_4、锌/AMP、AMP/HEDP、聚磷酸盐/HEDP等。

⑤ 电化学保护法。某些工厂曾对直流冷却水系统中一种沉浸式碳钢换热器采取电化学阴极保护法，以防止换热器的腐蚀，取得了一定的效果。

碳钢在水中发生电化学腐蚀时，在腐蚀电池中的阳极上总是产生下列反应：

$$Fe \longrightarrow Fe^{2+} + 2e^- \tag{9-37}$$

金属Fe不断被溶解腐蚀，而在阴极上总是产生这样的反应：

$$O_2 + 2H_2O + 4e^- \longrightarrow 4OH^- \tag{9-38}$$

因此阴极不会溶解，也就是不会受到腐蚀。根据这个原理，可在碳钢换热设备上使用外加护屏或外加电流的方法。所谓护屏即在需要保护的碳钢换热设备上，用一个氧化还原电位比较低的金属，如锌、镁及其合金等作为阳极，设备则成为腐蚀电池中的阴极而受到保护。外加电流保护则是将需要保护的碳钢设备接到直流电源的负极上，并在直流电源的正极上再接上一个辅助阳极，设备在外加电流的作用下转成阴极而受到保护，辅助阳极可用钢或石墨、炭精等。

⑥ 涂层覆盖法。根据国外引进装置的经验，对碳钢加热器也可以采用涂层覆盖的方法，隔绝冷却水与碳钢表面的直接接触，达到防止腐蚀的目的。目前，国内某些厂在使用中已取得良好的效果。

所使用的涂料是由以604环氧树脂和氨基树脂混合反应而得的环氧氨基树脂，加入磷酸锌、铬酸锌以及铅粉、三氧化二铬、偏硼酸钡等作添加剂配制而成。这种涂料具有良好的耐水性和抗水汽渗透性，其水汽渗透率低于0.1mm/(mm^2·h·m)，吸水率为0.6%，并且还具有良好的耐热、耐酸碱、耐磨和防霉等性能。曾将涂有这种漆膜的试片放在高达200℃的温度下进行试验，经240h后，未发现有裂纹。由于黏结性能好，因此在较大的水流速度下，漆膜也不会被冲刷破裂，停车清洗换热器时，它还能耐盐酸的腐蚀。

9.3.3 微生物的控制

循环冷却水系统中的微生物大体可分为藻类、细菌和真菌三大类。冷却水系统具备藻类繁殖的三个基本条件，即空气、阳光和水，藻类在构筑物上不断繁殖和脱落，易于在冷却水系统中形成污垢，危害很大。冷却水中的细菌有多种，按需氧情况分为好氧、厌氧和兼性细菌。冷却塔内的温度、营养物质也使细菌得以生长，细菌代谢会产生黏液，会导致黏垢的生成，而这类物质和水中的悬浮物粘合起来，会附着在金属表面。真菌没有叶绿素，不能进行光合作用，大部分菌体都寄存在植物的遗骸上，真菌大量繁殖时可以形成棉团状，附着于金属表面和管道上。上述微生物在冷却水系统大量繁殖，就会形成生物污垢，此垢会隔断化学药剂与金属的接触，使化学处理效果不能很好地发挥，同时会带来换热设备的垢下腐蚀，所以必须对生物生长繁殖加以有效控制。敞开式循环冷却水系统中引起生物污垢的微生物的种类和特点见表9-4。

表 9-4 敞开式循环冷却水系统中引起生物污垢的微生物的种类和特点

微生物种类		特点
藻类	蓝藻类	细胞内含叶绿素，利用光能进行碳酸同化作用，在冷却塔和凉水池等接触光的场所最常见
	绿藻类	
	硅藻类	
细菌类	菌胶团状细菌	块状琼脂，细菌分散其中，在有机污染的水中最常见
	丝状细菌	称为水棉，在有机污染物的水中呈棉絮状集聚
	铁细菌	氧化水中的亚铁离子，使高铁化合物沉积在细胞周围
	硫细菌	水中常见，体内含硫黄颗粒，使水中的硫化氢、硫代硫酸盐、硫黄等氧化
	硝化细菌	将氨氧化成亚硝酸细菌和使亚硝酸氧化成硝酸的细菌，在循环水系统有氨的地方繁殖
	硫酸盐还原菌	使硫酸盐还原，生成硫化氢的厌气性细菌
真菌类	藻菌类	在菌丝中没有隔膜，全部菌丝成为一个细胞
	绿菌类	在菌丝中没有隔膜

为了进行生物污垢的处理，需掌握冷却水系统总体的情况，应选用不同作用机理的药剂，实施部分过滤处理等综合措施。生物污垢的产生和处理措施见图 9-11。

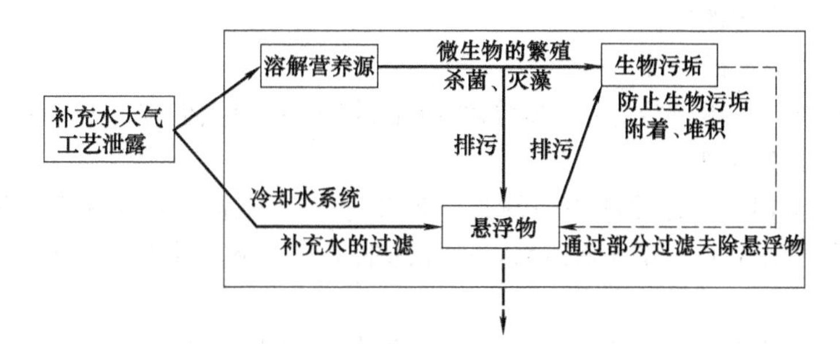

图 9-11 生物污垢的产生和处理措施

9.3.3.1 防止系统中渗入营养物和悬浮物

为防止从补充水中渗入营养源和悬浮物，采用预处理，如过滤处理、凝聚沉淀处理等。为防止从工艺方面渗入营养源（装置泄漏），可以使用管子和管板密封焊接及管板涂层等方法。

9.3.3.2 药剂处理

生物污垢处理药剂性能分为杀菌、灭藻，抑制细菌增殖，抑制藻类，防止附着和剥离。因生物污垢处理药剂在作用机理上各有特点，所以在实施生物污垢处理时，应充分掌握现场的污垢故障状况，再选定药剂。

（1）药剂处理方法

① 杀菌、灭藻处理。短时间内杀死附着或悬浮在冷却水系统中的微生物，是减少系统内微生物附着潜力的方法。具有杀菌效果的药剂有氯剂、溴剂和有机氯硫类药剂等。一般认为，这些药剂的作用机理是，它们与构成微生物蛋白质的要素，即半胱氨酸的 SH 基的反应性强，使以 SH 基为活性点的酶钝化，并用其氧化能力破坏微生物的细胞膜，杀死微生物。

一般采用价廉、有效的氯气进行杀菌处理。可是因为氯对金属有腐蚀作用，需要把冷却水中的余氯浓度控制在 1mg/L（以 Cl_2 计）以下。氯剂有强氧化性，其缺点是只在污垢表面起作用而被消耗掉，不能渗透到污垢的深处。因此，一般在严重发生生物污垢的系统中，要同时采用氯剂处理和与氯处理作用机理不同的药剂处理。

② 抑制微生物增殖的处理。抑制冷却水系统中微生物的增殖，是降低生物污垢生长速度的措施。所使用药剂的作用机理差不多同杀菌剂一样，但是使用方法不同。即在处理过程中，需要连续地或长时间地维持杀死微生物的原始浓度，具备这种效能的药剂是有机氮硫类药剂和胺类药剂。

③ 防止附着处理。微生物在固体表面的附着与微生物分泌的黏质物有关。防止附着处理，就是用药剂作用于黏质物，使之变性，从而使微生物的附着性下降。对微生物有这种防止附着效果的药剂有季铵盐类药剂和溴类药剂等。

④ 剥离处理。剥离处理是将冷却水系统中附着的生物污垢用药剂剥离去除，具有剥离效果的药剂有氯气、过氧化物和胺类药剂等。这些药剂的作用机理是通过药剂使黏质物变性，使生物污垢的附着力下降，以及由于药剂与生物污垢反应，产生微小的气泡，以物理方法使生物污垢剥离。因此，投加药剂后，通过增加流速，可以提高剥离效果。如前所述如果使防止生物污垢附着的药剂增加其浓度，往往也显示出剥离效果。

以上处理方法中都不可避免地需要使用生物污垢处理药剂，这些药剂的使用也是控制微生物生长的主要方法之一。优良的冷却水杀菌剂应具备以下条件：可杀死或抑制冷却水中所有的微生物，具有广谱性；不易与冷却水中其他杂质反应；不会引起木材腐蚀；能快速降解为无毒性的物质；经济性好。

(2) 冷却水杀菌剂的分类

由于这些要求，可用于冷却水杀菌剂的药品不多，一般人们把冷却水杀菌剂分为氧化性杀菌剂和非氧化性杀菌剂。

① 氧化性杀菌剂。氧化性的杀菌剂是一种氧化剂，对水中可以氧化的物质都起氧化作用。由于氧化作用消耗了一部分杀菌剂，因此降低了它的杀菌效果。以下介绍常见的几种氧化性杀生剂。

a. 氯。氯是冷却水处理中常用的杀生剂。氯是一种强氧化剂，能穿透细胞壁，与细胞质反应，它对所有活的有机体都具有毒性，氯除本身具有强氧化性外，还可以在水中离解为次氯酸和盐酸，但当pH值升高时，次氯酸会转化为次氯酸根离子，使杀菌能力降低。以氯为主的微生物控制中，pH值在6.5～7.5范围最佳，pH＜6.5时，虽然能提高氯的杀菌效果，但金属的腐蚀速度将增加。为杀死换热器中的微生物，系统中要保持一定量的余氯。在各种具体条件下，适宜的余氯量应通过试验确定。下面介绍一些冷却水加氯处理的一些经验参数。在直流冷却水处理中，以0.5～2h为一个加氯处理周期，在这个周期内保持余氯量为0.3～0.8mg/L。在循环冷却水的处理中，余氯在热回水中的浓度，每天至少保持0.5～1.0mg/L的自由性余氯1h。这些只是大致的情况，具体的投药量只能在具体生产条件下找出来，而污染严重的水投药量必然要增加。

b. 次氯酸盐。冷却水系统中常用的次氯酸盐有次氯酸钠、次氯酸钙和漂白粉。一般在冷却水用量较小的情况下，可以用次氯酸盐作为杀菌剂，这样可以避免为了防止氯气泄漏而采取的许多安全措施。近年来，次氯酸盐也常用来处理和剥离设备或管道中的黏垢，因此次氯酸盐也是一种黏垢剥离剂。

次氯酸盐在冷却水系统中能生成次氯酸和次氯酸根离子，它们的生成量是冷却水pH值的函数，pH值降低，次氯酸的生成量增加，次氯酸根生成量减少；pH值升高，情况相反。次氯酸盐的杀菌效能和氯相似，使用中pH值也是重要的控制参数。

c. 二氧化氯。用于冷却水杀菌时，二氧化氯与氯相比，有以下特点：二氧化氯的杀菌能力比氯强，且可杀死孢子和病毒；二氧化氯的杀菌性能与水的 pH 值无很大关系，在 pH 值为 6～10 范围内都有效；二氧化氯不与氨、大多数胺起反应，故即使水中有这些物质存在，也能保证它的杀菌能力，而且不像氯那样产生氯化有机物等致癌物质；二氧化氯无论是液体还是气体都不稳定，运输时容易发生爆炸事故，因此，二氧化氯必须在现场制备和使用。

d. 臭氧。臭氧的化学性质活泼，具有强氧化性。它溶于水时可以杀死水中微生物，其杀菌能力强，速度快，近年来研究发现其还有阻垢和缓蚀作用。尽管如此，因制造臭氧的耗电量大，成本高，所以至今在冷却水处理系统中还没有广泛应用。

e. 溴及溴化物。以溴及溴化物代替氯主要是为适应碱性冷却水处理的需要，在碱性或高 pH 值时，氯的杀菌能力降低。目前可供冷却水处理的溴化物杀生剂有卤化海因、活性溴化物等。

② 非氧化性杀菌剂。在某些情况下，非氧化性杀菌剂比氧化性杀菌剂更有效或更方便。在许多冷却水系统中常将二者联合使用，以下介绍几种常见的非氧化性杀菌剂。

a. 季铵盐。季铵盐类化合物很多，都可以用作杀菌剂。在循环水处理中，常用的有烷基三甲基氯化铵、烷基三甲基苯甲基氯化铵、十二烷基二甲基苯甲基氯化铵（新洁尔灭）等。

季铵盐是一种阳离子型表面活性剂，具有渗透微生物内部的性质，而且容易吸附在带负电的微生物表面。微生物的生理过程由于受到季铵盐的干扰而发生变化，这是季铵盐杀菌的机理。由于季铵盐类具有渗透的性质，所以往往和其他杀菌剂同时使用以取得更好的杀菌效果，另外，在碱性 pH 值范围，季铵盐类杀菌灭藻效果更佳。由于季铵盐具有表面活性，因此当水中含有大量灰尘、碎屑、油等杂质时，季铵盐会与这些物质相互吸附而降低其杀菌能力。当循环水中含盐量较高以及存在蛋白质及其他一些有机物等，也会降低季铵盐类的杀菌效果。季铵盐使用剂量往往比较高，而剂量高时会引起起泡的现象。

b. 氯酚类。在循环水中常用的氯酚杀菌剂为三氯酚钠及五氯酚钠，其中五氯酚钠的应用最广泛。五氯酚钠为一种易溶解的稳定化合物，与循环水中出现的大多数化学药品和杂质都不起反应。另外一些氯酚化合物，也可以在循环水中用作杀菌剂。用氯酚化合物做杀菌剂的剂量都比较高，一般达几十毫克每升。把数种氯酚化合物和一些表面活性剂复合使用，组成复方杀菌剂，可以增加杀菌效果，因为表面活性剂降低了细胞壁缝隙的张力，从而增大了氯酚穿透细胞壁的速度，这样可以降低杀菌剂的用量。

参考文献

[1] 严煦世，范瑾初，许保玖等. 给水工程. 北京：中国建筑工业出版社，1999.
[2] 金熙，等编. 工业水处理技术问答及常用数据. 北京：化学工业出版社，1997.
[3] 李圭白，张杰等. 水质工程学. 北京：中国建筑工业出版社，2005.
[4] 尤作亮，孙昕，惠如冰，等编. 饮用水二氧化氯净化技术. 北京：化学工业出版社，2003.
[5] 雷仲存，钱凯，刘念华. 工业水处理原理及应用. 北京：化学工业出版社，2003.
[6] 赵建莉，王龙. 饮用水消毒副产物的危害及去除途径. 水科学与工程技术，2008.
[7] 张旋，王启山. 饮用水氯消毒生成 DBPs 的影响因素及其控制工艺. 供水技术，2008.

第三篇

工业废水处理

第10章 固体分离

10.1 背 景

城市污水处理厂能去除并浓缩悬浮固体，但是，工业废水排入城市污水处理厂或受纳水体之前应该去除固体物质。否则，工业废水中常含有的大量固体物，特别是食品加工厂、炼油厂和工业洗衣房排放的含脂肪、油脂（FOG）的废水，会严重影响后续废水处理单元或公共污水处理厂的正常运行。

高浓度悬浮固体（>500mg/L）废水排放会导致城市污水处理厂的沉砂池、初沉池及其他固体处理单元超负荷运转。高浓度悬浮固体会堵塞污水管线和泵站集水井，其清除耗资大、操作困难，如不及时清除，经生物降解则产生臭味污染环境。

工业废水中的悬浮固体包括有机悬浮固体和无机悬浮固体。根据粒径及去除工艺可将悬浮固体分为以下几种。

① 大颗粒悬浮固体（粒径≥25mm，会影响下游水流及处理工艺运行操作）。

② 砂砾（如砂子、砂石、金属颗粒、塑料颗粒、不完全燃烧残余物以及其他密度较大的颗粒，其沉降速度较有机物大）。

③ 可沉降固体［在标准英霍夫（Imhoff）锥形管测试中能沉降的物质，如直径在1μm～25mm之间的微粒］。

④ 胶体（粒径 10^{-1}～10^{-3}mm，中和其表面所带的电荷后才能相互凝聚沉淀）。

在雨水径流及造纸、木材加工、食品加工和化学制剂等生产工艺的清洗过程中，会使砂砾进入工业废水管道。钢铁酸洗产生的轧钢鳞片具有砂砾的特性（无机组分和高沉降速率），因此可采用相同的处理单元去除。

可沉降的固体和胶体物质可能是无机性的也可能是有机性的，具体取决于其产生的工艺性质。分散剂（如表面活性剂）可稳定悬浮固体，使其更难去除，这种情况必须具体分析。胶体则通过投加金属盐或利用聚合电解质之间的化学絮凝和凝聚作用去除。

10.2 悬浮固体分类

水和废水中的固体称为残渣。总残渣指的是水样在一定温度的炉子中挥发、干化后所剩余的物质，包括可滤残渣（截留在过滤器的部分）和不可滤残渣（通过过滤器的部分）。悬浮固体是可滤残渣，溶解固体和胶体称为不可滤残渣。

总悬浮固体（TSS）的测定是采用特定过滤介质过滤水样，将得到的截留物干化后确定残留物质量。干化温度通常为103～105℃。

总悬浮固体通常包含“不可挥发”和“可挥发”固体。用过滤器过滤水样，收集到200mg残渣。残渣经干燥、称重后，在550℃温度下灼烧后残余的残渣质量即为不可挥发性悬浮固体量。总悬浮固体和不可挥发悬浮固体之差为可挥发性悬浮固体。

由于污泥的黏度大，对于特定的样品，常通过分别测定其总固体或总挥发性固体来计算TSS和挥发性悬浮固体浓度。而总固体及总挥发性固体均包括悬浮固体和溶解性固体。

10.3 去除方法

悬浮固体去除方法的选择取决于废水中固体的起始浓度、所要求的最终浓度、颗粒粒径、沉降性能、密实性及凝聚特性等。

具体的工业废水，需通过烧杯试验或中试测定废水中的固体性质，研究其处理工艺的可行性。当废水中的总悬浮固体浓度小于1%（10000mg/L）时，悬浮固体的去除方法包括筛滤、重力分离以及过滤。

10.3.1 筛滤

筛滤主要去除大颗粒悬浮固体，常见设备包括粗格栅、细格栅及筛网。粗格栅的栅间距通常为6～50mm，细格栅的栅间距小于6mm。具体选择则依据被去除颗粒的粒径和后续处理工艺。

10.3.1.1 粗格栅

最常见的粗格栅是条栅，用来保护后续处理设备免受漂浮固体、木板、石头、枝条等的损坏或影响处理效率。食品厂、制药厂、制浆与造纸厂、制革厂、化学药剂生产厂以及纺织厂的废水处理经常使用条栅。

按清渣方式，粗格栅分为人工清渣格栅和机械清渣格栅两种类型。小型污水处理厂（流量小于$20m^3/d$）由于需要清渣的次数不频繁，采用人工清渣格栅较为经济，但是采用的清渣次数过少或不恰当，会造成栅条间隙堵塞而引起栅前壅水，使格栅去除效率下降，同时引起渠道溢流。

机械清渣格栅（图10-1）常用于大的且清渣要求频繁的污水处理厂，实际工程中较为

图 10-1 机械清渣格栅

常见。机械清渣由安装在环链或缆线上的耙子完成，清渣工作在格栅前后均可进行，驱动力由有过载保护的电动机提供。耙子在栅条间移动，将收集到的碎屑拖至装置顶部的平台。有些机械格栅为曲线栅条，也由旋转的耙子完成清渣工作。

机械清渣可降低人工费，使水流更连续，栅渣拦截效果好，同时还能减少臭味。尽管如此，实际中还备用一条平行的人工清渣格栅，在机械格栅维修时确保废水处理系统的连续运行。格栅设计要素包括沟渠尺寸、栅条间隙、渠中水深、清渣方式和控制机械（表 10-1）。

过栅水头损失受水中所含栅渣的数量和类型以及两次清渣之间格栅上栅渣积累量多少的影响。当有栅渣部分堵塞格栅时，其过栅水头损失按 0.2～0.8m 设计。没有栅渣时，格栅的水头损失则通过考虑过栅流速和栅间距有效面积（如栅间距的总投影面积）的传统公式来计算。

表 10-1 粗格栅的典型设计参数

设计参数	人工清渣格栅	机械清渣格栅
栅条间隙/mm	25～50	15～75
垂直倾斜度/度	30～45	0～30
最小过栅流速/(m/s)	0.1	0.3～0.5
最大过栅流速/(m/s)	0.3～0.6	0.6～1.0
允许水头损失/mm	150	150～600

机械格栅除渣机的类型很多，常见的几种除渣机的优缺点与适用范围见表 10-2。

表 10-2 常见格栅除渣机的优缺点与适用范围

类型	优点	缺点	适用范围
链条式	①结构简单 ②占地面积小	①杂物进入链条、链轮之间容易卡住 ②套筒滚子链造价较高、耐腐蚀性差	深度不大的中小型格栅，主要清除长纤维、带状杂物
移动伸缩臂式	①不清污时设备全部在水面上，维修检修方便 ②可不停水检修 ③钢丝绳在水面上运行寿命长	①需三套电动机、减速器，结构复杂 ②移动时齿耙与格栅间隙对位较困难	中等深度的宽大格栅，耙斗式适于污水除污
圆周回转式	①结构简单 ②动作可靠，容易检修	①配置圆弧形格栅，制造较困难 ②占地面积较大	深度较浅的中小型格栅
钢丝绳牵引式	①使用范围广 ②固定设备部件维修方便	①钢丝绳干湿交替，易腐蚀，需采用不锈钢丝绳 ②有水下固定设备，维护检修需停水	固定式适用于中小型格栅，移动式适用于宽大格栅，深度范围广

10.3.1.2　**细格栅**

常用的细格栅包括固定曲面格栅、转鼓式格栅、切向格栅和振动式格栅，用于去除非胶体颗粒及非絮凝颗粒。

(1) 固定曲面格栅。固定曲面格栅是没有任何运动部件的倾斜格栅（图 10-2），主要用于去除废水中的小颗粒。一般用于制浆、造纸、采矿、食品加工以及纺织企业的废水处理。

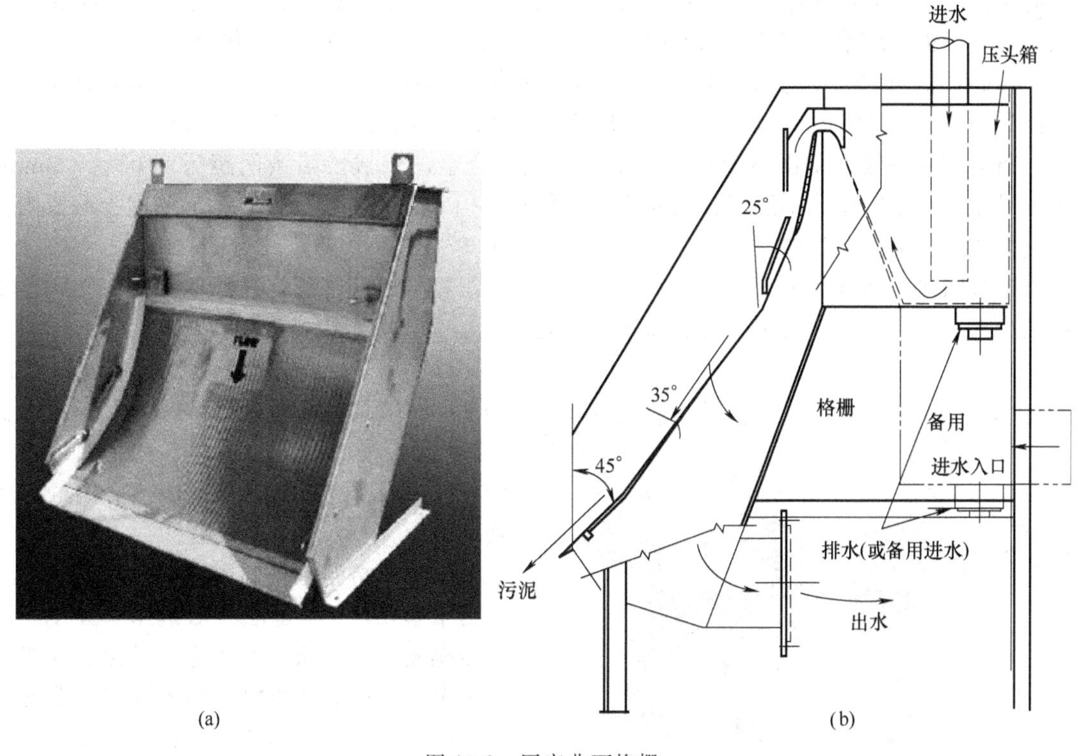

图 10-2　固定曲面格栅

固定曲面格栅有两种结构形式。一种是废水经设备后顶部的水箱，通过溢流堰后流入格栅。废水通过格栅时，大颗粒物质被截留。这些固体颗粒在重力作用下，沿格栅边缘进入下部料斗。另一种是在一定压力下，将废水喷洒至格栅，液体通过格栅，固体颗粒则落入其下料斗之中。

(2) 转鼓式格栅。转鼓式格栅由以水平轴为中心旋转的圆柱状条形筛网构成。一般安装在渠道内，呈半浸没式状态运行，见图 10-3。

常见的转鼓式格栅有外进水和内进水两种类型。在外进水格栅中，废水通过顶部水箱，沿格栅长度方向均匀分配后流下，水流在重力作用下流经转鼓，再从底部流出，截留在条形筛网外的固体颗粒经叶片刮除。内进水格栅中，废水呈放射状通过条形筛网，颗粒物则被条形筛网截留。

图 10-3　外部进水转鼓式格栅

(Parkson Corporation，Fort Lauderdale，Florida 提供)

这两种类型的格栅都采用喷水装置进行冲洗（反冲洗），以防止条形筛网堵塞，冲洗可以是连续的也可以是间歇式的。对于含高浓度 FOG 的工业废水，应采用热水冲洗以防油脂堵塞条形筛网。反冲洗装置可通过压差（水头损失）的增量或间隔时间，通过传导信号自动启动。

转鼓式格栅通常应用于蛋白质需要快速回收利用的食品行业，也可用于含有大量固体颗粒的工业废水（如制浆造纸厂）的处理。实际中，转鼓式格栅常用于溶气气浮（DAF）系统之前，以提高废水中副产品的回收率，并降低后续 DAF 处理池的固体负荷。

转鼓式格栅的优点是水头损失小和动力消耗低。包括进、出口部分在内，通过格栅的水头损失一般为 300～480mm，而通过条形筛网本身的水头损失一般不超过 150mm。

条形筛网一般都是由不锈钢、锰铜、尼龙或合金丝制成。筛条间距为 0.02～0.3mm，这种尺寸的筛条间距虽不能保证去除全部颗粒物，但小颗粒物质可通过条形筛网上截留固体的拦截作用而去除。鼓的长度为 1～4m，直径为 0.9～1.5m，转速约为 4r/min。

也有网格形筛网或由孔径为 0.01～0.06μm 的织物构成的筛网，这种形式的旋转式格栅比较少见，常用于废水处理后排放前的深度处理，以去除废水中的微颗粒物质。

图 10-4　震动式格栅

（3）振动式格栅。振动式格栅（图 10-4）一般应用于固体含量非常高的行业（如炼钢、玻璃加工、采矿、食品加工及制药企业）及需要进行大量的固水分离的废水处理中。

振动式格栅包括圆形中心进水单元和矩形出水单元两部分。在中心进水单元中，固体沿螺旋线轨迹从中心或边缘排出。在矩形出水单元中，固体则沿着格栅从底端排出。

（4）回转式细格栅。回转式细格栅是一种可以连续自动拦截并清除流体中各种形状杂物的水处理专用设备，可广泛地应用于城市污水处理，是目前我国最先进的固液筛分设备之一。

回转式细格栅主要由机架、驱动装置、耙齿链、清扫器和配套带式运输机或螺旋压榨机等组成。特殊形状的耙齿依据一定的次序装配在耙齿轴上，彼此串联形成耙齿链，在电动机减速机的驱动下，耙齿链进行逆水流方向回转运动。耙齿链运转到设备上部时，绝大部分固体物质靠重力落下，另一部分则依靠清扫器的作用从耙齿上脱落，脱落的物体再通过带式运输机或者螺旋压榨机集中运走。

回转式细格栅具有机械过载保护装置，当严重过载时，格栅转动轮上的过载保护装置将动作。设备外观如图 10-5 所示。

图 10-5　回转式细格栅

10.3.1.3 筛网

筛网可有效地去除和回收废水中的羊毛、化学纤维、造纸废水中的纸浆等纤维杂质，它具有简单、高效、不加化学药剂、运行费低、占地面积小及维修方便等优点。筛网通常用金属丝或化学纤维编织而成，其形式有转鼓式、转盘式、振动式、回转帘带式和固定式倾斜筛多种。筛孔尺寸可根据需要，一般为0.15～1.0mm。

(1) 水力回转筛网。如图10-6所示，它由锥筒回转筛和固定筛组成。锥筒回转筛呈截头圆锥形，中心轴水平。废水从圆锥体的小端流入，在从小端流到大端的过程中，纤维状杂物被筛网截留，废水从筛孔流入集水装置。被截留的杂物沿筛网的斜面落到固定筛上，进一步脱水。旋转筛网的小端用不透水的材料制成，内壁有固定的导水叶片，当进水射向导水叶片时，便推动锥筒旋转。一般进水管应有一定的压力，压力大小与筛网大小和废水水质有关。

(2) 固定式倾斜筛。如图10-7所示，筛网用20～40目尼龙丝网或铜丝网张紧在金属框架上，以60°～70°的斜角架在支架上。一般用它回收白水中的纸浆。制纸白水经沉砂池除去沉砂后，由配水槽经溢流堰均匀地沿筛面流下，纸浆纤维被截留并沿筛面落入集浆槽后回收利用，废水穿过筛孔到集水槽后，进一步处理。筛面用人工或机械定期清洗。

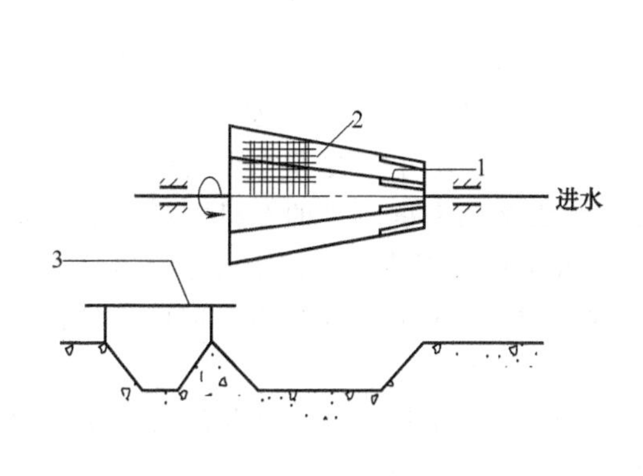

图10-6 水力回转筛

1—导水叶片；2—水力筛网；3—固定筛网

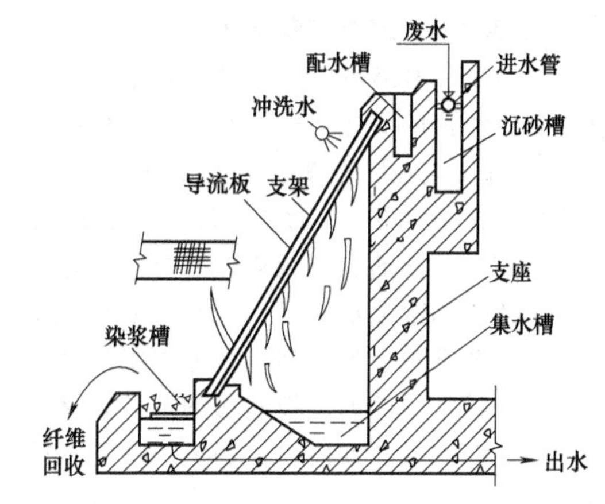

图10-7 固定式倾斜筛

(3) 振动式筛网。如图10-8所示，废水由渠道流入倾斜的筛网上，利用机械振动，将截留在筛网上的纤维杂质卸下送到固定筛，进一步进行脱水，废水流入下部的集水槽中。

(4) 电动回转筛网。如图10-9所示，筛孔一般为170μm（约80目）到5mm。网眼小，

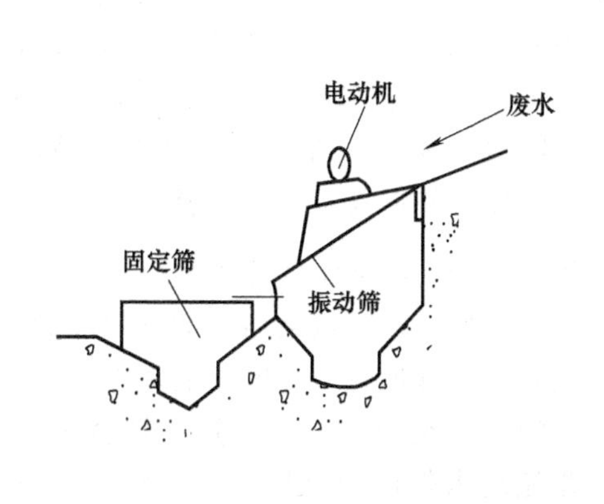

图10-8 振动式筛网

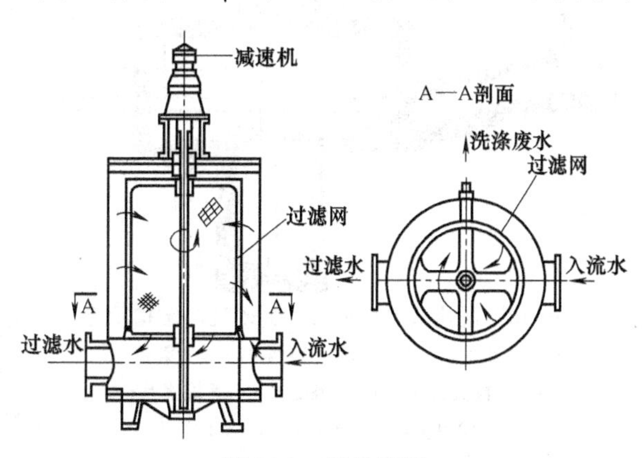

图10-9 回转筛网

截留悬浮物多，但易堵塞，增加清洗次数。国外采用电动回转筛对二级出水进一步处理后，回用作废水处理厂的曝气池的消泡水。采用孔眼 500μm（30 目左右）的网。回转筛网一般接在水泵的压水管上，利用泵的压力进行过滤。孔眼堵塞时，利用水泵供水进行反冲洗，筛网的反冲洗压力在 0.15MPa 以上。

10.3.2 重力分离除砂

悬浮固体也可以通过重力分离的方法去除。重力分离依靠静态条件下固体颗粒在水中的自然上浮或下降，从而达到固液分离的目的。具体是上浮还是下降有赖于固体颗粒的密度。固体颗粒的密度大于液体密度时会下沉，小于液体密度时会上浮。

砂砾是废水中主要存在的一类不腐烂的固体颗粒（如砂、小砾石、金属屑、尘土及烟渣），其沉降速度比易腐烂固体及其他固体大。除砂可以保护后续处理设备，防止密度较大的物质在污水管道、调节池、中和池及曝气池中沉积。设计除砂工艺时，应考虑将除砂设备靠近砂源，以利其回收利用，防止下水管道堵塞。

除砂常用的方法有四种，分别是速度控制、曝气、水力旋流器和沉降刮砂。

10.3.2.1 速度控制除砂

在速度控制系统中，除砂渠道下游有一个控制断面，可控制水流在一定的流速范围内流过，随着流量的变化，渠中水流深度也随之变化。流速控制堰［如比例或苏特罗式（Sutro）堰］倒置安装在除砂渠道上方 150～300mm 处，用来储砂，防止沉淀颗粒再次悬浮。一般流速控制在约 0.3m/s 时，密度较大的砂粒会沉淀，而大多数密度较小的有机颗粒随水流通过，并使易沉淀的有机颗粒保持悬浮。这类沉砂池一般采用人工清砂。控制流速除砂法实际应用于蔬菜和水果加工厂，与其他复杂设备相比，除砂效率高且投资费用省。但该方法占地面积大，要求较大的空间，场地局限的企业难以采用。

另一种常用的速度控制法的除砂设备是涡流式沉砂池（图 10-10）。进水在接近顶部处以切线方向流入在池内产生涡流。密度大的砂砾在离心力作用下从废水中“甩出”并沉于设备底部，依靠传送装置运走脱水，密度小的有机固体则保持悬浮随废水进入后续处理工艺。沉砂的排除方法有三种：第一种是采用砂泵抽升；第二种是用空气提升器；第三种是在传动轴中插入砂泵，泵和电机设在沉砂池的顶部。与其他除砂方法相比，涡流式沉砂池有许多优点。首先，没有与磨损性颗粒连续接触的机械零件；其次，可以去除更细小的砂砾。然而，涡流式沉砂池要求有很高的进水压头，进水或出水一般要求使用水泵。同时，随着砂砾去除率（更细砂砾去除量增加）的提高，其水头损失也增大。

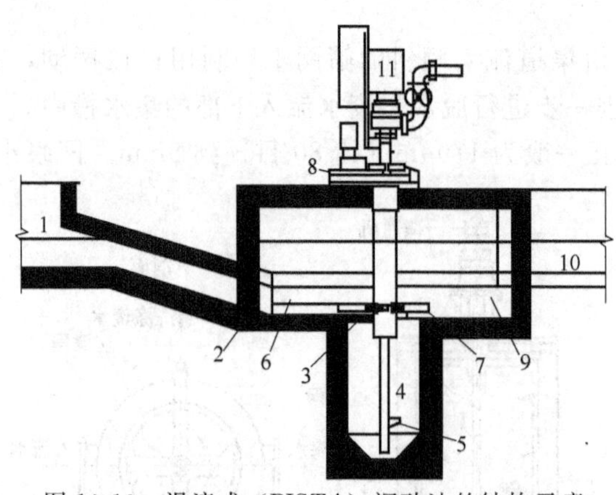

图 10-10 涡流式（PISTA）沉砂池的结构示意

1—进水渠；2—进水斜坡；3—盖板；4—集砂区；5—砂粒流化器；6—导流板；7—螺旋桨叶；8—齿轮电机；9—分选区；10—出水渠；11—砂泵

10.3.2.2 扩散空气除砂

在沉砂池中，可以采用扩散空气除砂。当水流通过沉砂池时，密度大的颗粒沉淀，而较轻的有机颗粒在空气作用下保持悬浮状态并随废水带出。沿长度方向每米池长所需的空气量随流量的变化而变化，一般为 5～12L/s。为了保证较高的去除效率，在最大流量条件下，水在沉砂池中的有效停留时间一般为 1～3min。沉砂池进水口和出水口结构的设计须防止短流，进水应直接流入到空气环流中，出水口须与进水口呈直角。通过砂砾收集和空气分散设备的合理布局和设计，可避免死角，此类沉砂池宜采用机械清砂，这种除砂池我国惯称曝气沉砂池。

10.3.2.3 水力旋流器除砂

水力旋流器是没有运动部件的离心分离装置（图 10-11）。其原理与涡流式沉砂池相同，但是由于采用更高的压力及离心力的作用，其体积更小。水力旋流器通过离心力来分离两种密度不同的物质（如水和砂砾）。该方法通常应用于要求投资省、维护费用低的行业，以分离如砂砾和金属残渣之类的物质（此方法也可用于分离含油废水，详见第 11 章）。

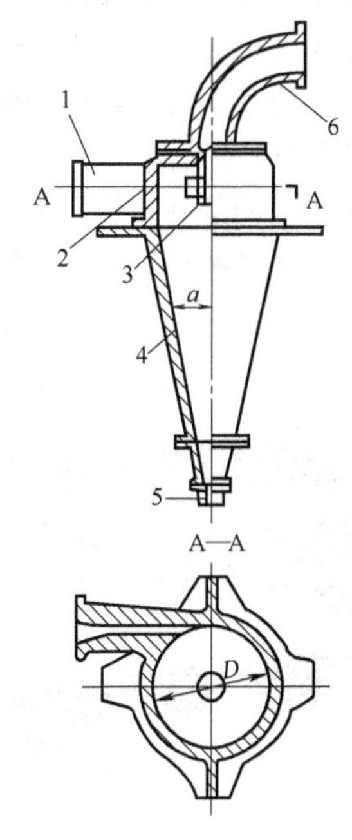

图 10-11 水力旋流器

1—进水管；2—圆形柱体；3—溢流管；4—圆锥形筒体；5—沉砂口；6—溢流导管

通常水力旋流器的顶部有一个圆筒安装在圆锥体上。污水在泵作用下沿内壁切入，快速旋转。离心力与旋转速度成正比。在离心力的作用下，较重的物质被甩至筒壁，由水力旋流器底部排出。

随着水流在锥形分离室向下旋转，废水的旋转速度逐渐增加，到达底部时不能从底部排出口排出，产生反向旋转，形成一个向上的内涡流，处理后的废水在水力旋流器顶部出水口排出。

水力旋流器已经应用于许多行业，最常用的包括：① 油气开采业（去除钻井泥浆、原油和油水混合物中的砂砾及钻屑）；②钢铁制造业（去除生产冷却水中的轧屑）；③金属加工业（去除金属加工废水中的鉄屑和砂砾）；④蔬菜和水果加工业（冲洗水除砂，去除果汁和果酱中的污垢、果核、种子及其他碎屑）；⑤制浆与造纸（清理初级和二级纤维原料）；⑥高浓度固体废水（去除用泵密闭输送的高固体含量废水中的残渣与砂砾）。

水力旋流器也可用于其他除砂工艺（如涡流式沉砂池）的后续处理，使砂砾浆浓缩后再进入固废处置。

水力旋流器的设计是基于流速和被分离颗粒的粒径与密度。尺寸及具体设计一般由水力旋流器制造商提供。

10.3.2.4 沉淀池除砂

城市污水处理厂常采用平流式沉砂池除砂，工业上有时采用沉淀池和刮砂系统处理含大量砂砾的废水。例如，在钢铁制造业，通常采用具有刮渣设备的沉淀池处理磨机废水（砂砾、油及油脂的含量均很高）。

常采用的池形以平流式为主，这样有利于刮渣。带有刮渣设备的沉淀池与传统的平流式沉淀池相似，都有一套由导链带动行走的收集装置。收集装置的刮板将固体颗粒沿斜坡刮入漏斗，不断被带出池外，无需用泵抽取。

为了提高沉降效率，往往采用斜板斜管沉淀池。

10.3.3 可沉降固体的重力分离

工业废水也常含有大量的可沉固体，可以采用重力式沉淀池。要注意，水质不同，沉淀池设计所采用的参数不同。

10.3.4 化学凝聚与絮凝

废水中加入化学混凝剂和助凝剂产生化学絮凝作用，强化重力分离效果。常见的化学絮凝为胶体颗粒的去除，许多工厂排放的固体物质为胶体，颗粒粒径小（0.01～1μm）且带负电。不通过化学絮凝，胶体颗粒相互排斥，不易沉淀和去除。混凝法既可以独立使用，也可以和其他处理法配合使用。

有关混凝的基础知识详见6.1。工业废水水质复杂，选择适宜的混凝剂并确定最佳投量是关键。烧杯试验可以较好地解决这一问题。

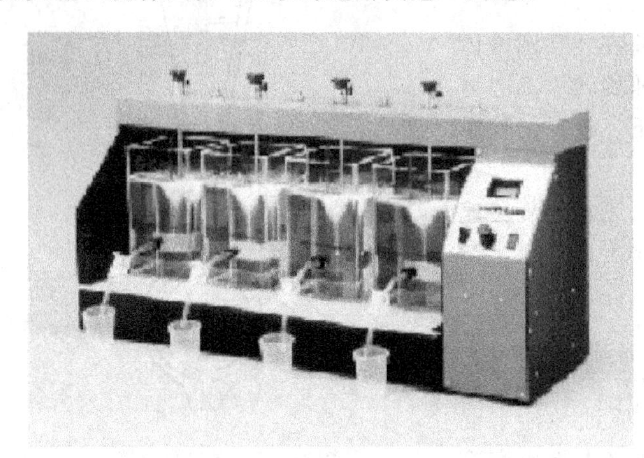

图10-12　标准烧杯试验

（1）烧杯试验。标准烧杯试验（图10-12）是进行混凝剂、絮凝剂或助聚剂选择、确定其最佳投加量和最佳pH值的有效方法。由于不同生产工艺产生的废水不同，同一工艺的不同生产单元产生的废水水质也存在明显差异，甚至分批加工和清洗过程也导致同一天内的废水水质变化，因此烧杯试验在工业废水处理中尤为重要。

在乳品加工厂，生产从运行过程切换到清洗工序时，pH值变化往往可达到10；在食用油加工过程中，种子的种类和质量会显著影响生产废水的水质、处理过程及处理效果。生产从运行过程切换到清洗工序时，pH值变化也往往可达10。因此，在废水水质有可能发生明显变化时，应对代表性的混合样品进行烧杯实验。

（2）化学药剂投加系统。化学药剂投加系统具体包括化学药剂的存储、投加、搅拌、药剂和废水的快速混合及絮凝等设备。化学药剂存储设施的选择应依据化学药剂的性质、状态（液体或固体），以及预处理系统的规模而定。尽管混凝剂可以少量购买使用，但大部分混凝剂都是大批量购买的（用卡车或铁路运输），实际中，大批购买价格是否合理，需要综合比较存储设施的工程费用以及药品长时间存储后是否变质等因素。

药剂的投加有干式投加和液体投加两种方法。干式投加法是将药剂直接投入到被处理的水中，其优点是占地面积小，缺点是对药剂的粒度要求较高，投药量较难控制，加药设备易阻塞，同时劳动条件也较差。目前使用较多的是液体投加法，即先把药剂经溶解再配成一定浓度的溶液后，投加到被处理的水中。固态混凝剂通常需要溶解成溶液后投加。另外，有些混凝剂（如明矾）在固态时不具有腐蚀性，但在液态时却具有腐蚀性，从而要求液态投加装置具有防腐功能。

干式投加系统包括料斗、溶解池和投加设备。设计时须充分考虑特殊化学药剂的性质以及废水的最大与最小流量。此外，固态化学药剂的存储应防止高温及受潮。有些化学药剂

（如石灰和生石灰）的投加要求振荡和搅拌，防止板结以便药剂连续流动投加。干式投加量可按体积也可按质量计算，但后者更为精准。对于小型污水处理工程，建议固态药剂采用袋式破碎机粉碎后，人工直接加入溶解池。溶解池是把块状或粒状的药剂溶解成溶液，溶液池的作用是把浓溶液配成一定浓度的溶液，其容积按下式计算

$$W_1=\frac{aQ}{417cn} \tag{10-1}$$

$$W_2=(0.2\sim0.3)W_1 \tag{10-2}$$

式中，W_1 为溶液池容积，m^3；W_2 为溶解池容积，m^3；a 为混凝剂最大投加量，按无水产品计，石灰最大用量按 CaO 计，mg/L；Q 为处理的水量，m^3/h；c 为溶液浓度，一般采用 5%～20%（按混凝剂固体质量计算），或采用 5%～7.5%（扣除结晶水计），石灰乳采用 2%～5%（按纯 CaO 计）；n 为每日调制次数，应根据混凝剂投加量和配制条件等因素确定，一般不宜超过 3 次。

高聚物一般难以溶解。由于其性质的差异，没有能适用于所有高聚物溶解和投加的系统。高聚物供应商通常会推荐其产品的溶解及投加方法。广泛采用的投药装置是配置搅拌器和计量泵的溶解池。粉末状药剂在进入溶解池前应提前加湿以防止出现“鱼目（fish eyes）现象”。“鱼目现象”导致高聚物混合时间延长，有效性下降，投加量增加。高聚物溶解之后，还需要一定时间的“熟化”（如允许长的高聚物分子完全“舒展开来（unwind）”），溶解池内的熟化时间一般为 30～60min。

液体投加系统采用泵（如活塞泵、电磁隔膜泵、机械隔膜泵、蠕动泵和螺杆泵）或者旋转抓斗投加，这种投加方式适合于只以液态存在化学药剂、液态更加稳定和易于投加的化学药剂、呈细小粉末态（如粉末状活性炭）的化学药剂以及相对危险的药剂（如高氯酸钠）的投加。该方法效果稳定、简单易行，投加系统可采用人工控制或自动控制，也可以采用人工和自动控制二者相结合的方式。

化学药剂在废水中的扩散与混合一般在反应池中进行。废水处理工艺往往要求化学药剂在废水中迅速扩散，因而需要足够的搅拌与混合时间。一般采用搅拌器（同轴搅拌器或者偏心螺旋桨搅拌器）快速混合；或者管道混合，将药剂投加在泵的吸水管或压水管内实现与废水混合，药剂投加通常位于混凝设备上游的进水管道上，具体投加位置距离该混凝设备至少为进水管直径的 20 倍。这种方法费用低，但混合作用受管道内水流和流速改变的影响，所以混合效果往往不好预期。

混合是反应第一关，也是非常重要的一关，在这个过程中应使混凝剂水解产物迅速地扩散到水体中的每一个细部，使所有胶体颗粒几乎在同一瞬间脱稳并凝聚，这样才能得到好的絮凝效果。因为在混合过程中同时产生胶体颗粒脱稳与凝聚，可以把这个过程称为初级混凝过程，但这个过程的主要作用是混合，因此都称为混合过程。混合过程的一个关键参数，就是在不产生剪切应力或破坏絮体条件下，絮凝剂和废水完全混合所需的能量。设计中一般采用因子 G（速度梯度）来确定混合所需的能量，快速混合阶段 G 值取 $500\sim1000s^{-1}$，混合停留时间通常取 30～60s。

计算混合所需能量时，关键参数包括 G 值（根据经验选取）、反应器体积以及混合液体的黏度。

$$G=\sqrt{\frac{P}{\mu V}} \tag{10-3}$$

式中，G 为所需输入比能，s^{-1}；P 为所需功率，W（ft · lb/s）；μ 为在设计温度下的

动力黏度，$N \cdot s/m^2$；V 为反应器体积，m^3 (ft^3)。

因此，在某一 G 值、给定停留时间和黏度条件下，所需功率可按下式计算：

$$P = G^2 \mu v \tag{10-4}$$

例如，当某工业废水流量为 $500m^3/d$，平均温度为 40℃时，快速混合所需要的能量（或功率）可按以下计算求出。

所需 G 值为 $750s^{-1}$，40℃时动力黏滞系数（μ）$=0.653\times10^{-3} N \cdot s/m^2$，所需的停留时间$=60s$，则

$$\text{所需体积} = \frac{500m^3/d}{1440min/d} \times 1min = 0.35m^3$$

$$\text{所需功率} = 750^2 \times 0.000653 \times 0.35 = 128W = 0.13kW$$

在快速混合之后，需有慢速混合区，以便细小颗粒能够形成絮体，然后通过重力或气浮去除。絮凝过程的典型 G 值为 $10\sim60s^{-1}$。在设计流量条件下，絮凝过程的水力停留时间为 10～30min。

絮凝过程产生速度梯度所需的能量，可通过水力、空气和机械等方法产生。机械搅拌具有能量分布较为均匀、可使一些细小絮体在整个水流范围内免受剪切、絮凝效率高、便于根据现场情况调整运行参数等优点，实际中应优先采用。

实际工程也可选用管式絮凝器（图 10-13）。管式絮凝器通常安装在溶气气浮 DAF 操作单元之前，特别适合空间受限的工程。管式絮凝器包括一个嵌入式静态混合器、多个化学药剂投加点及采样点。所需空间小，无需维护移动部件，适用于水质变化较大的工程。

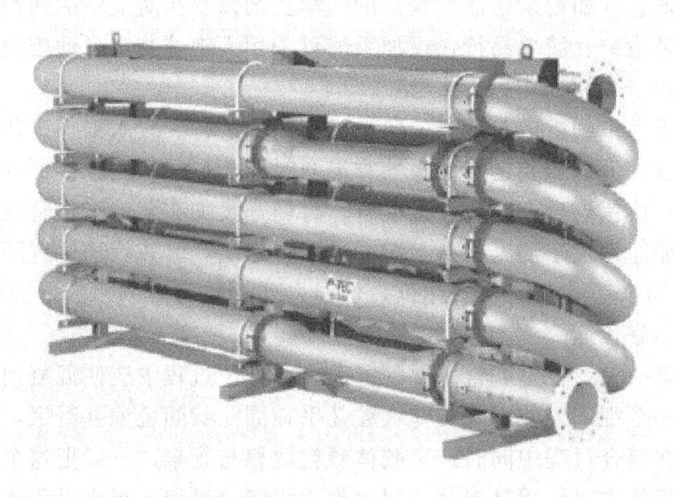

图 10-13　管式絮凝器（Piedmont-Technical Services，Inc. 提供）

絮凝过程一般不采用离心泵，因为水泵叶轮的离心旋转会使絮凝体在沉淀或气浮之前被打碎。类似的，沉淀或过滤之前也应避免使用泵来抽吸絮凝后的废水。

10.3.5　过滤

过滤作为工业废水处理的一种方法，用于去除废水中的悬浮固体，通常应用于：①重金属的中和沉淀处理之后；②生物处理后以进一步降低 BOD 和 TSS；③在车间内生物处理或排放至集中污水处理厂之前去除废水中的固体。

过滤系统可将废水中的悬浮固体降低到更低的水平，常作为进入后续处理工艺或集中污水处理厂之前的深度处理。

在金属加工和印刷电路板的废水处理中，一般采用过滤去除沉淀池流出的金属化合物或硫化物固体。随着金属预处理的标准日益严格或废水需要再利用时，一般在中和沉淀后需过滤。生化处理的出水直接排入受纳水体之前，经过过滤进一步减少悬浮固体和不溶性的 BOD。

下面重点介绍颗粒介质过滤和预涂层过滤器。

10.3.5.1 粒状滤料

颗粒介质过滤采用单一粒径或多种粒径的粒状滤料，可以连续或间歇运行，而且水流形态多种多样。这类过滤器包含两种或者两种以上不同密度的滤料（如无烟煤、石英砂、石榴石等），不同密度的滤料层之间可形成混合层。

选择粒状滤料的依据是有效粒径和均匀系数，可根据其粒径分布计算而得。将粒状滤料通过一系列孔径逐渐变小的筛子筛分后，称量每个筛子上截留颗粒的重量，便可以确定粒状滤料的粒径分布。

粒状滤料的有效粒径 d_{10}，其定义为粒状滤料中 10%的颗粒粒径小于该粒径，90%的粒径大于该粒径（以重量计）。有效粒径的取值也可以为平均粒径。有效粒径越小，对固体的过滤效果越好，但会缩短过滤器使用周期，增加反冲洗频率，提高循环负荷。增大有效粒径，能延长过滤器的使用周期，但会降低对固体的过滤去除效果（本章后部分包括建议的粒径标准）。

粒状滤料的设计基于均匀系数（u_c）：

$$u_c=\frac{d_{60}}{d_{10}} \tag{10-5}$$

均匀系数越低，意味着粒状滤料越均匀，这样会降低水头损失（延长过滤器两次反冲洗之间的使用周期）。均匀系数越低越有利于过滤，然而费用也会越高（本章后部分包括建议的粒径标准）。

10.3.5.2 过滤器类型

过滤器的特征一般由水流通过过滤器的方向（向上还是向下）、水流状态（稳定还是变化）以及反冲洗操作方式（间歇还是连续）共同确定。工业废水处理中常用的过滤器主要包括以下 4 种：①降流式重力过滤器；②降流式压力过滤器；③升流式连续反冲洗过滤器；④自动反冲洗浅层过滤器。

10.3.5.3 过滤器的反冲洗

随着过滤器的运行，固体不断被粒状滤料截留，从而导致水流经过过滤器的水头损失增加。在重力过滤器中，水面会上升；在压力过滤器中，过滤压力会增加。无论重力过滤器还是压力过滤器，增加的压力会使截留的固体沿滤床深度方向向下移动，最终随出水流出（称为固体穿透）。为了防止固体穿透并保持合理的水头损失，过滤器须定期进行反冲洗（水流以反方向通过过滤器）。通常，设计的反冲洗流速要求能使粒状滤料的膨胀率达到 10%，具体数值是废水温度和滤料粒径的函数，而热水要求的反冲洗流速更大。

反冲洗过程的启动控制的方式如下。

① 自动反冲洗水头损失达到预先设定值时自动开启。

② 自动反冲洗。当过滤器运行至预先设定的时间（通常是 24h）时，自动反冲洗，此时可能没有达到水头损失的限值。

③ 人工反冲洗。操作人员人工启动反冲洗循环系统。

10.3.5.4 各种过滤器运行特性和设计要点

（1）降流式重力过滤器。降流式重力过滤器通常用于大型市政给水和污水处理，以及要求有一定程度固体去除率的工业废水处理（图 10-14）。传统降流式重力过滤器可以是钢制结构或是专门设计的混凝土池型结构。

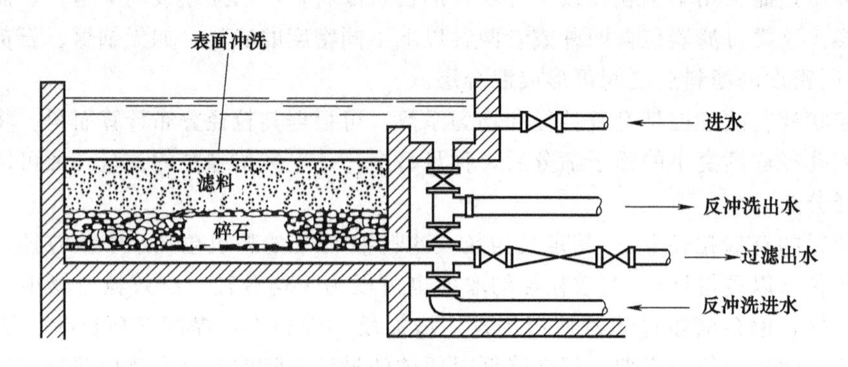

图 10-14 降流式重力过滤器的截面

通过过滤器的水流流速可以是恒定的，也可根据时间和水头损失变化。反冲洗过程间歇进行，以维持过滤器的正常运行。反冲洗频率尽管受固体负荷影响，但每天至少一次。反冲洗流速为过滤流速的 5～6 倍，反冲洗时间很短，一般为 12～15min。反冲洗废水一般返回到处理系统的前端进行二次处理。

尽管反冲洗水的体积一般比较小（周期处理水量的 3%～5%），但由于反冲洗流速较大，会引发水力和运行方面的问题，因此降流式重力过滤器通常采用多台并联运行的方式以减弱这些问题的不利影响，其中包括：①当其中一台反冲洗时，增加其他过滤操作的过滤器的流量；②预处理系统采用的高速反冲洗。然而，多个操作单元及高速反冲洗常常无法适用于工业废水的预处理。

图 10-15 降流式压力过滤系统
（Hoffland Environmental，Inc. 提供）

（2）降流式压力过滤器。除了装置密闭并由泵提供动力以外，降流式压力过滤器（图 10-15）在外形和设计上与重力过滤器相似。压力过滤器通常在较高的水头损失下运行，从而延长过滤时间并减少反冲洗水的体积。然而，同降流式重力过滤器的问题一样，降流式压力过滤器反冲洗速率高，需要多台同时运行，并要求反冲洗水速率稳定。

压力过滤器由不锈钢材料制成，通常由生产厂商提供，不是客户自行设计和加工。降流式压力过滤器常用于小规模的废水处理工程（如75～1500L/min）。

(3) 升流式连续反冲洗过滤器。升流式连续反冲洗过滤器（图10-16），废水从底部经水流分配装置进入过滤器，然后向上流过经压缩空气流化的砂子滤层。砂子在下滑过程中去除上升水流中的颗粒污染物，过滤后的废水通过过滤器顶部的出水堰排出。

砂子与被其包裹的颗粒污染物进入汽提装置，经空气提升管上升，经过冲洗，颗粒污染物与砂子分离，颗粒污染物在上部的汽提室内去除，干净的砂子返回到砂床。

升流式连续反冲洗过滤器一般以恒定流速过滤，具体流速取决于进水泵的大小。这类过滤器与普通降流式过滤器的水力负荷率相当，排放相同体积的反冲洗废水，但反冲洗速度较低。因此，工业废水处理中可采用一台或两台设备处理所有废水，而无需较大的反冲洗速率。对反冲洗废水的调节也没有要求。

过滤器为钢制，通常由生产供应商提供，不由客户自行设计和制造。过滤能力一般为50～4500L/min。

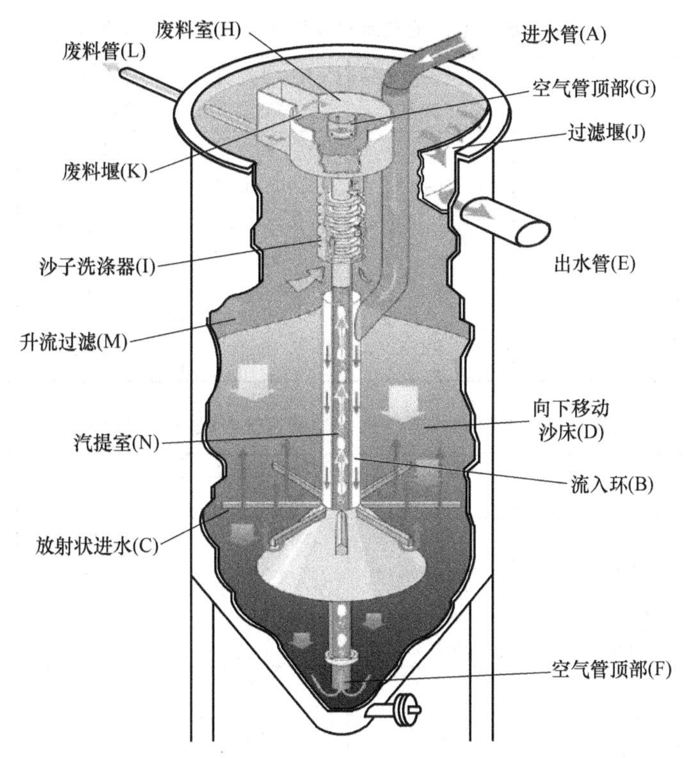

图10-16 升流式连续反冲洗过滤器（Parkson Corporation，Fort Lauderdale，Florida提供）

(4) 自动反冲洗过滤器。自动反冲洗过滤器（ABW）也叫移动桥式过滤器，在过滤器上部的轨道上装有移动机械装置（图10-17），这种过滤器被分割成一系列较小的操作单元，每个单元各自独立进行反冲洗。需要时，机械装置移动至顶部就可以进行反冲洗。通常，该过滤器的滤料层高度较小（280mm），不仅可以降低过滤水头损失，还可使进水泵的压力基本保持恒定。通过过滤器的废水流量为恒定值。

移动反冲洗装置由可编程逻辑控制器（PLC）控制。反冲洗循环系统的开启可采用人工控制，也可以是基于时间或水头损失（水位）的PLC控制。与上流式过滤器一样，连续反冲洗过滤器的反冲洗流速也较低。

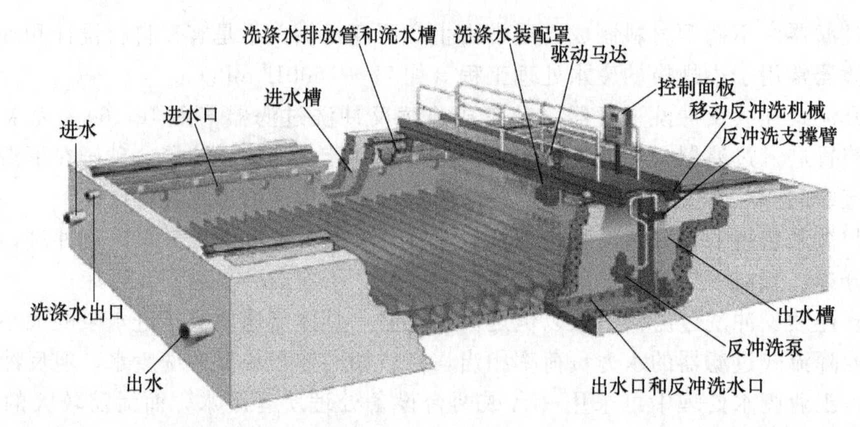

图 10-17 自动反冲洗过滤器（Degremont Teehndogies/INFILCO 提供）

这种钢结构过滤器的流量为 1400～7570L/min。一般安装在混凝土基础上，不受实际流量限制。设计参数详见表 10-3 和表 10-4。

表 10-3 典型的工业废水过滤器设计参数（单一滤料）

项　目	降流式重力过滤器	降流式压力过滤器	升流式连续反冲洗过滤器	自动反冲洗过滤器
滤料类型	砂	砂	砂	砂
滤料有效粒径/mm	0.45～0.65	0.45～0.65	0.6～1.0	0.45～0.65
滤料均匀系数	1.2～1.6	1.2～1.6	1.2～1.6	1.2～1.6
滤料厚度/mm	900	900	1000	280
过滤速度/[L/(m² · min)]	200	400	200	80
反冲洗水流速[L/(m² · min)]（为表面冲洗或空气冲洗）	400	400	10	800

表 10-4 典型的工业废水过滤器设计参数（双层滤料）

项　目	降流式重力过滤器	降流式压力过滤器	升流式连续反冲洗过滤器	自动反冲洗过滤器
滤料类型	砂/无烟煤	砂/无烟煤	砂	砂/无烟煤
滤料有效粒径(沙/无烟煤)/mm	1.3/0.65	1.3/0.65	0.65	0.45～0.65
滤料均匀系数(沙/无烟煤)	1.5/1.5	1.5/1.5	1.5	1.5/1.5
滤料厚度(沙/无烟煤)/mm	600/300	600/300	750/900	200/200
过滤速度/[L/(m² · min)]	200	200	200	80
反冲洗水流速/[L/(m² · min)]（假定为表面冲洗或空气冲洗）	800	8004	4000	800

注：对应的表中所示过滤速度水温为 25℃（77℉）。温度越高，需要的反冲洗流速越高，温度每增加 1℃，反冲洗流速需增加 2%。

（5）预涂层过滤器。预涂层过滤器通常是一个经过改良的转鼓式真空过滤器，可去除废水中的细小固体或胶状微粒。这类过滤器也可以去除一些黏性的或其他难以过滤的固体。

过滤介质表面涂有一层多孔助滤剂（如硅藻土或珍珠岩），层厚大约为 3mm（1/18in）。废水流经该过滤器时，固体物质被截留形成一个薄的固体层，随后，这些固体和一薄层助滤剂从转鼓上被刮下来，新鲜的多孔介质表面不断地暴露于废水中。

预涂层过滤器在一定负压下运行，截留固体和助滤剂聚集在外壳被不断刮除，转鼓运行一段时间助滤剂消耗完后，需在常压状态下定期清理，同时在转鼓上重新涂上助滤剂。

真空预涂层过滤器运行负荷率为 1.2～2.4$m^3/(m^2 \cdot h)$。

(6) 保安过滤器。保安过滤器一般是升流式过滤器，过滤介质为圆柱形聚丙烯滤芯，其余部件采用不锈钢材质。有几种标准滤芯，规格尺寸通常是长度 250mm、500mm 和 750mm (10in、20in、30in)，直径 70～115mm。滤芯的孔径 0.20～100μm。活性炭可以吸附有毒化学物，故需去除水中味道、难闻气味、铅或氯时，一般用活性炭滤芯替代聚丙烯滤芯。

保安过滤器的外壳和滤水通量差异较大（110～3000L/m），广泛用于工业生产过程（如加工饮用水、液态食物的过滤）以及工业废水处理，特别是对悬浮固体的去除要求严格的工业废水如金属精加工（finishing）废水的处理。

保安过滤器不需反冲洗，运行的水头损失过大时，过滤器的滤芯取出清洗或者更新。因此，实际中通常采用多个保安过滤器联合使用，以确保滤芯清洗或更新时不影响工艺的连续运行。对于含有高浓度固体的废水，合理的设计是两个保安过滤器串联使用，并分别采用粗、细两种滤芯以延长其使用寿命。为了维持工艺的连续运行，可使用 4 台过滤器（平行的两组串联过滤器）组合。

保安过滤器比袋式过滤器效果好，特别是采用更精细的滤芯时处理效果更好。与其他粒状滤料过滤器相比，保安过滤器投资省，占地小。尽管如此，如果考虑滤芯更换成本、人工费用时，保安过滤器生命周期的费用比粒状滤料过滤器高，尤其高浓度固体废水处理成本更高。

参考文献

[1] 汤鸿霄等著．水体颗粒物和难降解有机物的特性与控制技术原理 上 水体颗粒物 [M]．北京：中国环境科学出版社，2000.

[2] 罗固源主编．水污染物化控制原理与技术 [M]．北京：化学工业出版社，2003.

[3] 上海市环境保护局编．废水物化处理 [M]．上海：同济大学出版社，1999.

[4] 张晓健，黄霞编著．水与废水物化处理的原理与工艺 [M]．北京：清华大学出版社，2011.

[5] 彭党聪主编．水污染控制工程 [M]．北京：冶金工业出版社，2010.

[6] 胡勇有，刘绮主编．水处理工程 [M]．广州：华南理工大学出版社，2006.

[7] 柳荣展，石宝龙主编．轻化工水污染控制 [M]．北京：中国纺织出版社，2008.

[8] 高俊发主编．水环境工程学 [M]．北京：化学工业出版社，2003.

[9] 朱灵峰编著．水与废水处理新技术 [M]．西安：西安地图出版社，2007.

[10] 王宝贞，王琳主编．水污染治理新技术 新工艺、新概念、新理论 [M]．北京：科学出版社，2004.

[11] 彭跃莲，秦振平，孟洪等．膜技术前沿及工程应用 [M]．北京：中国纺织出版社，2009.

第11章 油脂类物质（FOG）的去除

11.1 FOG的影响、来源、分类及特征

11.1.1 FOG的影响

脂肪、油类、油脂类物质（fat oil grease，FOG）是工业废水常见的污染物。油类污染对环境和人类造成的影响主要是以下几个方面。

（1）恶化水质、危害水资源和饮用水源。浮油极易扩散成油膜，覆盖在水体表面，因而会使水体缺氧，产生恶臭，导致水生生物缺氧窒息而死亡。沉积在水底的油经过厌氧分解将产生硫化氢剧毒物，对水生物的生存造成威胁。油类对海洋的污染造成的后果也十分严重。近50年内海生动物灭绝超过1000种，近20年来，海洋生物减少了40%。由于船舶航行、水流流动、大雨及其他因素，被油水污染水域的油分转移到未污染的水域，造成更大面积的污染，使感官状态（色、味等）发生变化，影响水资源的使用价值，威胁和影响洁净的自然水源及饮用水源。由于渗水的作用，含油废水可能还会影响地下水的水质。

（2）危害人体健康。油类和它的分解产物中，存在着许多有毒物质（如苯并茂、苯并蒽及其他多环芳烃）。这些物质在水体中被水生生物摄取、吸收、富集，通过食物链的作用进入到人体，使肠、胃、肝、肾等组织发生病变，危害人体健康。含油废水若用于灌溉农田，可使土壤油质化。油类黏附在作物的根茎部，影响作物对养分的吸收，影响农作物生长，造成作物减产或死亡。油类中一些有毒有害物质也可以被作物吸收，残留或富集在植物体内，最终危害人体健康。

（3）污染大气。在水体中以油膜形式浮在水面，表面积极大，在各种自然因素作用下，其中一部分组分和分解产物就挥发进入大气，污染和毒化水体上空和周围的大气环境。由于扩散和风力的作用，可使污染范围扩大。

（4）影响自然景观。油类在水体中由于自然力或人为作用，会形成乳化体，这些乳化体常会互相聚成油、湿团块，或黏附在水体中的固体漂浮物上，形成所谓的油疙瘩，形成大片黑褐色的固体块，使自然景观遭到破坏。

11.1.2 FOG的来源

脂肪、油类、油脂类物质主要来源于蔬菜、动物以及矿物。脂肪是不同甘油三酯（脂肪酸甘油酯）的混合物，普遍存在于动植物体内，是人类饮食的重要组成。脂肪、油类、油脂类物质的化学分类主要依据为其平均分子量和饱和度。脂肪的熔点低且非专一（以不饱和脂肪酸为主的混合物的熔点更低）。

生活污水中FOG的平均含量为30～50mg/L，占有机物的20%（以BOD为标准）。工

业废水的FOG浓度更高。不同行业FOG的来源不同，类型也不同（见表11-1）。

（1）石油工业。含油废水最主要的来源之一是石油工业，在石油生产、精炼、储存、运输或使用过程中产生。特别是炼油工业，产生的废水包括可浮油废水和乳化油废水两类，主要源自生产过程中的泄露、溢出及储罐排水等，化学处理过程中产生的乳化油，含油冷凝液、蒸馏分离器及容器排水，以及含油的碱性、酸性废水及污泥等。炼油厂混合废水中含有原油、不同原油馏分以及肥皂、蜡质乳状液。石油FOG包括轻质烃（如汽油和喷气燃料等）、重烃类燃料及焦油（如原油、柴油、润滑油、沥青和切削油等）。

（2）金属工业。含油废水另一较大的来源是金属工业。金属工业中含油废水的两大来源是钢材制造及金属加工业，其中既有游离态油，也有乳化态油，主要含有润滑油和液压油。

在钢材制造业中，来自热轧过程中的废水在冷轧前钢锭须用油处理以便于润滑并除去铁锈，在轧制时喷以油水乳化物作为冷却剂，成形后须将钢材表面所黏附的油清除。因此冷轧厂产生的洗涤水和冷却水可能含有较高浓度的油（如数千毫克/升），其中25%以上是很难分离的乳化油。

在金属加工业中，使用润滑油、冷却油、切削油，排放废水含四种FOG：①直链油（微溶于水或不溶于水）；②乳化油（油水乳化）；③金属加工过程中的合成油（有机化合物和水的混合物）；④金属加工过程中的半合成油（金属加工过程中的合成油和乳化油的混合物）。

金属加工业含油废水来源广（如机械加工厂、压模厂和机械维修厂等）。机械加工与汽车制造类似，在金属加工过程中，采用液压油喷淋以冷却和润滑机床的刀具，清洗切削过程中产生的金属碎屑。由此排放的废液通过沉淀或过滤去除金属碎屑后，液压油循环使用。金属加工废水主要包括加工过程中使用的油类物质、洗涤废水和渗漏废水。一般，车间进行破乳预处理后，再排入集中污水处理厂。通常采用酸、酸式盐（明矾等）或聚合物，对金属加工排放的乳化油破乳，然后油和水分离。废水破乳也可采用生物处理。具体处理方法的选择取决于废水的性质，油品加工企业也会推荐。

储存和运输过程中涂覆于金属表面防腐的油脂，在金属加工前需要通过有机溶剂或者是碱性洗涤液清洗去除，汇入金属加工废水。蒸汽或者浸没脱脂溶剂（如非燃性氯代烃类或煤油）与油作用，形成乳状液或漂浮膜，后者对集中污水处理厂的微生物有毒。由于油脂易燃或产生有毒气体，因此不能排入市政排水管道。

（3）食品加工业。含油（特别是油脂）废水的第三大来源是食品加工业。食品加工业中FOG的主要来源为肉类加工、乳品加工、蔬菜烹饪加工、食用油加工、坚果和果实加工等。食品加工废水主要源于烹饪、洗涤（大扫除等）和生产的改变（比如牛奶加工中的现场清洗）。例如在加工处理肉、鱼、家禽时，油脂类物质主要产生于屠宰、清洗及副产品加工等过程中。其中脂肪的主要污染源是脂肪提取工段，特别是湿法（或蒸汽）脂肪提取过程。食品加工业废水的FOG浓度很高，流量和污染物浓度差异很大。在食品加工业，FOG预处理最常用的方法为重力分离法、pH值调节法和混凝法。

（4）其他行业。在纺织工业中，多数含油废水是在工艺过程中的最初阶段内由洗涤纤维产生的，其中洗涤羊毛的废水最有害，虽然该废液可取出有价值的羊毛脂，但是产生的废水仍有高的可提取物，因而难以处理。在运输业中，含油废水多数是由于漏失、溢出或清洗产生的。运输油料的油船、驳船和油槽车需清洗，以防产品可能受污染。清洗液常含油料。在废水中乳液是可能提取的。一般橡胶工业中，从废水中除去乳液的困难不大。然而在油料工业中，由于存在溶剂，树脂和乳化剂使得乳液去除十分困难。工业区下暴雨后的雨水径流可能受油料污染。雨水冲洗生产设备、人行道、建筑物和周围场地，带走沉积在那里的一些油料。

此外，其他产生大量FOG的行业主要包括工业洗衣、洗车、制药、易拉罐制造和印刷线路板制造业等。

含油废水也有天然来源，针叶树和灌木所含的油料会进到径流水，尤其是在松树林区。

表 11-1 工业废水中 FOG 的主要来源

行 业	FOG的类型
植物油提炼	植物型
肥皂生产	植物和动物型
牛奶生产	动物型
乳品生产(包括奶酪)	动物型
炼脂	动物型
屠宰场和肉类包装	动物型
糖果生产	植物型
食品加工	植物和动物型
餐饮场所	植物和动物型
洗衣房	植物、动物和石油型
金属制造	石油型
金属碾压	石油型
制革	植物和动物型
羊毛加工	动物型
石油提炼	石油型
有机化工生产	石油、动物和植物型

11.1.3 FOG的分类

在室温条件下，油类是液态甘油三酯。一般的食用油包括菜籽油、棕榈油、橄榄油、谷物油和大豆油。矿物油则包括石油烃（非极性的FOG）。通常食用的动物油主要有猪油、牛油和黄油。

肥皂是动物或植物油与氢氧化钠（用于产生甘油）进行皂化反应后形成的脂肪酸金属盐。肥皂属于典型的FOG。然而在油料工业中，由于存在溶剂、乳化剂等使得油脂类物质的去除十分困难。

蜡类是一种脂肪酸单羟基醇酯。在室温下，蜡比脂肪硬，其生物学功能主要为防护膜和结构材料（比如蜂蜡）。天然的蜡类包括游离酸、游离醇和部分碳氢化合物。蜡类也属于典型的FOG。

与脂肪类、油类、蜡类和皂类物质一样，污水处理中油脂的分类是基于其物理形态（半固体）或对污水收集和处理系统的影响。

表 11-2 废水中油的种类（摘自美国亚利桑那州环境质量部，1996）

种 类	定 义
游离油	没有水油结合，水中的油很少，通过重力分离
物理乳化油	油以5～20μm大小的液滴稳定地分散在水中，可通过泵、管道和阀门混合形成
化学乳化油	油以小于5μm的液滴分散在水中，可由洗涤液、碱性液体、螯合剂或蛋白质形成
溶解油	油溶解于液体中，采用红外或其他方法进行分析
固体油	油黏附于污水或固体表面

11.1.4 FOG的特性

油脂的特点可由三方面描述：极性，生物降解性及物理性质。非极性油主要来源于石油或其他矿产资源，极性油脂通常来源于动植物，在食品加工废水中可发现它的存在。一般地说，极性油脂可生物降解，而非极性油脂则被认为难以生物降解。

废水中的油脂可划分为表11-2中的五种物理形态。废水中所含油类，除重焦油的相对密度可达1.1以上外，其余的相对密度都小于1。本章重点介绍含有相对密度小于1的含油废水处理。废水中的FOG或是以浮油形式漂浮水面上（相对密度小于1），或形成乳化油，或者与固体结合在一起（表11-2）。浮油的相对密度小于1，可采用机械刮除，石油类物质产生的油脂可以通过从沉淀池中撇除浮渣的方法加以去除，此类污染物主要来自于石油精炼厂、石油化工厂、钢铁厂和工业洗衣店。

乳化油是油水化合物，其性能稳定，很难在无任何外加条件（比如加热、添加破乳剂）下沉淀去除。乳化油包括物理乳化油和化学乳化油两种类型。物理乳化油是水与重油或水与机械过程（如高速离心）产生的脂类（一般不溶于水）形成的混合物。物理乳化油不稳定，比化学乳化油更易破乳，可通过加热或投加混凝剂（硫酸铝等）实现分离。

化学乳化油常见于汽车零件制造和机床金属加工过程，是加工过程中产生的两种不相溶液体的混合物（主要是石油、矿物油和水），由于乳化剂的作用，化学乳化油性能稳定。通常先采用酸式盐（明矾等）破乳，实现油水分离。

11.2 预处理技术

多种污染物的预处理系统设计时，FOG去除系统应该尽可能靠近废水源头，从而减小后续处理单元的规模。

游离（非乳化性）FOG漂浮聚集于水面，去除较容易，一般采用机械刮除。然而，乳化FOG在水中呈悬浮态，去除困难。在废水预处理工程设计时应尽量避免用泵（尤其是离心泵）提升含油污水，以防止游离FOG转变成乳化FOG。如果废水必须通过泵提升时，应采用活塞泵以减少FOG的物理乳化。此外，设计时也应避免采用非FOG废水稀释FOG废水。

乳化FOG预处理工艺选择之前，需弄清FOG的特性，开展处理性研究。

FOG处理分两步。首先采用重力分离法、混凝强化重力分离法或斜板沉淀法，分离游离FOG。游离FOG主要包括动物脂肪、油脂和未乳化的油。

第二步则包括破乳和乳化FOG去除。破乳的方法有加热、蒸馏、化学处理-离心、化学处理-预涂层过滤以及过滤。超滤已成功用于切削油和脂肪酸的回收。乳化FOG去除最常用的处理方法包括重力分离、投加化学药剂（如明矾、硫酸铁、氯化铁）、絮凝、溶气气浮法（DAF）等。

11.2.1 重力分离

水体中大部分油脂黏附于可沉降固体（润油固体）的表面，那么只要在初级沉淀池中进行重力沉降便可明显地降低废水的油脂浓度。采用重力沉降方法对几种工业废水中悬浮物和油脂的处理结果列于表11-3中。

表 11-3 重力沉降对悬浮物和油脂的去除效果

工 业	悬浮物 /(mg/L)		油脂/(mg/L)	
	进 水	出 水	进 水	出 水
黏合剂和密封剂	10600	2260	2200	522
铸铜	52	20	30	6.2
铸铁	1500	64	14	2.7
油膜生产	1600	110	2400	260
冷轧钢	260	30	619	7
钢铁热成形	185	39	120	14
皮革鞣制和抛光	3170	945	490	57
涂料生产	15600	1400	2400	160

重力分离是利用油脂与水之间相对密度的差异而进行的。重力分离设备的适用范围从餐馆用的小型装置到大型工业产品回收系统。其中适用于小水量、间歇排放 FOG 商业点（如餐厅、酒店和服务性场所）的一种一级处理系统设备是集油器（隔油池）。集油器主要用于厨房中 FOG 的收集和保存，安装于水槽或地漏与建筑物下水管道之间的排水管道，以便于清洗和维护。

此外还有配置漂浮物去除及废油储存装置的大型重力分离设备，主要用于炼脂厂、食品加工厂和炼油厂废水处理。根据废水水量和水质，确定大型重力分离设备是实行间歇运行还是连续运行。食品加工中，油回收后再利用或作为动物饲料出售。食品级物质降解快，因此废水中的食用油必须当天去除和适当处理，以提炼回收或作为动物饲料利用。

美国石油协会制定和颁布了重力分离设备的设计标准。重力分离设备应满足下列要求：足够的容积，废水处于静止状态，废水停留时间充足，FOG 上浮分离。污水流量波动影响重力分离器的除油效率，为此废水在重力分离前须均衡调节。其他原因干扰导致不能预计稳定流量，则应以最大流量作为重力分离器设备的设计流量。

在重力分离设备的设计过程中，应考虑其水力负荷、流态、清洗形式和操作便利等因素，重力分离设备的进出口之间留有足够的距离以防止油脂由出口逸出。进出口间的距离根据油脂的设计去除率计算，利用斯托克斯定律计算油滴的极限上升速度。假设设计去除油珠的最小粒径是 0.15mm (0.0059in)，则其上升速率可以下公式计算：

$$V_t=1.224\times10^{-2}[(S_w-S_o)/\mu] \tag{11-1}$$

式中，V_t 为粒径大于 0.15mm 的油滴的上升速率，mm/s；S_w 为设计温度下污水的相对密度；S_o 为设计温度下污水中油的相对密度；μ 为设计温度下废水的动力黏度，$N\cdot s/m^2$。

油滴形状和性质随温度的变化而改变，因此这只是一种估算。

在重力分离中，通过单位转换，油滴最终上升速率可转化为重力分离器的表面负荷。因此，V_t 可用于油水分离器设计。

$$V_t=d/t=d/(LBd/Q_m)=Q_m/(LB)=\text{表面负荷} \tag{11-2}$$

式中，d 为重力分离设备的水深，m；t 为重力分离设备的停留时间，s；L 为重力分离设备的长度，m；B 为重力分离设备的宽度，m；Q_m 为废水设计流量，m^3/s；V_t 为表面负荷，$m^3/(m^2\cdot d)$，相当于最小去除油滴的上升速度。

基于流量、流速和表面溢流率之间的关系，可计算出重力分离所需的表面积。

$$A_H=F(Q_m/V_t) \tag{11-3}$$

式中，A_H 为重力沉降的最小表面积，m^2 [乘以校正因子 (F)]；F 为短路和湍流影响因子（一般在 1.2～1.8 之间变化），V_H/V_t 比值越高，F 值越大。

重力分离设备设计应遵循下列原则：①采用最小横截面积，相应的最大水平流速为 15.4mm/s (3ft/min)，油上升速度与水平流速的最大比为 15；②深度在 1.22～2.44m 之间；③深宽比 0.3～0.5。

进水口需设置流量控制板，在小型重力分离器的进水口需安装流量控制装置，以避免水量突然波动导致重力分离器超负荷运转。在出水口用设置挡板或者其他装置，拦截漂浮 FOG。分离器内部不要安装挡板，否则会增加分离器内部水的湍流，减少有效表面积。

(1) 凝结式重力分离。废水通过表面积较大的分离介质，去除废水中的油类物质。该介质称为凝结器，通常由亲油塑料制成，结构呈蜂窝状或平行板状。凝结式油水分离设备（图 11-1）最适合于悬浮固体浓度小于 300mg/L 的石油废水处理。

当含油废水通过凝结设备时，随水流上升油类物质黏附于板的下方并凝结变大，最终从板的两侧上升至水面形成浮油层。废水继续通过其他分离室，最后从分离器中流出。在介质对水流路径干扰引起的油滴聚结及介质本身对油的影响两种作用下，油滴不断增大，油滴越大越容易通过重力分离去除。

运行过程中，分离设备的凝结器应严格检查以确保不污染回收油。如果回收油作为食用或动物饲料，设计人员应该确保凝结器的材质符合食品和药品监督局许可。事实上，动物油和植物油比石油类更为常见，它们容易黏附在塑料上，污染设备。凝结式重力分离器比普通的重力分离器更适用于高浓度 FOG 废水处理，但需要更多的维护，以避免堵塞凝结器。

凝结式重力分离设备生产厂商根据废水流量、含油类型及其自身的设计方法，确定凝结式重力分离设备的尺寸。根据通常的应用经验，凝结式重力分离设备的设计表面负荷大约为 $0.762m^3/(m^2 \cdot d)$。

(2) 化学强化分离。乳化液化学处理的目的是使分散油脱稳或破坏乳化剂，然后分离出油脂。首先混凝剂和废水快速混合，然后通过絮凝、浮选等物理方法分离去除 FOG。混凝剂（如明矾、聚合氯化铝、氯化铁、硫酸铁等）、酸性物质、有机聚合物、加热、加盐加热、加盐电解都可以破乳。

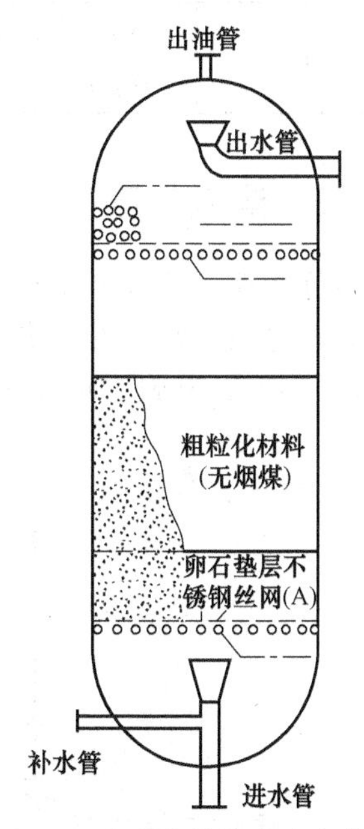

图 11-1 典型的凝结式重力分离

加入混凝剂并通过沉降或上浮法除去油脂，是工业废水处理中常用的方法。投加混凝剂，能有效破除含油污水中的润滑油，但所产生的沉淀物很难脱水。如果使用有机高分子聚合物破乳剂，添加无机盐可有效促进沉淀物的分离和脱水。一些有机高分子聚合物在 FOG 废水破乳过程中不产生大量污泥，其污泥处理与处置费用也会相应减少。但由于有机破乳剂价格高，实际应用不适宜处理高流量低浓度的含油清洗水。酸的破乳效果一般优于混凝盐，但价格较高，且沉淀后的废水需中和处理后，才能排入城市集中污水处理厂。酸化破乳所需 pH 值取决于废水的性质，因此，如果条件允许可采用酸洗废水破乳法。据报道，电镀业中的废盐酸和废硫酸已用于含油废水的破乳处理。

许多工业部门都采用化学混凝再重力沉降的方法除油。化学混凝沉降法的处理效果见表 11-4。

设计人员在选择混凝剂前应进行间歇式沉淀试验。通过传统的烧杯试验，可确定 FOG 去除的混凝剂种类及投加量。此外，在确定最佳工艺控制条件和处理目标的试验中，设计人员还应监测 pH 值。废水化学性质周期性变化，则应根据水质变化，开展相应的烧杯试验，确定絮凝剂的投加方案。废水水质无规律变化，则可采用调节池进行废水水质调节。

混凝过程中产生的污泥难以重力分离，可选用溶气气浮或离心法进行泥水分离。但是，如果污泥不稳定，溶气气浮和离心法的泥水分离效果也较差。

表 11-4　化学混凝沉降法的油脂去除效果

工　业	化学药剂	油脂含量/(mg/L)		去除率/%
		进 水	出 水	
涂料生产	铝酸钠	1260	22	98
	明矾	1810	11	99
	明矾＋石灰	830	16	98
	明矾＋石灰＋氧化铁	393	91	77
	明矾＋石灰＋聚合物	980	22	98
	明矾＋聚合物	1700	880	48
	明矾＋聚合物	642	8	99
洗衣业	明矾＋聚合物	1200	153	87
钢铁酸洗	明矾＋聚合物	15	4	73
	石灰	3	1	66
钢管制造	石灰＋聚合物	650	6	99
涂料生产	石灰＋聚合物	5	4	20
	聚合物	1100	22	98

11.2.2　溶气气浮

溶气气浮（DAF）是一种物理分离方法，常用于去除化学混凝所产生的高浓度 FOG。此工艺首先在一定压力下将空气溶入水中，然后在常压下将溶气水释放到气浮池中形成小气泡（图 11-2），黏附了小气泡的油和细小固体颗粒浮到水面，再通过撇油器去除。

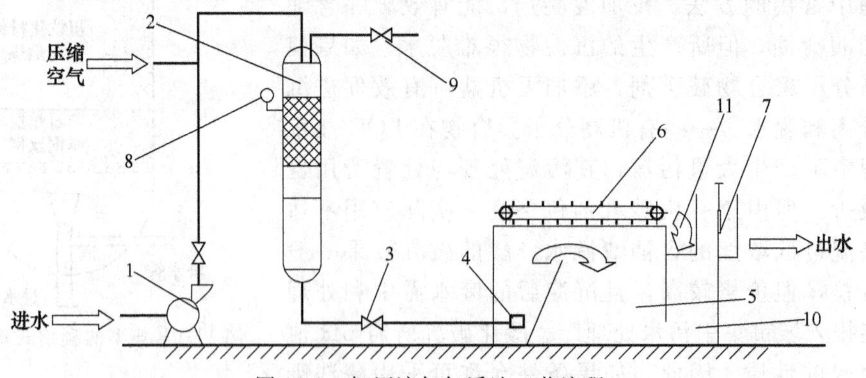

图 11-2　加压溶气气浮法工艺流程

1—加压泵；2—压力溶气罐；3—减压阀；4—溶气释放器，5—分离区；6—刮渣机；7—水位调节器；8—压力表；9—旋气阀；10—排水区；11—浮渣室

类似的气浮系统有以下几种

① 分散空气气浮（IAF）。根据文丘里原理，通过不同方法将空气溶入水中。如通过旋转叶轮导入空气，旋转剪切力迫使液体通过分散孔，造成负压将气体吸入液体中而获得所需的微气泡，一般 IAF 的投资费用和所占用空间比 DAF 要小。

② 涡凹气浮（CAF）。通过专用的循环泵，将空气和循环水吸入泵的螺旋体，在高剪切力作用下，空气与循环水充分混合后，释放到气浮池。

③ 溶解氮气气浮（DNF）。在密闭系统中通过氮气去除废水中易爆或易挥发烃类物质，特别是炼油厂和石油化工厂，以降低爆炸危险。

加压溶气气浮系统空气的溶解，有直接加压或回流加压两种途径。其中，回流加压的操作压高、空气的溶入量大、循环流量小，因此，实际应用较广（图 11-3）。

回流加压气浮，回流 DAF 部分出水与空气加压混合形成气水混合物，释放到 DAF 气浮池。该装置的回流泵属于高扬程涡流泵，掺入 10%～20%（体积分数）空气时正常运行不会出现气蚀现象。运行压力一般为 550～825kPa。

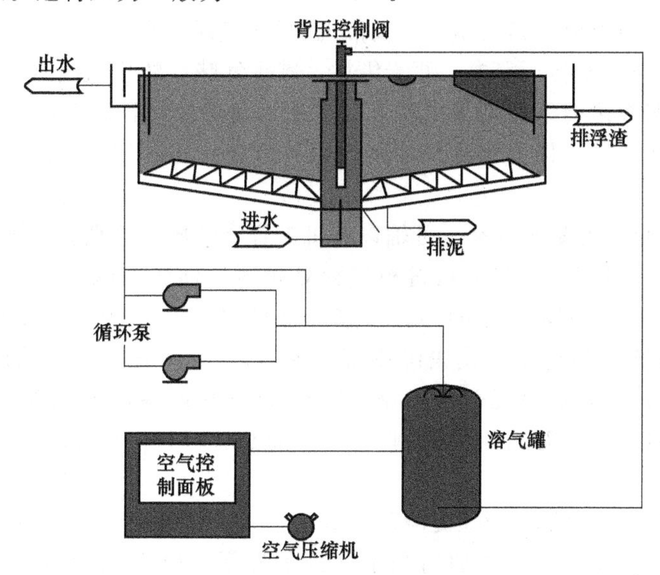

图 11-3　部分回流加压溶气气浮法

DAF 装置设计时，应考虑气固比（$A:S$）、直接进水或回流水操作压力、压力水流量、进水流量以及气-油混合物的上升速率。下面两个公式可以用于计算气固比。

回流加压　　$A:S=[1.3\times A\times(fP-1)R]/(QS)$　　(11-4)

直接加压　　$A:S=[1.3\times A\times(fP-1)]/S$　　(11-5)

式中，S 为进水悬浮物或 FOG 的浓度，mg/L；A 为气体溶解度，cm^3/L；R 为循环流量，m^3/d；Q 为进水流量，m^3/d；P 为测得的操作压力（绝对值），atm，$P=[p$（表压，kPa)$+101.35]/101.35$；f 为压力为 P 时气体的溶解系数（通常为 0.8）。

合适的气固比，取决于进水 FOG 浓度和性质，分析人员应通过气浮槽试验确定最佳气固比。城市污水的处理，气固比一般是 0.02～0.04（以质量计）。工业废水处理数据表明，随着循环系统的更新，气浮池的气固比越来越小。2000 年，Ross 等发现某炼油厂的 DAF 系统在气固比低至 0.0006 条件下，也能成功运行。因此，通过中试试验性测试气固比非常重要。

进水浓度的变化会改变气固比。在实际的废水处理过程中，运行操作人员应改变回流流量、操作压力或者同时改变，调整气浮处理装置的气固比，以达到最大去除效率。如果通过气浮装置的进水先经调节池调节，废水进入调节池之前，通过筛滤去除其中的颗粒物质，则可以减少调节池和DAF处理装置的固体物质的量。

DAF装置的设计水力负荷变化范围较大，具体取值取决于废水的水质以及气浮装置的类型（常规型还是高效斜板型）。常规DAF装置，采用回流加压系统、标准的长方形气浮池和表面刮渣装置，FOG去除率为90%左右。

部分高速斜板DAF装置表面安装塑料格栅，漂浮污泥的去除率为6%～12%（固体浓度计），相当于常规DAF装置的两倍。如添加混凝剂，则其FOG去除效率可达99%；不添加混凝剂时，其去除率为60%～80%。

常规DAF处理装置水力负荷一般为1.2～6.0$m^3/(m^2 \cdot h)$。生产厂商建议的固体负荷一般为2.4～17$kg/(m^2 \cdot h)$。

高速DAF气浮装置水力负荷一般为8.3～25$m^3/(m^2 \cdot h)$（其面积为装置的占地面积而不是斜管的投影面积，如按投影面积计算时，高速DAF气浮装置的水力负荷与常规DAF气浮装置的相当），相应地，其固体负荷较常规DAF气浮池高。

溶气气浮装置一般安装于室内，便于维护，减少气味，防止撇油器冻结。生产厂家往往建议在DAF气浮装置之前，特别是投加絮凝剂或处理高悬浮固体废水（如乳制品和肉类加工业废水），以筛选和调节作为预处理，减少固体负荷冲击，实现DAF气浮装置的运行稳定和处理效果最优。

铁盐或铝盐等化学混凝剂（有时可辅以有机聚合电解质）特别有利于提高溶气气浮法的效率。例如在某工业应用中，当直接进行气浮处理时，油脂去除率为62%，投加25mg/L的硫酸铝混凝剂后去除率提高到94%。一家炼油厂采用气浮法处理废水，油脂去除率为70%，加入聚合电解质和膨润土使去除率提高到95%；在另一家炼油厂气浮法去除率为79%，加入25mg/L硫酸铝混凝剂后增至87%；第三家炼油厂的气浮法去除率为70%～80%，加入30～70mg/L硫酸铝后达到90%，如加入75～100mg/L石灰，则去除率高达93%。

DAF气浮装置的运行是否投加混凝剂，取决于以下因素；①FOG浓度及在不加药和加药条件下，FOG的去除率；②在加药和不加药条件下，BOD和TSS的去除率；③FOG、BOD和TSS的排放限值；④混凝剂的投加量和费用；⑤投加混凝剂后，污泥量及其处理费用；⑥ 使用混凝剂对处理后所产生的废弃物的利用（如动物饲料）的影响。

11.2.3 电化学处理技术

用电流破坏废水中油珠稳定性的方法有两种：电解浮选法和电解絮凝法。前者类似于空气浮选法，它将水电解为氢气和氧气来形成微气泡。二氧化铅电极的开发改善了电解浮选法的经济性。据报道，该技术已应用于处理肉禽类加工废水，以降低其中的油脂含量，油脂的出水浓度为30～35mg/L。

电解凝聚法采用消耗性电极，如铝板、废铁等。外加电压使电极氧化释放铝离子、亚铁离子等金属絮凝剂。被处理的废水需要有足够的导电性，以使电解池正常运行，并可防止电极材料的钝化。某皮革厂采用电解凝聚后续电解浮选的流程处理含油废水，操作电压平均为20V，电流15～35A，浓度由初始的280mg/L降至14mg/L。电解凝聚单元的电能消耗为3.18$kW \cdot h/m^3$。含油废水在电解过程中，一般存在电解氧化还原、电解絮凝和电解气浮效应。电解气浮主要是电解装置的阴极反应，有时出现阳极反应。

电解法一般只适用于小规模的乳化油。电絮凝浮选法处理的优点有：电解设备结构简单，电解过程中产生的氢气具有空气浮选除油的作用，溶解性电极在电解过程中产生氢氧化物絮凝体，具有化学絮凝的除油效果（见表 11-5）。该方法极有推广价值。

表 11-5　电絮凝浮选法处理炼油厂污水综合效果

试验名称	油分去除率/%	残油量/(mg/L)	悬浮物去除率/%	悬浮物残留量/(mg/L)
电絮凝浮选(无砂滤)	94.3	7.3	78	3.6
电絮凝浮选(有砂滤)	96.0	5.1	97	11.4

电火花法是用交流电来去除废水中乳化油和溶解油的方法，装置由两个同心排列的圆筒组成，内圆筒同时兼作电极，另一电极是一根金属棒，电极间填充微粒导电材料，废水和压缩空气同时送入反应器下部的混合器，再经过多孔栅板进入电极间的内圆筒。筒内的导电颗粒呈沸腾状态，在电厂作用下，颗粒间产生电火花，在电火花和废水中均匀分布的氧的作用下，油分被氧化和燃烧分解。净化后的废水由内圆筒经多孔顶板进入外圆筒，并由此外排。电火花法处理含油废水的效果可见表 11-6。

表 11-6　电火花法处理含油废水的效果

废水名称	反应室停留时间/s	含油量 /(mg/L)		COD/(mg/L)	
		净化前	净化后	净化前	净化后
石油槽	10	250	32.1	1340	100.3
洗涤水	10	200	25.4	820	95.7
石油阻留池	20	264	28.0	222.7	40.0
含油废水	30	264	8.0	222.7	20.0

电磁吸附分离是使磁性颗粒与含油废水相混掺，在其吸附过程中，利用油珠的磁化效应，再通过磁性过滤装置将油分去除。在实际条件下，对船舶含油废水用电磁吸附净化处理方法进行了验证表明，有机和无机悬浮物含量达 2.0g/L，乳化油含量达 0.4～1.0g/L 的含油废水，出水含油量为 1～5mg/L。高梯度磁性分离器（HGMS）用于炼油厂含油废水处理的分离效果较好。日本也研制出安全可靠的高梯度电磁分离器（DEM）。

11.2.4　离心法

投加絮凝剂所产生的絮体难以重力分离时，离心法可以实现有效分离。

离心机是依靠一个可随传动轴旋转的转鼓，在外界传动设备的驱动下高速旋转，转鼓带动需进行分离的废水一起旋转，利用废水中不同密度的悬浮颗粒所受离心力不同进行分离的一种分离设备。

离心机的种类和形式有多种。按分离因素大小可分为高速离心机（$\alpha>3000$）、中速离心机（$\alpha=1000\sim3000$）和低速离心机（$\alpha<1000$）。小、低速离心机通称为常速离心机，多用于与水有较大密度差的悬浮物的分离。废水中乳化油和蛋白质等密度较小的微细悬浮物的分离常用高速离心机。此外按转鼓的几何形状不同，可分为转筒式、管式、盘式和板式离心机；按操作过程可分为间歇式和连续式离心机；按转鼓的安装角度可分为立式和卧式离心机。

在转鼓中有十几到几十个锥形金属盘片．盘片的间距为 0.4～1.5mm，斜面与垂线的夹角为 30°～50°。这些盘片，缩短了悬浮物分离时所需移动的距离，减少涡流的形成，从而提高了分离效率。离心机运行时，乳浊液沿中心管自上而下进入下部的转鼓空腔，并由此进入锥形盘分离区，在 5000r/min 以上的高速离心力的作用下，乳浊液的重组分（水）被抛向器壁，汇集于重液出口排出，轻组分（油）则沿盘间锥形环状窄缝上升，汇集于轻液出口排出。盘式离心机的转筒结构见图 11-4。

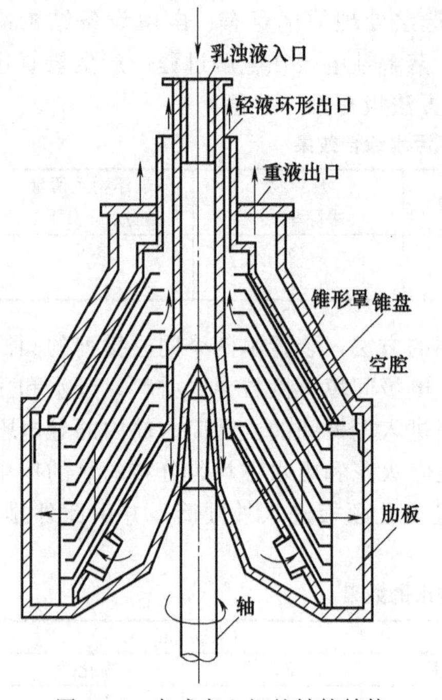

图 11-4　盘式离心机的转筒结构

和其他分离方法相比较，离心法的能耗大、维护管理烦琐，但适合于场地受限或废水处理量大的情况。该法处理油性污泥效果最佳，除非水量很少，否则一般不用于处理浓度很稀的含油废水。工程选用之前，应该开展中试，以确定离心法能否有效去除废水 FOG。

与工业废水处理相比，离心机更常用于工业污泥的处理，包括 FOG 去除。

11.2.5　水力旋流分离

水力旋流器作为离心分离技术的一种应用，在工业废水处理中的应用越来越广泛。它可以将油与密度更大的固体、水分离，甚至将不同密度的油分离。水力旋流器的原理在于通过离心作用实现分离，因此，其占地较传统油水和油固分离技术小。此外，旋流分离器还具有易于安装、便于维护等优点。旋流分离器的缺点是器壁易受磨损和电能消耗较大等。

水力旋流器（图 11-5）中，废水由泵沿切线方向注入并旋转，通过强大的离心力，实现固液（或不相溶的两种液体）分离。离心力沿旋流器长度方向变化。密度较大的相（比如水、较重的油或固体）被甩至旋流器沿管壁下流至底部，呈底流排出。密度较轻的相进入旋流器中心区域，形成内旋流呈溢流流出。水力旋流器中的废水停留时间一般为 2～3s。水力旋流器仅有的动力设备就是进水泵。处理水量较大时可采用多台旋流器组合。

水力旋流器已广泛应用于炼油厂、海上石油平台、原油转输设备、车辆清洗站、乳品加工厂和食品加工厂等。

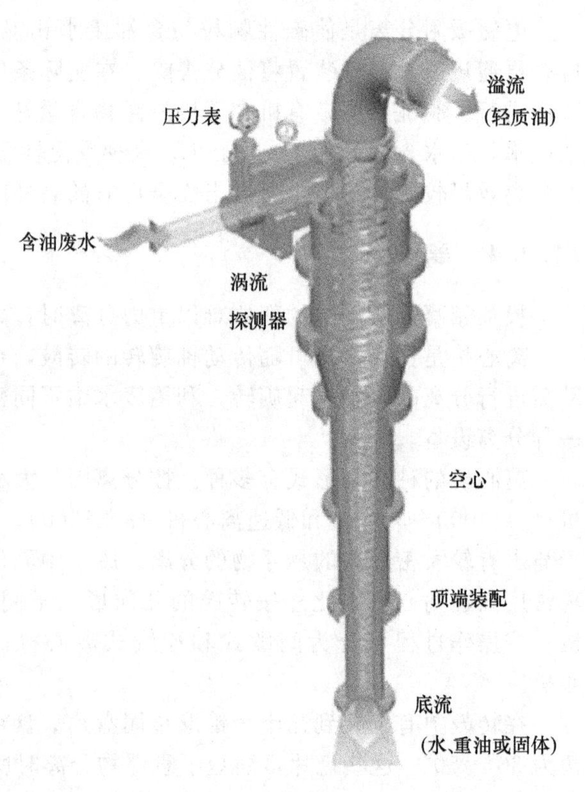

图 11-5　水力旋流器

11.2.6　传统过滤

筒式过滤器、袋式过滤器、预涂层硅藻土过滤器以及传统砂滤器均能有效去除废水 FOG。通常，在过滤之前，含油废水应重力分离（包括 DAF 工艺），降低 FOG 浓度，避免滤料堵塞。

硅藻土过滤器和砂滤器适合于处理大流量废水，需较大的空间且须回流以防堵塞。筒式过滤器或袋式过滤器适合于处理小流量废水，过滤筒或过滤袋需定期更换。

采用混合滤料过滤法去除油脂的结果见表11-7。

表11-7　混合滤料过滤法去除油脂的结果

工　业	油脂浓度/(mg/L)		去除率/%	工　业	油脂浓度/(mg/L)		去除率/%
	进 水	出 水			进 水	出 水	
洗衣业	76	46	39	石油炼制	35	6	83
	8	1	87		10	8	20
连续铸钢	22	<0.5	98		18	11	39
钢铁热成形	8.8	6.7	24		27	17	37

11.2.7　超滤

超滤通过超滤膜分离废水FOG，可以分离粒径小于0.005μm的乳化液。随着膜价格的下降，超滤的应用越来越广泛，特别是实施水回用、油回收或者处理后，废水直接排入受纳水体而不是POTW的工厂。

典型的超滤系统（图11-6），废水先经筛滤或过滤后，由泵提升至中间水箱，然后再在泵的加压作用下水滤过超滤膜，从而实现污染物的分离。“错流”超滤装置运行过程中产生的浓水再回流到中间水箱与进水混合。超滤装置运行过程中，随着油在超滤膜表面积累、膜压差增大，膜通量逐渐下降。膜通量下降到预设值，超滤装置需停止运行，实施反冲洗或化学清洗。

乳化油废水在超滤前需进行预处理。通常废水在超滤膜前，首先经重力分离，再通过筒式或袋式过滤器过滤，使废水中悬浮颗粒的粒径降至5μm以下，以减少膜堵塞，维持装置的正常运行。

乳化油由于油被一些有机物或表面活性剂乳化成乳化液，一般是先破乳后再除油，而超滤法处理乳化油废水不需要破乳就能直接分离浓缩，并可回收利用。同时，透过膜的水中含有低分子量物质，可直接循环再利用或用反渗透进行深度处理后再利用。

超滤分离浓缩乳化油的过程中，随着浓度的提高，废水中油粒相互碰撞的机会增大，使油粒粗粒化，在储存槽表面形成浮油得到回收。超滤法可将含乳化油0.8%～1.0%的废水的含油量浓缩到10%，必要时可浓缩到50%～60%。大规模使用的膜组件有管式、毛细管式和板框式，膜有醋酸纤维素膜、聚酰胺膜、聚砜膜等。

超滤可以破乳、浓缩FOG，但不能去除FOG。有时，也可以采用重力凝结过滤器分离浓缩液或废液中的油。重力凝结过滤器的分离效果不理想，可以添加絮凝剂（如明矾、有机高分子聚合物）实现油水的进一步分离。水温加热到38～82℃（100～180℉），也能破乳，具体取决于乳状液的性质。

超滤的主要优点是所回收的FOG可循环利用或回收。如金属加工厂采用超滤回收润滑油，其成本效益主要取决于回收物质的价值。超滤的缺点在于投资费高、膜清理和更换成本高、预处理烦琐等。

超滤系统设计需要考虑多种因素，包括废水水质（如含油量、含盐量、悬浮物含量等）、与膜不相容的化学物质含量以及其他工艺条件（如pH值、温度等）。因此，在实际工程中，应通过中试试验确定相关设计参数。

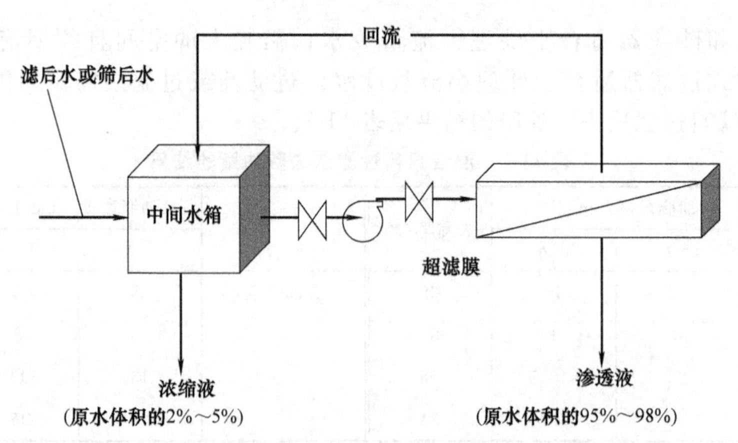

图 11-6　超滤工艺流程

采用超滤法去除油脂的中试结果见表 11-8。

表 11-8　超滤法去除油脂的中试结果

工　业	油脂含量/(mg/L)		去除率/%
	进 水	出 水	
胶合剂和密封剂	522	162	69
	478	184	62
洗衣业	600	<9	98
	96	749	28
	795	10	99
	7890	38	99
合成橡胶生产	12	5	58
	61	28	11
木制品加工	2160	55	97

11.2.8　生物处理技术

含油废水有时也采用厌氧生化或氧化塘等其他生物处理方法。其中氧化塘法是利用天然或人工池塘的自净作用治理废水的一种方法，在我国土地宽阔的边远地区，例如新疆油田，这种方法被广泛采用。极性油脂在生物处理中可被生物降解。非极性油脂或者通过初级澄清工艺除去，或者进入生物絮凝物内，最后与剩余污泥一起排出。表 11-9 列出了用活性污泥和曝气池处理含油废水的数据。

表 11-9　生物系统对含油废水的处理结果

系统类型	工　业	油脂浓度/(mg/L)		去除率/%
		进 水	出 水	
活性污泥	副产品焦化生产	240	5	98
活性污泥	皮革鞣质与抛光	171	91	47
		247	35	86
		553	17	97
		413	25	94
曝气池	皮革鞣质与抛光	720	17	97
活性污泥	纺织	324	303	6

用活性污泥法处理一家食用油炼制厂废水，采用 API 隔油池、空气浮选池、曝气池及活性污泥池处理，原始废水中的油脂浓度为 3000～6000mg/L，经气浮单元后降解为 95～

250mg/L，经曝气池后为64～100mg/L，经过活性污泥后油脂的最终出水浓度为11mg/L。

上流式厌氧污泥床具有较高的处理能力，主要是由于消化器内积累有高浓度的活性污泥，同时具有良好的凝聚性能，絮凝现象就较易出现。将乳浊油脂废水固液分离，在静止状态呈现分离絮体沉淀。为了提高污泥的沉降性能，可以采用进水中投加硫酸铝等方法。

11.2.9 吸附过滤

吸附法是利用亲油性材料来吸附水中的油。活性炭的吸附能力极强，用活性炭处理炼油厂废水可达到8mg/L的排放浓度，表11-10列出了活性炭法处理油脂工业废水的处理结果。此外，有机黏土、煤炭、吸油毡、陶粒、石英砂、木屑、硼泥等也可作为吸附剂。

表11-10 颗粒活性炭去除油脂的结果

工业	规模	油脂浓度/(mg/L)		去除率/%
		进水	出水	
洗衣业	中试	20.4	<9	56
树胶和木质提取	工业	28	2.2	92
石油炼制	中试	8.5	7.5	12
		8.3	7.1	14
		6.3	6.0	5
		12	8.7	28
		17	13	24
		12	1.8	85

有机黏土是将钠基膨润土表面的钠基用四元胺取代所制成的过滤材料，吸附不溶性有机物质。游离和乳化的FOG均能与氨基紧密结合，从而被去除（FOG去除主要依靠吸附作用，但截留过滤也起一定作用）。

有机黏土一般为传统滤池的滤料，特别是加压过滤，一般与无烟煤混合（30%黏土，70%无烟煤）提高滤床的孔隙率，减少水头损失，防止滤层过快堵塞（有机黏土和无烟煤的比值由制造商自定，实施前应弄清具体配比）。通常通过反冲洗去除悬浮物质，提高产水量，反冲洗时滤床膨胀率应达到20%。

有机黏土通常用于FOG废水的深度处理，或颗粒活性炭吸附和反渗透的预处理单元。与膜过滤一样，废水进入有机黏土过滤前需预处理（如重力分离），以延长滤床使用寿命。

与颗粒活性炭吸附相似，有机黏土过滤的水力负荷一般为120～160L/(m^2·min)［3t～4gal/(min·ft^2)］。较大的过滤池床深一般为1～2m(3～6ft)，水力停留时间为15min。有机黏土过滤的预处理一般为袋式过滤器，通过与处理单元拦截固体颗粒，减少有机黏土过滤池的反冲洗频次。

实际工程中，有机黏土过滤一般采用降流式过滤器，其出水口高于进水口，以防止过滤器停止期间发生滤料流失。通常采用两个相同的过滤器，以进行滤料周期性反冲洗（每隔1～2天）和更换。滤料的有机物吸附容量可达其质量的60%。

受所处理的废水性质影响，废弃有机黏土可能有毒，据此应采取相应的措施处置。但是，如果废弃的有机黏土（如带有所吸附的FOG）无毒，其热值可能高达32500～34800kJ/kg，可以作混合燃料。

11.3 FOG再利用

回收的FOG具有多种用途。如从食用油提炼、肥皂加工、脂肪熬制、肉类加工过程中回收的FOG，可以用于加工动物饲料和柴油。很多餐厅从煎炸容器中收集废弃的FOG，销售到炼脂厂，在炼脂厂经过纯化后，再将其再销售给工厂或作动物饲料。重力分离器排出的脱脂油一般与餐厅的其他固体废物和垃圾一并处置。

含水量低的石油烃可用于炼油厂原料，加工再销售或以燃料销售。同样，某些工厂的废油收集后也可销售给废油炼制厂。石油价格的不断攀升，使FOG回收利用逐渐成为主流。

11.3.1 回用

回收的FOG还有很多其他用途，具体取决于FOG的pH值，所含油、脂的种类及含量，以及其他的物质组成。对全美工业废物交易量的潜在市场进行调查发现，回收FOG的销售利润可以弥补处理工艺的运行成本。

例如，回收的FOG回用于钻井泥浆配制、矿物浮选和沥青生产。很多钻井泥浆制造商以各种FOG为原料。矿物浮选与DAF气浮类似，酸萃取后回收矿物质，以动植物脂肪和油类中提取的脂肪酸，浮选金属离子。沥青生产商以某些FOG乳化其他原料生产沥青(FOG的具体用途根据实际而定)。

极地动植物中的FOG含有一种蛋白质，回收后可以动物饲料销售。回收的FOG作动物饲料时，需考虑两点：尽可能去除其中的水分，尽可能用当天收集的原料。很多炼脂厂和农民拒绝使用混凝剂（如铝盐或铁盐）优化FOG去除所产生的原料。同样，人们对“疯牛病”的关注，也导致FOG禁止用作动物饲料。

11.3.2 循环利用

回收的FOG回用于其产生过程是最经济的处置方法，为此，废油收集应与其他废水分开。可回收的FOG的循环、回用、焚烧或其他处置方法，在资源保护和回收法（RCRA）中都有相应的规定，选择具体方法前应查阅该法的相关规定。

11.4 工程实例

11.4.1 神龙汽车有限公司含油废水治理工程

(1) 工艺流程。采用地埋式无动力高效多级组合式油水分离技术，在地面下建设处理设施，不但废油可以得到回收，而且治理后出水水质（石油类、COD、SS）均低于国家规定排放标准。该技术先进，处理装置新颖，不占地表面积，适合用于150m^3/d以下的含油处理工程。处理工艺流程见图11-7。

(2) 治理效果。新建的地埋式含油废水处理设施，经运行，除油效果很显著，出水清澈透明，处理效果好，净化设备和装置运转正常。经环境检测中心站对其进出水进行检测，主要理化指标（石油类、COD、SS）均低于国家规定的排放标准，见表11-11。其中石油类去除率97.1%，COD去除率92.1%，SS去除率74.2%（三次检测的平均值）。

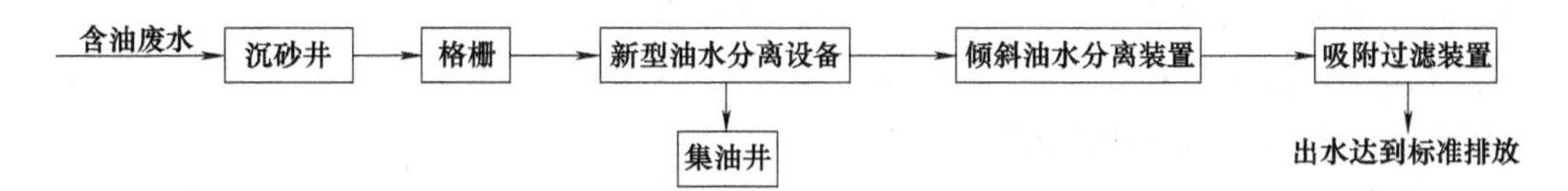

图 11-7 处理工艺流程

表 11-11 进水、出水水质检测结果 单位：mg/L

项目	石油类			SS			COD		
进水	11.7	36.0	3290	204	212	347	352	362	9870
出水	0.14	1.20	0.02	57	63	79	50.6	58.7	46.2

11.4.2 石油开发洗井废液处理技术

(1) 技术原理与工艺特点。运用悬液离心分离、气浮选、粗粒化、浅池沉降、预膜过滤、深床过滤、水利射流 7 项技术进行优化组合，提高了设备处理效率，缩小了设备体积和重量，实现了大型水处理设备车装化，并且可以流动作业。主要设备有 XJC-30 型井液处理车。该工艺可同时满足除砂、除悬浮物、除油、除铁、除菌和洗井废液不就地排放的要求，并且装置结构紧凑，实现了简装化，操作方便，适用于洗井废液的处理。

(2) 处理效果。处理前水质：悬浮物 2000mg/L，污油 1000mg/L。处理后水质：悬浮物 2mg/L，污油 10mg/L。采用该工艺处理洗井液，可达《污水综合排放标准》(GB 8978—2002) 石油类一级排放标准要求。

11.4.3 风景游览区餐饮含油废水集中治理工程

(1) 工程概况及污水性质。某国家级风景游览区范围内有集中饭店以及营业性餐饮娱乐船，其餐饮污水直接排放到湖水中，造成对环境的严重污染，因此采用地埋式污水处理设备和油水分离技术进行处理。主要污水来源为餐厅饭店及餐饮娱乐船厨房内的洗锅水、洗鱼肉水、洗餐具水、淘米水及饮料等，其性质属生活污水范围，但动植物油含量高，污水的水质水量变化较大。污水排放量约 $100m^3/d$。

(2) 治理原理与工艺流程。首先采用油水分离，根据动植物油不溶于水和油珠较大的特点，于 $20m^3$ 除油池和调节池中，增设旋流油水分离装置 (可去除油 50%左右)、微气泡浮上分离器 (可进一步去除小油珠和乳化油 70%) 以及集油装置和水封措施。

地埋式污水处理成套设备为典型生活污水处理工艺组合体，其核心技术为成熟的生化处理技术——生物接触氧化法。此外，该设备为地埋式，不占地表面积，其上可作为绿化地带，不影响风景区的自然景观。处理工艺流程见图 11-8。

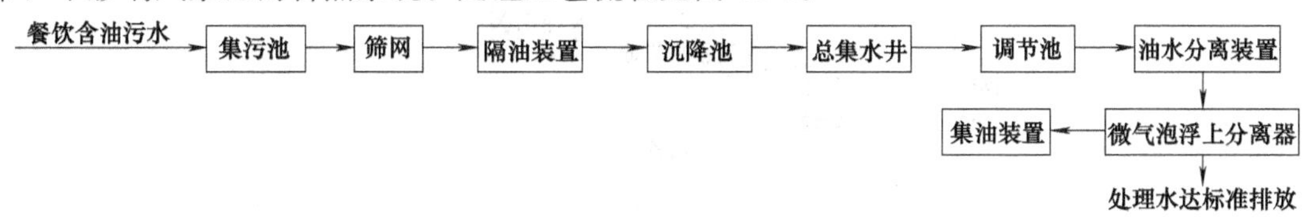

图 11-8 餐饮含油污水处理工艺流程

(3) 主要建筑物、设备尺寸及工程量

① 筛网沉砂，除油井 $\phi1.2m$，深 3m，有效容积 $2.8m^3$。

② 除油池和集油调节池 $2\times3\times3=18m^3$，有效容积 $16.2m^3$。

③ 处理设备占地面积 $2.2\times8.4=18.48m^2$。

④ 设备上砌筑花坛面积 $40m^2$。

(4) 处理效果。该处理系统投入运行后，各部分运转正常。经环保部环境监测站对该处理设施的出水水质进行监测的数据表明，主要污染物指标均达到国家规定的排放标准。

11.4.4 天津大港石化分公司炼油污水深度处理工程

中国石油股份公司大港石化分公司地处京津唐地区，缺水十分严重，水价居高不下，因此污水回用十分迫切和必要。该公司与高校合作开发了悬浮填料生物接触氧化深度处理技术，并对炼油污水进行了处理，取得良好的效果。

(1) 水量及水质。该处理工程设计水量为 $500m^3/h$，污水水质及回用水质要求见表 11-12。

表 11-12 污水水质及回用水水质要求 单位：mg/L

项　目	进水	回用水水质要求	项　目	进水	回用水水质要求
含油量	56.4	1.0	氨氮	68	10
COD	818	50	pH 值	8.5	7～9
硫化物	17.5	0.1			

(2) 工艺流程。该流程的主要工艺为生化深度处理和絮凝气浮。

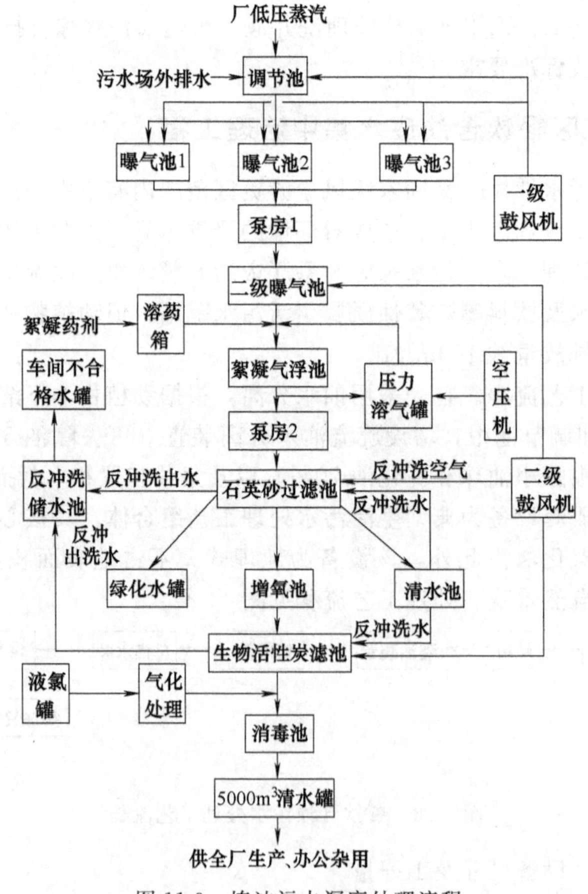

图 11-9 炼油污水深度处理流程

① 生化深度处理。曝气池消除污染的生化原理是采用悬浮载体生物接触氧化深度处理技术，利用附着生长在填料表面的微生物来氧化、分解污染物。

② 气浮处理。炼油废水经生化处理后，其水中含有大量密度≤1g/m^3 的颗粒物，显然采用沉淀处理不合适，因此采用混凝气浮处理，加入1%～3%（质量分数）的絮凝剂，再进入气浮池，在空气作用下浮出水面，分离出来。

参考文献

[1] 王祥三编著. 水污染控制工程 理论·方法·应用［M］. 武汉：武汉大学出版社，2007.

[2] 刘斐文，王萍编著. 现代水处理方法与材料［M］. 北京：中国环境科学出版社，2003.

[3] 钱汉卿，左宝昌编著. 化工水污染防治技术［M］. 北京：中国石化出版社，2004.

[4] 李本高主编. 现代工业水处理技术与应用［M］. 北京：中国石化出版社，2004.

[5] 黄廷林主编. 水工艺设备基础［M］. 北京：中国建筑工业出版社，2002.

[6] 吴芳云等编. 石油环境工程 下［M］. 北京：石油工业出版社，2002.

[7] 陈翼孙，胡斌著. 气浮净水技术的研究与应用［M］. 上海：上海科学技术出版社，1985.

[8] 姜湘山，詹友良主编. 污（废）水处理技术与工程实例［M］. 北京：机械工业出版社，2012.

第12章
无机成分的去除

自然界中存在着大量的无机物，它们通过各种各样的地球化学过程（如土壤浸出）与人类活动（如制造业、建筑业、农业及交通运输过程等）进入地表水体及地下水。工业废水中无机物浓度过高会对人类、水体及城市污水处理厂（POTW）产生不利影响。工业废水中相关的无机成分包括重金属、氰化物、硫化物和营养元素（主要是氮和磷）等。

12.1 无机物对城市污水处理厂的影响

重金属和氰化物可以抑制或杀死污水生物处理系统中的微生物，还会影响固体的处理处置过程；硫化物会产生气味，形成有毒气体，腐蚀混凝土和钢结构，还会导致活性污泥系统中丝状菌生长从而引起污泥膨胀；营养物质（氮和磷）会额外增加 POTW 的耗氧量，甚至造成出水营养物质超标；氨对 POTW 的活性污泥及污泥消化系统具有毒性。

上述影响往往会直接影响工业废水的预处理标准制定。

12.1.1 金属及氰化物

呈不同的化合物形态，并具有毒性特征的很多金属会随工业污水排入 POTW，一般浓度较高。许多工业污水中会含有金属和氰化物（表 12-1）。

有毒金属物质及氰化物能够抑制或杀死城市与工业废水生物处理系统中的微生物。尽管重金属对生物处理系统具有抑制作用（毒性），但微生物通过驯化可以适应一定的浓度。通过物理及化学作用，微生物可以吸收溶解一部分的重金属，同时也会引起的 pH 值变化，结果会改变重金属溶解度，从而加剧重金属对微生物的有害影响。如 pH 值从 8 降到 7 时，大部分重金属特别是金属氢氧化物、可溶性氧化物或是吸附在固体上的重金属的溶解度会增加。氰化物主要以氢氰酸的形式存在于废水中，很容易挥发，对人体和水生生物（尤其是鱼类）有较强的毒性。氰化物含量在 1mg/L 时，就会干扰活性污泥法的应用。

重金属易于在污泥中富集，特别是在活性污泥系统和好氧、厌氧消化池的污泥中富集。可生物降解性物质被氧化或去除时，不溶性金属在污泥的沉淀、浓缩和脱水过程中残留富集，其浓度显著增大，最终导致污水处理厂污泥的重金属浓度达不到生物固体处置的相关标准。政府部门制定的 POTW 的重金属排入限值，属于重金属预处理管理条例的组成部分。工业废水排放到 POTW 需执行政府部门制定的预处理标准。

12.1.2 硫化物

硫化物与其他含硫化合物如果泄入污水收集系统，会造成管道的腐蚀，存在健康、安全方面的隐患。硫化物影响 POTW 及工业废水生物处理系统的运行，对微生物，特别是活性污泥工艺和消化工艺中的微生物具有毒害作用。

普遍关注的工业废水中的硫化物包括硫化氢（H_2S）、二氧化硫（SO_2）和有机硫化物（如硫醇）。硫化氢的危害在于腐蚀污水收集及 POTW 的基础设施、产生异味，其中对混凝土及钢管，特别是检修孔和压力管道的腐蚀问题尤其严重。空气中硫化氢浓度检出限为 $(0.01\sim0.3)\times10^{-6}$。有研究指出，硫化氢的生命和健康急性危害浓度为 100×10^{-6}。在某些场合下，硫化氢气体会引起爆炸。

除了健康和安全隐患外，过量的硫化物会促进活性污泥中丝状菌的生长（即产生污泥膨胀），使活性污泥沉降性能下降。厌氧消化池中可溶性硫化物浓度达到 200mg/L 时，便会对厌氧菌和细菌产生毒性，产生所谓的消化池"阻塞"现象，使污泥消化性能变差。过量的硫化氢和二氧化硫气体在消化池中，会有产生难闻气味、引起腐蚀问题、引发爆炸和发生有毒气体暴露的危险。

12.1.3 磷化物

磷是植物和藻类生长的关键营养物，但无机磷化物浓度过高已成为 POTW 和受纳水体的主要问题之一。废水中磷化物主要来自化肥厂、软饮料厂、牛奶及其他饮料厂、制药厂等。过多的磷会引起藻类大量繁殖、鱼类死亡（水华现象），同时导致饮用水出现异味。

因此，市政部门规定要求，POTW 需要进行除磷处理后，出水才能排放到受纳水体。工业企业生物废水排放到 POTW 之前，须进行除磷预处理。本章介绍的磷化物为磷酸盐和聚合磷酸盐。磷酸根离子（PO_4^{3-}）是最简单的磷酸盐，聚磷酸盐（如 $P_2O_7^{4-}$）常来自于肥皂、洗涤剂及其他清洗剂。常见的除磷方法有化学除磷法、生物除磷法、化学和生物法结合除磷等方法。

12.1.4 氮化物

氮不仅会促进藻类的生长，而且通过生物硝化作用会导致 POTW 和受纳水体的耗氧量显著增加。与磷化物类似，氮化物的浓度过高是 POTW 和受纳河流面临的又一个主要问题。

许多工业废水中含有氮化物（表 12-1），工业废水中的高浓度氨氮可与重金属螯合，导致常规方法不易去除重金属。过多的氮化物引起藻类疯长形成水华，导致鱼类死亡，同时使饮用水产生气味。因此市政部门要求，POTW 须进行污水脱氮处理后，出水方可排至受纳水体，工业企业的废水需经过脱氮预处理后，其废水才可排入 POTW。

工业废水中氮的四种基本存在形式为氨氮（NH_4^+—N）、有机氮（呈不同形态）、亚硝酸盐氮（NO_2^-—N）和硝酸盐氮（NO_3^-—N）。氨氮与有机氮之和称为凯氏氮（TKN）。有机氮可被生物转化为氨氮（即氨化过程），因此相对于单独的氨氮浓度，凯氏氮更能有效地反应废水的总硝化能力。总凯氏氮常用于生化处理设计计算。

（1）氨氮。氨氮存在于许多工业（如饲养场、肉类加工厂、金属加工厂、电路板印制制造厂和提炼厂）废水中。通过生物作用，大多数有机氮可以转化为氨。有机氮的氨转化速率直接影响 POTW 或受纳水体中细菌对氨的代谢转化。

水中氨与铵根离子的平衡反应式为：

$$NH_4^+ + OH^- \rightleftharpoons NH_3 + H_2O \tag{12-1}$$

上述平衡反应主要取决于 pH 值。若 pH 值高（通常为 10 或更高）则有利于氨气释放，若 pH 值低则有利于氨溶于水中。

(2) 亚硝酸盐。亚硝酸盐常存在于印染、纺织、肉类加工、金属镀膜、橡胶等企业的高浓度废水中。在污水处理的生化处理过程中，亚硝酸盐是硝化过程的中间产物，经微生物进一步氧化形成硝酸盐。

(3) 硝酸盐。硝酸盐常存在于制药、肉类加工、颜料制造、肥料生产和炸药制造等工业废水。生物硝化过程也产生硝酸盐化合物。人们对废水中的硝酸盐关注的基本原因，在于硝酸盐是植物和藻类的营养源。而藻类大量繁殖，会导致受纳水体水质污染，饮用水水源产生异味。

绝大多数的硝酸盐溶于水，因此不能采用沉淀法去除。最常见的硝酸盐去除方法为生物反硝化、离子交换、污水土地处理及人工湿地。

12.2 无机污染物排放的典型行业

表 12-1 所列为不同工业废水中可能存在的无机污染物。

表 12-1 产生含无机污染物废水的典型企业

工业废水来源	Ag	As	Ba	B	Cd	CN^-	Cr	Cu	Fe	Pb	PO_4^{3-}	Mn	Hg	Ni	N	Se	Zn
油漆制造业		×	×		×		×	×		×	×	×	×	×	×	×	×
化妆品/医药品制造业				×							×		×		×		×
油墨制造业	×						×					×			×		
动物胶制造业							×								×		
制革生产业		×		×			×								×		
地毯生产业				×	×											×	
照相器材业	×			×	×	×	×			×			×		×	×	
纺织业					×			×	×						×	×	×
制浆/纸/纸板制造业				×				×					×	×			×
食品/饮料加工业	×								×		×				×		
印刷业					×		×							×	×		×
金属加工业	×			×	×	×	×	×	×	×				×	×		×
电池制造业	×	×			×			×		×		×		×			×
医药品行业						×				×	×		×				×
首饰制造业	×							×							×		
电子/电器制造业			×					×					×		×	×	
爆炸品制造业			×							×			×		×		

12.3 典型处理方法与工艺

工业废水中的无机化合物种类繁多，处理技术差异大，无机污染物的排放源差异性也大，因此含无机污染物废水往往是分别处理，而不是混合处理。这方面最典型案例为金属加工废水的处理，该废水含氰、络合金属以及六价铬。

常用无机污染物的处理方法包括化学沉淀、化学转化、固体分离（包括氧化、空气吹脱与蒸汽汽提）、离子交换、吸附、膜滤、电渗析以及蒸发。

12.3.1 化学沉淀

化学沉淀法是指向被处理的水中投加化学药剂（沉淀剂），使之与水中溶解态的污染物直接发生化学反应，形成难溶的固体沉淀物，然后进行固液分离，从而除去水中污染物的处理方法。污水中的重金属离子（如汞、镉、铅、锌、镍、铬、铁、铜等）、碱土金属（如钙和镁）及某些非金属（如砷、氟、硫、硼等）均可通过化学沉淀法去除，某些有机污染物也可通过化学沉淀法去除，对于危害性极大的重金属废水，到目前为止，虽然研究了许多种处理方法，但化学沉淀法仍然是最重要的一种。

化学沉淀法的工艺过程通常包括三个步骤：①投加化学沉淀剂，与水中污染物反应，生成难溶的沉淀物析出；②通过凝聚、沉降、气浮、过滤、离心等方法进行固液分离；③泥渣的处理或回收利用。

物质在水中的溶解能力可用溶解度表示。溶解度的大小主要取决于物质和溶剂的本性，此外也与温度、盐效应、晶体结构和晶体大小等有关。习惯上把溶解度大于 $1g/100gH_2O$ 的物质列为可溶物，小于 $0.1g/100gH_2O$ 的物质列为难溶物，介于两者之间的列为微溶物。利用化学沉淀法处理废水时所形成的固体化合物一般都是难溶物。

在一定温度下，难溶化合物的饱和溶液中，各离子浓度的乘积称为溶度积，它是一个化学平衡常数，以 K_{sp} 表示。难溶物的溶解平衡可用下列通式表示：

$$A_mB_n(固) \rightleftharpoons mA^{n+} + nB^{m-} \quad K_{sp}=[A^{n+}]^m[B^{m-}]^n \tag{12-2}$$

若 $[A^{n+}]^m[B^{m-}]^n<K_{sp}$，溶液不饱和，难溶物将继续溶解；$[A^{n+}]^m[B^{m-}]^n=K_{sp}$，溶液达饱和，难溶物既不溶解也不析出，即无沉淀产生；$[A^{n+}]^m[B^{m-}]^n>K_{sp}$，难溶物析出，即产生沉淀，当沉淀完后，溶液中所余的离子浓度仍保持饱和浓度，即 $[A^{n+}]^m[B^{m-}]^n=K_{sp}$。因此，根据溶度积，可以初步判断水中离子是否能用化学沉淀法来分离以及分离的程度。

由式（12-2）可知，若要降低水中某种有害离子 A 的浓度，有两种方法：①可向水中投加沉淀剂离子 C，形成溶度积很小的化合物 AC，使 A 从水中沉淀出来；②利用同离子效应向水中投加同离子 B，使 A 与 B 的离子积大于其溶度积，此时式（12-2）表达的平衡就会向左移动，从而降低了 A 在水中的浓度。

若溶液中有数种离子共存，加入沉淀剂时，必定是离子积先达到溶度积的离子优先沉淀，这种现象称为分步沉淀。显然，各种离子分步沉淀的次序取决于溶度积和有关离子的浓度。

难溶化合物的溶度积可以从化学手册中查到，表 12-2 仅摘录了一部分。由表可见，金属硫化物、氢氧化物和碳酸盐的溶度积都很小，因此，可向水中投加硫化物（一般常用 Na_2S）、氢氧化物（一般常用石灰乳）或碳酸钠等药剂来产生化学沉淀，以降低水中金属离子的浓度。

表 12-2 某些化合物的溶度积

化合物	溶度积	化合物	溶度积
$Al(OH)_3$	1.1×10^{-15}(18℃)	$BaSO_4$	0.87×10^{-10}(18℃)
AgBr	4.1×10^{-13}(18℃)	$CaCO_3$	0.99×10^{-8}(15℃)
AgCl	1.56×10^{-10}(25℃)	CaF_2	3.4×10^{-11}(18℃)
Ag_2CO_3	6.15×10^{-12}(25℃)	$CaSO_4$	2.45×10^{-5}(25℃)
Ag_2CrO_4	1.2×10^{-12}(14.8℃)	CdS	3.6×10^{-29}(18℃)
AgI	1.5×10^{-16}(25℃)	CoS	3×10^{-26}(18℃)
Ag_2S	1.6×10^{-49}(18℃)	CuBr	4.15×10^{-8}(18～20℃)
$BaCO_3$	7×10^{-9}(16℃)	CuCl	1.02×10^{-6}(18～20℃)
$BaCrO_4$	1.6×10^{-10}(25℃)	CuI	5.06×10^{-12}(18～20℃)
BaF_2	1.7×10^{-6}(18℃)	CuS	8.5×10^{-45}(18℃)

续表

化合物	溶度积	化合物	溶度积
CuS	2×10^{-47}(16～18℃)	$Mn(OH)_2$	4×10^{-14}(18℃)
$Fe(OH)_2$	1.64×10^{-14}(18℃)	MnS	1.4×10^{-15}(18℃)
$Fe(OH)_3$	1.1×10^{-36}(18℃)	NiS	1.4×10^{-24}(18℃)
FeS	3.7×10^{-19}(18℃)	$PbCO_3$	3.3×10^{-14}(18℃)
Hg_2Br_2	1.3×10^{-21}(25℃)	$PbCrO_4$	1.77×10^{-14}(18℃)
Hg_2Cl_2	2×10^{-18}(25℃)	PbF_2	3.2×10^{-8}(18℃)
Hg_2I_2	1.2×10^{-28}(25℃)	PbI_2	7.47×10^{-9}(15℃)
HgS	$4\times10^{-53}\sim2\times10^{-49}$(18℃)	PbS	3.4×10^{-28}(18℃)
$MgCO_3$	2.6×10^{-5}(12℃)	$PbSO_4$	1.06×10^{-8}(18℃)
MgF_2	7.1×10^{-9}(18℃)	$Zn(OH)_2$	1.8×10^{-14}(18～20℃)
$Mg(OH)_2$	1.2×10^{-11}(18℃)	ZnS	1.2×10^{-23}(18℃)

化学沉淀工艺常用于大部分重金属、磷酸盐和硫化物的去除。常用的化学药剂包括铁盐（氯化亚铁、氯化铁、硫酸亚铁、硫酸铁）、铝盐（硫酸铝、聚合氯化铝和铝酸钠）、石灰、碳酸氢钠和碳酸钠（纯碱）、氢氧化钠以及硫化物的盐类（如硫化亚铁）等。在实际工程中，一般先通过实验室小试和中试，筛选处理效果最佳的化学药剂。

铁盐和铝盐去除金属及磷酸盐的量通常可以化学计量，污染物浓度较高时，投加较多的铁盐和铝盐，才能达到预期的处理效果。而采用氢氧化物沉淀法（投加氢氧化钠和石灰）去除金属和磷酸盐时，去除效果则主要取决于反应的 pH 值。沉淀反应的 pH 值通常为 7.5～10.6（具体取决于欲去除的污染物），经过中和沉淀后的废水，需再次调节 pH 值后才能排放。一般情况下，采用氢氧化物沉淀法去除磷酸盐时所产生的固体沉淀物比投加铁盐和铝盐的多。

大多数废水的化学沉淀处理过程中，化学药剂的投加往往采用化学计量泵或供药装置，投加量一般根据废水流量、pH 值和其他工艺参数，采用手动或自动控制。通常，在沉淀之前需要进行快速混合和絮凝以达到较好的沉淀效果，所产生的污泥经沉淀分离后，再进一步处理。

(1) 无机化合物溶解度确定。决定采用沉淀法处理某无机污染物之前，首先须计算或查到该离子的溶度积（表 12-3）。

参照表 12-3 所列举的阳离子溶解度表，首先确定阳离子和阴离子反应形成的产物的溶解性［不溶解（I）的或是极微溶解（VSS）］，以判断化学沉淀法能否有效去除金属离子，然后选择合适的沉淀剂。

例如，某工厂需要去除废水中的铜和锌。由于铜和锌与氢氧化物（OH^-）、碳酸盐（CO_3^{2-}）的反应产物均不溶于水，因此，可选择石灰［$Ca(OH)_2$］、氢氧化钠［NaOH］或纯碱［Na_2CO_3］作为沉淀处理的化学药剂。

影响化学药剂的准确投加量与最佳的工艺条件的因素包括废水 pH 值、其他竞争性离子、废水碱度与其缓冲能力、废水中的有机物量以及搅拌、絮凝强度和停留时间等。化学药剂的选择一般需要通过实验室小试和中试来确定。在沉淀处理过程中，常规的实验室小试对于化学药剂投量和工艺的运行优化十分重要。

(2) 氢氧化物混凝-沉淀。通常，废水中重金属先与氢氧化物反应生成金属氢氧化物，继而经过絮凝作用形成较大、较重的絮体，最后通过沉淀或气浮去除。该工艺具有运行可靠、成本低、选择性强等特点。通过合理的设计与运行，该工艺的出水的重金属浓度可降至 1mg/L 以下。

表 12-3 简化的溶解度

(Kemmer，FN. The Nalco Water Hand-book、New York：McG raw-Hill，1998；reproduced with permission of The McGraw-Hill Companies)

阴离子→	F^-	Cl^-	Br^-	I^-	HCO_3^-	OH^-	NO_3^-	CO_3^{2-}	SO_4^{2-}	S^{2-}	CrO_4^{2-}	PO_4^{3-}
阳离子↓												
Na^+	S	S	S	S	S	S	S	S	S	S	S	S
K^+	S	S	S	S	S	S	S	S	S	S	S	S
NH_4^+	S	S	S	S	S	S	S	S	S	S	S	S
H^+	S	S	S	S	CO_2	H_2O	S	CO_2	S	H_2S	S	S
Ca^{2+}	I	S	S	S	SS	VSS	S	I	VSS	X	S	I
Mg^{2+}	VSS	S	S	S	S	I	S	VSS	S	X	S	I
Ba^{2+}	VSS	S	S	S	VSS	S	S	VSS	I	X	I	I
Sr^{2+}	VSS	S	S	S	VSS	SS	S	I	VSS	X	VSS	I
Zn^{2+}	S	S	S	S	VSS	I	S	I	S	I	VSS	I
Fe^{2+}	SS	S	S	S	SS	VSS	S	VSS	S	I	X	I
Fe^{3+}	SS	S	S	S	I	I	S	I	S	X	X	I
Al^{3+}	S	S	S	S	X	I	S	X	S	X	X	I
Ag^+	I	I	I	I	I	I	S	VSS	S	I	I	I
Pb^{2+}	VSS	S	SS	VSS	I	VSS	S	I	I	I	I	I
Hg^+	I	I	I	I	I	I	S	S	VSS	I	VSS	I
Hg^{2+}	SS	S	S	I	I	I	S	I	VSS	I	SS	I
Cu^{2+}	SS	S	S	VSS	I	I	S	I	S	I	I	I

注：S 表示可溶（>5000mg/L）；SS 表示微溶（2000～5000mg/L）；VSS 表示极微溶（20～2000mg/L）；I 表示不溶（<20mg/L）；X 表示不形成化合物。

通常，重金属在酸性条件下溶解，在碱性条件下沉淀，因此，重金属废水的沉淀处理过程中，pH 值控制非常重要。经常用来提高废水 pH 值、产生氢氧根的化学药剂为氢氧化钠（NaOH，苛性钠）、氢氧化钙［$Ca(OH)_2$、石灰］、苦土［$Mg(OH)_2$］、水合氢氧化镁。另外，在废水处理过程中，往往投加过量的氢氧化物，以确保沉淀过程反应完全。

废水中金属离子与氢氧根离子反应，生成金属氢氧化物沉淀：

$$M^{2+} + 2OH^- \longrightarrow M(OH)_2 \downarrow \tag{12-3}$$

如图 12-1 所示，不同金属氢氧化物最小溶解度（即最可能沉淀）对应的 pH 值，即每种金属溶解度与 pH 值关系曲线的最低点，具有专一性。由于实际废水的重金属氢氧化物在沉淀处理过程中，往往受螯合剂、表面活性剂、其他离子以及温度等因素的影响，所以其最低 pH 值可能不如图 12-1 明显而呈现较宽范围。

金属沉淀处理过程中，所面临的主要技术难题是金属加工废水中存在多种金属。设计人员不仅要确定大多数金属可被沉淀去除的最佳 pH 值，而且要关注由于废水金属组成的不断变化，引起最佳的沉淀反应 pH 值发生的相应变化。因此，在实际工程的运行过程中，须通过每天甚至每个小时的实验室小试来确定最佳的 pH 值，确保废水中的大多数金属被沉淀去除，且处理后的出水浓度满足标准规定的限值（实验室小试技术详见第 4 章）。

实际废水处理中，由于共存离子体系十分复杂，影响氢氧化物沉淀的因素很多，因此必须控制 pH 值，使其保持在最优沉淀区域内。表 12-4 给出了某些金属氢氧化物沉淀析出的最佳 pH 值范围，对具体废水最好通过试验确定。

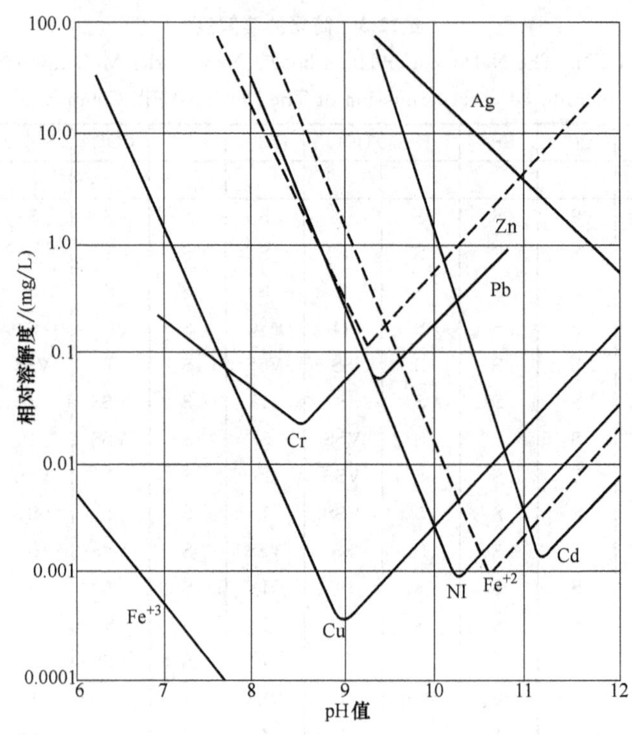

图 12-1 几种金属的相对溶解度与 pH 值的关系（USEPA，1980）

表 12-4 某些金属氢氧化物沉淀析出的最佳 pH 值范围

金属离子	Fe^{3+}	Al^{3+}	Cr^{3+}	Cu^{2+}	Zn^{2+}	Sn^{2+}	Ni^{2+}	Pb^{2+}	Cd^{2+}	Fe^{2+}	Mn^{2+}
沉淀的最佳 pH 值	6～12	5.5～8	8～9	＞8	9～10	5～8	＞9.5	9～9.5	＞10.5	5～12	10～14
加碱溶解的 pH 值		＞8.5	＞9		＞ 10.5	＞8.5		＞9.5		＞12.5	

采用氢氧化物沉淀法去除金属离子时需注意的几个问题如下。

① 当废水中存在 CN^-、NH_3、S^{2-} 及 Cl^- 等配位体时，能与金属离子结合成可溶性络合物，对沉淀反应有不利影响，因此应通过预处理除去这些络合离子。

② 重金属沉淀处理过程中，如果不投加絮凝剂（聚合物），氢氧化物沉淀将过于细小以至不能很快沉降。因此，在废水反应后进入沉淀池之前，必须向废水投加絮凝剂，使反应形成的微小氢氧化物颗粒经絮凝反应形成絮体，而絮体越重，沉降速度越快。重金属的氢氧化物絮体经沉淀分离后，可再通过过滤去除其中剩余的氢氧化物颗粒。废水排放前，应进行 pH 值调节以达到排放标准的规定。

③ 废水处理过程中，化学药剂特别是酸投加过程中常被忽略问题是化学药剂的金属含量是否超标。如果排放标准严格，投加的酸和碱所含重金属可能也会出现超标现象。因此，使用工业纯化学试剂时，须咨询供应商，以确定其产品的金属含量不超标。分析纯化学药剂的重金属含量很低。

(3) 铁盐和铝盐的混凝-沉淀。通常工业废水中有些无机污染物以细小颗粒形式存在，向工业废水中投加铁盐或铝盐混凝剂破坏其稳定性，使其互相接触而凝聚在一起，然后形成絮状物，并下沉分离。去除无机污染物的铁盐和铝盐混凝剂通常包括氯化亚铁、硫酸亚铁、硫酸铝（明矾）以及聚合氯化铝等，在一定 pH 值下，铁、铝的氢氧化物也会沉淀。铁盐和铝盐的混凝-沉淀可去除一些金属和其他无机污染物（如磷酸盐）。

与大多数化学沉淀过程相同，需要通过小试和中试确定铁盐及铝盐的类型和最佳投加量。除了污染物去除率以外，影响铁盐和铝盐选择的因素包括铁盐和铝盐投加量与成本、沉淀物质沉降性能、所产生固体的体积与性质、废水最终 pH 值及其调节需求、处理后废水出水的铁和铝浓度的限制以及待处理废水的温度等。

同时需要注意搅拌强度，搅拌是为了帮助混合反应、凝聚（絮凝），过于强烈的搅拌会打碎已凝聚的（或絮凝）的矾花，反而不利于混凝沉淀，所以搅拌要适度，搅拌强度和水的流速应随絮凝体的增大而降低。

（4）硫化物混凝-沉淀。硫化物沉淀法是向废水中加入硫化氢、硫化铵或碱金属的硫化物，使欲处理物质生成难溶硫化物沉淀，以达到分离去除的目的。由于此方法消耗化学物质相当少，有利于其大规模应用。常用的沉淀剂有 H_2S、Na_2S、NaHS、CaS、$(NH_4)_2S$ 等。根据沉淀转化原理，难溶硫化物 MnS、FeS 等也可作为处理药剂。硫化物沉淀法可用于去除砷、汞以及含 Cu^{2+}、Cd^{2+}、Zn^{2+}、Pb^{2+}、AsO_2^- 等重金属离子的废水。

采用硫化物沉淀法处理含重金属废水，具有去除率高、可分步沉淀、泥渣中重金属含量高、适应 pH 值范围大等优点，在某些领域得到了实际应用。但是 S^{2-} 会使水体中 COD 增加，而且当水体酸性增加时，会产生硫化氢气体污染大气，因此限制了它的广泛应用。如果处理后的出水水质要求严格，当金属离子浓度较低或废水中的金属离子同螯合剂［氰化物、乙二胺四乙酸（EDTA）、氨］反应形成配合物时，硫化物或碳酸盐沉淀法可以有效地去除废水中的重金属。

表 12-5 所列为各种金属氢氧化物、碳酸盐及硫化物的理论溶解度比较。溶解度越低表明该化合物的溶解性越差，越容易沉淀。由此可以看出，金属硫化物与金属碳酸盐相比较，尤其在中性和碱性范围内，金属硫化物的溶解性更差，更容易沉淀。因此，理论上，与氢氧化物沉淀法相比较，硫化物沉淀处理后的废水中重金属浓度更低。

表 12-5　金属氢氧化物、硫化物、碳酸盐在蒸馏水中的理论溶解度（USEPA，1983）

重金属	金属离子溶解度/(mg/L)		
	氢氧化物	碳酸盐	硫化物
镉(Cd^{2+})	2.3×10^{-5}	1.0×10^{-4}	6.7×10^{-10}
铬(Cr^{3+})	8.4×10^{-4}	—	不沉淀
钴(Co^{2+})	0.22	—	1.0×10^{-8}
铜(CU^{2+})	2.2×10^{-2}	—	5.8×10^{-18}
铁(Fe^{2+})	0.89	—	3.4×10^{-5}
铅(Pb^{2+})	2.1	7.0×10^{-3}	3.8×10^{-9}
锰(Mn^{2+})	1.2	—	2.1×10^{-3}
汞(Hg^{2+})	3.9×10^{-4}	3.9×10^{-2}	9.0×10^{-20}
镍(Ni^{2+})	6.9×10^{-3}	0.19	6.9×10^{-8}
银(Ag^{+})	13.3	0.21	7.4×10^{-12}
锡(Sn^{2+})	1.1×10^{-4}	—	3.8×10^{-8}
锌(Zn^{2+})	1.1	7.0×10^{-4}	2.3×10^{-7}

从图 12-1 可以看出，随着 pH 值升高，金属氢氧化物会重新溶解，金属硫化物则会更难溶解而沉淀。重金属离子与硫离子反应，形成金属硫化物沉淀的反应式如下：

$$M^{2+} + 2S^{-} \longrightarrow MS_2\downarrow \tag{12-4}$$

实际中可采用两种硫化物沉淀过程：不溶性硫化物和可溶性硫化物沉淀法去除重金属离子（图 12-2）。不溶性的硫化物沉淀法采用硫化亚铁（FeS），可溶性硫化物沉淀法则采用水溶性硫化物试剂［氢硫化钠（$NaSH \cdot 2H_2O$）或硫化钠（Na_2S）］。不溶性硫化物沉淀法的主要优点是硫化亚铁相对不溶，因此，在重金属的去除过程中，所产生的硫化氢较少，气味小。

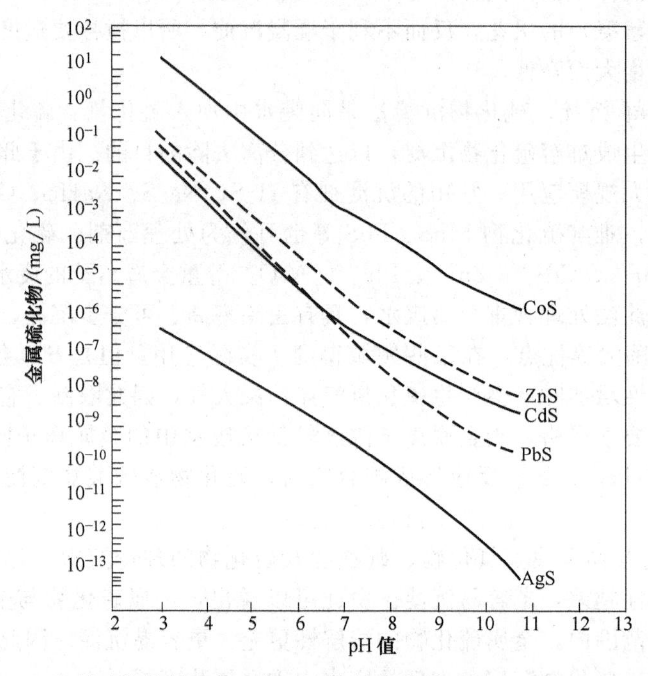

图 12-2　金属硫化物的溶解度与 pH 值的变化关系（U·S·EPA，1983）

与氢氧化物沉淀法一样，硫化物沉淀法在实际应用之前要通过沉降试验，确定硫化物沉淀过程的最佳 pH 值和硫化物投加量。在条件许可时，实验室小试应每天或每小时进行一次。应用硫化物沉淀法推荐的硫化物投加量如表 12-6 所列。

表 12-6　硫化物沉淀法推荐的硫化物投加量

序号	金属污染物名	K_{sp}	推荐硫化物剂量/(mg/L)	加标水样金属含量/(mg/L)	处理后出水金属含量/(mg/L)	处理后出水硫化物含量/(mg/L)
1	银	$K_{sp}=1.20\times10^{3+}$	0.0	0.253	0.03	<0.02
2	锌	$K_{sp}=1.1\times10^{-2}$	2.0	5.03	0.057	<0.02
3	铜	$K_{sp}=6\times10^{+3}$	1.0	5.16	0.86	<0.02
4	汞	$K_{sp}=4\times10^{2}$	0.001	0.0051	0.0006	<0.02
5	镉	$K_{sp}=8\times10^{-4}$	0.1	0.033	0.0	<0.02
6	铅	$K_{sP}=9.04\times10^{+4}$	>2.0	—	—	—
7	锑(三价)	无明显效果	—	—	—	—
8	锑(五价)	无明显效果	—	—	—	—

理论上，金属硫化物沉淀法比金属氢氧化物沉淀法去除率高，但金属硫化物沉淀法存在下列缺陷。

① 过量的硫化物会形成硫化氢（H_2S）——一种具有异味的有毒气体。

② 硫化物沉淀法的成本通常比氢氧化物沉淀法高。

③ 在硫化物沉淀处理过程中，操作人员需随时注意控制相关的有毒有害物质。

④ 与氢氧化物沉淀法相比，硫化物沉淀产生的污泥呈胶体状，污泥量大且不易脱水。

实际中，硫化物沉淀法通常应用于氢氧化物沉淀法处理后的废水深度处理，以减少硫化物的投加量、污泥产量以及硫化氢的生成，同时达到较高的去除率。

(5) 碳酸盐混凝-沉淀。与硫化物一样，相对于金属氢氧化物沉淀，经碳酸盐沉淀法处理后的废水重金属浓度更低，甚至可以处理含有螯合剂的废水。

碳酸盐沉淀法有三种不同的应用方式，适用于不同的处理对象。

① 投加难溶碳酸盐（如碳酸钙），利用沉淀转化原理，使水中金属离子（如 Pb^{2+}、Cd^{2+}、Zn^{2+}、Ni^{2+} 等）生成溶解度更小的碳酸盐而沉淀析出。

② 投加可溶性碳酸盐（如碳酸钠），使水中金属离子生成难溶碳酸盐而沉淀析出。这种方式可去除水中的重金属离子和非碳酸盐硬度。

③ 投加石灰，与水中碳酸盐硬度生成难溶的碳酸钙和氢氧化镁而沉淀出。这种方式可去除水中的碳酸盐硬度。

所用的化学药剂包括碳酸钠（Na_2CO_3，纯碱）及碳酸氢钠（$NaHCO_3$，小苏打），其中碳酸钠处理效果好于碳酸氢钠。

与氢氧化物沉淀法以及硫化物沉淀法相比，碳酸盐沉淀法具有以下两方面的优点：金属可以在 pH 值为 7～9 条件下发生沉淀，因此，控制系统比较简单；碳酸盐可以中和过量的反应物（即增加缓冲能力），有助于处理后废水的达标排放。

金属的沉淀处理过程中，碳酸盐和碳酸氢盐混合使用比碳酸氢盐单独使用的处理效果好。通常，pH 值达到 9.0 以上，才能使多种金属沉淀去除，碳酸氢钠只能将 pH 值提高至 8.3 左右，此时某些金属（如镍和镉）并未有效去除，而碳酸盐与碳酸氢盐的混合物可使 pH 值达到 9.0 以上，处理后的废水水质可以达到预处理标准。

碳酸盐沉淀法的有效 pH 值和碱度，需依据水中的重金属量，通过试验确定。在任何 pH 值条件下，碳酸盐有三种存在形式（CO_3^{2-}，HCO_3^- 和 H_2CO_3）。废水处理过程中，投加更多碳酸盐可以使化学反应向沉淀方向转移，从而提高了金属的处理效率。这是碳酸盐沉淀法优于氢氧化物沉淀法的地方，因为在氢氧化物沉淀法中投加过量的氢氧化物实际上相当于增加了金属的溶解度，不利于沉淀去除（图 12-1）。

尽管如此，碳酸盐沉淀法存在两方面的缺点。

① 碳酸盐沉淀的反应速度较慢，需要较大功率的快速搅拌和絮凝装置。

② 虽然大多数碳酸盐可以干粉形式直接利用，但需要更多的处理和混合程序。

(6) 螯合剂与金属。某些金属加工和印刷线路板生产过程中均使用螯合剂或络合剂。金属螯合剂（metal chelating agent）可以通过螯合剂分子与金属离子的强结合作用，将金属离子包合到螯合剂内部，变成稳定的、分子量更大的化合物，从而阻止金属离子起作用。在螯合剂的作用下，金属离子可以在较宽的 pH 值范围内保持溶解状态，从而使金属镀层比传统电镀法更均匀。

螯合剂包括氨、聚磷酸盐、次氮基三乙酸（NTA）、乙二胺四乙酸（EDTA）、柠檬酸盐类、酒石酸盐、氰化物和葡萄糖酸盐。它们与金属离子络合，能有效防止金属离子在正常的碱性范围内形成沉淀。

处理这种废水时，在金属离子从废水中沉淀去除之前，需要破坏金属络合物的结构。通过采用一些不受螯合效应影响的金属沉淀方法（不同于氢氧化物沉淀），可以裂解金属离子与螯合剂之间的配位键。这些方法包括硫化物沉淀、铁共沉淀（硫酸亚铁或硫酸铁）法、氨基甲酸酯沉淀、硼氢化钠沉淀、离子交换法、不溶性淀粉黄原酸盐（ISX）沉淀法等。

另外，调整废水的pH极值（极低或极高，具体取决于螯合剂种类）也可裂解金属离子与螯合剂之间的配位键。极端pH值可以解离螯合物，释放被络合的金属离子，接着投加合适的化合物，该化合物中的阳离子（如钙离子）与解离的螯合剂结合，从而实现重金属离子的去除。

在实际工程实施过程中，应先咨询螯合剂生产厂家，选择金属螯合物的配位键裂解的技术，然后，根据小试或中试结果，确定化合物的投加剂量及混合工艺参数。

（7）应用实例

① 某硫铁矿的酸性矿坑水，pH值为4.5～6，是一种含铁、锌、砷较高的酸性矿山废水。采用石灰乳进行沉淀，并鼓入压缩空气处理，处理后出水达到排放标准。压缩空气的通入，不仅有利于混合反应，并且有利于氢氧化亚铁的氧化，使沉渣更易于沉降分离。在此废水处理过程中不用投加絮凝剂，因为氢氧化铁本身就是良好的絮凝剂。

② 某矿山为钨、锡共生矿，伴生砷黄铁矿，弃坑废水和选矿废水均含砷。采用投加石灰乳和硫酸亚铁的方法进行处理，石灰乳作沉淀剂，硫酸亚铁作絮凝剂。加入硫酸亚铁可在碱性溶液中被空气氧化成氢氧化铁，可吸附砷酸根和亚砷酸根离子，并与之生成难溶的亚砷酸铁，提高了石灰沉淀法除砷的效果。为防止沉淀物溶解，溶液的pH值控制在6.5～8的范围内为宜。废水经混合反应，沉淀分离后，砷的含量从0.84mg/L降至0.10mg/L，达到排放标准。

③ 硫化物沉淀法处理某含重金属离子的废水，采用石灰石-硫化钠-石灰乳处理系统，处理工艺系统如图12-3所示。这种处理工艺有利于回收品位较高的金属硫化物，且使水质达到排放标准。

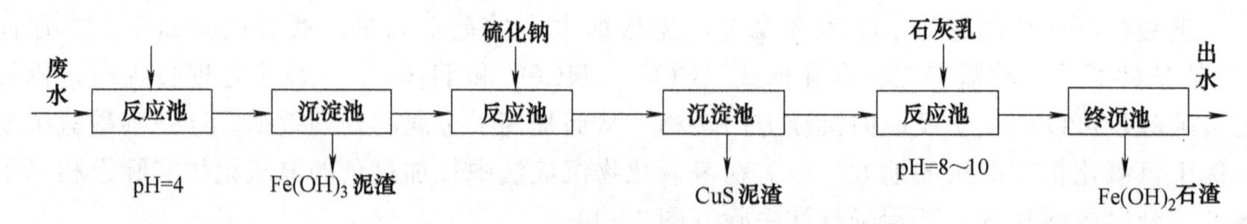

图12-3 硫化物沉淀法处理矿山废水工艺系统

④ 印刷电路板的腐蚀多数采用碱氨蚀刻液，该蚀刻液借助氧化、溶解和配合等化学过程，将印刷电路板上露出的铜以二氯化四氨合铜的形式溶解下来，产生大量的含铜清洗废水和回收尾液。此类废液偏碱性，NH_3较多，铜以较稳定的铜氨络合物形式存在。常规处理法是用氢氧化物沉淀法，但因废水中螯合剂的存在会使铜不易沉淀，所以此法很难达到要求严格的排放标准。TMT（三巯基均三嗪三钠）是一种环境友好型有机硫螯合剂，比Na_2S和DTC（二硫代氨基甲酸钠）等常见硫化沉淀剂更环保。在废水中加入适量的TMT-15（质量分数为15%的TMT）可以破坏稳定的$[Cu(NH_3)4]^{2+}$，使其生成易过滤的立体结构的絮凝体沉淀$Cu_3(TMT)_2$。

12.3.2 化学转化

常用于六价铬和氰化物的金属加工厂的废水处理。在中和沉淀之前，要进行两种化学处理，即氰化物的降解、六价铬的还原。基于处理成本，这两种化学处理应分别在车间实施。

(1) 氰化物的降解。某些金属精加工及其他生产过程中，氰化物为螯合剂，与金属离子形成络合物，以避免形成金属的氢氧化物沉淀。然而，当金属离子与氰化物之间的配位键被裂解之后，在适当 pH 值条件下，会形成金属氢氧化物沉淀。在生物处理工艺中，氰化物对微生物有毒害作用，需预先去除。

处理工艺设计之前，应分析含氰废水水质，确定两项指标——总氰化物量、能氯化的氰化物量。能氯化的氰化物通过碱性氯化法，转化为二氧化碳和氮气。不能氯化的氰化物为氰与铁、铬、镍的络合物。

碱性氯化法是在碱性的条件下，采用次氯酸钠（NaOCl）和苛性钠（NaOH）裂解氰化物，首先使氰化物氧化为氯化氰（CNCl），然后迅速生成氰酸根（CNO^-），最终形成二氧化碳和氮气。生成氰酸根氧化反应式如下：

$$CN^- + NaOCl \longrightarrow CNO^- + NaCl \tag{12-5}$$

氰酸根被氧化，形成二氧化碳和氮气的反应如下：

$$2CNO^- + 3NaOCl + H_2O \longrightarrow 2CO_2 + N_2 + 3NaCl + 2OH^- \tag{12-6}$$

首先，在 pH＝10.5 或更高的条件下，氰（CN^-）与次氯酸钠（NaOCl）反应，转化为氰酸根。反应时间需要 30～45min，反应时的氧化还原电位至少为＋670mV。投加更多的次氯酸钠，可以提高氧化还原电位。

然后加入酸使 pH 值降至 8.5，氰酸根被氧化。投加更多的次氯酸钠，使氧化还原电位提高至＋790mV。反应时间需要 90min，氰酸根可被完全氧化，生成二氧化碳和氮气。

处理后的废水可与其他废水混合，进一步处理达到规定的水质标准。

碱性氯化法是目前处理金矿含氰废水污染较为实用的一种方法，本法处理效果好，工艺流程简单，但对处理的工艺条件要求较为严格。

氰化物降解的其他方法包括臭氧氧化、热压热解、电解以及过氧化氢氧化等。

(2) 不能氯化的氰化物降解。氰的某些络合物（如铁-氰络化物、铬-氰络化物和镍-氰络化物）非常稳定，不仅在碱性条件下难以氯化，其降解也非常困难，在某些情况下，可以选择以下处理方法。

① 特殊的化合物与铁-氰化络合物结合法。采用此方法，形成沉淀并分离，处理后的废水 pH 值呈碱性（pH＝10～12）。因此，需要再次进行 pH 值调节。

② 紫外线和过氧化氢结合的光化学处理。

③ 铜、锌为催化剂，过氧化氢氧化。

④ 电解提取法，利用电解裂解铁-氰配位键，然后通过常规氰化物处理方法氧化游离氰化物。

⑤ 离子交换法（酸再生阳离子交换树脂形成氰化氢后，再进行 pH 值调节）。

⑥ 废水膜过滤法（如反渗透），采用膜过滤分离铁-氰络合物，优点是出水达标，缺点是只能浓缩而不能降解铁-氰化络合物。

(3) 六价铬的还原去除。六价铬（Cr^{6+}）通常应用于金属电镀、染料和缓蚀剂。金属加工废水中，铬以重铬酸（$Cr_2O_7^{2-}$）或铬酸（H_2CrO_4）的形式存在。六价铬对城市污水处理厂生物处理系统中的微生物有毒性，通过传统的中和沉淀法不能去除。因此，需将其还原为低毒、易处理的三价铬（Cr^{3+}）。

六价铬常规的处理方法是先还原为三价铬，然后以氢氧化物中和沉淀。六价铬的还原剂包括二氧化硫（SO_2）、亚硫酸钠（Na_2SO_3）、亚硫酸氢钠（$NaHSO_3$）、偏重亚硫酸钠（$Na_2S_2O_5$）、无水硫代硫酸钠（$Na_2S_2O_3$）、硫酸亚铁（$FeSO_4$）。

六价铬的还原过程，需要控制调节废水的氧化还原电位（ORP）、pH 值。除硫酸亚铁外，其他硫化合物还原六价铬的最佳 pH 值范围为 2～3。首先，向废水中加酸，使 pH 值降至 2～3，同时将氧化还原电位维持在 +250mV 或更低，反应时间大约 30min。六价铬被还原成三价铬时，废水的颜色由黄变绿。

在 pH=7.5～8.5 条件下，硫酸亚铁可在几分钟之内将六价铬还原为三价铬。硫酸亚铁的投加量取决于废水中氧化剂的量（包括溶解氧）。与其他还原剂相比，硫酸亚铁还原所产生的固体沉淀物较多。

六价铬还原处理器见图 12-4。六价铬还原后，再向废水中投加碱（石灰或苛性钠），使 pH 值调回至 7.5～8.5，即三价铬沉淀的最佳 pH 值范围。具体反应如下：

$$2H_2Cr_2O_4 + 3H_2SO_3 \longrightarrow Cr_2(SO_4)_3 + 5H_2O \tag{12-7}$$

$$Cr_2(SO_4)_3 + 6NaOH \longrightarrow 2Cr(OH)_3\downarrow + 3Na_2SO_4 \tag{12-8}$$

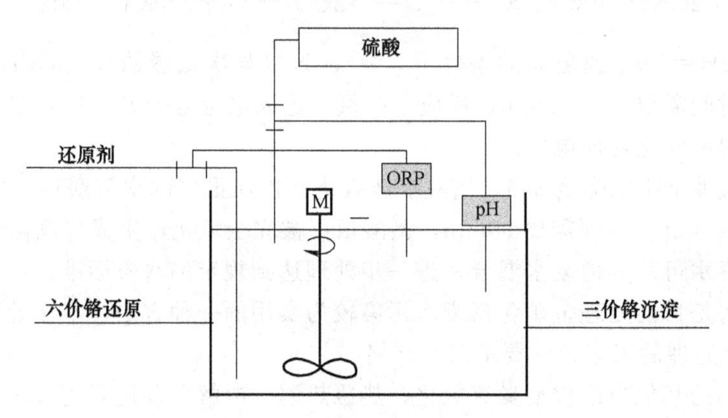

图 12-4　六价铬还原处理器示意

（4）铁共沉淀法。铁共沉淀法是以铁盐为混凝剂，共沉去除废水中某些金属离子。与在碱性条件下直接形成氢氧化物或硫化物沉淀的混凝剂不同，铁在一定的 pH 值范围内与某些金属离子具有很强的结合力。一旦与这些金属离子结合，在 pH 值为 7.5～8.5 条件下，铁很容易和这些金属共同沉淀。

所谓的共沉淀是指铁和其他金属同时被沉淀去除。传统方法的去除效果取决于废水 pH 值及欲去除的金属性质，如传统中和-沉淀法的去除效果取决于金属氢氧化物或硫化物的量，而铁共沉淀法则取决于铁的溶解性。铁共沉法首先是通过欲去除金属与铁反应形成铁-金属基体，然后在 pH 值 7.5～8.5 条件下，使铁-金属基体沉淀，此法可以去除多种金属。由于其去除机理是通过铁-金属基体的强烈凝聚作用，因此，对不同种类的金属的去除均较完全，处理后废水中的金属浓度往往低于溶解度限值。

铁共沉淀法既可用铁盐也可用亚铁盐。亚铁盐在共沉淀的 pH 值范围内不溶解，所以选用亚铁盐时，需先氧化为铁盐，然后欲去除的金属才能以氢氧化铁-金属络合物的形式被去除。亚铁盐的氧化可通过机械曝气或投加其他氧化剂（如氯、次氯酸钠或过氧化氢）来完成。除了重金属外，铁共沉法还可以去除以氧化态存在的砷和硒，具体见本章后续的相关内容。

（5）硼氢化钠还原法。氢硼化钠（$NaBH_4$）又称为四氢硼化钠，是一种强还原剂，能够使一些金属以元素形式沉淀。因此在工业上，硼氢化钠常用于含螯合剂废水中的金属（如银、铜和镍）离子的去除，也可以将汞还原至元素态后从废水中去除。

硼氢化钠呈碱性可使废水 pH 值升高（理想的 pH 值是 5～7），所以硼氢化钠投加之前，废水须酸化（pH＝4～6）。而当硼氢化钠投加后废水的氧化还原电位在 15min 内降至 －600mV。其基本反应如下：

$$8MX + NaBH_4 + 2H_2O \longrightarrow 8M^0 + NaBO_2 + 8HX \tag{12-9}$$

$$NaBH_4 + 2H_2O \longrightarrow NaBO_2 + 3H_2 \tag{12-10}$$

其中，M 为单一价态金属；X 为阴离子（氯离子、碳酸根等）。

硼氢化钠还原法的主要优点是可以回收贵金属使其重复利用；主要缺点是固、液须迅速分离，否则金属会再次溶解。此外，硼氢化钠在酸性条件下会生成爆炸性的氢气和氧化钠，故对 pH 值的控制十分重要。

硼氢化钠碱性溶液可从成分复杂的稀溶液中有效地选择性还原沉淀低浓度贵金属，过程不引入有害金属杂质污染产品。

（6）二甲基二硫代氨基甲酸钠法。二甲基二硫代氨基甲酸钠（$C_3H_6NNaS_2$，SDDC）还原法是另一种去除金属的方法。通常采用常规方法处理效果不佳的金属，可以采用这种方法去除。SDDC 是一种含硫有机化合物，与硼氢化钠类似，可将金属还原至元素态，经沉淀后，处理的废水中金属的浓度可降到非常低。SDDC 可以去除由氨、乙二胺四乙酸、柠檬酸钠以及酒石酸钠等螯合剂形成的金属螯合物。据报道，采用该方法对锰、钼、硫化物和锡的去除效果也很好，其中反应的最佳 pH 值为 6～9。

聚硫代碳酸酯钠（PTC）的毒性较低，可替代 DTC。据报道，采用 PTC，在同样条件下，沉淀物质（污泥）量要比 DTC 和其他金属盐类都低，而且 PTC 的耗量少，处理后的废水可以通过毒性测试。

氨基甲酸酯类物质沉淀，所产生的沉淀物质（污泥）的量较铁共沉淀法少。但氨基甲酸酯类物质具有生物毒性，与水混合会产生危险性高的二硫化碳。

（7）砷、硒和汞的去除。通过以上方法，可以去除废水中的大部分的重金属，但砷、硒和汞除外，因此必须经过特殊的预处理去除。

① 砷的去除。砷具有生物毒性。因此，含砷废水进入城市污水处理厂前，砷需完全去除。砷的工业源主要包括采矿废弃物、木材防腐剂和半导体加工等工业。在工业废水中，砷主要有两种形态——亚砷酸盐（As^{3+}；$H_3AsO_3^-$）和砷酸盐（As^{5+}；$H_3AsO_4^-$）。

在正常 pH 值范围内，亚砷酸盐的去除不能采用传统的化学方法、吸附或离子交换法。一般地，利用氯、次氯酸钠、臭氧、高锰酸钾和过氧化氢等氧化剂，可将亚砷酸盐氧化为砷酸盐。为此，在选择处理方案之前，须分析废水水质，确定砷的存在形态。

经过氧化处理后，采用投加如石灰、铁和铝盐等化学药剂，特殊介质吸附，离子交换[在硫酸盐低于 120mg/L、总溶解性固体（TDS）浓度较低时处理效果好]，活性氧化铝（pH 值 5.5～6.0）膜过滤等方法，可有效去除含砷废水中的砷。

与其他技术相比，铁共沉法的预处理较简单。其他处理技术，一般需经过沉淀和过滤处理，才能达到较好的处理效果（表 12-7）。对于实际工程，需先中试，再选择最终的处理方案。表 12-7 对各种除砷技术（包括推荐剂量、设计参数，处理方法的性能评价及缺陷）进行了总结，这些技术不仅经过了实践验证，而且具有可推广性。

表 12-7　除砷技术一览（引自 USEPA，2001b；2000c）

工艺	投加量/设计参数	pH	预处理需求	备注
铁盐	30mg/L	5.5～8.0	无	①去除率＞95％ ②砷去除效果优于明矾
铝盐	30mg/L	5.0～7.0	调节 pH 值	
石灰	变化	10.5～12.0	处理后需 pH 值回调	①提高 pH 值可去除三价砷和五价砷 ②污泥产量大
吸附	吸附床深＝3～4ft 6～8gpm/sq ft	6.0～8.0	沉淀过滤	吸附饱和后，吸附介质不能现场再生
离子交换	交换床深＝3～4ft 10～15gpm/sq ft	8.0～9.0	沉淀过滤	①高浓度硫酸盐（＞120mg/L）和 TDS 会显著影响除砷效果 ②避免铁盐类污染 ③高浓度砷再生液的处理与处置复杂
活性氧化铝	过滤床深＝2.5～4.0ft EBCT＝10～15min	5.5～6.0	沉淀过滤	①高浓度硫酸盐（＞120mg/L）和 TDS 显著影响处理效果 ②再生无效，需要频繁更换吸附介质 ③高浓度砷再生液的处理和处置复杂
反渗透	100～200psi	6.5～7.5	沉淀过滤	①处理成本比其他方法高 ②含砷浓度高的浓缩液需处理和处置

注：ft×0.3048＝m；gpm/sq ft×2.444＝$m^3/(m^2 \cdot h)$；psi×6.895＝kPa

② 硒的去除。硒也具有生物毒性，因此工业废水中的硒须完全去除，才能进入集中污水处理厂。硒的主要工业源包括铜、钼、锌、硫和铀矿，烟尘，发电厂，炼油厂和钢铁制造厂等。

无机硒的形态，包括下列四种氧化态：胶体元素态硒（Se^0）；亚硒酸（HSe^-）；亚硒酸盐［Se（Ⅳ）、$HSeO_4^-$ 和 SeO_3^{2-}］；硒酸盐［Se（Ⅳ）、SeO_4^{2-}］。硒还有有机化合物态。其中亚硒酸盐和硒酸盐是工业废水中令人关注的主要形态，均易溶于水。

因为还原形态的硒更易通过传统的化学法特别是投加铁盐去除，而且亚硒酸铁极难溶于水，所以硒的去除优先选择亚硒酸铁沉淀法。

与亚硒酸铁相比，硒酸铁的 Se（Ⅵ），特别是在大量硫酸盐存在的条件下溶解性明显高于亚硒酸铁。因此，在实际的除硒工程中，应先将硒酸盐还原为亚硒酸盐。为此应先分析废水中硒的存在形态，然后再选择具体的处理工艺。

通过投加元素铁和特定的生物处理工艺可将硒酸盐还原为亚硒酸盐和单质硒。由于硫酸盐和硝酸盐更易与铁还原剂反应，所以废水中的硫酸盐与硝酸盐会抑制硒酸盐的化学还原，去除硒时应消除其影响。

硒的去除可使用以下方法：a. 铁盐（pH 值 6.5～8.0）；b. 特殊介质进行离子交换（选择条件为硫酸盐浓度小于 120mg/L，总溶解性固体浓度较低）；c. 活性氧化铝（pH 3.0～8.0）；d. 反渗透。

任何形态的硒，采用活性炭吸附均无去除效果。

③ 汞的去除。汞是控制最严格的元素之一，废水中的汞须完全去除后，才能进入城市污水处理厂。汞的主要工业源包括金属精加工、印刷电路板的制造、提炼厂、制药厂、汞矿、垃圾渗滤液以及焚烧炉洗涤废水等。

工业废水中无机形态的汞，包括单质汞（Hg^0）、一价汞（Hg^+）和二价汞（Hg^{2+}）三种。常见的汞盐是氯化汞（$HgCl_2$）、氯化亚汞（Hg_2Cl_2）、硝酸汞［$Hg(NO_3)_2$］、硫化汞（HgS）和硫酸汞（$HgSO_4$）。其溶解度范围从不溶（如 Hg_2Cl_2 和 HgS）到易溶［如 Hg_2Cl_2 和 Hg（NO_3）$_2$］。汞也可以有机的形态存在，影响最大的是甲基汞，它是日本水俣病的元凶。甲基汞在工业废水中很少发现。

汞的去除包括铁盐和铝盐的共沉淀、硫化钠的硫化物沉淀、特殊硫黄浸渍处理的炭吸附、离子交换、膜过滤和汞还原等方法。其中，共沉淀、离子交换和浸渍炭吸附方法的除汞性能好，处理后废水中的汞浓度最低。

汞的化学处理方法，是将汞离子还原成不溶性的元素汞并回收或是生成不溶性的汞盐而沉淀去除。常采用的汞还原剂为硼氢化钠等化学试剂。化学还原法的主要优点是汞可以回收，同时大多数固体物质可重复利用，而缺点是与沉淀法相比处理后的废水中汞的浓度较高。

采用离子交换和活性炭吸附处理含汞废水时，需采用沉淀和过滤预处理。此外，为了最大限度地提高汞的去除效率，可以增加氧化反应预处理。通过氧化反应可以确保废水中的汞均呈现离子态而非还原态，然后再进行离子交换或活性炭吸附处理。同样的，应在中试试验的基础上选择合适的技术方案。

(8) 应用实例。每个化学处理方法都有其优点和缺点。表 12-8 总结了常用的金属废水处理方法的优缺点。

表 12-8　常用的含金属废水化学处理方法比较

处理方法	优点	缺点
氢氧化物沉淀-石灰法	成本最低； 同时沉淀高浓度 SO_4^{2-}； 安全问题较少； 对废水有缓冲能力； 处理可靠	灰尘多，溶解缓慢，需配成药浆； 药浆需泵输送，阻塞管道； 污泥量多，蓬松，难处置； 螯合剂存在时无效
氢氧化物沉淀-氢氧化钠法	液体储存不需要搅拌混合；易溶； 不堵塞管道，较石灰法易维护； 无需水解	pH 值改变，氢氧化物会再沉淀； 较石灰法费用高； 对污水没有缓冲能力； 污泥量多，蓬松，难处置； 在 10℃（50℉）或者温度更低时，氢氧化钠呈凝胶状； 废水中的硫酸盐干扰处理过程

续表

处理方法	优点	缺点
氢氧化物沉淀-氧化镁法	形成颗粒状沉淀剂； 较其他氢氧化物沉淀法污泥好处置； 较石灰法产泥量小； 晶点较氢氧化钠低	pH值改变，氢氧化物会再次沉淀； 较石灰法费用高； 药浆需泵输送，储存期间需搅拌混合
硫化物沉淀法	同时沉淀其他离子； 处理后的废水中金属离子浓度低； 在pH=7～9，可有效去除金属； 在不发生还原反应的情况下，可去除六价铬； 螯合剂干扰小	产生有毒烟雾； 产生恶臭气体H_2S； 较氢氧化物沉淀法费用高； 较石灰、明矾和铁盐法产生的污泥难以沉淀
碳酸盐沉淀法	使废水具有显著的缓冲能力； 添加较多碳酸盐，可以增加沉淀； 超过正常pH值范围仍可沉淀	只能去除部分金属
铁共沉法	在pH=7～8.5时，可同时去除多种金属； 处理后的废水中金属的含量非常低	处理后的废水可能有颜色

① 海南某金矿含氰废水排放量300m^3/d，含CN^-的浓度为150mg/L。设计时采用如下的处理流程，如图12-5所示。

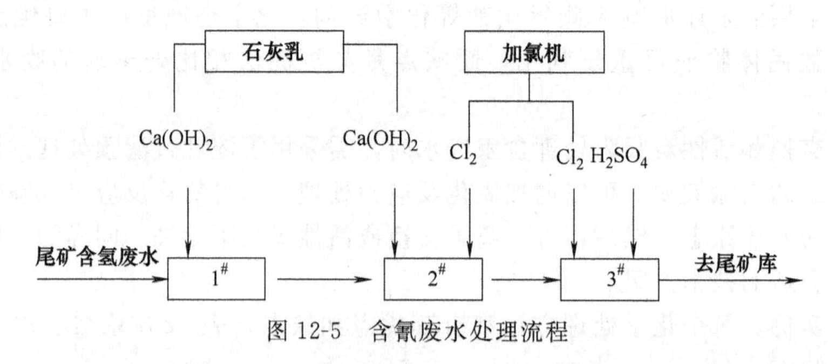

图12-5 含氰废水处理流程

其中，1#、2#、3#三个反应池均为玻璃钢质搅拌池，有效容积均为2.3m^3，废水在每个反应池中的停留时间约11min。尾矿废水首先进入1#搅拌池，由石灰乳贮罐向1#池中加入石灰乳溶液，调节pH值在7左右。调节了pH值后的废水由1#搅拌池进入2#搅拌池，投氯机向2#池中投入氯气，同时不断地向其中补充石灰乳溶液，使反应的pH值维持在11左右。在这个反应池中，废水中的CN^-仅被氧化成CNO^-，需进一步处理。废水在进入3#反应池时，其pH值仍在10以上，为改善反应条件，向3#池中加入硫酸溶液，调节pH值到8～8.5，同时由投氯机投入氯气，在这种微碱性条件下，废水中的CNO^-被最终氧化成CO：和N：。含氰废水经上述流程处理后，废水中的CN^-可去除99%以上。实际运行中碱性氯化法对尾矿水中CN^-的去除效果很好，出水基本上可达到$CN^- < 0.5$mg/L，为安全起见，将处理后的废水用污水泵送至尾矿库，未完全反应的CN^-在尾矿库中可与水中的余氯继续反应或自然降解，达到彻底消除CN^-污染的目的。

② 辰溪某钒业公司是一家生产五氧化二钒的民营化工企业，产废水约2400t/d，废水中含砷、六价铬、铜、锌、铅、镉等重金属。钒业的废水呈酸性，产量约100t/h，该废水中含有铜、锌、铅、镉等重金属，必须使用Na_2S作还原剂，处理流程如图12-6所示。该处理

工艺可以使出水达标排放，该方法有很好的可操作性，控制好 Na_2S 的用量，即总体控制了废水处理，从而能够确保废水稳定地达标排放。

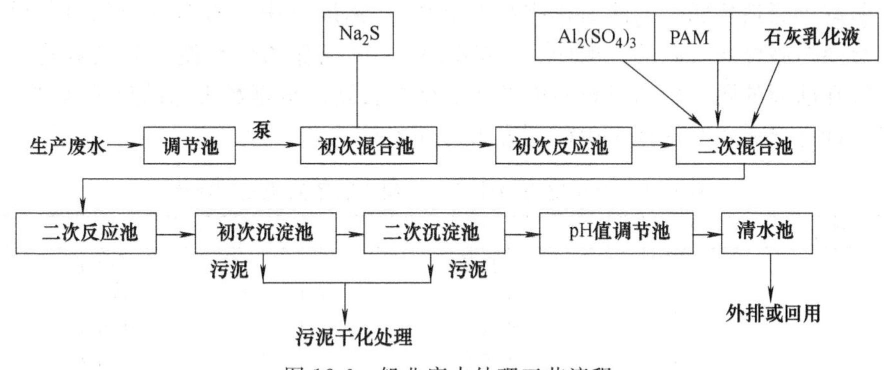

图 12-6　钒业废水处理工艺流程

12.3.3　离子交换

离子交换法是一种借助于离子交换剂上的离子和水中的离子进行交换反应而除去水中有害离子的方法。在工业用水处理中，它占有极重要的位置，用以制取软水或纯水，在工业废水处理中，主要用以回收贵重金属，也用于放射性废水和有机废水的处理。

采用离子交换法，具有去除率高、可浓缩回收有用物质、设备较简单、操作控制容易等优点。但目前应用范围还受到离子交换剂品种、性能、成本的限制，对预处理要求较高，离子交换剂的再生和再生液的处理有时也是一个难题。

离子交换法处理工业废水的重要用途是去除金属离子或回收有用金属。如许多摄影室通过离子交换树脂截留富集废水中的银，然后经过再生处理，实现银的回收。离子交换也可以有效地去除废水中汞离子。

如图 12-7 所示为金属离子和硝酸根的离子交换工艺示意图。其中，废水中带正电的金属离子被阳离子树脂的氢或钠离子交换而去除，而硝酸根阴离子在废水经过阴离子交换柱时，被阴离子树脂的氢氧根离子（OH^-）交换而被去除。

离子交换树脂的可交换基团被完全交换，相应的离子交换柱停止运行，进行树脂再生。阳离子树脂的再生一般采用酸性溶液浸泡，以氢离子置换金属离子。阴离子交换树脂通常采用碱性溶液（如氢氧化钠）再生，以氢氧根离子取代酸根离子。

目前，离子交换技术的发展趋势不断研制能去除特定污染物质的离子交换树脂，不仅提

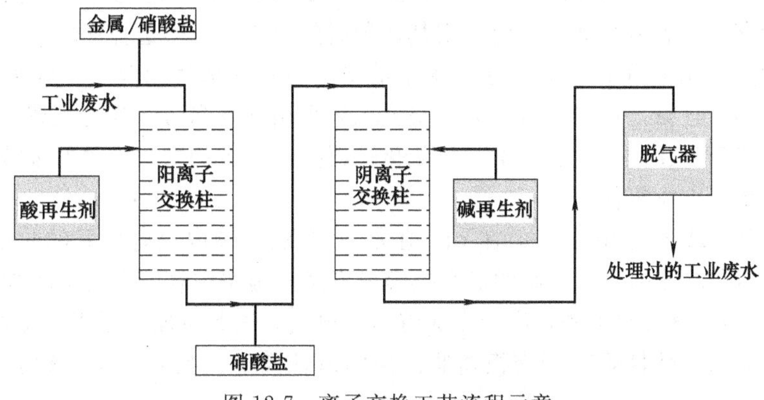

图 12-7　离子交换工艺流程示意

高目标污染物的去除效率，而且可简化树脂的再生过程。

应用于金属去除的树脂包括三种类型：强酸性阳离子交换树脂、弱碱性阴离子交换树脂和强碱性阴离子交换树脂（去除氰化物和氟化物）。当废水中含有多种金属时，设计者必须掌握离子交换树脂金属去除的“顺序”（表12-9），以确保离子交换工艺高效稳定运行。如表所示，排在前面的阴、阳离子较后面的离子优先去除。根据欲去除的离子及其之前离子的浓度，可以计算出离子交换柱再生前的废水可处理量。

表 12-9　离子交换去除阳离子和阴离子的优先顺序表

优先	阳离子	阴离子
↓	钡离子	磷酸根
	铅离子	硒酸根
	钙离子	碳酸根
	镍离子	砷酸根
	镉离子	亚硒酸根
	铜离子	亚砷酸根
	锌离子	硫酸根
	镁离子	硝酸根
	钾离子	亚硫酸根
	铵离子	氯离子
	氢离子	氰离子
		碳酸氢根
		氢氧根
		氟离子

① 砷。无机砷的存在形态包括亚砷酸盐和砷酸盐。废水除砷处理之前，应通过试验，分析废水中砷的存在形态及浓度。

亚砷酸盐不易通过离子交换去除。但是，亚砷酸盐先经氯或其他的氧化剂氧化为砷酸盐，再由离子交换去除。强碱性阴离子交换树脂很容易去除砷酸盐，交换饱和后的树脂可用钠盐再生。新型离子交换树脂需定期更换无需再生，更换后的树脂应妥善处置。

废水中含有铁、硫酸盐以及砷时，树脂的交换负荷增加，相应的再生频率随之增加。

② 硒。硒在废水中最常见的形态为亚硒酸盐和硒酸盐。通常，离子交换法更易去除硒酸盐（Se^{6+}）。因此，在选择处理方法过程中，应分析废水水质，确定硒的存在形态及含量。选择离子交换法时，应先投加氧化剂（如氯、次氯酸钠或过氧化氢）将废水中的亚硒酸盐氧化为硒酸盐。

硒的去除通常采用强碱性阴离子交换树脂。由于铁和硫酸盐都会增加树脂交换的负荷，因此，废水中存在铁和硫酸盐时，应采用其他种类的树脂进行硒选择性去除。

③ 氨。离子交换法可以有效去除废水中的氨。树脂的选择则取决于废水中其他的干扰性阳离子和阴离子含量。许多除氨的离子交换工艺采用斜发沸石，其对氨离子具有很高的选择性，可用盐或氢氧化钠再生。其中，氢氧化钠再生后产生的高浓度含氨废液，经吹脱或汽提除氨后，再生液可重复使用。

除氨的最佳pH值为6～7，但在pH值为4～8的范围内也有较好的除氨效果。然而，废水的pH值不在此范围时，树脂的氨交换容量下降，出水中氨的泄露量增加，出现穿透现象。pH值大于9，氨废水中的氨离子变成游离的氨气，因此不能采用离子交换法。

脱氨可以采用强酸性阳离子交换树脂。树脂以钠离子交换氨离子，然后通过强酸溶液再生。

④ 硝酸盐。绝大多数的硝酸盐都呈现水溶性（表 12-2），所以其去除不能采用中和或沉淀法，但是可以选择离子交换法。通常，强碱性阴离子交换树脂可去除硝酸盐，然而，与硝酸盐相比，强碱性阴离子交换树脂更易去除硫酸盐（表 12-7），所以废水中硫酸盐浓度过高，会造成硝酸盐的去除量下降。因此，应该选择适合于硝酸盐去除的专一树脂。这两类树脂的再生都采用钠盐和钙盐。

⑤ 放射性物质。离子交换法可有效去除废水中的放射性物质（如铀、镭、锕、钍、镤）。然而，放射性物质的运输和处置，需要采取特殊的安全防范措施，或者委托树脂制造商直接负责含放射性物质的废水处理。

12.3.4 膜滤

膜分离法是以外界能量差为推动力，利用特殊的薄膜对溶液中的双组分或多组分进行选择性透过，从而实现分离、分级、提纯或富集的方法的统称，其作用原理见图 12-8。膜是指在一种流体相内或是在两种流体相之间有一层薄的凝聚相，它把流体相分隔为互不相通的两部分，并能使这两部分之间产生传质作用。膜有两个特点：①膜有两个界面，这两个界面分别与两侧的流体相接触；②膜传质有选择性，它可以使流体相中的一种或几种物质透过，而不允许其他物质透过。

膜分离的特点：①分离过程不发生相变，因此能量转化的效率高，例如在现行的各种海水淡化方法中反渗透法能耗最低；②分离过程在常温下进行，因而特别适于对热敏性物料（如果汁、酶、药物等）的分离、分级和浓缩；③分离效率高；④装置简单，操作方便，控制、维修容易；⑤膜的成本较高，膜分离法投资较高；⑥有些膜对酸或碱的耐受能力较差；⑦膜分离过程在产生合格水的同时会产生一部分需要进一步处理的浓水。

膜分离技术的关键在于半透膜的物化性能，实际应用中对半透膜的性能要求包括：①选择透过性强；②处理通量大；③化学稳定性好，耐温，耐酸、碱及微生物腐蚀；④机械强度高，耐压性能好；⑤结构质地均匀，性能衰减小，使用寿命长；⑥原材料充足，易制造，成本低廉。

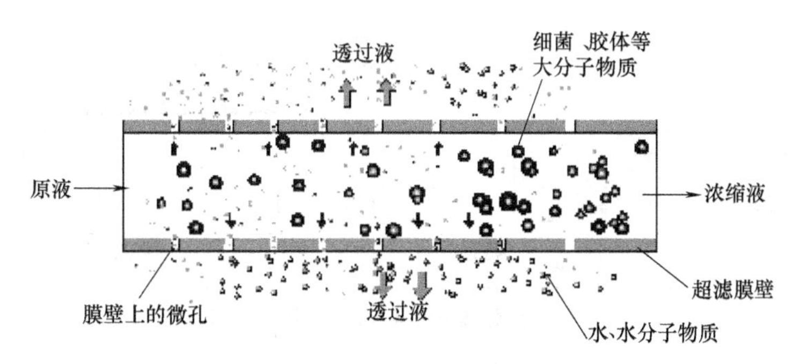

图 12-8　膜过滤原理示意

透过膜的物质可以是溶剂，也可以是其中的一种或几种溶质。溶剂透过膜的过程称为渗透，溶质透过膜的过程称为渗析。根据膜的种类、功能和过程推动力的不同，废水处理中常用的膜分离方法有渗析（D）、电渗析（ED）、反渗透（RO）、纳滤（NF）和超过滤（UF）。膜分离技术发展很快，在水和废水处理、化工、医疗、轻工、生化等领域有广泛的应用。废水处理中常用的膜分离法及其特点见表 12-10。

表 12-10　废水处理中常用的膜分离法及其特点

膜分离过程	推动力	透过(截留)机理	产品水中的透过物及其大小	浓水中的截留物	膜类型
渗析	浓度差	溶质的扩散	低分子物质、离子，0.004～0.15μm	溶剂，分子量>1000	非对称膜、离子交换膜
电渗析	电位差	电解质离子选择性透过	溶解性无机物 0.0004～0.1μm	非电解质大分子	离子交换膜
反渗透	压力差 0.85～7.0MPa	溶剂的扩散	水、溶剂 0.0001～0.001μm	溶质、盐(SS、大分子、离子)	非对称膜或复合膜
纳滤	压力差 0.5～2.0MPa	溶剂的扩散	水、溶剂、小分子、离子 0.001～0.01μm	某些溶质、大分子	非对称膜或复合膜
超过滤	压力差 0.07～0.7MPa	筛滤及表面作用	水、盐及低分子有机物 0.005～0.2μm	胶体、大分子、不溶有机物	非对称膜
微滤	压力差 0.071～0.1MPa	颗粒大小和形状	水、溶剂、溶解物 0.08～2.0μm	悬浮颗粒、纤维	多孔膜

膜分离性能可根据膜的孔径或截留分子量（MWCO）来评价。具有较小孔径或MWCO的膜可去除水中较小分子量的污染物。截留分子量是反映膜孔径大小的替代参数，单位是道尔顿（Da）。因为分子的形状和极性会影响膜的截留，所以MWCO仅仅是一种衡量膜截留杂质能力的大致标准。压力驱动的膜分离工艺可用有效去除杂质的尺寸大小来分类。图 12-9为膜分离技术与水中微粒的相互关系图。

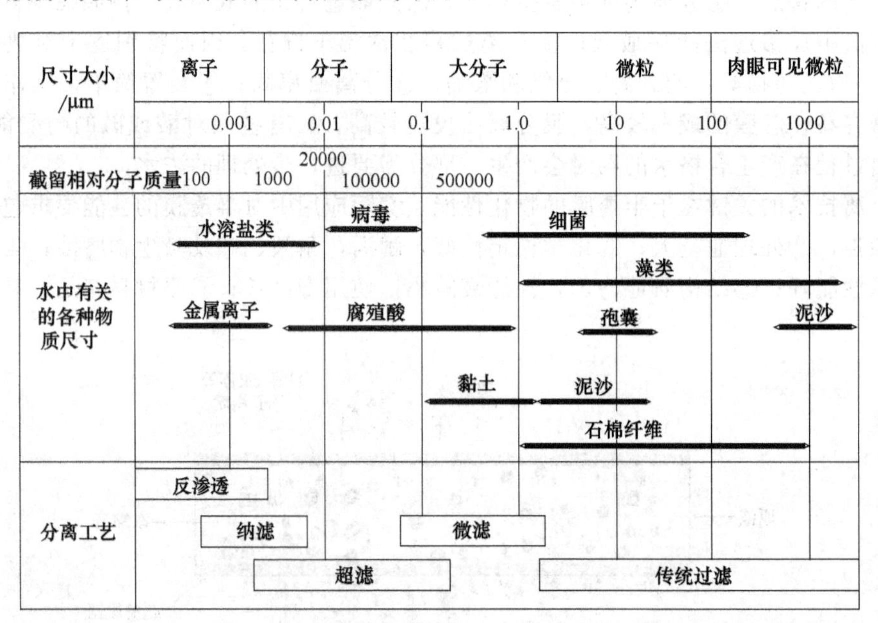

图 12-9　膜分离技术和水中微粒的相互关系

膜滤法主要应用于金属精加工废水处理，以去除金属离子和其他可溶性的离子，实现废水回用。膜滤依据膜孔径大小分类。

严格上讲，膜滤并非常规的预处理工艺，因为其出水水质远比大多数 POTW 和自来水厂的出水水质好。膜滤的出水通常回用于作为电镀行业的冲洗用水。

在 POTW 对金属的预处理要求特别高，饮用水的制水成本相当高或电镀用水水质的要求非常严格的情况下，膜滤的高投资和高运营成本仍可接受。

然而，膜污染是膜滤法运行面临的问题，特别是水中存在碳酸钙、硫酸钡、硫酸钙和硅酸盐时。一般地，硫酸用于控制碳酸盐结垢。聚丙烯酸阻垢剂可以控制硫酸盐结垢。通常可以通过加入特定的硅酸阻垢剂、降低膜的水力负荷、提高 pH 值至 8.5 以上、升高水温等作为预处理，防止出现硅酸盐结垢。

（1）扩散渗析法。扩散渗析是指在膜两侧溶液的浓度差（浓度梯度）所产生的传质推动力的作用下，溶质由高浓度的溶液主体透过半透膜，向膜另一侧的低浓度溶液迁移扩散的过程或现象。扩散渗析法是指利用渗析膜及浓差扩散原理对溶液进行分离提纯的水处理操作。

扩散渗析法在废水处理中的实际应用包括以下方面。

① 废酸液的扩散渗析法处理（酸回收）。工业废酸液经废酸存储池进入过滤器，在经过预处理后，打入渗析液高位槽，然后送入渗析器，渗析所得的 H_2SO_4 返回酸洗槽循环使用，渗析残液所含金属离子可采用蒸发结晶法加以回收。目前，研究工作基本集中在对单一酸的回收上。但在实际生产过程中，由于酸洗工艺的不同，产生大量的混酸体系，扩散渗析同样适用于混酸体系的分离。例如可用于回收不锈钢钝化液中的 HNO_3 和 HF，以扩散渗析法处理酸洗废液，其渗析分离过程以浓度差为推动力，无需耗电，但分离效果较低，设备投资较大。

② 人造丝浆压榨的扩散渗析法处理（碱回收）。人造丝浆压榨液的主要成分有半纤维素、甘露醇、葡萄糖以及 NaOH 等。利用扩散渗析法可处理该压榨液并回收碱。原液和接受液在渗析膜两侧逆向流动，原液中的 NaOH 渗析到接受液侧，而半纤维素主要阻留在原液中，从而实现半纤维素和 NaOH 分离。

（2）电渗析。电渗析法最先用于海水淡化制取饮用水和工业用水，后来在废水处理方面也得到较广泛应用。电渗析以较低的直流电为驱动力，使不溶性离子整齐排列于电极之间的离子选择性膜。含有阳离子和阴离子的废水进入膜室，阳离子向负极迁移，阴离子则向正极迁移。然后分别穿过阳离子选择性膜和阴离子选择性膜。废水电渗析装置经多级交替处理后，分别产生去离子水和金属离子浓缩水。

电渗析运行方式包括序批或连续两种。废水的除盐率为 40%～60%。运行的主要问题是膜污染和结垢，因此，往往配置必要的预处理单元（如化学处理、沉淀或过滤、活性炭吸附）。

几种常见的电渗析技术如下。

① 填充床电渗析（EDI）。填充床电渗析又称电脱离子法（Electrodeio-nizattono，EDI）。它是将电渗析法与离子交换法结合起来的一种水处理方法，即在电渗析的除盐室中填充阴阳离子交换剂，利用电渗析过程中的极化现象对离子交换填充床进行电化学再生，它兼有电渗析技术连续除盐和离子交换技术深度脱盐的优点，又避免了电渗析技术浓差极化和离子交换技术中的酸碱再生等带来的问题。填充床电渗析淡水室装有混合阴、阳离子交换树脂或装填离子交换纤维等，两边是浓室（与极室在一起）。它的工作过程一般分为三个步骤：a. 离子交换过程，利用淡水室中的离子交换树脂对水中电解质离子的交换作用去除水中的离子；b. 离子选择性迁移，在外电场作用下，水中电解质沿树脂颗粒构成的导电传递路径迁移到膜表面并透过离子交换膜进入浓室；c. 电化学再生过程，存在于树脂、膜与水相接触的扩散层中的极化作用使水解离为 H^+ 和 OH^-，它们除部分参与负载电流外大多数对树脂起再生作用，从而使离子交换、离子迁移、电再生三个过程相伴发生，相互促进，实现了连续去除离子的过程。一般水中含盐量为 50～15000mg/L 时都可使用，而对含盐量低的水更为适宜。这种方法基本上能够除去水中全部离子，所以它在制备高纯水及处理放射性废水方面有着广泛的用途。

② 倒极电渗析（EDR）。EDR 的原理和电渗析法基本是相同的，只是在运行过程中，

EDR 每隔一定的时间，正负电极极性相互倒换一次（国内电渗析器一般 2～4h 倒换一次），因此称现行的倒极电渗析为频繁倒极电渗析。EDR 系统是由电渗析本体、整流器及自动倒极系统三部分组成的，其倒极一般分以下三个步骤：a. 转换直流电源电极的极性，使浓、淡室互换，离子流动反向进行；b. 转换进、出水阀门，使浓、淡室的供排水系统互换；c. 极性转换后持续 1～2min，将不合格淡水归入浓水系统，然后浓、淡水各行其路，恢复正常运行。倒极电渗析器的使用，大大提高了电渗析操作电流和水回收率，延长了运行周期，在饮用水净化和锅炉补给水处理等方面有广泛的应用。

③ 高温电渗析。高温电渗析是将电渗析的进水温度加热到 80℃，使溶液的黏度下降，扩散系数增大，离子迁移数增加，有利于极限电流密度的大幅增大，从而提高电渗析器的脱盐能力，降低动力消耗，从而降低处理费用，尤其是对有余热可利用的工厂更为适宜。高温电渗析虽然有脱盐能力大、投资省及运转费用低等许多优点，可是存在耐高温膜的研制以及需增加热交换器而要消耗一部分热能的问题，因此，在什么情况下采用多高的温度，需要从投资、运转费用及水温等方面综合进行技术经济比较。

④ 无极水电渗析技术。无极水电渗析，它的主要特点是取消了传统电渗析的极室和极水，原水利用率可达 70%以上，该装置如图 12-10 所示，电极紧贴一层或多层阴离子交换膜，它们在电气上都是相互连接的，这样既可以防止金属离子进入离子交换膜，同时又防止极板结垢，延长电极的使用寿命。该装置在运行方式上采用频繁倒极，全自动操作，以城市自来水为进水，单台多级多段配置，脱盐率可达 99%以上。目前，无极水全自动控制电渗析器已在国内北京、西安、安徽等地使用。

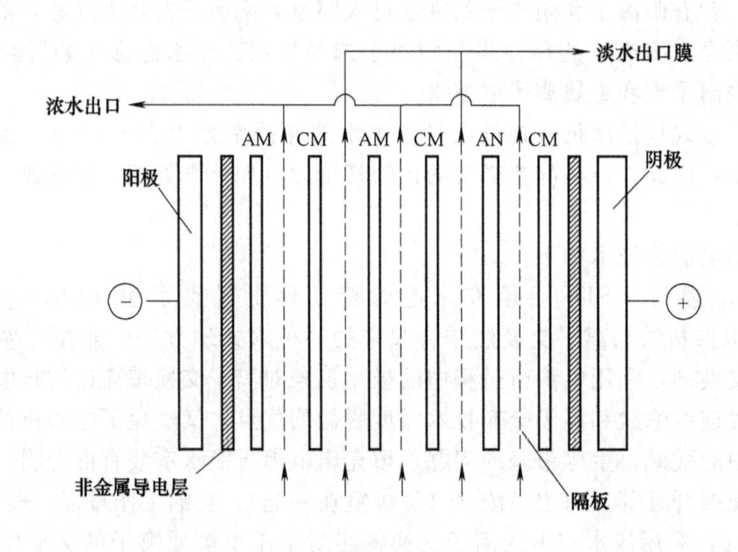

图 12-10　无极水电渗析器的结构示意

⑤ 无隔板电渗析器。传统的电渗析器一般由浓淡水隔板、离子交换膜和电极等部件组装而成。1994 年，江维达设计出了无隔板电渗析器，是由 JM 离子交换网膜和电极为主要部件组装而成的新型电渗析器。它主要是用 JM 离子交换网膜构件取代离子交换膜和隔板，此新构件具有普通离子交换膜和隔板的功能。该机在相同条件下与有隔板的电渗析器比较，脱盐速率快，电耗可降低 20%以上。

除此之外还有卷式电渗析、液膜电渗析（EDLM）、双极性膜电渗析（EDMB）、离子隔膜电解等。

⑥ 工程应用。目前，电渗析法在废水处理实践中应用最普遍的有以下几项。

a. 处理碱法造纸废液，从浓液中回收碱，从淡液中回收木质素。

b. 从含金属离子的废水中分离和浓缩重金属离子，然后对浓缩液进一步处理或回收利用。

c. 从放射性废水中分离放射性元素。

d. 从芒硝废液中制取硫酸和氢氧化钠。

e. 从酸洗废液中制取硫酸及沉淀重金属离子。

f. 处理电镀废水和废液等，含 Cu^{2+}、Zn^{2+}、Cr（Ⅵ）、Ni^{2+} 等金属离子的废水都适宜用电渗析法处理，其中应有最广泛的是从镀镍废液中回收镍，许多工厂实践表明，用这种方法可以实现闭路循环。

(3) 反渗透。液-液分离的反渗透膜的孔径最小，一般小于 0.002μm（图 12-11）。反渗渗透的基本原理是：水透过膜，而其中的溶质（如盐类、金属离子和某些有机物）被截留，其中被截留的盐类被浓缩成浓盐水，然后再通过电渗析或电解法处理。

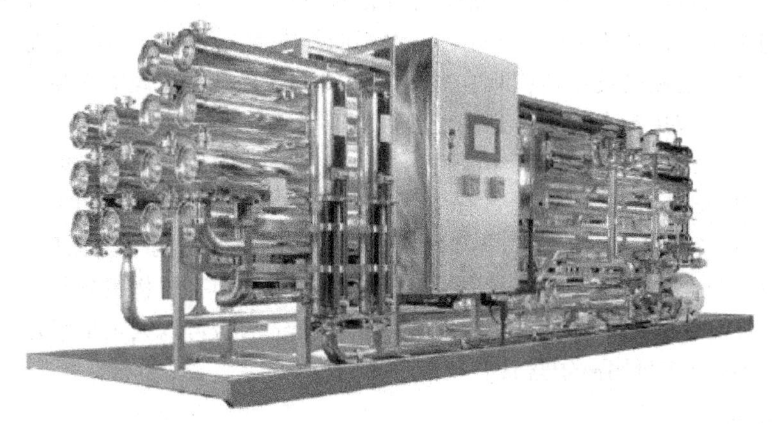

图 12-11　反渗透处理装置（GEWater and Process Technologies 提供）

通常，反渗透的预处理包括保安过滤器和袋式过滤器，以及防止膜结垢的化学处理。反渗透的后处理包括加碱以降低溶液的腐蚀性、pH 值调节、确保反渗透的出水重复利用。

反渗透的膜孔径小，用于废水的金属离子分离时，工作压力高［690～2410kPa（100～350psi)］，因此，其运行成本主要为电费。除盐浓度越高，运行费用越高。

导致反渗透工艺费用高的另一个因素为膜的更换，即使膜污染防治措施有效，反渗透膜的更换周期一般为 5 年。

目前出现了反渗透变型，即“松散反渗透”，该技术操作压力低（约为反渗透的 1/2 左右)，脱盐率较低。在金属盐类去除要求较低时，可以选择该技术。

随着性能优良的反渗透膜以及膜组件的生产工业化，反渗透技术的应用范围已从最初的脱盐扩大到化工生产、食品加工和医药环保等领域，其中脱盐和超纯水制备的研究和应用最成熟，规模也最大，其他应用大多处于开发中。

(4) 超过滤。超滤法是以一定的外界压力为推动力，利用半透膜实现物质分离的膜分离方法。在废水处理中主要用于相对分子质量大于 500、直径为 0.005～10μm 的中、低浓度的高分子溶解态及胶体态污染物的分离与回收。超滤所分离的溶质分子量较大，分离过程中的溶液的渗透压基本可以忽略，因而在较低的操作压力下进行，操作压力范围一般 0.1～0.5Pa。

由于超滤技术操作压力低、无相变、分离效率高，特别是可以回收有价值的物质，实现废水的再用，在环境治理过程中受到高度重视，目前已在纺织、机械、石油化工、造纸、食品、胶片印刷等行业的近20种工业废水以及在生活污水的处理与资源化利用中获得应用。

工业中超滤设备的核心是超滤膜组件，组件的结果形式有板框式（plate and frame membrane module）、螺旋卷式（spiral wound membrane module）、管式（tubular membrane module）、中空纤维式（hollow fiber membrane module）等，并且通常是由生产厂家将这些组件组装成配套设备供应市场。

超滤工艺流程可分为间歇操作（batch operation）、连续超滤过程（continuous ultra-filtration，CUF）和重过滤三种。间歇操作具有最大透过率，效率高，但处理量小。连续超滤过程常在部分循环下进行，回路中循环量常比料液量大得多，主要用于大规模处理厂。重过滤用于小分子和大分子的分离。

(5) 纳滤。纳滤（NF）是一种介于反渗透和超滤之间的压力驱动型膜分离技术，对溶质的截留性能介于反渗透和超滤之间。纳滤膜孔径范围处于纳米级，属于无孔膜，通常表面荷电，不仅可以通过筛分和溶解-扩散作用对相对分子质量为200～1000的物质进行去除，同时也可通过静电作用产生Donnan效应，对不同价态离子进行分离，实现对二价和高价离子的去除。由于纳滤膜较反渗透膜具有更低的操作压力，且在高盐浓度和低压下也有较高的通量，因此被广泛应用到水处理、食品工业、制药等多个领域。

纳滤的特点：纳滤膜孔径小，纳滤适用于分离相对分子质量在200以上，分子大小约为1nm的组分；操作压力较低，纳滤过程所施加的压差比同样渗透通量的反渗透膜所必须施加的压差低0.5～3.0MPa，由于这个特性，有时也将纳滤膜称为“低压反渗透膜”；纳滤对离子有选择性，这是一个重要特点，它能将水溶液中不同的有机物组分与不同价数低相对分子质量的阴离子分离开来。在溶液中，具有一价阴离子的盐可以大量地渗过膜（但并不是无阻挡的），然而膜对多价阴离子盐具有较高的截留率。

12.3.5 蒸发

蒸发能够从废水或浓缩液（如膜分离的浓缩液）中回收有用的副产物，作为进一步处理与处置的前处理。某些蒸发工艺也可从废水中回收纯溶剂。

蒸发技术的基本原理是，一部分溶剂（通常是水）被蒸发，溶液被浓缩。蒸发产生的浓缩液含有原水中所有非溶性固体或溶质。浓缩倍数越大，蒸发速率越小。

实际工程中，可以选用太阳能蒸发池或商品化的蒸发设备。蒸发池在运行过程中可能释放挥发性有机物，因此，选择前需进行挥发性有机物的释放评估。

(1) 蒸发池。年蒸发量大于年降雨量的地方，可选用蒸发池处理规模小或难处理的废水。蒸发池为开放性的废水存储池或废水塘。废水溶剂（特别是水）蒸发速率的主要影响因素包括降雨量、温度、湿度、每平方米的蒸发率和风速等气候条件。

蒸发池的设计，应依据废水最大排放流量及其蒸发的累积固体量计算。在条件许可时，设计应采用近5年的平均蒸发量和降水量数据。根据每月的物料计算，设计蒸发池的尺寸，计算式为：

$$蒸发池容积=净流入(废水+沉淀物)-净流出(蒸发+渗滤液) \quad (12\text{-}11)$$

利用这个式子逐月计算，开始时池子的贮存量为零，上月月末的贮存量，即为下月的起始量。如果池子足够大，可在第12个月（每个月都有不同的蒸发量和降水量）的月末将池子重新清空。

分析计算是迭代的：如果池子没有清空，必须扩大池的面积以增加蒸发量，然后重新开始分析计算。

蒸发池需设计防渗垫层、地下渗滤液收集系统和泄漏检测系统。应定期清除池内累积的蒸发残渣（固体物），检查和修复池体的防渗垫层。在蒸发过程中，随着溶液浓度的增加，蒸发率会逐渐降低。因此，蒸发池的设计应有一定的安全系数。

（2）机械式蒸发器。机械式蒸发器可以有效浓缩或去除废水中的盐类、重金属及其他有害物质。其工作原理是：在冷凝过程中，蒸汽通过金属表面将热传递至低温溶液使其蒸发，废水吸收热量，溶剂蒸发，溶质浓缩。蒸发出的气体排入大气（如果没有挥发性物质）或经冷凝回用。

其他通过加热水产生蒸发的方法包括使用热油、电气（electricgas）、燃料油、现有生产工艺的废热以及热泵加热废水。蒸发属于耗能、投资大、成本高的处理工艺，因此，在实际工程中，蒸发工艺的选择和设计需要严格的论证。

蒸发技术在许多工业废水处理工程中得到成功的应用，其中包括：重金属和螯合金属电镀废水；乳化油废水；高浓度溶解性生化需氧量（如糖类）废水；含不易挥发的有机或无机物质（如染料、酸和碱）的废水；有一定脱水要求的工艺水（如食品加工）。

蒸发技术的优势在于，在不投加化学剂的条件下，回收有价值的物质的同时，实现水的回用。如果蒸发器的结构材料选择合理，蒸发工艺可以处理任意浓度的金属废液或不挥发性有机废水。在许多金属精加工和金属加工企业，采用蒸发技术可以实现各种制造和涂层工艺冲洗水的零排放。

与传统的物理-化学处理工艺相比，蒸发技术具有很多优点。其中最重要的是，蒸发可以产生高品质的蒸馏物（总的溶解性固体<10mg/L），直接回用于生产工艺。尽管如此，机械蒸发能耗大。因此，技术人员在设计过程中利用各种替代能源的同时，应选择高效的蒸发器。

理论上，1kg 蒸汽在其冷凝过程中能够从溶液中蒸发出 1kg 的水，其蒸汽使用效率从经济上算是 1∶1。一台简单的蒸发器有 1 个蒸发室（效），称之为“1 效”。蒸发过程中，随着“效”数增加，蒸发的经济性相应提高。多效蒸发器中，前效的蒸汽为后效的蒸汽源，蒸汽能够在很低的压力和温度下沸腾（图 12-12）。每增加 1 效可提高蒸发的能量效率。例如，一个 2 效蒸发器的蒸汽需求为一台单效蒸发器的 50%，即其蒸汽的经济性为 2。因此，蒸发器的“效”数的限度为在已有基础上再增加 1 效，整个蒸发器的投资是否超过其能源节约费用。

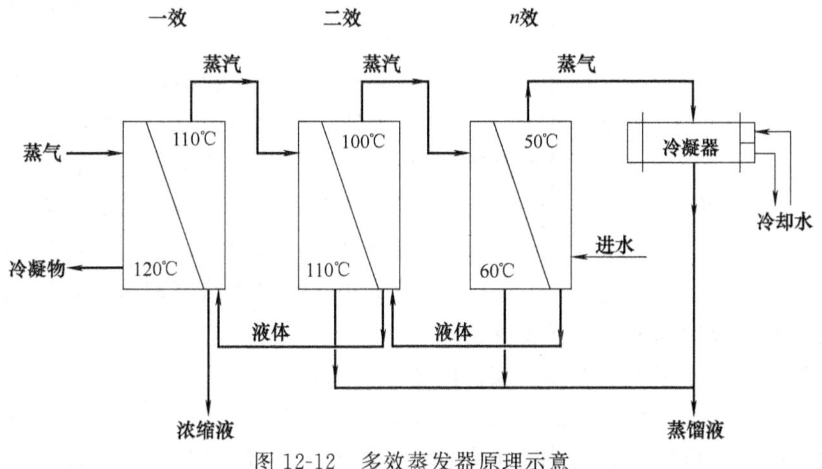

图 12-12　多效蒸发器原理示意

实践表明，压缩蒸汽是降低能耗的技术之一。在蒸汽压缩系统（图 12-13）中显示蒸发室排放的蒸汽被压缩至蒸发器的热交换装置所需压力和温度。机械压缩机（如正向位移压缩机、离心压缩机和轴向压缩机）为最常见的蒸汽压缩设备。机械压缩蒸汽的蒸发器系统需要一个外界的蒸汽源（图 12-13 中驱动能量），才能启动系统的运行。蒸发器进料池中，安装一个小型锅炉或电阻加热器可以提供系统启动所需的蒸气源。

利用其他过程中排放的废气或废热，也可以降低蒸发工艺运行成本。热的工业流体经泵输送至加热管代替蒸汽，既可以回收热量，同时可将热转移至欲蒸发的液体。

机械蒸发器的分类依据包括传热表面的布局方式和传热方式。典型的蒸发器包括竖管降膜、喷膜、横管喷膜、压力环流和组合等类型。

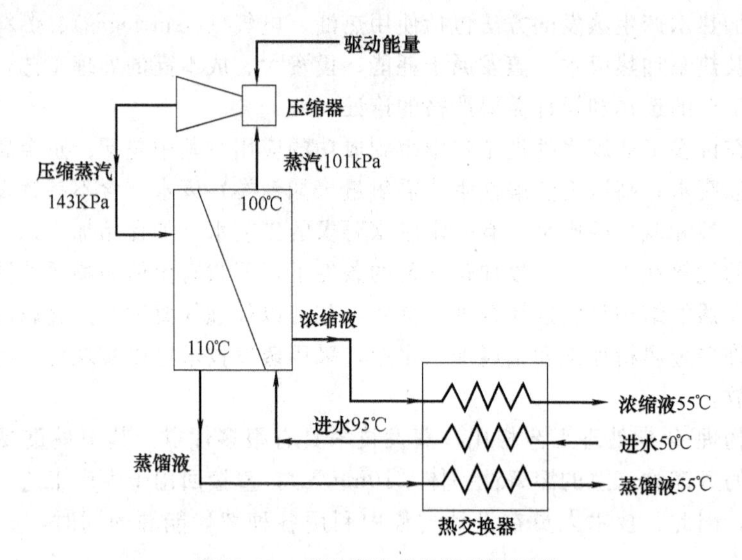

图 12-13　蒸汽压缩蒸发器系统原理

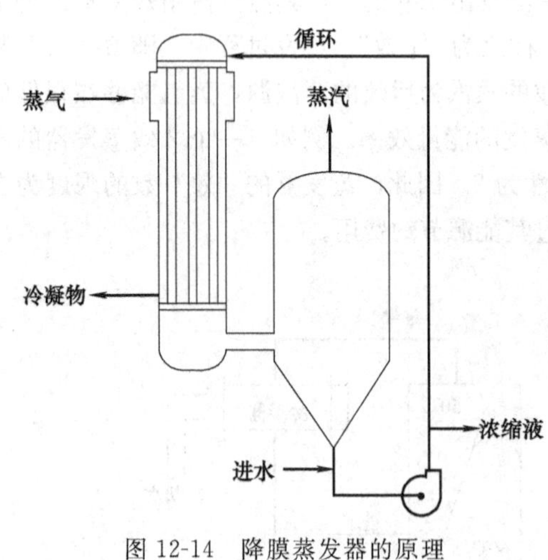

图 12-14　降膜蒸发器的原理

（3）竖管降膜。竖管降膜蒸发器中（图 12-14），循环液（工艺液）从竖管束的顶部进入管内，呈薄膜状降落，从管外的蒸汽中吸收热量，其中的水分被蒸发。蒸汽和液体在竖管底部分离。竖管降膜蒸发器通常用于黏度高的液体的蒸发，以及停留时间短的热敏性液体的浓缩。

（4）水平管式喷膜蒸发器。水平管式喷膜蒸发器（图 12-15）中，循环液体（工艺废水）加热后喷注在水平管束外表面，水平管束内部载着流动的低压蒸汽或浓缩水蒸气。蒸发器室的蒸汽可作为后续 1 效蒸发的热源或先通过机械压缩再回用于蒸汽制备。运行过程中，水平管外形成的垢状物需定期采用化学清洗去除。

此类蒸发器适合于室内或者净空较低的地方使用。

（5）压力环流蒸发（结晶）器。压力环流蒸发（结晶）器中，循环液（工艺废水）经泵泵入压力热交换器，以防止管内沸腾和结垢（图 12-16）。废水进入在低压或局部真空状况

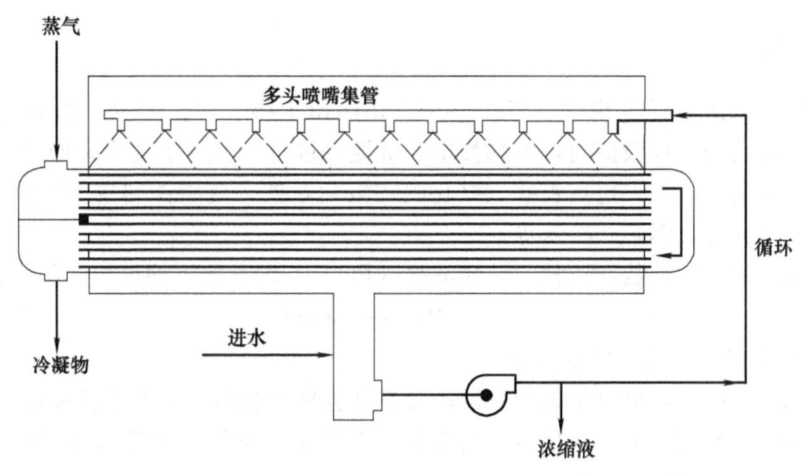

图 12-15　水平管式喷膜蒸发器原理示意

下运行的闪蒸室（分离室），水快速蒸发，从而在残余溶液中形成非溶性晶体。

通常，压力环流蒸发（结晶）器适合于含有大量悬浮固体或需要使固体高度浓缩或结晶的工厂选用。该蒸发器所需的循环率高，能耗大。

(6) 组合工艺。在实际工程中，往往通过不同类型的蒸发器组合或蒸发与其他处理工艺的组合来降低投资和运行成本或满足特殊的处理要求。降膜蒸发器后续压力环流蒸发（结晶）器是较常见的一种组合工艺。其中，蒸发器先将废水固体物质浓度浓缩至 20%～30%，然后经后续结晶器进一步浓缩至固体。蒸发器排出的蒸汽运转环流蒸发（结晶）器，可以降低能耗。

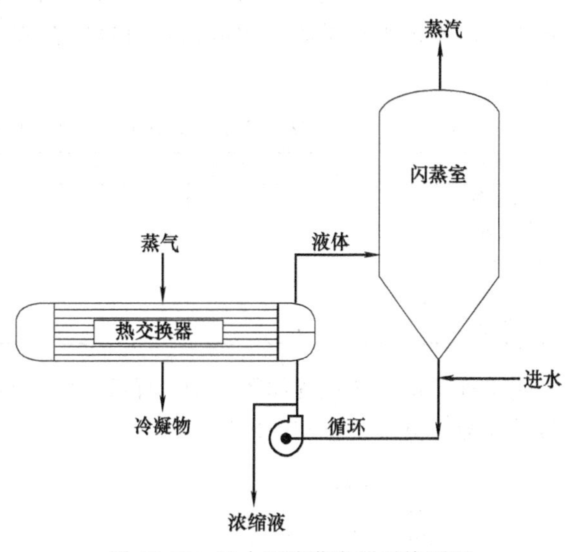

图 12-16　压力环流蒸发器系统原理

蒸发与其他处理工艺组合形成的“混合”工艺系统被日益广泛地应用于废水零排放工程。一个典型案例是，反渗透或电渗析后续蒸发器或蒸发器-结晶器的组合工艺，其中反渗透或电渗析单元的浓缩液（出水）即蒸发器进水。

“混合”工艺系统比较复杂，却可显著地减小蒸发器的规模，而且大大降低能耗。尽管如此，某些废水，特别是易结垢的废水的处理不宜选择“混合”工艺系统。

12.4　营养物质的预处理工艺

废水中营养物（主要是氮和磷）的预处理工艺包括物理化学法和生物法。为了控制藻类的生长，增加水体需氧量含量，集中污水处理厂（POTW）的营养物质排放限值日趋严格。因此，含高浓度营养物质的工业废水需要经过预处理合格后，才能排入集中污水处理厂（POTW）或直接排入受纳水体。

12.4.1 除磷

常规的除磷方法包括生物法（Biological Nutrient Removal，BNR）和中和沉淀法。当预处理标准规定磷的排放限值时，可选择中和沉淀法进行工业废水的除磷处理。除磷的化学药剂和去除重金属的相同，包括铁盐（氯化铁和氯化亚铁，硫酸铁和硫酸亚铁）、铝盐（明矾、铝酸钠、聚合氯化铝）和石灰等。

（1）铁盐和铝盐。铁盐和铝盐与正磷酸盐（PO_4^{3-}）的简化沉淀反应式如下：

$$M^{3+}+PO_4^{3-}\longrightarrow MPO_4\downarrow \qquad (12\text{-}12)$$

式中，M 为铝离子或三价铁离子。

按照此化学反应式，可以根据废水磷的含量计算铁盐和铝盐的理论投加量。但是，实际废水处理过程中，存在其他竞争反应（与金属、碳酸盐、氢氧化物等），因此，化学药剂的实际投加量往往大于理论计算值。

表 12-11 所列为城市污水化学沉淀除磷的相关经验值（城市污水的总磷浓度一般为 3～8mg/L）。可以参考该表的数值，选择工业废水处理过程中化学药剂的起始投加量。在实际工程中，应根据废水磷的排放限值，通过实验室小试，筛选、确定化学药剂类型及实际投加量。

表 12-11 城市污水化学除磷的常见金属盐类投加量一览表（引自 USEPA，1987a；1987b）

金属盐	投加量(以金属离子计)/(mg/L)	金属离子与磷酸根之比/(lb/lb)
氯化亚铁	9～15	3～4
氯化铁	10～15	4～5
硫酸亚铁	8～15	2～5
硫酸铁	5～15	2～5
硫酸铝	10～20	2～4

化学处理法工艺流程如图 12-17 所示，化学药剂投加、快速混合、絮凝和沉淀设施的相关设计参数，见第 9 章相关内容。

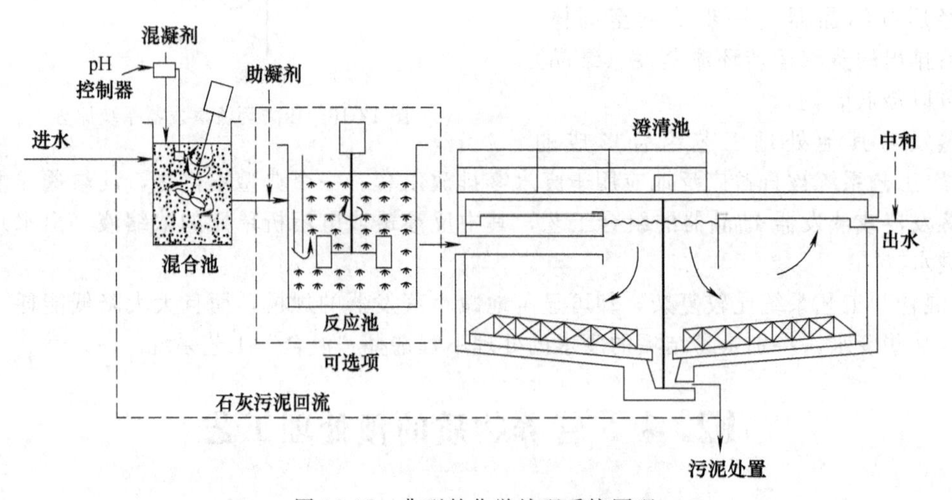

图 12-17 典型的化学处理系统原理

（2）石灰。所谓的石灰是指生石灰（CaO）或熟石灰［$Ca(OH)_2$］。若是生石灰，则须熟化处理，即生石灰水化成熟石灰。熟化过程排放大量的热量，粉尘较大。石灰常用于大型集中污水处理厂，其耗量较大多数工业废水的预处理多。本章只介绍熟石灰在工业废水处理中的应用。

铝盐和铁盐可直接与磷酸盐反应形成沉淀，但是石灰加入废水中后，首先与废水中的碱度反应生成碳酸钙（$CaCO_3$），只有过量石灰并使废水的 pH 值至 10 以上时，才会与磷酸盐反应，生成不溶性羟基磷灰石钙沉淀，从而达到除磷的效果。随后，再调节废水的 pH 值达到排放限值，以进一步处理或直接排放。

与铁盐、铝盐相比，石灰法存在较大差异，在工程设计时需注意下列因素：与铁盐或铝盐法相比，石灰法除磷所产生的污泥量大；石灰法通常操作复杂，维护劳动强度大；石灰的单价较铁盐或铝盐法低；石灰法除磷的处理效果主要受废水 pH 值影响，与废水的磷浓度关系不大，因此，废水的磷浓度较高时，可以优先选择石灰法。

12.4.2 脱氮

以下介绍 POTW 和工业废水处理中常用的脱氮处理技术。

（1）氨的吹脱/蒸汽汽提。废水中氨呈现铵（NH_4^+）或游离氨（NH_3）两种形态，随着 pH 值的变化，两种形态呈现平衡变化，即：

$$NH_4OH \rightleftharpoons NH_3\uparrow + H_2O \tag{12-13}$$

吹脱塔中氨吹脱的原理基于上述氨-铵平衡。当废水 pH 值提高至 10.8～11.5 时，其中的氨主要呈现为游离氨，通过逆流穿过吹脱塔的空气吹脱，去除水中的游离氨，即氨气。采用热空气或蒸汽吹脱，氨的去除效果则进一步改善。

吹脱或者蒸汽汽提虽然可以有效进行废水脱氨，但目前正逐渐被淘汰。因为该工艺处理过程中，存在需要调节废水的 pH 值，造成空气或蒸汽的二次污染，产生刺激性气味等问题。另外，由于出现吹脱塔结垢和冻结（天气寒冷时）问题，导致无法正常运行。

然而，在废水 pH 值较高、存在废弃的蒸汽和热水源可以利用，废水氨的浓度在 100mg/L 以上时，可以选择吹脱或蒸汽汽提（相关的技术资料，参见 USEPA，2000d）。

某化工集团是以生产合成氨、联碱、三聚氰胺为主的综合性化工企业。其含氮废水主要有两种，一种是高浓度氨氮废水，来自该企业合成氨、联碱、三聚氰胺生产中，如碱过滤机刷车废水、碳化塔煮塔废水等；还有一种是来自生产和生活的低浓度含氨氮废水。该企业工艺流程见图 12-18，该企业在低浓度废水中于 1 号净水器中加入 AKL-1 型高效复合絮凝剂，使废水中的污染物沉淀以达到脱除氨氮的目的，出水于 2 号净水器中通过石灰乳、AKL-1 净化后排出。该企业的高浓度含氮废水用本厂废碱液调节 pH 值后，连续通过 1 号、2 号两座吹脱塔后，用蒸汽进行氨氮的吹脱，出水氨氮小于 100mg/L。

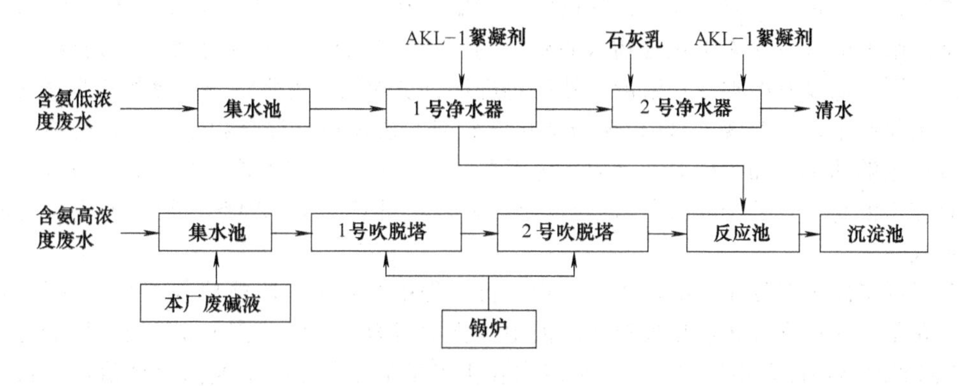

图 12-18　某厂含氮废水处理工艺流程

(2) 离子交换。离子交换法可用于氨、亚硝酸盐和硝酸盐的去除。其中，氨的去除除采用合成树脂外，通常采用天然的斜发沸石。其他离子交换材料专门用于亚硝酸盐和硝酸盐的去除。

与生物脱氮比较，离子交换法的占地小，处理后废水的氮浓度低。尽管如此，离子交换法尚存在一些缺点，如运行费用高，尤其是污染物浓度高，需要专门的离子交换树脂时，处理成本更高；其次，为消除悬浮物和其他竞争性离子如铁和铝离子的影响，离子交换单元之前需要预处理；另外，离子交换树脂的再生以及再生剂的处理成本很高。

在离子交换工艺的选择和设计过程中，应咨询树脂制造商并进行相关的中试性实验，确定工程的设计参数，尽量准确地估算工程投资与运营成本。

在美国明尼苏达州某污水处理厂规模为 2270m^3/d，该厂采用 3 座斜发沸石交换柱（顺流运行）来去除污水中的氨氮，其中两柱串联。沸石交换柱被氨氮饱和后用 6%的氯化钠溶液再生，再生废液用蒸汽吹脱法回收氨。该厂沸石离子交换柱设计数据见表 12-12。

表 12-12 沸石离子交换柱设计数据

项目	水力负荷 /[m^3/(m^2·h)]	单柱沸石量 /kg	床深 /m	脱氮率 /%	沸石粒径 /mm	通水量 /(BV/周)
数据	10.3(5.6BV/h)	41	1.83	95	0.29～0.83	250

(3) 折点加氯除氨。在废水折点加氯的处理过程中，加氯的目的在于将氨离子氧化成其他物质（主要是氮气）

$$2NH_3+3HOCl \longrightarrow N_2+3HCl+3H_2O \qquad (12\text{-}14)$$

需添加足够多的氯，以便能与废水中所有可氧化物质反应的同时，产生游离性余氯。其中涉及很多复杂反应，因此化学药剂的选用与合理工艺的设计至关重要。在适宜的操作条件下，废水中 95%～99%的氨氮能被转化成氮气。具体的反应类型及次序则可通过一些工艺参数（如 pH 值、温度、接触时间、初始氯的投加量与氨氮量之比等）选择确定。

与空气吹脱法相同，折点加氯属于成熟的脱氨技术，特别适用于季节性脱氨。然而，在实际工程中，特别在废水氨浓度比较高（15～20mg/L 以上）时，折点加氯法并不常用。理论上，加氯量与氨氮之比为 7.6∶1（质量比），由于废水处理过程中所存在的不同有机物竞争反应，导致实际投氯量会明显大于理论值，因此，造成运行成本高等问题。具体包括：废水进入 POTW 或受纳水体之前，须去除废水中余氯；可能产生有毒且易爆的三氯化氮（NCl_3）气体；可能产生消毒副产物（如三氯甲烷和三溴甲烷）；增加废水中总溶解性固体的量，可能导致废水水质超标；生成的盐酸会造成钢表面腐蚀。因此，选择折点加氯法除氨时，在工程设计过程中应采取一系列措施来克服上述问题。首先，废水须经合格的预处理，以降低高浓度的有机或无机化合物（如硫化物、亚硫酸盐类、硫酸盐类、亚铁离子、酚类、氨基酸、蛋白质以及糖类等）浓度，然后再进行折点加氯，否则将导致氯的耗量显著增加。

为确保废水、氯溶液、pH 值调节的化学药剂的快速充分混合和工艺运行的稳定性，不仅须设计足够的水力和机械混合动力，还需要采用信息反馈装置控制整个处理过程。化学药剂一旦完全混合，只需 1min 的接触时间足以使反应进行完全。因此，接触池应尽可能选择成推流式。

为了尽量减少三氯化氮的产生，工程运行过程中废水 pH 值须控制在 7.0 左右。pH 值调节的化学药剂应在加氯前投加至氯溶液中。化学药剂的有效混合十分重要，因为氯溶液与 pH 值调节的药剂混合不均匀，使部分废水在折点反应中的 pH 值偏离设计值，导致反应生成的三氯化氮浓度过高。在实际工程中，由于不能完全防止三氯化氮的产生，因此，反应池所在区域须通风良好。

另外，氯气的水解和氨的氧化过程中会产生酸，氧化 1mg/L 的氨大约消耗 15mg/L 碱度。因此，如果氨浓度比较高，必须提供足够的碱度维持废水的缓冲能力和 pH 值稳定。

(4) 氨的生物硝化。生物脱氨通过硝化作用完成，包括下列两个过程：

$$NH_4^+ + 1.5O_2 + 2HCO_3^- \longrightarrow NO_2^- \uparrow + 2H_2CO_3 + H_2O \tag{12-15}$$

$$NO_2^- + 0.5O_2 \longrightarrow NO_3^- \tag{12-16}$$

第一步反应由亚硝化菌完成，第二步由硝化菌完成。硝化 1kg (2.2lb) 氨的氧耗量为 2kg (4.6lb) 以上。此外，硝化过程消耗碱度，因此，实际工程中需及时补充碱度维持 pH 值稳定。否则，如果废水的 pH<6.5，则硝化过程受抑制反应速率下降。

硝化过程中氧的消耗量称为硝化需氧量 (NOD)。河流水体发生硝化会导致水体溶解氧匮乏。因此，工业废水需进行硝化预处理或 POTW 需具有硝化功能，以防止河流水体溶解氧匮乏。另外，高浓度的氨对敏感性无脊椎动物（如水蚤、虾和鳟鱼）具有毒害作用。

参考文献

[1] 张学洪，赵文玉等编著. 工业废水处理工程实例 [M]. 北京：冶金工业出版社，2009.
[2] 钟琼主编. 废水处理技术及设施运行 [M]. 北京：中国环境科学出版社，2008.
[3] 朱灵峰编著. 水与废水处理新技术 [M]. 西安：西安地图出版社，2007.
[4] 何绪文，贾建丽著. 矿井水处理及资源化的理论与实践 [M]. 北京：煤炭工业出版社，2009.
[5] 赵庆良，李伟光编著. 特种废水处理技术 [M]. 哈尔滨：哈尔滨工业大学出版社，2004.
[6] 王学松，郑领英编著. 膜技术 [M]. 北京：化学工业出版社，2013.
[7] 于海琴主编. 膜技术及其在水处理中的应用 [M]. 北京：中国水利水电出版社，2011.
[8] 彭跃莲等编. 膜技术前沿及工程应用 [M]. 北京：中国纺织出版社，2009.
[9] 郑领英，王学松编著. 膜技术 [M]. 北京：化学工业出版社，2000.
[10] 刘茉娥等编著. 膜技术在污水治理及回用中的应用 [M]. 北京：化学工业出版社，2005.
[11] 娄金生，谢水波，何少华等编著. 生物脱氮除磷原理与应用 [M]. 长沙：国防科技大学出版社，2002.
[12] 彭永臻著. SBR 法污水生物脱氮除磷及过程控制 [M]. 北京：科学出版社，2011.
[13] 陆晓华，成官文主编. 环境污染控制原理 [M]. 武汉：华中科技大学出版社，2010.
[14] 蒋展鹏，杨宏伟主编. 环境工程学 [M]. 第 3 版. 北京：高等教育出版社，2013.
[15] 李亚峰编. 废水处理实用技术及运行管理 [M]. 北京：化学工业出版社，2013.

第13章 有机组分的去除

13.1 营养物的去除

营养性污染物即废水中所含的氮、磷是植物和微生物的主要营养物质，如果这类营养性污染物大量进入湖泊、河口、海湾等缓流水体，当水中氮、磷的浓度分别超过 0.2mg/L 和 0.02mg/L 时，就会引起水体富营养化。

水体富营养化是指藻类及其他浮游生物迅速繁殖，水体溶解氧量下降，水质恶化，鱼类及其他生物突然大量死亡。水体出现富营养化时，浮游生物猛增，由于占优势的浮游生物颜色不同，水面常呈现蓝、红、棕、乳白等色。这种现象发生在江河湖泊中称为水华，发生在海洋中则叫做赤潮。

氮肥厂、稀土厂、农药厂、洗毛厂、造纸厂、印染厂、食品厂和饲养厂等排出的废水中，常含有氮。特别是氮肥厂和稀土厂甚至含有可资源化的氮。磷肥厂、农药厂等排出的废水中含有无机磷与有机磷。生化需氧污染物和维生素类物质也会促进和触发水体发生营养性污染。

13.1.1 氮的脱除

在以去除废水中有机物为目的的实用处理技术中，最有效的方法是活性污泥法，但是这种方法却不能去除废水中的氮、磷等营养盐类物质。如果把含有较高浓度的这类盐的二级处理水（通常即把经过沉降和活性污泥两个处理单元的处理称为二级处理）直接排放到自然水体中，就有可能造成自然水域的富营养化，这样便丧失了废水处理的意义。

污水生物脱氮处理就是使废水中溶解的各种含氮化合物经过氨化、硝化、反硝化后，最后变换成为非活性的气态氮而被去除的过程。

（1）氨化反应。在氨化细菌作用下，有机氮被分解转化为氨态氮，这一过程称为氨化过程，氨化过程很容易进行。以氨基酸为例，加氧脱氨基反应式为：

$$RCHNH_2COOH + O_2 \longrightarrow RCOOH + CO_2 + NH_3$$

水解脱氨基反应式为：

$$RCHNH_2COOH + H_2O \longrightarrow RCHOHCOOH + NH_3$$

（2）硝化反应。硝化反应由好氧自养型微生物完成，在有氧状态下，利用无机碳为碳源由亚硝化菌将 NH_4^+ 化成 NO_2^-，然后再由硝化菌将 NO_2^- 氧化成 NO_3^-。硝化反应的总反应式为：

$$NH_4^+ + 2O_2 \longrightarrow NO_3^- + 2H^+ + H_2O$$

（3）反硝化反应。反硝化反应是在缺氧状态下，由兼性异养细菌——反硝化菌利用硝酸盐中的氧作为电子受体，以有机物（污水中的 BOD 成分）作为电子供体，将亚硝酸盐氮、硝酸盐氮还原成气态氮（N_2）的过程。目前认可的从硝酸盐还原为氮气的过程如下：

$$NO_3^- \xrightarrow{\text{硝酸盐还原酶}} NO_2^- \xrightarrow{\text{亚硝酸盐还原酶}} NO \xrightarrow{\text{氧化氮还原酶}} N_2O \xrightarrow{\text{氧化亚氮还原酶}} N_2$$

13.1.2 磷的脱除

城市废水中的含磷物质基本上属于不同形式的磷酸盐，简称磷或总磷。采用 0.45μm 微孔滤膜过滤可将废水中的磷酸盐类物质分成溶解性和非溶解性两类。按磷酸盐类物质的化学特性可分成正磷酸盐、聚合磷酸盐和有机磷酸盐。城市废水中的磷主要来源于人类活动的排泄物及工业产生的废物。近年来，合成洗涤剂和家用清洗剂的使用是引起废水中磷含量增高的主要原因之一。

在常规二级生物处理系统中，BOD_5 的生物降解过程伴随着微生物菌体的合成，磷作为微生物正常生长所需要的元素成为微生物的组分，并随着剩余污泥的排放将磷从系统中去除。在常规活性污泥系统中，微生物正常生长时活性污泥含磷量一般为污泥干重的 1.5%～2.3%，由于进水 BOD_5 与 TP（总磷）的比值、泥龄、污泥处理方法及处理液回流量等因素的不同，通过剩余污泥的排放仅能获得 10%～30%的除磷效果。假设初沉池出水的 BOD_5 浓度为 140mg/L，溶解磷浓度为 8mg/L，剩余污泥产率为 0.6gVSS/gBOD_5，则生物处理过程中将有 1.2～1.7mg/L 的磷去除，去除率为 15%～21%。生物除磷过程见图 13-1。

生物除磷工艺的一个特征是厌氧区的设置，供聚磷菌（贮磷菌）吸收基质，产生选择性增殖。大量的资料证实，在生物除磷工艺中经过厌氧状态释放正磷酸盐的活性污泥，在好氧状态下具有很强的磷吸收能力，并且磷的厌氧释放是好氧磷吸收和除磷的前提条件。多数废水生物处理系统要兼顾脱氮和除磷两方面的功能，工艺构造上基于硝化和反硝化方面的考虑

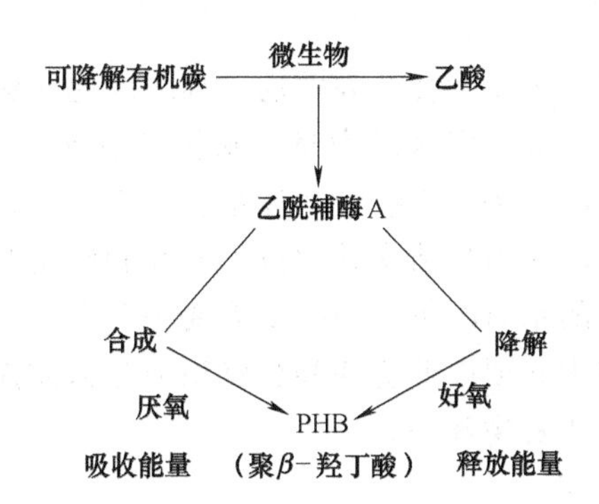

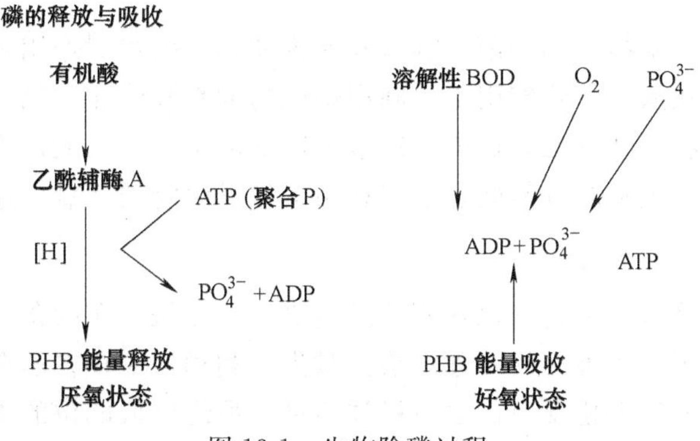

图 13-1　生物除磷过程

较多，使处理系统在发生硝化的情况下也能保证较好的除磷性能。

① 在厌氧条件下，通过水解作用，在没有溶解氧和硝态氮存在的厌氧条件下，兼性细菌将溶解性BOD转化成挥发性脂肪酸（VFA）（低分子有机物）。除磷菌能分解体内的聚磷酸盐而产生ATP，并利用ATP将废水中的有机物摄入细胞内，转化成胞内碳源储存物（PHB/PHV，PHB即聚β-羟基丁酸，PHV即聚β-羟基戊酸）。同时还将分解聚磷酸盐所产生的磷酸排出体外。

② 在好氧条件下，除磷菌利用废水中的BOD_5或体内储存的PHB/PHV的氧化分解所释放的能量来摄取废水中的磷，一部分磷被用来合成ATP，另外绝大部分的磷则被合成为聚磷酸盐而储存在细胞体内。通过剩余污泥排放，将磷从系统中去除。

聚磷菌是生物除磷中起主要作用的微生物，其主要特征是能在细胞内合成并储存聚合磷和PHB。聚合磷是一种高能无机聚合物。研究表明，在有生物除磷的废水处理厂的活性污泥中同时存在低分子聚合磷和高分子聚合磷。低分子聚合磷在厌氧条件下起提供能量的作用，高分子聚合磷则为细胞生长提供磷源。

采用废水生物除磷技术，一般磷的去除率可达到80%～90%，较好情况下出水总磷可低于1mg/L。要将废水中的磷降低到0.5mg/L以下，仅仅采用生物除磷则比较困难，往往要以化学除磷作为辅助方法。废水生物除磷技术的发展起源于生物超量吸收磷现象的发现。废水生物除磷就是利用活性污泥的过量磷吸收的现象，通过废水生物处理系统的特殊设计和运行条件的控制，使细胞含磷量相当高的细菌群体能在处理系统的基质竞争中取得优势，使污泥的含磷量达到3%～7%，然后将这些细胞随污泥排出处理系统。

13.2 常规处理方法

污水处理是一项侧重于环境效益和社会效益的工程，因此在建设和实际运行过程中常受到资金的限制，使得治理技术与资金问题成为我国水污染治理的“瓶颈”。因此，如何使城市污水处理工艺朝着低能耗、高效率、少剩余污泥量、操作管理方便以及实现磷回收和处理水回用等可持续的方向发展，已成为目前水处理技术研究和应用领域共同关注的问题。这要求污水处理不应仅仅满足单一的水质改善，同时也需要一并考虑污水及所含污染物的资源化和能源化问题，且所采用的技术必须以低能耗和少资源损耗为前提。目前污水常用的处理方法包括生物处理法、化学氧化法及物理法。

13.2.1 生物处理法

生物处理法是利用生物（即细菌、霉以及原生动物）的代谢作用处理各种废水、污水和粪尿的方法。微生物在酶的催化作用下，利用微生物的新陈代谢功能，对污水中的污染物质进行分解和转化。生物处理方法是目前应用最为广泛的工业废水处理方法之一。生物处理法可大致分为利用好氧微生物的好氧处理法与利用厌氧微生物的厌氧处理法两类。

13.2.1.1 好氧生物处理

好氧生物处理是好氧微生物（包括兼性微生物）在有氧存在的条件下，进行生物代谢以降解有机物，使其稳定、无害化的处理方法。微生物利用水中存在的有机污染物为底物进行好氧代谢，经过一系列的生化反应，逐级释放能量，最终以低能位的无机物稳定下来，达到无害化的要求，以便返回自然环境或进一步处理。污水处理工程中，好氧生物处理法有活性污泥法和生物膜法两大类。

（1）活性污泥法

① 概述。活性污泥法是废水生物处理中使用最广泛的一种方法，它是以活性污泥为主体的废水生物处理的主要方法。活性污泥法是向废水中连续通入空气，经一定时间后废水中的有机物被以菌胶团为主的微生物代谢，其中一部分合成新的生物细胞，另一部分转化为稳定的有机物，同时被好氧性微生物繁殖而形成的污泥状絮凝物所吸附，经凝聚沉淀后去除。随着生产上的应用和不断改进，特别是近四十多年，在对其生物反应和净化机理进行广泛深入研究的基础上，活性污泥法得到了很大的发展，现已成为有机性污水生物处理的主要方法。

② 基本流程。活性污泥法的基本流程如图 13-2 所示。

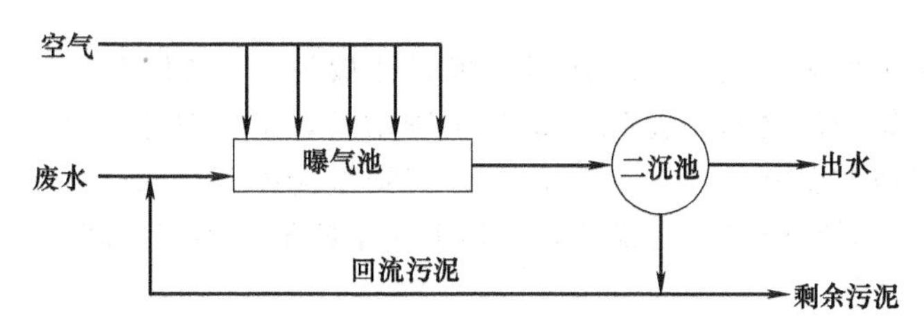

图 13-2 活性污泥法基本流程

活性污泥法系统是由曝气池、沉淀池、污泥回流系统和剩余污泥排除系统组成。含有各种有机物和无机物的污水进入初次沉淀池，然后进入曝气池形成混合液并进行曝气。细小的气泡进入污水中，使混合液处于剧烈搅动的状态，呈悬浮状态。污水中的悬浮固体和胶体物质在很短的时间内即被活性污泥吸附在菌胶团的表面上，同时一些大分子有机物在细菌胞外酶作用下分解为小分子有机物。污水中有机物被微生物利用作为生长繁殖的碳源和能源，在氧气充足的条件下，吸收这些有机物，代谢转化为生物细胞并氧化成为最终产物（主要是 CO_2），一部分供自身增殖繁衍。污水中的有机污染物得到降解而去除，活性污泥本身得以繁衍增长，污水则得以净化处理。

③ 活性污泥的组成和特征。活性污泥是悬浮的生物固体，由以下四部分组成：a. 活性微生物（活细胞物质）（以 M_a 表示，mgVSS/L）；b. 活细胞代谢（内源呼吸）残留物（以 M_e 表示，mgVSS/L）；c. 吸附在活性污泥表面的惰性的不能生物降解的有机悬浮固体（以 M_t 表示，mgVSS/L）；d. 惰性的无机悬浮固体（以 M_u 表示，mgVSS/L），主要来自入流污水，但细胞物质中也有此类无机物质。

活性污泥的评价指标，常用的有以下几种。

① 混合液悬浮固体（MLSS）。指曝气池内污水与活性污泥混合后的悬浮固体总含量，包括活性微生物、活细胞代谢残留物、微生物不能降解的有机物和无机物，即

$$\mathrm{MLSS}=M_a+M_e+M_t+M_u。$$

② 混合液挥发性悬浮固体（MLVSS）。这部分悬浮固体不包括 MLSS 中的无机物，被认为能更确切地表示活性污泥微生物量，即

$$\mathrm{MLVSS}=M_u+M_e+M_t。$$

MLVSS/MLSS 有相对固定的比值，生活污水常在 0.75 左右。

③ 区域沉淀速度（ZSV）。活性污泥浓度大于 500mg/L 时，污泥沉降以区域沉淀方式进行，泥水之间有明显的界面，此界面的沉降速度叫区域沉淀速度。易沉淀的污泥 ZSV 值约为 6m/h。

④ 污泥沉积指数（SVI）。活性污泥指数是指1g干污泥经30min沉降后所占体积。此值越低，表明污泥越易沉降，即

$$\mathrm{SVI}=\frac{\text{混合液30min静沉后污泥容积(mg/L)}}{\text{污泥干重(g/L)}}=\frac{\mathrm{SV}(\%)\times 10}{\mathrm{MLSS(g/L)}}$$

污泥的沉降特征（ZSV值和SVI值）与食料和生物量之比（F/M）的关系，给出污泥最佳的沉淀区域。

由于 $$F=QS_0, M=X_VV, V/Q=t\text{(停留时间)}$$

故有 $$F/M=QS_0/(X_VV)=S_0/(X_vt) \tag{13-1}$$

式中，S_0为进水的基质浓度，mg/L；M为曝气池中所保持的生物量，kgMLVSS；V为曝气池容积，m^3；Q为进水流量，m^3/d；X_v为混合液浓度，mg/L；F为食料，指基质量，mg/L污水。

试验表明，对于大多数废水，最佳污泥沉降区域为$0.3<F/M<0.6$，如图13-3所示。F/M低于0.3，系统中的食料不足以维持微生物增长，迫使微生物进入内源呼吸状态。而微生物自身氧化残渣非常轻，不易沉淀，污泥沉降性能差。F/M高于0.6，微生物食料充足，具有很高能量，同时丝状菌占优势，使污泥完全松散，不能沉降，造成污泥膨胀。

由式（13-1）可令：

$$N=F/M=QS_0/(X_VV) \tag{13-2}$$

在实际应用中，N为污泥负荷率，$\mathrm{kgBOD_5/(kgMLVSS \cdot d)}$。

（2）生物膜法。生物膜法是通过废水与附着生长于某些固体物表面的微生物（即生物膜）进行有机污水处理的方法。生物膜是由高度密集的好氧菌、厌氧菌、兼性菌、真菌、原生动物以及藻类等组成的生态系统，其附着的固体介质称为滤料或载体。生物滤池滤料上生物膜的构造见图13-4。

生物膜自滤料向外可分为厌氧层、好氧层、附着水层、运动水层。生物膜首先吸附附着水层有机物，由好氧层的好氧菌将其分解，再进入厌氧层进行厌氧分解，流动水层则将老化的生物膜冲掉以生长新的生物膜，如此往复以达到净化污水的目的。

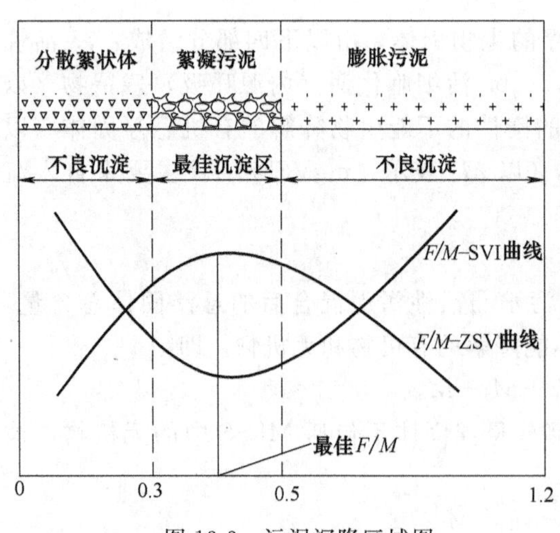

图13-3 污泥沉降区域图

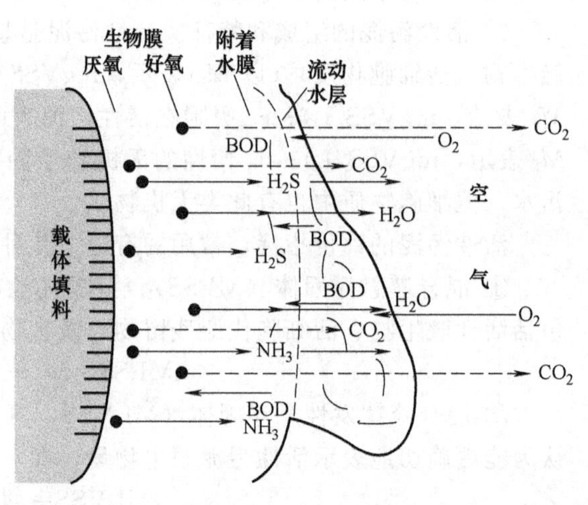

图13-4 生物滤池滤料上生物膜的构造

根据装置的不同，生物膜法分为生物滤池、生物转盘、生物接触氧化池和生物流化床，在此主要介绍生物滤池、生物转盘和淹没式生物膜反应器。

① 生物滤池。生物滤池法（trickling filter process）又称滴滤池法，是生物膜法中最常

用的一种生物反应器。生物滤池是以土壤自净原理为依据，在污水灌溉的实践基础上，经较原始的间歇砂滤池和接触滤池而发展起来的人工生物处理技术，是利用需氧微生物对污水或有机废水进行生物氧化处理的方法。以碎石、焦炭、矿渣或塑料制品填料等作为先填层，然后将污水以点滴状喷洒在上面，并充分供给氧气和营养，此时在滤材表面生成一层凝胶状生物膜（细菌类、原生动物、藻类、菌类等），当污水与填料表面上生长的微生物膜间隙接触时，污水中的可溶性、胶性和悬浮性物质吸附在生物膜上而被微生物氮化分解，使污水得到净化。其基本类型有普通生物滤池法、塔式生物滤池法和活性生物滤池法等。

a. 生物滤池构造

生物滤池的构造简单，主要由滤床及池体、布水系统和排水系统组成。

(a) 滤床。滤床是生物滤池的主体。滤池内安装滤料，是生物膜附着的介质。Pearson 等人认为，理想的填料应当：能够为微生物附着生长提供较大的表面积；能够让薄层液体均匀地流过生物膜；能够形成足够的空隙，保证空气畅通，并使脱落的生物膜随出水离开反应器；具有化学和力学稳定性。填料的主要类型为塑料填料，其中包括聚氯乙烯、聚苯乙烯、聚丙烯、酚醛玻璃钢制作的波形板式填料、列管式填料和蜂窝式填料。这些填料比表面积大，高达 100～200m^2/m^3，孔隙率超过 90%。采用塑料填料后，滤池通风状况改善，处理能力（容积负荷）提高。滤床的深度和滤率、滤料有关。滤床深度和滤率可根据需要进行设计。

(b) 布水系统。布水系统设于滤床之上。对其要求是：能把废水均匀地喷洒在滤料表面，为整个滤池提供均匀的水力负荷，充分发挥滤池各部分的作用；不受风力影响；不易堵塞，堵塞后易于疏通。常用的布水设备有固定式和旋转式两种类型。旋转式布水器使用最广，它以两根或多根对称布置的水平穿孔管为主体，能绕池心旋转。穿孔管贴近滤床表面，水从孔中流出。布水器的工作是连续的，但对局部床面的施水是间歇的。

(c) 排水系统。排水系统位于滤床之下，由渗水顶板、集水槽和排水总渠组成。集水槽和池外相通，既排水又通风。其主要功能是支撑滤料，排出净化水。

工作时，废水沿载体表面从上向下流过滤床，和生长在载体表面上的大量微生物和附着水密切接触进行物质交换。污染物进入生物膜，代谢产物进入水流。出水带有剥落的生物膜碎屑，需用沉淀池分离。生物膜所需要的溶解氧直接或通过水流从空气中取得。

b. 性能特点

(a) 生物滤池的处理效果非常好，在任何季节都能满足各地最严格的环保要求。

(b) 不产生二次污染。

(c) 微生物能够依靠填料中的有机质生长，无须另外投加营养剂，因此停工后再使用启动速度快，周末停机或停工 1～2 周后再启动能立即达到很好的处理效果，几小时后就能达到最佳处理效果。停止运行 3～4 周再启动立即有很好的处理效果，几天内恢复最佳的处理效果。

(d) 生物滤池缓冲容量大，能自动调节浓度高峰使微生物始终正常工作，耐冲击负荷的能力强。

(e) 运行采用全自动控制，非常稳定，无须人工操作。易损部件少，维护管理非常简单，基本可以实现无人管理，工人只需巡视是否有机器发生故障。

(f) 生物滤池的池体采用组装式，便于运输和安装；在增加处理容量时只需添加组件，易于实施；也便于气源分散条件下的分别处理。

(g) 此类过滤形式的生物滤池能耗非常低，在运行半年之后滤池的压力损失也只有

500Pa左右。

② 生物转盘。生物转盘也称旋转式生物反应器，其工作原理与生物滤池相同，因生物膜黏附在一组转动的圆盘上，故此得名。它是一种净化性能好、效果稳定、运行费用低的生物处理技术。

a. 生物转盘的工作原理。生物转盘由一组固定在同一轴上的许多间距很近的等直径圆片组成。细菌和菌类等微生物、原生动物一类的微型动物在生物转盘填料载体上生长繁育，形成生物膜。转盘的一部分（40%～50%）浸没在废水槽内，另一部分暴露于空气中（图13-5），转盘缓慢转动，随盘片的旋转浸在水中的生物膜上的微生物摄取污水中的有机污染物作为营养，当转盘离开污水而暴露于空气中时，其表面形成一层水膜，水层也从空气中吸收溶解氧，在好氧微生物作用下使有机物分解，从而使废水得以净化。

随转盘的转动，在一定程度上增加了废水中的溶解氧，因此，生物转盘还兼有活性污泥池的功能。盘片上生物膜也经历了生长、成熟、老化及由于废水对盘面剪切力的作用而脱落的过程，脱落的生物膜转化为污泥，在二次沉淀池中去除。

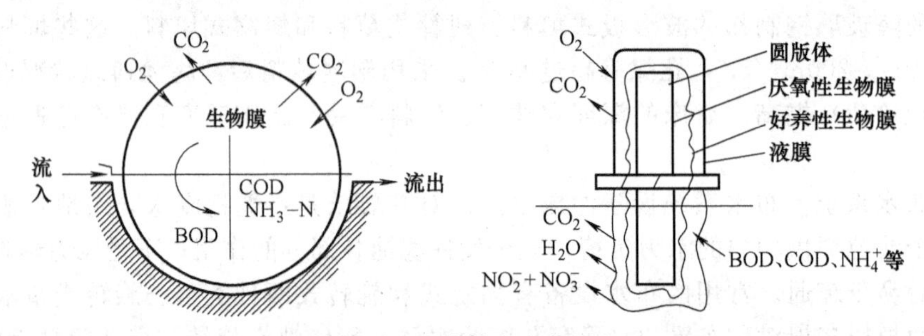

图13-5 生物转盘净化原理

b. 生物转盘的结构形式和运行方式。生物转盘的结构形式可分为单轴单级、单轴多级和多轴多级三种结构形式。图13-6为单轴多级生物转盘运行方式示意。在实际应用中可根据实际需要，进行串、并联组合。级数多少和采取什么样的结构形式，主要根据废水水质、

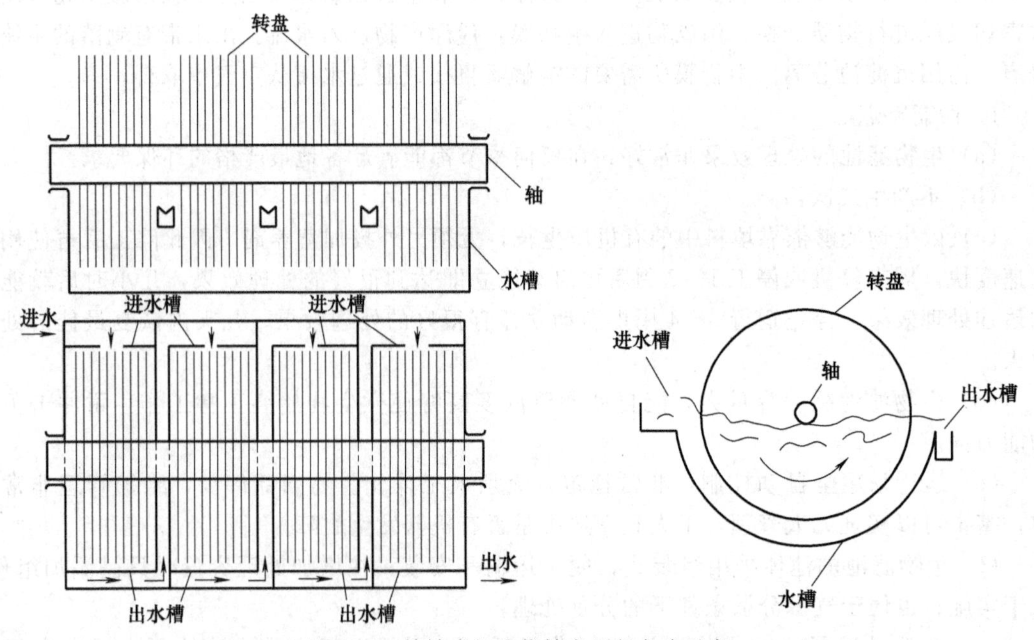

图13-6 单轴多级生物转盘运行方式示意

水量、净化要求达到的程度以及设置转盘场地的现场条件等因素决定。实践证明，对同一废水，若盘片面积不变，将转盘分为多级串联运行，能够提高出水水质和水中溶解氧含量。而并联运行可以减小负荷，避免充氧不足而发生厌氧状态，产生臭气。

c. 生物转盘的特点

(a) 动力消耗小。接触反应槽因不需曝气及污水提升，动力消耗小，且不需污泥回流，动力费用仅为活性污泥法的1/3～1/2。当废水BOD为2000mg/L时，去除1kgBOD耗电为0.7kW/h。

(b) 可实行分级运转。微生物优势种类因级而异，有利于发挥各种微生物作用，净化效率高。

(c) 适应负荷变化能力强。污泥量少，为活性污泥法的1/2，且污泥易于沉淀。

(d) 设备简单，占地面积小，易于控制和调节，受气候影响也小。

(3) 生物接触氧化法。生物接触氧化法（biological contactors oxidation）是一种介于活性污泥法与生物滤池之间的废水生物处理法，具有活性污泥法特点的生物膜法，兼有活性污泥法和生物膜法的优点。其特点是将滤料（常称作填料）完全淹没在废水中，避免生物接触氧化池中存在污水与填料接触不均的缺陷，并需曝气的生物膜处理废水的方法。因此，也称淹没式生物膜法，或称生物接触曝气法。生物膜生长至一定厚度后，填料壁的微生物会因缺氧而进行厌氧代谢，产生的气体及曝气形成的冲刷作用会造成生物膜的脱落，并促进新生物膜的生长，此时，脱落的生物膜将随出水流出池外。该工艺因具有高效节能、占地面积小、耐冲击负荷、运行管理方便等特点而被广泛应用于各行各业的污水处理系统。

① 生物接触氧化池构造。生物接触氧化池是由池体、填料、布水装置和布气系统等组成的（图13-7）。

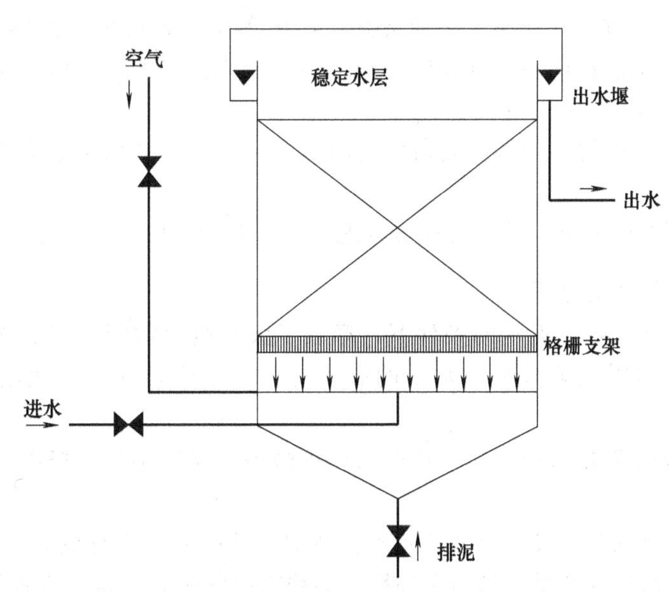

图13-7 生物接触氧化池的构造

a. 池体。生物接触氧化池的池体平面形状一般采用矩形，用于设置填料、布水布气装置和支承填料的支架。池体可为钢结构或钢筋混凝土结构。从填料上脱落的生物膜会有一部分沉积在池底，如有需要可在池底部设置排泥和放空设施。目前常用的池型结构有直流型接触氧化池。

b. 填料。填料是形成生物膜的载体，是接触氧化池的关键，直接影响工艺效能。一般可从生物膜的附着性、水力特性、经济性等几个方面综合考虑适宜的填料类型。国内常用的填料是玻璃钢蜂窝填料、塑料蜂窝填料、软性纤维填料、盾状填料、半软性填料、弹性填料以及气体波纹填料等。

c. 布水设备。布水设备应使进水均匀进入填料层，保证废水、空气、生物膜均匀接触，提高滤床工作效率，同时还需考虑反复冲洗时对流量的要求。布水设备常用多孔管，孔眼直径为 5mm 左右，间距为 20cm。

d. 布气设备。生物接触氧化池的曝气主要有四个作用，即充氧、搅拌、防止填料堵塞、促进生物膜更新。为此要求布气均匀，并能在堵塞时加大气量提高冲击能力。

布水方式可根据曝气类型设定，以多孔管布气时，孔眼为 5mm 左右，孔眼中心距为 15cm；射流曝气时，则相距 1～1.6m，服务面积为 1～3m^2。

② 生物接触氧化池运行原理。生物接触氧化法净化废水的基本原理，就是以生物膜吸附废水中的有机物，在有氧的条件下，有机物由微生物氧化分解，废水得到净化。生物接触氧化池内的生物膜由菌胶团、丝状菌、真菌、原生动物和后生动物组成。在活性污泥法中，丝状菌常常是影响正常生物净化作用的因素；而在生物接触氧化池中，丝状菌在填料空隙间呈立体结构，大大增加了生物相与废水的接触表面，同时因为丝状菌对多数有机物具有较强的氧化能力，对水质负荷变化有较大的适应性，所以是提高净化能力的有利因素。

生物接触氧化法具有多种净化功能，除能有效去除有机物外，还可用来脱氮和除磷，进行水质的三级处理。生物接触氧化法缺点是填料层易被堵塞，因此必须控制生物膜厚度，并定时大气量搅动氧化池，把脱落的生物膜及时排出。

③ 生物接触氧化池特点。生物接触氧化法具有下列主要特点。

a. 由于填料比表面积大，氧气供应充足，池内单位容积的生物固体量较高。据测定，每平方米填料上生物量达 125g，折算成 MLSS 为 13g/L。因此，生物接触氧化池具有较高的容积负荷。

b. 运行上，由于生物接触氧化池内生物固体量多，生物接触氧化法具有较强的抗冲击负荷能力。

c. 剩余污泥量少、不会产生污泥膨胀问题、不需要污泥回流、运行管理简便。

13.2.1.2 厌氧生物处理

厌氧生物处理技术是在无氧的条件下，形成了厌氧微生物所需要的营养条件和环境条件，利用兼性细菌和厌氧菌分解废水中的有机物并产生甲烷和二氧化碳的一种生物处理方法。

1979 年，Bryant 根据对产甲烷菌和产氢产乙酸菌的研究结果，提出了三阶段理论（如图 13-8 所示）。

第一阶段是水解发酵阶段，复杂的有机物被细菌的胞外酶水解成简单的有机物，例如，纤维素被纤维素酶水解为纤维二糖与葡萄糖，淀粉被淀粉酶分解为麦芽糖和葡萄糖，蛋白质被蛋白质酶水解为短肽与氨基酸等。这些小分子的水解产物能够溶解于水并透过细胞膜为细菌所利用。继而这些简单的有机物在产酸菌的作用下经过厌氧发酵和氧化转化为乙酸、丙酸、丁酸等脂肪酸和醇类等。

第二阶段是产氢产乙酸阶段，在进入甲烷化阶段之前，产氢产乙酸菌把代谢中间产物乙酸化，转化成乙酸合氢，并有 CO_2 产生。

第三阶段是甲烷化阶段。然而甲烷化效率很高的甲烷八叠球菌能够代谢甲醇，乙酸和CO_2为甲烷。

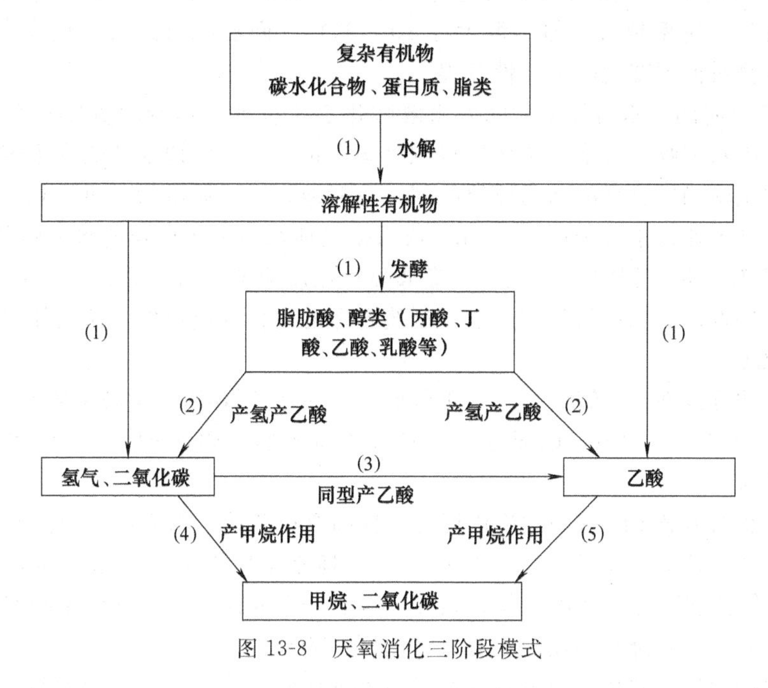

图 13-8　厌氧消化三阶段模式

（1）水解酸化。水解酸化处理技术是利用兼性的水解产酸菌将复杂有机物转化为简单有机物的过程。

水解是复杂的非溶解性的聚合物被转化为简单的溶解性单体或二聚体的过程。复杂的大分子不溶性有机物因相对分子质量巨大，不能透过细胞膜，因此不可能为细菌直接利用。它们首先在细菌胞外酶的水解作用下转变为简单的小分子水溶性有机物，研究表明，自然界的许多物质（如蛋白质、糖类、脂肪等）能在好氧、缺氧或厌氧条件下顺利进行水解。

酸化（acidogenesis）则是一类典型的发酵过程，即产酸发酵过程。酸化是有机底物既作为电子受体也是电子供体的生物降解过程。发酵细菌将水解产物吸收进细胞内，在酸化过程中溶解性有机物被转化以挥发性脂肪酸（VFA）、醇类、乳酸为主的末端产物，这不仅能降低污染程度，还能降低污染物的复杂程度，提高后续好氧生物处理的效率。

① 水解酸化过程的主要影响因素。被水解酸化有机物的种类和形态、水解酸化反应器中的 pH 值、温度、水力停留时间等对水解酸化过程的速率、水解酸化效率以及水解酸化的最终产物均有着重要影响。

a. 污水中有机物的种类和形态。有机物的种类及形态对水解酸化过程有较大影响。就多糖、蛋白质和脂肪三类有机物而言，在相同的操作条件下，水解速率依次减少；对同类有机物而言，分子量越大，水解越困难，相应地水解速率就越小；就分子结构而言，直链比支链易于水解，支链比环状易于水解，单环化合物比杂环或多环化合物易于水解；就粒径而言，颗粒性有机物（被 0.45μm 孔径的过滤器所截留的物质）粒径越大，单位重量有机物的比表面积越小，水解速率也越小。

b. pH 值。水解酸化反应器中的 pH 值主要影响水解的速率、水解酸化的产物以及污泥的形态和结构。水解酸化微生物对 pH 值有较大范围的适应性，水解过程可在 pH 值 3.5～10.0 的范围内顺利进行，但最佳范围为 5.5～6.5。pH 值朝酸性方向或碱性方向移动时，水解速率都将减小。水解液 pH 值同时还影响水解产物的种类和含量。

c. 温度。温度对水解反应的影响符合一般的生物反应规律，即在一定的范围内，温度越高，水解反应的速率越大。但当温度在 10～20℃之间变化时，水解反应速率变化不大，可见水解微生物对低温变化的适应性较强。

d. 水力停留时间。水力停留时间是水解酸化工艺设计和运行的重要参数，一般水力停留时间越长，被水解物质与水解微生物接触时间也越长，相应地水解效率也越高。针对不同的污水应通过试验确定合理的水力停留时间，一般地，对于城市污水可采用 2～5h，对于印染废水等高浓度工业污水可采用 5～10h，或根据具体水质采用更长的水力停留时间。

② 维持水解酸化过程的条件。要维持水解酸化反应器良好的水解酸化反应，应根据水解酸化过程的特点以及相应的处理要求，创造合适的生化反应条件，从而使水解酸化反应器正常、稳定地工作。

水解微生物可以在 pH 值低至 3.5 和高至 10.0 的广阔环境下生长和繁殖，最适宜的 pH 值范围为 5.5～6.5。工程中可以通过调整有机负荷或加酸调整 pH 值，可使反应维持在最佳的 pH 值范围。

改变有机负荷调整 pH 值的理论依据为，提高有机负荷，引起系统内挥发性有机酸的积累，导致 pH 值下降，而 pH 值的降低反过来又抑制了甲烷菌的增殖，使有机酸进一步积累，导致 pH 值更加降低，如此反复，系统可自然地进入最佳的水解酸化状态。加酸主要适用于污水中含有大量难降解物质或含有大量的缓冲物质。

对于水解酸化反应器也可以通过控制反应器的泥龄来控制反应器中优势菌群的种类，从而使反应器处于最佳的水解酸化状态。在常规的厌氧条件下，水解产酸菌与产甲烷菌生长速度不同，前者高于后者，当水解酸化泥龄较小时，甲烷菌的数量将逐渐减少，直到完全淘汰。

另外维持良好水解酸化条件的方法还有适量投加 CCl_4、CH_3Cl 抑制产甲烷菌生长控制微量氧、调节氧化还原电位等方法。

③ 水解酸化工艺优点。在水解酸化-好氧生物处理工艺中水解酸化反应器要完成水解和酸化两个过程（酸化也可能不十分彻底）。在水解酸化反应器中应把反应控制在产氢产乙酸和产甲烷阶段之前。水解酸化比全过程的厌氧消化池具有以下的优点。

a. 水解、产酸阶段的产物主要为小分子的有机物，可生物降解性一般较好。由于水解酸化反应可以改变原废水的可生化性，从而可减少后续处理的反应时间和处理的能耗。

b. 水解酸化过程可以使固体有机物液化、降解，能有效减少废弃污泥量，其功能与厌氧消化池一样。

c. 不需要密闭的池，降低了造价，便于维护。

d. 由于反应控制在产氢产乙酸和产甲烷阶段前，出水无厌氧发酵的不良气味，可改善处理厂的环境。

(2) 上流式厌氧污泥床反应器。上流式厌氧污泥床反应器（upflow anaerobic sludge bed，UASB）是目前世界上应用最广泛的厌氧生物处理技术。UASB 由污泥反应区、气液固三相分离器（包括沉淀区）和气室三部分组成。UASB 反应器的构造原理如图 13-9 所示。

废水由池底进入反应器，底部反应区内存留大量具有良好的沉淀性能和凝聚性能的厌氧污泥，要处理的污水通过反应区进行混合接触，污泥中的微生物分解污水中的有机物，把它转化为沼气。沼气以微小气泡形式不断放出，微小气泡在上升过程中，不断合并，逐渐形成较大的气泡，在污泥床上部由于沼气的搅动形成浓度较稀薄的污泥和水一起上升进入三相分

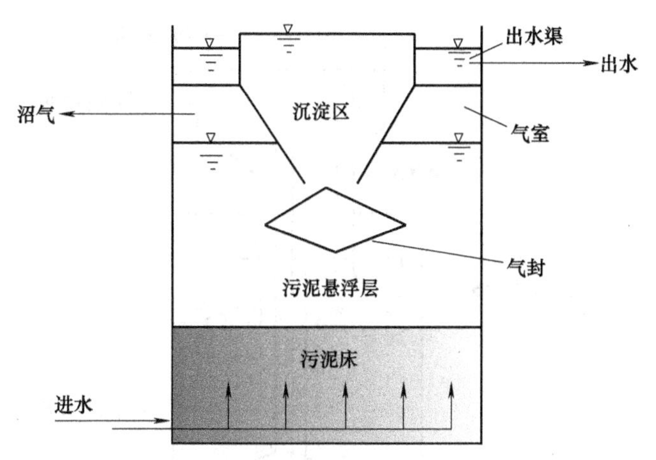

图 13-9 UASB 反应器的构造原理

离器，沼气碰到分离器下部的反射板时，折向反射板的四周，然后穿过水层进入气室。经液体分离后混合液进入沉淀区进行固液分离，澄清后的处理过的水从沉淀区溢流堰上部溢出排走，沉淀下来的微生物固体沿着斜壁滑回厌氧反应区内，即厌氧污泥靠重力自由返回到反应区。

UASB 反应器主要由下列几部分组成。

① 进水分配系统。配水系统设在 UASB 反应器的底部，其功能主要是把废水均匀地分配到整个 UASB 反应器，使有机物能在反应区内均匀分布，有利于废水与微生物充分接触，使反应器内的微生物能够获得充足的营养，这是提高反应器容积利用率的关键。同时，进水分配系统还具有搅拌功能。

② 反应区。反应区包括污泥床和污泥悬浮层区，是 UASB 反应器的主要部位，是培养和富集厌氧微生物的区域，废水与厌氧污泥在这里充分接触，产生强烈的生化反应，有机主要在这里被厌氧菌分解。

③ 气、固、液分离器。气、固、液分离器又称三相分离器，由沉淀区、集气室（或称集气罩）和气封组成，其功能是把气体（沼气）、固体（微生物）和液体分离。首先，气体被分离后进入集气室（罩），然后，固液混合液在沉淀区进行固液分离，下沉的固体借重力由回流缝返回反应区。三相分离器分离效果好坏直接影响反应器的处理效果。

④ 出水系统的作用是把沉淀区液面的澄清水均匀地收集起来，排出反应器外。出水是否均匀对处理效果有很大影响。

⑤ 排泥系统。排泥系统的功能是定期均匀地排除反应区的剩余厌氧污泥。

(3) IC 反应器。IC（internal circulation）反应器是新一代高效厌氧反应器，废水在反应器中自下而上流动，污染物被细菌吸附并降解，处理后的上清液从反应器上部流出。按功能划分，反应器由下而上共分为五个区：混合区、第一反应区、第二反应区、沉淀区和气液分离区，如图 13-10 所示。

废水由泵进入反应器底部的混合区，并与来自污泥回流管的回流污泥充分混合后进入第一反应室，由该室内的厌氧颗粒污泥进行生物降解。废水中所含的大部分有机物在高浓度污泥作用下转化成沼气，混合液上升流和沼气的剧烈扰动使该反应区内污泥呈膨胀和流化状态，加强了泥水表面接触，污泥由此而保持着高的活性。所产生的沼气被第一反应室的集气罩收集，沼气将沿着提升管上升的同时，将夹带泥和水的混合液提升至反应器顶部的气液分

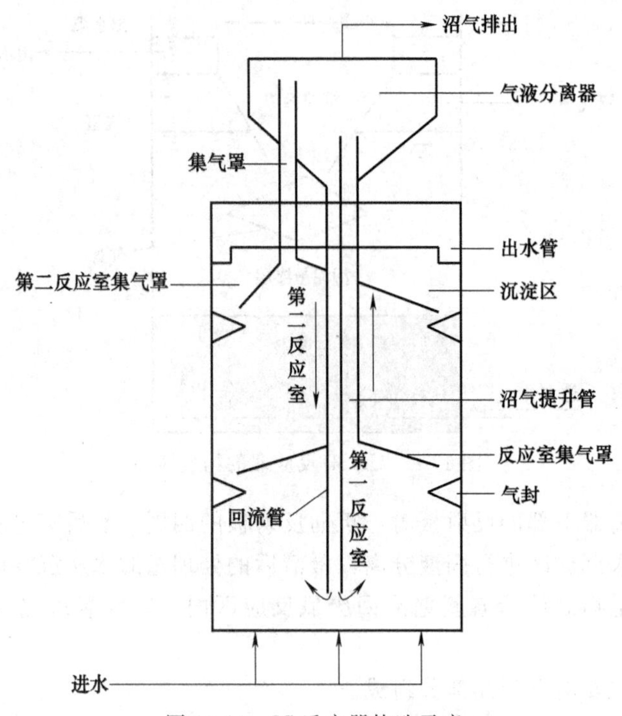

图 13-10 IC 反应器构造示意

离器，沼气由气液分离器顶部的沼气排出管排出处理系统。分离出的泥水混合液将借助重力作用沿着回流管回到第一反应室的底部，并与底部的颗粒污泥和进水充分混合，形成第一反应室混合液的内部循环系统。

经过第一反应室处理过的废水，会自动地进入第二反应室，废水中的剩余有机物可被第二反应室内的厌氧颗粒污泥继续进行生物降解并产生少量沼气，从而提高和保证出水水质。产生的沼气由第二反应室的集气罩收集，通过集气管进入气液分离器。第二反应室的泥水混合液进入沉淀区进行固液分离，处理过的上清液由出水管排走，沉淀下来的颗粒污泥可自动返回第二反应室。这样，废水就完成了在 IC 反应器内处理的全过程。

IC 反应器的构造及其工作原理决定了其在控制厌氧处理影响因素方面比其它反应器更具有优势。

① 容积负荷高：IC 反应器内污泥浓度高，微生物量大，且存在内循环，传质效果好，进水有机负荷可超过普通厌氧反应器的 3 倍以上。

② 节省投资和占地面积：IC 反应器容积负荷率高出普通 UASB 反应器 3 倍左右，其体积相当于普通反应器的 1/4～1/3，大大降低了反应器的基建投资；而且 IC 反应器高径比很大（一般为 4～8），所以占地面积少。

③ 抗冲击负荷能力强：处理低浓度废水（COD＝2000～3000mg/L）时，反应器内循环流量可达进水量的 2～3 倍；处理高浓度废水（COD＝10000～15000mg/L）时，内循环流量可达进水量的 10～20 倍。大量的循环水和进水充分混合，使原水中的有害物质得到充分稀释，大大降低了毒物对厌氧消化过程的影响。

④ 抗低温能力强：温度对厌氧消化的影响主要是对消化速率的影响。IC 反应器由于含有大量的微生物，温度对厌氧消化的影响变得不再显著和严重。通常 IC 反应器厌氧消化可在常温条件（20～25℃）下进行，这样减少消化保温的困难，节省能量。

⑤ 具有缓冲pH值的能力：内循环流量相当于第1厌氧区的出水回流，可利用COD转化的碱度，对pH值起缓冲作用，使反应器内pH值保持最佳状态，同时还可减少进水的投碱量。

⑥ 内部自动循环，不必外加动力：普通厌氧反应器的回流是通过外部加压实现的，而IC反应器以自身产生的沼气作为提升的动力来实现混合液内循环，不必设泵强制循环，节省了动力消耗。

⑦ 出水稳定性好：利用二级UASB串联分级厌氧处理，可以补偿厌氧过程中K_s高产生的不利影响。VanLier在1994年证明，反应器分级会降低出水VFA浓度，延长生物停留时间，使反应进行稳定。

⑧ 启动周期短：IC反应器内污泥活性高，生物增殖快，为反应器快速启动提供有利条件。IC反应器启动周期一般为1～2个月，而普通UASB启动周期长达4～6个月。

⑨ 沼气利用价值高：反应器产生的生物气纯度高，CH_4为70%～80%，CO_2为20%～30%，其他有机物为1%～5%，可作为燃料加以利用。

13.2.2 化学氧化法

(1) Fenton试剂。Fenton法是一种高级氧化技术（advanced oxidation processes, AOPs），Fenton试剂中的Fe^{2+}作为同质催化剂，而H_2O_2具有强烈的氧化能力，特别适用于处理高浓度、难降解、毒性大的有机废水。后来人们发现这种混合体系所表现出的强氧化性是因为Fe^{2+}的存在有利于H_2O_2分解产生出HO·的缘故，为进一步提高对有机物的去除效果。

① Fenton法的作用机理。Fenton试剂反应体系很复杂，关于其机理曾经提出了多种解释，一般认为Fenton试剂中，H_2O_2在Fe^{2+}的催化下，产生活泼的羟基自由基，从而引发和传递链反应，加速有机物和还原性物质的氧化反应，反应过程如下。

链的引发：
$$Fe^{2+} + H_2O_2 \longrightarrow Fe^{3+} + \cdot OH + OH^-$$
$$Fe^{3+} + H_2O_2 \longrightarrow Fe^{2+} + HO_2 \cdot + H^+$$

链的传递：
$$HO_2 \cdot + H_2O_2 \longrightarrow O_2 + H_2O + \cdot OH$$
$$RH + \cdot OH \longrightarrow R \cdot + H_2O$$

链的终止：
$$R \cdot + Fe^{3+} \longrightarrow R^+ + Fe^{2+}$$
$$R^+ + O_2 \longrightarrow ROO^+ \longrightarrow CO_2 + H_2O$$

H_2O_2与Fe^{2+}产生的羟基自由基·OH与有机物RH作用，反应生成游离基·R，·R在氧气或铁离子的作用下进一步氧化为CO_2和H_2O，从而使废水的COD大大降低，其中·OH产生的反应步骤控制了整个反应的速率。·OH通过与有机物反应逐渐被消耗，Fe^{3+}能催化降解H_2O使之变为O_2和H_2O。在H_2O_2存在下，Fe^{3+}可以通过反应再生为Fe^{2+}，这样通过铁的循环，源源不断地产生·OH。

Fenton试剂反应速率很快，由于反应条件不同，反应速率也产生一定差别，但是H_2O_2消耗的速率都是很快的。羟基自由基具有很高的电负性或亲电性，其电子亲和能高达569.3kJ/mol，容易进攻高电子云密度点位，羟基自由基还具有很强的加成反应特性。由于Fenton法需要加入Fe^{2+}，所以在处理废水时，在溶液中容易残留过量的Fe^{2+}。利用铁离子本身为常用混凝剂成分的特性，可以在经过Fenton法处理后，利用化学沉淀去除铁，同时去除部分有机物和色度。

② 影响Fenton反应的因素。根据Fenton试剂反应机理可知，HO·是氧化有机物的有

效因子，而 Fe^{2+}、H_2O_2、OH^- 决定了 HO·的产量，影响 Fenton 试剂处理难降解难氧化有机废水的因素包括 pH 值、H_2O_2 投加量及投加方式、催化剂种类、催化剂投加量、反应时间和反应温度等，每个因素之间的相互作用是不同的。

a. pH 值。Fenton 系统的产生较大的影响，pH 值过高或过低都不利于 HO·的产生，当 pH 值过高时使生成 HO·的数量减少；当 pH 值过低时，Fe^{3+} 很难被还原为 Fe^{2+}，使 Fe^{2+} 的供给不足，也不利于 HO·的产生。大量实验数据表明，Fenton 反应系统的最佳 pH 值范围为 3～5，该范围与有机物种类关系不大。

b. H_2O_2 投量与 Fe^{2+} 投量之比。H_2O_2 投量和 Fe^{2+} 投量对 HO·的产生具有重要的影响。当 H_2O_2 和 Fe^{2+} 投量较低时，HO·产生的数量相对较少，同时，H_2O_2 又是 HO·捕捉剂，H_2O_2 投量过高会使最初产生的 HO·减少。另外，若 Fe^{2+} 的投量过高，则在高催化剂浓度下，反应开始时从 H_2O_2 中非常迅速地产生大量的活性 HO·。HO·同基质的反应不那么快，使未消耗的游离 HO·积聚，这些 HO·彼此相互反应生成水，致使一部分最初产生的 HO·被消耗掉，所以 Fe^{2+} 投量过高也不利于 HO·的产生。而且 Fe^{2+} 投量过高也会使水的色度增加。在实际应用当中应严格控制 Fe^{2+} 投量与 H_2O_2 投量之比，经研究证明，该比值同处理的有机物种类有关，不同有机物最佳的 Fe^{2+} 投量与 H_2O_2 投量之比不同。

c. H_2O_2 投加方式。保持 H_2O_2 总投加量不变，将 H_2O_2 均匀地分批投加，可提高废水的处理效果。其原因是：H_2O_2 分批投加时，$[H_2O_2]/[Fe^{2+}]$ 相对降低，即催化剂浓度相对提高，从而使 H_2O_2 的 HO·产率增大，提高了 H_2O_2 利用率，进而提高了总的氧化效果。

d. 催化剂种类。能催化 H_2O_2 分解生成羟基自由基（HO·）催化剂很多，Fe^{2+}（Fe^{3+}、铁粉、铁屑）、$Fe^{2+}/TiO_2/Cu^{2+}/Mn^{2+}/Ag^+$、活性炭等均有一定的催化能力，不同催化剂存在下 H_2O_2 对难降解有机物的氧化效果不同，不同催化剂同时使用时能产生良好的协同催化作用。

e. 催化剂投加量。$FeSO_4 \cdot 7H_2O$ 催化 H_2O_2 分解生成羟基自由基（HO·）最常用的催化剂，与过氧化氢相同，一般情况下，随着用量的增加，废水 COD 的去除率先增大，而后呈下降趋势。其原因是：在 Fe^{2+} 浓度较低时，Fe^{2+} 的浓度增加，单位量 H_2O_2 产生的 HO·增加，所产生的 HO·全部参加了与有机物的反应；当 Fe^{2+} 的浓度过高时，部分 H_2O_2 发生无效分解，释放出 O_2。

f. 反应时间。Fenton 试剂处理难解有机废水，一个重要的特点就是反应速度快，一般来说，在反应的开始阶段，COD 的去除率随时间的延长而增大，一定反应时间后，COD 的去除率接近最大值，而后基本维持稳定，Fenton 试剂处理有机物的实质就是 HO·与有机物发生反应，HO·的产生速率以及 HO·与有机物的反应速率的大小直接决定了 Fenton 试剂处理难降解有机废水所需时间的长短，所以 Fenton 试剂处理难降解有机废水的反应时间有关。

g. 反应温度。温度升高 HO·的活性增大，有利于 HO·与废水中有机物的反应，可提高废水 COD 的去除率；而温度过高会促使 H_2O_2 分解为 O_2 和 H_2O_2，不利于 HO·的生成，反而会降低废水 COD 的去除率。陈传好等研究发现 Fe^{2+}-H_2O_2 处理洗胶废水的最佳温度为 85℃，冀小元等则通过试验证明 H_2O_2-Fe^{2+}/TiO_2 催化氧化分解放射性有机溶剂（TBP/OK）的理想温度为 95～99℃。

（2）氯氧化法

① 氯氧化法的原理。氯溶于水迅速发生水解反应生成次氯酸，水解生成的 HClO 具有

很强的氧化能力，可以氧化废水中的氰、硫、酸、氨氮及有机物而达到净水的目的。作为氧化剂的氯有氯气、液氯、漂白粉、漂粉精、次氯酸钠和二氧化氯等。氯是强氧化剂，可与大多数单质直接化合，若是原子态的氯，不但与单质，而且与很多化合物，特别是有机化合物迅速反应。在适宜条件下氯与其他元素或一些化合物接触可引起爆炸。

$$Cl_2 + H_2O \longrightarrow HCl + HClO$$

$$HClO \longrightarrow H^+ + ClO^-$$

② 氯与其他物质反应

a. 氯与氰化物的反应。氯、漂白粉、次氯酸钠与氰化物的反应式为

$$2NaCN + 5Cl_2 + 8NaOH \longrightarrow N_2\uparrow + 2CO_2\uparrow + 10NaCl + 4H_2O$$

$$4NaCN + 5Ca(ClO)_2 + 2H_2O \longrightarrow 2N_2\uparrow + 2Ca(HCO_3)_2 + 3CaCl_2 + 4NaCl$$

$$2NaCN + 5NaClO + H_2O \longrightarrow N_2\uparrow + 2NaHCO_3 + 5NaCl$$

上述反应实际上是分两阶段完成的。第一阶段将 CN^- 氧化成氰酸盐，在 pH＝10～11 的条件下，此反应速度较快，一般 10～15min 即可完成；第二阶段增加氯或漂白粉等的投量，进一步将 CNO^- 完全氧化而破坏碳-氮键。氰酸根的完全氧化在 pH＝8～8.5 时效果最好，反应约半小时即可完成。氯氧化法也可氧化络氰化物，例如氧化络氰化铜离子，反应化学方程式为：$2Cu(CN)_3^- + 7ClO^- + 2OH^- + H_2O + 2e^- \longrightarrow 6CNO^- + 7Cl^- + 2Cu(OH)_2\downarrow$

b. 氯与硫化物的反应

部分氧化　　$H_2S + Cl_2 \longrightarrow S\downarrow + 2HCl$

完全氧化　　$H_2S + 3Cl_2 + 2H_2O \longrightarrow SO_2\uparrow + 6HCl$

c. 氯与酚的反应。在氯与酚的反应过程中，将产生许多中间体氯酚而放出不良的氯酚臭味。

因此，用氯或漂白粉氧化酚时，投量必须过量数倍，以使反应进行得较为完全，并较少地产生氯酚臭味。如用二氧化氯作氧化剂，可使酚全部分解而无氯酚味，但费用较高。

d. 氯与氨的反应。为进一步从处理后的废水中去除氨氮，可采用折点加氯法进行氧化，使之形成非溶解性的 N_2O 气体，其化学方程式为：

$$2NH_3 + 4HClO \longrightarrow N_2O + 4HCl + 3H_2O$$

e. 氯与有机物的反应。氯能与某些发色有机物反应，氧化破坏其发色基团而去除色度。氯去除有机物引起的色度效果与 pH 值有关，一般在碱性条件下效果好。在相同 pH 值的条件下，次氯酸钠比氯的效果好。

(3) 臭氧/活性炭。臭氧之所以表现出强氧化性，是因为臭氧分子中的氧原子具有强烈的亲电子或亲质子性，臭氧分解产生的新生态氧原子，和在水中形成具有强氧化作用的羟基自由基·OH，它们的高度活性在水处理中被用于杀菌消毒、破坏有机物结构等，其副产物无毒，基本无二次污染，有着许多别的氧化剂无法比拟的优点，不仅可以消毒杀菌，还可以氧化分解水中的污染物。

活性炭是一种优良吸附剂，可以有效去除水中多种有机污染物。在美国等发达国家，活性炭吸附技术被广泛用于水和废水处理领域。然而在中国，活性炭并未被普遍使用。这主要有三方面原因：第一，是对于活性炭吸附净水技术概念模糊，不清楚用何种处理工艺能达到效果；第二，没有简单有效、可广泛使用的活性炭选择和应用方法，造成许多浪费，失去了一些合适使用的机会；第三，没有商业性活性炭再生服务，使得活性炭水处理成本较高，而且不易处置用过后失效的活性炭。

(4) 高锰酸盐。高锰酸钾法用于水处理有着悠久的历史，既可用于城市供水，也可

应用于废水处理领域，用以脱酚、硫化氢和去除放射性污染物等。高锰酸钾是一种强氧化剂，能与Fe^{2+}、Mn^{2+}、S^{2-}、CN^-、酚等有机化合物发生氧化反应，还能杀死藻类和微生物等。

在强酸性溶液中与还原剂作用，MnO_4^- 被还原为Mn^{2+}：

$$MnO_4^- + 8H^+ + 5e^- \longrightarrow 4H_2O + Mn^{2+} \quad \varphi^{\ominus} = 1.51V$$

在微酸性、中性或弱碱性溶液中，MnO_4^- 则被还原为MnO_2：

$$MnO_4^- + 8H_2O + 3e^- \longrightarrow 4OH^- + MnO_2 \quad \varphi^{\ominus} = 0.59V$$

高锰酸盐通常只能对有机物中特种官能团进行选择性氧化，而不能对有机物进行完全的降解反应，另外高锰酸盐对鱼类的毒性较高，应用成本也较高，所以常常限制了其在工程上的应用。

（5）湿式氧化法

① 概述。随着现代化工业的迅猛发展，大量的有机污染物通过各种途径进入水体中。这些有机物中，有一部分难以生物降解，传统的处理工艺很难彻底降解这些污染物，因此发展新型、高效、低成本的污水处理技术是非常必要的。湿式氧化法（wet air oxidation，WAO）就是针对这一问题而开发的新型水处理技术。

WAO对处理浓度太低而不能焚烧，浓度太高又不能进行生化处理的有机废水具有很大的吸引力，有机物可直接被氧化成一些低分子量的氧化产物（乙酸、丙酸、乙醇等）或CO_2和水，不产生NO_2、SO_2、HCl、二▮英、呋喃及灰尘，WAO处理废水时，COD去除率大致为75%～90%，因此WAO过程一般用于深度处理过程的预处理阶段。

② 基本原理。湿式空气氧化法（WAO）是在高湿（150～300℃）、高压（0.5～20MPa）的条件下，利用空气或氧气等作为氧化剂，将废水中的有机物氧化分解为无机物或小分子有机物的过程，从而达到去除污染物的目的。与常规方法相比，具有适用范围广、处理效率高、极少有二次污染、氧化速率快、可回收能量及有用物料等特点。WAO废水处理工艺流程如图13-11所示。

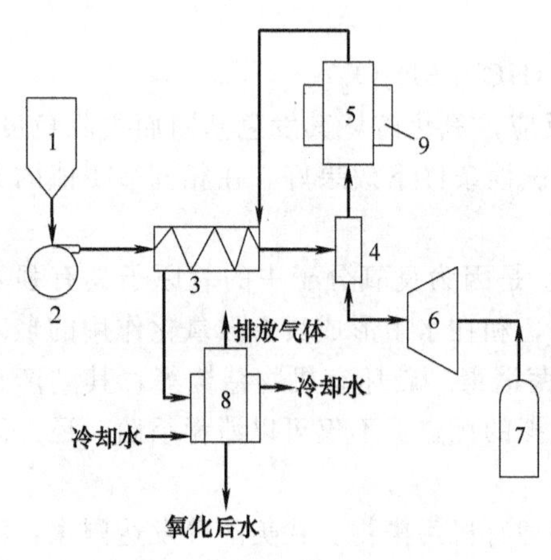

图13-11 湿式氧化工艺流程

1—污水储罐；2—加压泵；3—热交换器；4—混合器；5—反应器；6—气体加压泵；7—氧气罐；8—气液分离器；9—电加热套筒

由图13-11可见，废水流出储罐由高压泵打入热交换器，与加压后的氧气在混合器中混合，混合后进入反应器，为保证反应器内的温度达到反应所需要的温度，在反应器外侧包裹有电加热套筒，以满足反应器内废水中的有机物与氧发生氧化反应。反应后的高温流体首先通过换热器冷却，之后进入分离器，加热流过换热器的水再经混合器冷却回收一部分热能后进入分离器，为保证分离器中热流体充分冷却，在分离器外侧安装有水冷套筒。分离后的水由分离器底部排出，气体由顶部排出。

③ 湿式氧化技术特点。WAO是针对高浓度有机废水（含有毒有害物质）处理的一种污水处理技术，因而具有其独特的技术特点和运行要求。WAO的主要特点有：

a. 它可有效地氧化各类高浓度的有机废水，特别是毒性较大、常规方法难降解的废水，应用范围较广。

b. 在特定的温度和压力下，WAO对COD处理效率很高，可达到90%以上。

c. WAO的处理装置比较小，占地少，结构紧凑，易于管理。

d. WAO处理有机物所需的能量几乎就是进水和出水的热焓差，因此可以利用系统的反应热加热进料，因此能量消耗少。

e. WAO氧化有机污染物时，C被氧化为CO_2，N被氧化为NO_3，卤化物和硫化物被氧化为相应的无机卤化物和硫氧化物，因此产生的二次污染物少。

④ 湿式氧化的影响因素

a. 废水水质。有机物氧化效率与物质的电荷特征和空间结构密切相关，Randan等的研究表明：氰化物、脂肪酸和卤代脂肪族化合物、芳烃（如甲苯）、芳香族和含非卤代基团的卤代芳香族化合物等易氧化，不含非卤代基团的卤代芳香族化合物（如氯苯和多氯联苯）难氧化。也有部分学者认为：碳在有机物中所占比例越少，其氧化性越大；碳在有机物中所占比例越大，其氧化越容易。另一方面，不同的废水有各自不同的反应活化能和氧化反应过程，因此湿式氧化的难易程度也大不相同。

b. 进水的pH值。在湿式氧化工艺中，由于不断有物质被氧化和新的中间体的生成，反应体系的pH值一般是先变小，后略有回升。因为WAO工艺的中间产物是大量的小分子羧酸，随着反应的进一步进行，羧酸进一步被氧化。试验证明，对于有些废水，pH值越低，其氧化效果越好；而有些废水在湿式氧化过程中，pH值对COD的去除率的影响存在一极值点，因此，调节废水到适合的pH值点，有利于加快反应的速率和有机物的降解。

c. 反应温度。大量研究表明，反应温度是湿式氧化系统处理效果的决定性影响因素。温度越高、反应速率越快，反应进行得越彻底。温度升高，氧在水中的传质系数也随着增大，同时，温度升高还有助于液体黏度的减少。但是过高的温度是不经济的，因此，通常操作温度控制在150～280℃。

d. 反应压力。压力并不是影响湿式氧化的主要因素，它的作用主要保持反应在液相中进行。如果压力过低，大量的反应热就会消耗在水的蒸发上，这样不但反应温度得不到保证，而且反应器有蒸干的危险。增大氧分压可提高传质速率，使反应速率增大，但整个过程的反应速率并不与氧传质速率成正比。在氧分压较高时，反应速率的上升趋于平缓。

e. 反应时间。对湿式氧化工艺而言，反应时间是仅次于温度的一个影响因素。有机底物的浓度是时间的函数。温度越高，所需的反应时间越短；压力越高，所需反应时间也越短。但若反应时间过长，则耗时耗力，去除率也不会明显提高。根据污染物被氧化的难易程度以及处理的要求，可确定最佳反应时间。一般而言，湿式氧化处理装置的停留时间在0.1～2.0h之间。

f. 搅拌强度。搅拌强度影响传质速率，当增大搅拌强度时，液体的湍流程度也越大，氧气在液相中的停留时间越长，因此传质速率就越大。

g. 催化剂。高活性催化剂的应用是湿式氧化反应的重要因素，催化剂一般分为金属盐、氧化物和复合物三大类，在形式上又分为均相和非均相两种。均相催化剂一般比非均相催化剂活性高，反应速度快，但流失的金属离子由此造成二次污染。按催化剂的组成来分又有贵重金属和非贵金属两种，大多数情况下，贵重金属的催化活性高，但价格昂贵。使用催化剂，可降低反应所需的温度和压力，并且提高处理效果。催化剂可加速反应过程，缩短反应时间，同时其可减轻设备腐蚀影响，并可大幅度降低运行费用。

（6）超临界水氧化

① 概述。超临界水氧化（supercritical water oxidation，SCWO）是指在超临界水中溶解的氧气与有机污染物发生化学反应，在超临界水氧化过程中，有机物、空气（或氧气）和

水在 24MPa 左右的压力和 400℃以上的温度下完全混合，可以成为均一相，在这种条件下，有机物自发开始氧化反应，在绝热条件下，所产生的反应温度进一步升高，在一定的反应时间内，使 99.9%以上的有机物被迅速氧化成简单的无毒小分子化合物，碳氢化合物被氧化成为 CO_2 和水，含氮元素的有机物生成 N_2 等无害物质，氯、硫等元素也被氧化，以无机盐的形式从超临界流体中沉积下来，超临界流体中的水成为清洁水。

该技术由于具有高效、实用性广等特点，受到国内外环保工作者的瞩目，美国国家关键技术所列的六大领域之一，“能源与环境”中指出，显有前途的废物处理技术是超临水氧化技术。

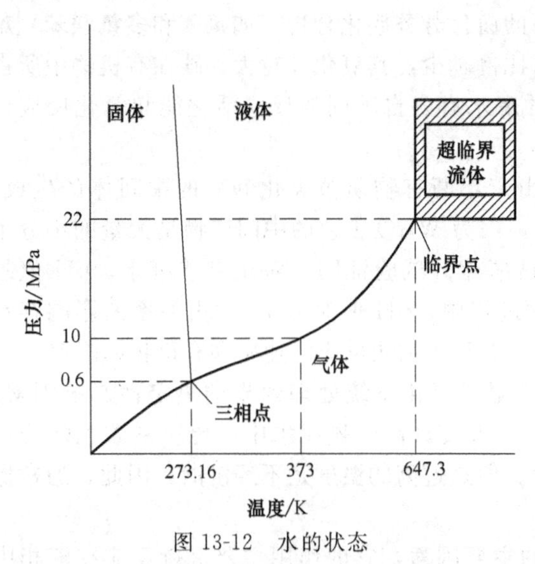

图 13-12 水的状态

② 基本原理。通常情况下，水始终以蒸汽、液态和冰三种常见的状态存在，且属极性溶剂，可以溶解包括盐类在内的大多数电解质，对气体溶解度则大不相同，有的气体溶解度高，有的气体溶解度微小，对有机物则微溶或不溶。液态水的密度几乎不随压力升高而改变，但是如果将水的温度和压力升高到临界点（$T=374.2$℃、$p=22.1$MPa）以上，则会处于一种既不同于液态和固态的新的体态——也称第四态，该状态的水即称为超临界水，存在状态如图 13-12 所示。

在超临界条件下，水的性质发生了极大的变化，其密度、介电常数、黏度、扩散系数、电导率和溶解性能都不同于普通水。超临界水具有很好的溶解有机化合物和各种气体的特性，因此，当以空气或氧气为氧化剂与水溶液中的有机物进行氧化反应时，可以实现在超临界水中的均相氧化。

某些难降解、毒性大有机污染物在超临界水氧化中反应式如下。

碳氢化合物 $C_6H_6+7.5O_2 = 6CO_2+3H_2O$

有机氯 $Cl_2-C_6H_2-C_6H_2-Cl_2+12O_2 = 12CO_2+4HCl$

$CHCl_3+0.5O_2+H_2O = CO_2+3HCl$

有机硫 $Cl-C_2H_4-S-C_2H_4-Cl+7O_2 = 4CO_2+2H_2O+2HCl+H_2SO_4$

从超临界水氧化反应机理来看，当向超临界水中输入氧时，活泼的氧进攻有机物分子中较弱的 C—H 键，产生一个很重要的过氧自由基 $HO_2\cdot$，再与有机物中的 H 结合生成 H_2O_2，H_2O_2 进一步分解为亲电性很强的自由基 HO·，HO·与含 H 的有机物作用生成烷基自由基 R·，R·与氧作用生成过氧烷基自由基 ROO·，ROO·进一步获取氢原子生成过氧化物，过氧化物通常分解生成分子较小的化合物，循环反应，直至生成 CO_2、H_2O、N_2 等无害化物质。

③ 超临界水氧化的特点。与其他氧化反应相比，超临界水氧化法具有如下特点。

a. 氧化效率高，水溶液中有机物的去除效率可达 99.99%以上。

b. 当水溶液中有机物浓度达到 10%以上时，就可以实现自燃，在正常运行中不再需要外界提供热量。

c. 反应在密闭容器中进行，密封条件极好，有利于有毒、有害物质的处理，不会对环境带来二次污染。

d. 有机物氧化彻底，不需要后续处理过程。

e. 几乎所有有机污染物均可以被氧化分解。

f. 由于均相反应和停留时间短，反应器结构简单，可使用较小体积的反应器处理较大流量的有机污染物，有利于工业化运行。

g. 无机盐在超临界水中几乎不溶，可以分离出来。

④ 超临界水氧化工艺。超临界水氧化工艺分为连续式操作和间歇式操作两种过程。连续式操作为超临界水氧化反应过程中，废水进入该反应装置与处理后排水同时进行。间歇式操作程序为：废水进入→超临界水氧化反应→处理后排水→再次进水。连续式操作要求设备复杂、可实现自动控制，适合于处理大流量的高浓度有机废液；间歇式操作对设备要求相对较低，设备投资也可大幅度降低，适合于处理小流量有机废液。

图 13-13 为连续式超临界水氧化法反应系统流程。废水经污水桶进入柱塞泵，升压后进入热交换器，预热后以一定的流量送入气液混合器；来自氧气钢瓶产生的高压氧气储存于储罐中，经增压泵升压后进入气液混合器，气液充分混合后进入第一级反应器，第一级反应器外侧包裹有电加热套管；为了使超临界水氧化反应充分彻底，在第一级反应器之后又串联第二级反应器，外侧为保温材料。容器内压力由压力表来显示，温度由热电偶温度计来表示；反应后流出的超临界流体进入热交换器，经降温降压后的流体分别流入两级分离器，两极分离器外侧为水冷凝套筒，超临界水蒸气经降温降压后冷凝成为液态水从底部阀门 h、j 排出。无机盐及固体颗粒分别从阀门 c、g 排出，CO_2 等气体从第二级分离器顶部排放口 k 排出。

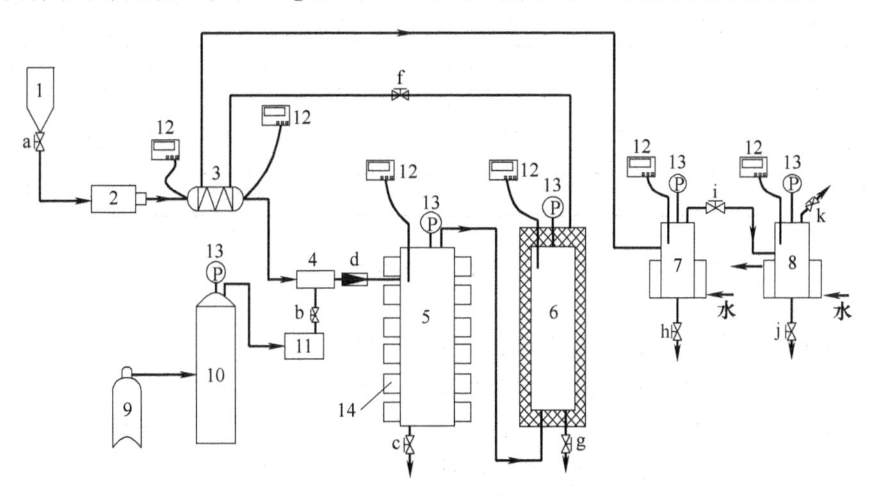

图 13-13 超临界水氧化试验流程

1—污水桶；2—计量柱塞泵；3—热交换器；4—气液混合器；5—第一级热反应器；6—第二级反应器；7—第一级分离器；8—第二级分离器；9—氧气钢瓶；10—气体储罐；11—计量空气增压泵；12—热电偶温度计；13—可控压力计；14—高频电加热套管

参考文献

[1] 周岳溪，李杰．工业废水的管理、处理与处置［M］．北京：中国石化出版社，2012.

[2] 孙体昌，娄金生，章北平，水污染控制工程［M］．北京：机械工业出版社，2009.

[3] 陆晓华，成官文．环境污染控制原理［M］．武汉：华中科技大学出版社，2010.

[4] 丁桓如．工业用水处理工程［M］．北京：清华大学出版社，2005.

给排水科学与工程专业应用与实践丛书

本套丛书邀请知名专家进行组织，突出“回归工程”的指导思想，为适应培养高等技术应用型人才的需要，立足教学和工程实际，在讲解基本理论、基础知识的前提下，重点介绍近年来出现的新工艺、新技术与新方法。丛书中编入了更多的工程实际案例或例题、习题，内容更简明易懂，实用性更强，使学生能更好地应对未来的工作。具体丛书品种如下。

书　　名	书号	主编	出版时间	定价(元)
水文与水文地质学	9787122163202	王亚军	2013.5	48.0
水资源利用与保护	9787122162908	徐得潜	2013.5	45.0
给排水科学与工程专业英语	9787122162632	蓝梅	2013.3	32.0
给水排水管网	9787122165053	杨开明,周书葵	2013.6	29.8
建筑给水排水工程	9787122189080	张林军,王宏	2014.1	49.0
建筑给水排水工程习题集	9787122191519	王宏,张林军	2014.1	28.0
给排水科学与工程专业毕业设计基础及实例	9787122174338	刘俊良,李思敏	2014.1	49.0
水处理微生物学	9787122174376	赵远,张崇森	2014.1	45.0
城镇污水污泥处理构筑物设计计算	9787122181244	崔玉川	2014.1	49.0
工业水处理	9787122208538	李杰	2014.11	58.0
水分析化学	9787122213167	张伟,鄢恒珍	2014.11	39.8
给水排水工程材料、设备和仪表基础		李军	2015	
给排水工程CAD基础及应用		杨松林	2015